普通高等学校"十四五"规划
自动化类专业特色教材

自动控制原理学习辅导与习题解析
——经典控制

主 编 王燕舞
参 编 刘晓康 丁 李
　　　池 明 詹习生

华中科技大学出版社
中国·武汉

内 容 提 要

自动控制原理课程入选国家精品在线开放课程和国家级一流本科课程。本书旨在为自动控制原理的经典控制理论提供纲领性学习指导,通过知识点总结和习题解析探讨系统分析与设计的内在机理,从而培养读者的辩证思维能力、钻研精神和创新意识。全书共分6章,包括自动控制原理概论、控制系统的数学模型、控制系统的时域分析、根轨迹法、线性系统的频域分析和控制系统的校正等。每章均包括了知识点回顾、配套教材(《自动控制原理——经典控制》,高等教育出版社)的课后习题答案与解析、加时练习题与解析。

本书可作为高等院校自动控制、工业自动化、电气自动化、机械自动化、测控技术与仪器、船舶与海洋工程、能源与动力工程等相关专业的辅助教材。

图书在版编目(CIP)数据

自动控制原理学习辅导与习题解析:经典控制/王燕舞主编. -- 武汉:华中科技大学出版社,
2024.6. -- ISBN 978-7-5772-0761-2

Ⅰ. TP13

中国国家版本馆 CIP 数据核字第 2024HP4635 号

自动控制原理学习辅导与习题解析——经典控制　　　　　　　王燕舞　主编
Zidong Kongzhi Yuanli Xuexi Fudao yu Xiti Jiexi——Jingdian Kongzhi

策划编辑:范　莹	
责任编辑:陈元玉	
封面设计:原色设计	
责任监印:周治超	
出版发行:华中科技大学出版社(中国·武汉)	电话:(027)81321913
武汉市东湖新技术开发区华工科技园	邮编:430223
录　　排:武汉市洪山区佳年华文印部	
印　　刷:武汉科源印刷设计有限公司	
开　　本:787mm×1092mm　1/16	
印　　张:23.25	
字　　数:560 千字	
版　　次:2024 年 6 月第 1 版第 1 次印刷	
定　　价:59.00 元	

本书若有印装质量问题,请向出版社营销中心调换
全国免费服务热线:400-6679-118　竭诚为您服务
版权所有　侵权必究

前言

自动控制原理是设计和实现自动控制系统的理论基础,同时也是培养控制科学与工程学科、机械工程学科、电气工程学科的专业人才的必备基础知识。为了帮助读者在学习自动控制原理课程时更好地理解和掌握经典控制理论的基本原理、概念和方法,提高定性分析、定量计算和设计、应用和综合的能力,编者精心编写了本书。

本书包括了知识点回顾、配套教材(《自动控制原理——经典控制》)的课后习题答案与解析,以及加时练习题及其答案与重难点分析,覆盖了本科阶段经典控制理论的全部内容,在广度、深度、难度上与配套教材教学大纲一致。本书的知识点总结和习题内容覆盖了:自动控制原理概论;控制系统的微分方程模型、传递函数、结构图和信号流图;线性定常系统的稳定性、动态性能和稳态性能分析,基于时域分析的控制系统设计;根轨迹的绘制、线性系统的根轨迹分析法;线性系统的频域特性绘制、奈奎斯特稳定性判据、相对稳定性、闭环频率特性及频域响应分析;控制系统的校正思路与常用的校正装置、串联校正、反馈校正以及 PID 控制器及其校正等。

本书具有如下特点。

(1) 知识点全面。本书对经典控制理论的知识点进行了分类和汇总,既涵盖了基本概念和理论,也梳理了常用解题步骤和思路。

(2) 题干与解析严谨详尽。本书在题干的阐述和求解过程中,做到了严谨、详细、清晰、易读,不仅给出了多种解题方法和思路,而且在每道题求解后总结了该题的难点和易错点,有助于读者快速抓住重点和难点,避开题目雷区。

(3) 分类与延伸循序渐进。本书题目设计囊括了一般型、巩固型、证明型、设计型、拓展型等不同层次的题型及其解析,并采用分类列举的方式,既可以帮助读者全面练习和备考,也方便读者针对薄弱环节有的放矢。

本书既可以作为课程教学与学习的辅助资料,又可以作为考前复习或考研复习时全面快速了解课程重点和难点的复习资料,同时也给教师出题提供了思路。在使用本书时,建议读者先学习并掌握各章知识点回顾中的全部内容,再学习课后习题答案与解析,进而对加时练习题逐个展开自我练习,最后学习加时练习题的相关难点和易错点分析。

本书主编王燕舞,负责所有章节内容的撰写;编者刘晓康,负责部分习题的筛选;编者丁李、池明和詹习生,负责部分章节的校稿。此外,感谢潘伦蹦和吴星祯等同学帮忙验算习题,感谢肖江文教授对全书的校稿。感谢责任编辑的细心指导。

由于编者水平有限和编写时间仓促,难免会有考虑不周之处。对于本书中存在的错误和不妥之处,敬请广大读者来信批评指正。联系方式:wangyw@hust.edu.cn。

王燕舞

二〇二三年秋于喻园

目 录

1 自动控制原理概论 ·· (1)
  1.1 自动控制系统的基本概念知识点回顾 ··· (1)
    1.1.1 自动控制系统的基本构成 ··· (1)
    1.1.2 自动控制系统的分类 ·· (1)
    1.1.3 自动控制系统的性能要求 ··· (2)
  1.2 加时练习题与解析 ·· (2)

2 控制系统的数学模型 ·· (4)
  2.1 控制系统的数学模型知识点回顾 ·· (4)
    2.1.1 由原理图到数学模型 ··· (4)
    2.1.2 微分方程模型的标准形式 ··· (5)
    2.1.3 由微分方程模型求输出响应 ·· (6)
    2.1.4 非线性系统的线性化 ··· (6)
    2.1.5 传递函数及其求解 ·· (6)
    2.1.6 结构图的绘制及其等效化简 ·· (7)
    2.1.7 信号流图和梅逊公式 ··· (9)
  2.2 课后习题答案与解析 ··· (10)
  2.3 加时练习题与解析 ·· (25)
    2.3.1 教材中"想一想"问题的解答 ·· (25)
    2.3.2 原理图与数学模型 ·· (28)
    2.3.3 非线性模型的线性化 ··· (37)
    2.3.4 由传递函数求输出响应 ··· (38)
    2.3.5 由输出响应求传递函数 ··· (39)
    2.3.6 微分方程模型与结构图 ··· (44)
    2.3.7 结构图与传递函数 ·· (45)
    2.3.8 信号流图与传递函数 ··· (69)

3 控制系统的时域分析 ··· (74)
  3.1 控制系统的时域分析知识点回顾 ·· (74)
    3.1.1 稳定性的定义及其时域判断方法 ······································· (74)
    3.1.2 动态性能及其求解方法 ··· (76)
    3.1.3 稳态误差及其求解方法 ··· (78)
    3.1.4 控制系统的时域设计 ··· (81)
  3.2 课后习题答案与解析 ·· (81)
  3.3 加时练习题与解析 ··· (89)

3.3.1 综合问答 …………………………………………………………………… (89)
3.3.2 劳斯判据 …………………………………………………………………… (90)
3.3.3 动态响应与特征根分布 …………………………………………………… (96)
3.3.4 一阶系统的动态性能 …………………………………………………… (100)
3.3.5 欠阻尼二阶系统的动态性能 …………………………………………… (101)
3.3.6 过阻尼二阶系统的动态性能 …………………………………………… (101)
3.3.7 带闭环零点的二阶系统的动态性能 …………………………………… (102)
3.3.8 高阶系统的动态性能 …………………………………………………… (104)
3.3.9 有用输入和扰动输入下的稳态误差 …………………………………… (108)
3.3.10 基于性能要求的参数设计 …………………………………………… (111)
3.3.11 基于性能要求的控制器设计 ………………………………………… (118)

4 根轨迹法 …………………………………………………………………………… (128)
4.1 知识点回顾 …………………………………………………………………… (128)
4.1.1 根轨迹图及相关概念 …………………………………………………… (128)
4.1.2 180°根轨迹 ……………………………………………………………… (129)
4.1.3 0°根轨迹 ………………………………………………………………… (132)
4.1.4 普通根轨迹与广义根轨迹的绘制 ……………………………………… (133)
4.1.5 线性系统的根轨迹分析法 ……………………………………………… (134)
4.1.6 开环零极点对根轨迹的影响 …………………………………………… (134)
4.2 课后习题答案与解析 ………………………………………………………… (135)
4.3 加时练习题与解析 …………………………………………………………… (151)
4.3.1 二阶系统根轨迹与分析 ………………………………………………… (151)
4.3.2 三阶系统根轨迹与分析 ………………………………………………… (162)
4.3.3 高阶系统根轨迹与分析 ………………………………………………… (170)

5 线性系统的频域分析 ……………………………………………………………… (180)
5.1 知识点回顾 …………………………………………………………………… (180)
5.1.1 频率特性的基本概念 …………………………………………………… (180)
5.1.2 典型环节的频率特性 …………………………………………………… (182)
5.1.3 幅相特性曲线 …………………………………………………………… (188)
5.1.4 对数频率特性图（Bode 图）…………………………………………… (189)
5.1.5 基于频率特性的系统辨识 ……………………………………………… (190)
5.1.6 奈奎斯特稳定性判据 …………………………………………………… (190)
5.1.7 控制系统的相对稳定性 ………………………………………………… (193)
5.1.8 闭环频率特性及性能指标 ……………………………………………… (194)
5.2 课后习题答案与解析 ………………………………………………………… (196)
5.3 加时练习题与解析 …………………………………………………………… (212)
5.3.1 教材中"想一想"问题的解答 ………………………………………… (212)
5.3.2 正弦输入信号下的稳态输出 …………………………………………… (212)
5.3.3 正负反馈系统的奈氏判据与参数范围 ………………………………… (214)
5.3.4 正负反馈最小相位系统的幅相曲线与奈氏判据 ……………………… (219)

5.3.5 正负反馈非最小相位系统的幅相曲线与奈氏判据 …………………… (227)
    5.3.6 Bode 图的绘制与稳定裕度 …………………………………………… (241)
    5.3.7 存在开环纯虚根时的奈氏判据 ………………………………………… (246)
    5.3.8 最小相位系统的系统辨识 ……………………………………………… (249)
    5.3.9 非最小相位系统的系统辨识 …………………………………………… (259)
    5.3.10 稳定裕度的求解 ……………………………………………………… (272)

6 线性系统的校正 …………………………………………………………………… (276)

6.1 知识点回顾 …………………………………………………………………… (276)
    6.1.1 常用校正装置及其特性 ………………………………………………… (276)
    6.1.2 串联超前校正 …………………………………………………………… (279)
    6.1.3 串联滞后校正 …………………………………………………………… (280)
    6.1.4 串联滞后-超前校正 ……………………………………………………… (281)
    6.1.5 期望频率特性法校正 …………………………………………………… (281)
    6.1.6 反馈校正 ………………………………………………………………… (282)
    6.1.7 PID 控制器及其校正 …………………………………………………… (284)

6.2 课后习题答案与解析 ………………………………………………………… (286)

6.3 加时练习题与解析 …………………………………………………………… (310)
    6.3.1 串联校正装置的特性 …………………………………………………… (310)
    6.3.2 串联超前校正与串联滞后校正的设计与比较 ………………………… (313)
    6.3.3 四种串联校正方法的比较 ……………………………………………… (321)
    6.3.4 串联校正装置的硬件实现 ……………………………………………… (349)
    6.3.5 幅值裕度要求下的串联校正 …………………………………………… (352)
    6.3.6 反馈校正 ………………………………………………………………… (355)
    6.3.7 串联 PID 控制的设计 …………………………………………………… (359)

1 自动控制原理概论

本章旨在建立自动控制系统的基本概念,形成自动控制系统的总体框架。

1.1 自动控制系统的基本概念知识点回顾

本章知识点包括自动控制系统的基本构成、常见分类、性能要求以及发展历程。下面依次总结除发展历程之外的知识点。

1.1.1 自动控制系统的基本构成

自动控制系统由被控对象以及参与实现其被控制量自动控制的装置或元部件组成,通常包括**四个部分**:**被控对象、控制器、执行器、测量变送元件**。图 1.1 所示的结构图描述了由四个部分构成自动控制系统的一般连接关系。

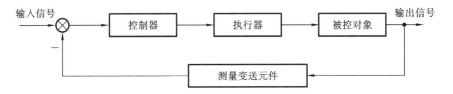

图 1.1 一般自动控制系统的结构图

1.1.2 自动控制系统的分类

常见的自动控制系统分类方法有 7 种:信号的传递路径、输入信号的变化规律、传递信号是否连续、变量是否仅是时间的函数、输入/输出变量的个数、参数是否随时间发生变化、数学模型是否满足叠加原理等。

(1) 根据系统中信号的传递路径,自动控制系统可以分为**开环控制系统、闭环控制系统、复合控制系统**。

开环控制的优势在于结构简单,成本低廉,易于实现;但其缺点是控制精度低,对扰动没有抑制能力。**反馈控制**按偏差调节,其优势在于抗扰性好,控制精度高。**复合控制**可以抑制几乎所有的可量测扰动,其优势在于控制精度高。但反馈控制和复合控制的参数均需谨慎设计与恰当选择。

(2) 根据系统中输入信号的变化规律,自动控制系统可以分为**恒值控制系统**、**程序控制系统**、**随动控制系统**。

(3) 根据系统中传递信号是否连续,可以将自动控制系统分为**连续系统**、**离散系统**。

(4) 根据系统中变量是否仅是时间的函数,自动控制系统可以分为**集中参数系统**、**分布参数系统**。

(5) 根据系统中输入变量和输出变量的个数,自动控制系统可以分为**单输入单输出系统**、**多输入多输出系统**。

(6) 根据系统中参数是否随时间发生变化,自动控制系统可以分为**定常系统**、**时变系统**。

(7) 根据描述自动控制系统的数学模型是否满足叠加原理,自动控制系统可以分为**线性系统**、**非线性系统**。

在自动控制原理的经典控制部分,主要讨论的控制系统是**单输入单输出集中参数线性定常连续系统**,开环控制系统、闭环控制系统以及复合控制系统。

1.1.3 自动控制系统的性能要求

自动控制系统的**工作状态**包括**动态**过程和**静态**(稳态)。**控制系统的动态过程**(又称瞬态响应、动态响应),是指从输入信号作用在系统的时刻开始,到系统输出达到稳定状态为止,系统输出随时间变化的过程。**控制系统的稳态**是指系统在典型信号作用下,当时间 $t \to \infty$ 时系统输出量的表现方式。自动控制系统的性能要求包括三个方面:稳定性、快速性和准确性。

(1) **稳定性**是对控制系统的**基本要求**。

(2) **快速性**是对控制系统的动态要求,要求系统响应速度要快、响应过程要平稳,即超调量要小、上升时间和调节时间要短等。

(3) **准确性**是对控制系统的稳态要求,即稳态误差要小。

1.2 加时练习题与解析

【1-1】 自动控制系统由哪些元部件组成?

【解】 自动控制系统通常包括四个部分:被控对象、控制器、执行器、测量变送元件。

【1-2】 开环控制系统结构和闭环控制系统结构分别是怎样的?各自有何优缺点?

【解】 开环控制系统的结构图如图 1.2 所示。

图 1.2 开环控制系统的结构图

开环控制系统的优点是结构简单,成本低廉,易于实现。其缺点是控制精度低,对扰动没有抑制能力。

闭环控制系统的结构图如图 1.1 所示。闭环控制系统的优点是按偏差调节,抗扰性好,控制精度高;其缺点是控制参数需谨慎设计和恰当选择。

【1-3】 判断下面控制系统的类型:
$$\dot{c}(t)=a(t)\sin r_1(t)+br_2(t)$$
其中:$r_1(t)$、$r_2(t)$为系统的输入变量,$c(t)$为输出变量。

【解】 显然,该控制系统是**多输入多输出集中参数时变连续系统**。

下面继续判断其**是否是线性的**,并考查是否符合叠加原理。

设 $r_{11}(t)$ 和 $r_{21}(t)$ 产生的输出响应是 $c_1(t)$,$r_{12}(t)$ 和 $r_{22}(t)$ 对应的输出响应是 $c_2(t)$;另设 $r_{13}(t)=k_1 r_{11}(t)+k_1 r_{21}(t)$,$r_{23}(t)=k_2 r_{12}(t)+k_2 r_{22}(t)$,其中 k_i 为非零常数。

设由 $r_{13}(t)+r_{23}(t)$ 产生的输出响应为 $c_3(t)$。

下面考查 $c_3(t)=k_1 c_1(t)+k_2 c_2(t)$ 是否成立。

由
$$\begin{aligned}\dot{c}_3(t)&=a(t)\sin r_{13}(t)+br_{23}(t)\\&=a(t)\sin[k_1 r_{11}(t)+k_1 r_{21}(t)]+b[k_2 r_{12}(t)+k_2 r_{22}(t)]\end{aligned}$$

而 $$\begin{aligned}k_1\dot{c}_1(t)+k_2\dot{c}_2(t)&=k_1[a(t)\sin r_{11}(t)+br_{21}(t)]+k_2[a(t)\sin r_{12}(t)+br_{22}(t)]\\&=a(t)[k_1\sin r_{11}(t)+k_2\sin r_{12}(t)]+b[k_1 r_{21}(t)+k_2 r_{22}(t)]\end{aligned}$$

显然 $c_3(t)\neq k_1 c_1(t)+k_2 c_2(t)$,不符合叠加原理。

综上,该控制系统是**多输入多输出集中参数非线性时变连续系统**。

2 控制系统的数学模型

在经典控制理论中,通常需要建立系统的数学模型才便于进行系统分析和设计。因此,第 2 章建立控制系统的数学模型,是后继学习的基础。本章首先回顾数学模型的基础知识,再对配套教材中的习题进行解答,对教材中部分"想一想"问题给出解答,最后分类给出一些典型练习题和配套的答案及其难点与易错点解析。

2.1 控制系统的数学模型知识点回顾

本章知识点包括微分方程模型的建立、由微分方程模型求输出响应、非线性系统的线性化、传递函数、结构图的绘制与等效化简、信号流图与梅逊公式,以及根据输出响应对控制系统的数学模型进行辨识。下面依次介绍。

2.1.1 由原理图到数学模型

由原理图建立控制系统的微分方程模型的**步骤**如下。

(1) 确定系统的输入和输出。

(2) 根据物理机理列写各个元部件的微分方程模型。

(3) 消去中间变量,得到关于系统的输入和输出之间的微分方程模型,整理成标准形式。

采用**机理建模**来建立控制系统的数学模型时,应兼顾**准确性**和**简单化**,抓住主要矛盾,忽略次要因素。

常见物理元器件的性质如表 2-1 和表 2-2 所示。

表 2-1 机械器件

图 2.1~图 2.3 中,$x_1(t)$ 和 $x_2(t)$ 为位移,k 为弹簧的弹性系数;f 为阻尼器的阻尼系数;m 为质量块的质量

图 2.1 中,A 点所受力 $F_1(t)$ $=k(x_2(t)-x_1(t))$; B 点所受力 $F_2(t)=k(x_1(t)-x_2(t))$	图 2.2 中,A 点所受力 $F_1(t)$ $=f(\dot{x}_2(t)-\dot{x}_1(t))$; B 点所受力 $F_2(t)=f(\dot{x}_1(t)-\dot{x}_2(t))$	图 2.3 中,质量块的受力 $F(t)$ $=m\ddot{x}_1(t)$

续表

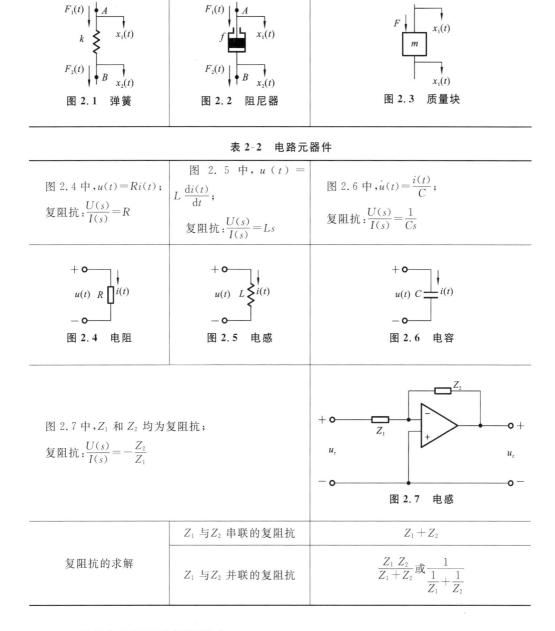

表 2-2 电路元器件

| 图 2.4 中，$u(t)=Ri(t)$;
复阻抗：$\dfrac{U(s)}{I(s)}=R$ | 图 2.5 中，$u(t)=L\dfrac{\mathrm{d}i(t)}{\mathrm{d}t}$;
复阻抗：$\dfrac{U(s)}{I(s)}=Ls$ | 图 2.6 中，$u(t)=\dfrac{i(t)}{C}$;
复阻抗：$\dfrac{U(s)}{I(s)}=\dfrac{1}{Cs}$ |

图 2.4 电阻　　图 2.5 电感　　图 2.6 电容

| 图 2.7 中，Z_1 和 Z_2 均为复阻抗;
复阻抗：$\dfrac{U(s)}{I(s)}=-\dfrac{Z_2}{Z_1}$ | 图 2.7 电感 |

复阻抗的求解	Z_1 与 Z_2 串联的复阻抗	Z_1+Z_2
	Z_1 与 Z_2 并联的复阻抗	$\dfrac{Z_1 Z_2}{Z_1+Z_2}$ 或 $\dfrac{1}{\dfrac{1}{Z_1}+\dfrac{1}{Z_2}}$

2.1.2 微分方程模型的标准形式

对单输入单输出集中参数线性定常连续系统，设其输入为 $r(t)$，输出为 $c(t)$，则控制系统的**微分方程模型的标准形式**为

$$a_n\frac{\mathrm{d}^n c(t)}{\mathrm{d}t^n}+a_{n-1}\frac{\mathrm{d}^{n-1}c(t)}{\mathrm{d}t^{n-1}}+\cdots+a_1\frac{\mathrm{d}c(t)}{\mathrm{d}t}+a_0 c(t)$$
$$=b_m\frac{\mathrm{d}^m r(t)}{\mathrm{d}t^m}+b_{m-1}\frac{\mathrm{d}^{m-1}r(t)}{\mathrm{d}t^{m-1}}+\cdots+b_1\frac{\mathrm{d}r(t)}{\mathrm{d}t}+b_0 r(t)$$

其中：$a_i(i=1,2,\cdots,n)$、$b_j(j=1,2,\cdots,m)$ 是常数。

2.1.3 由微分方程模型求输出响应

由微分方程模型可以直接求出系统在一定初始条件和特定输入下的输出响应。求解方法之一是采用**拉氏变换与反变换**,其一般步骤如下。

(1) 对线性微分方程的每一项进行拉氏变换,使微分方程变成以 s 为变量的代数方程;注意初始条件的处理。例如:
- $\dot{f}(t)$ 的拉氏变换为 $sF(s)-f(0)$;
- $\ddot{f}(t)$ 的拉氏变换为 $s^2F(s)-sf(0)-\dot{f}(0)$。

其中:$f(0)$、$\dot{f}(0)$ 是 $f(t)$ 在 $t=0$ 时的初始条件。

(2) 求解代数方程,得到输出变量象函数的表达式。

(3) 将输出变量象函数展开成部分分式。

(4) 对部分分式进行拉氏反变换,得到微分方程的解。

2.1.4 非线性系统的线性化

1. 线性化的条件

采用小偏差法对非线性系统进行线性化,非线性系统应**满足以下两个条件**。

(1) 系统在工作点附近做小范围变化,即满足小偏差理论或小信号理论。

(2) 系统非线性模型中的非线性项在工作点附近存在各阶导数或偏导数。

2. 线性化的方法

对于多变量非线性函数 $y=f(x_1,x_2,\cdots,x_n)$,根据**泰勒级数**展开并忽略高阶项,可得

$$y \approx f(x_{10},x_{20},\cdots,x_{n0})+\sum_{i=1}^{n}\left[\frac{\partial f}{\partial x_i}\right]_0 (x_i-x_{i0})$$

其中:$f(x_{10},x_{20},\cdots,x_{n0})$ 是控制系统平衡点 $(x_{10},x_{20},\cdots,x_{n0})$ 处的函数值,$\left[\dfrac{\partial f}{\partial x_i}\right]_0$ 是函数偏导数在平衡点处的值。设常数 $K_i=\left[\dfrac{\partial f}{\partial x_i}\right]_0$,则非线性函数可线性化为如下关于增量的线性函数:

$$\Delta y = \sum_{i=1}^{n} K_i \Delta x_i$$

其中:$\Delta y=y-f(x_{10},x_{20},\cdots,x_{n0})$,$\Delta x_i=x_i-x_{i0}$。

将非线性微分方程中所有非线性函数均按照上述方法化成增量的线性函数,最后得到**关于输入和输出信号增量的线性微分方程**,也就是线性化模型。

2.1.5 传递函数及其求解

线性定常系统的传递函数(transfer function)为零初始条件下系统输出量的拉氏变换与系统输入量的拉氏变换之比。设 $C(s)$ 是系统的输出信号,$R(s)$ 是系统的输入信号,则系统传递函数的有理分式标准形式为

$$G(s)=\frac{C(s)}{R(s)}=\frac{b_m s^m+b_{m-1}s^{m-1}+\cdots+b_1 s+b_0}{a_n s^n+a_{n-1}s^{n-1}+\cdots+a_1 s+a_0}$$

其中:$a_i(i=1,2,\cdots,n)$、$b_j(j=1,2,\cdots,m)$ 是常数(实数)。

根据系统的微分方程或对应的输入/输出信号均可实现传递函数的求解,其方法分别总结如下。

(1) 将微分方程模型中的微分算符 $\dfrac{\mathrm{d}}{\mathrm{d}t}$ 用复数 s 置换,得到传递函数。

(2) **传递函数**与**单位脉冲响应**之间是拉氏变换与拉氏反变换的关系。

(3) 在零初始条件下,求系统输出信号的拉氏变换与输入信号的拉氏变换之比,即得传递函数。

(4) 在**非零初始条件**下,已知一定输入信号 $r(t)$ 作用下的输出响应 $c(t)$,求系统的传递函数的方法如下。

① 求系统的输入信号和输出响应的拉氏变换 $R(s)$ 和 $C(s)$。

② 根据系统的输入信号 $R(s)$ 和输出响应 $C(s)$,求 $R(s)$ 和 $C(s)$ 的分母多项式等于 0 的根,分别记为 q_k 和 p_j。

③ 系统的特征根为 p_j 中去除 q_k 后剩下的根,记为 p_j 中 $j=1,\cdots,n$ 的 n 个根。

④ 设系统的零输入响应 $C_1(s)=\sum\limits_{j=1}^{n}\dfrac{\alpha_j}{s-p_j}$,其中 α_j 为待定系数。根据非零初始条件列写方程组,即可求出 α_j。

⑤ 系统的零状态响应为 $C_2(s)=C(s)-C_1(s)$。

⑥ 系统的传递函数为零状态响应与输入拉氏变换之比,即 $G(s)=\dfrac{C_2(s)}{R(s)}$。

根据上述求解传递函数的方法,**在非零初始条件下,已知系统的传递函数,求一定输入作用下的输出响应**,有以下两种方法可以实现。

(1) 方法 1。

① 将传递函数中的 s 用 $\dfrac{\mathrm{d}}{\mathrm{d}t}$ 置换,得到微分方程模型。

② 在非零初始条件下,对微分方程模型求拉氏变换。

③ 将初始条件和输入信号的拉氏变换代入,得到输出响应的拉氏变换表达式 $C(s)$。

④ 求 $C(s)$ 的拉氏反变换。

(2) 方法 2。

① 由传递函数分母等于 0 求出系统的特征根 $p_j,j=1,\cdots,n$。

② 设系统的零输入响应 $C_1(s)=\sum\limits_{j=1}^{n}\dfrac{\alpha_j}{s-p_j}$,其中 α_j 为待定系数。根据非零初始条件列写方程组,即可求出 α_j。

③ 由 $C_2(s)=G(s)R(s)$ 求出零状态响应 $C_2(s)$。

④ 输出响应的拉氏变换表达式 $C(s)=C_1(s)+C_2(s)$。

⑤ 求 $C(s)$ 的拉氏反变换。

2.1.6 结构图的绘制及其等效化简

1. 已知原理图绘制结构图

已知系统的原理图,绘制结构图的步骤如下。

(1) 确定系统的输入变量和输出变量,建立原始的微分方程组或代数方程组。

(2) 在零初始条件下对原始方程进行拉氏变换,据此作出相应的子方块图。其中信号用信号线表示,相同的信号用引出点表示,加法和减法用综合点表示,乘法和除法用方框表示。

(3) 置系统的输入变量于左端、输出变量于右端,按系统中各变量的传递顺序,依次将各子方块图连接起来,就形成系统的结构图。

2. 结构图等效变换准则

(1) 由 n 个方框 $G_i(s)$ 依次**串联**的等效传递函数 $G(s)$,等于 n 个方框的传递函数的乘积,即 $G(s) = \prod G_i(s)$。

(2) 由 n 个方框 $G_i(s)$ 并联的等效传递函数 $G(s)$,等于 n 个方框的传递函数的代数和,即 $G(s) = \sum G_i(s)$。

(3) 前向通路 $G(s)$ 和反馈通路 $H(s)$ 是**反馈连接**,等效变换后的闭环传递函数为 $\Phi(s) = G_B(s) = \dfrac{C(s)}{R(s)} = \dfrac{G(s)}{1 \mp G(s)H(s)}$,其中加号对应于负反馈,减号则对应于正反馈。

(4) 信号顺向移动为**后移**,逆向移动为**前移**。

(5) **综合点前移**,除以跨过的环节的传递函数;**综合点后移**,乘以跨过的环节的传递函数。

(6) **引出点前移**,乘以跨过的环节的传递函数;**引出点后移**,除以跨过的环节的传递函数。

(7) 两个或多个**相邻的综合点**可以任意交换位置。在此过程中,注意信号的符号是否会发生变化。

(8) 两个或多个**相邻的引出点**可以任意交换位置。

(9) **交换引出点和综合点的位置**,变换关系如图 2.8 所示。

(a) 综合点后移/引出点前移

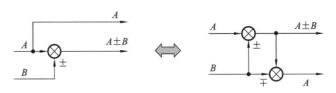

(b) 引出点后移/综合点前移

图 2.8 交换引出点和综合点的位置

由图 2.8 可知,如果将左图变成右图,往往会导致结构图更加复杂;但如果将右图等效变换成左图,则可以实现结构图的简化。

3. 已知结构图求传递函数

已知结构图求传递函数的方法包括以下几种。

(1) **代数运算法**。该方法根据结构图中信号间的变换关系列写方程,消去中间信号,即可得到输入/输出之间的传递函数。

(2) **结构图等效化简**。

此时要注意如下两点。

① 综合点尽量向其他综合点所在方向移动。

② 引出点尽量向其他引出点所在方向移动。

(3) **梅逊公式**。具体做法参见下文梅逊公式"6.已知结构图,由梅逊公式求传递函数"。

2.1.7 信号流图和梅逊公式

1. 信号流图中的几个概念

(1) **节点**:用圆圈"○"表示。节点表示控制系统的变量或信号,节点的值等于所有**进入该节点的信号之和**。

(2) **输入节点**(源节点):只有输出支路的节点,为系统的输入变量。

(3) **输出节点**(阱节点):只有输入支路的节点,为系统的输出变量。

(4) **支路**:指连接两个节点的定向线段,表示信号间的传递关系。

(5) **支路增益**:指支路旁边标注的传递函数,表示两个节点变量间的变换关系。

(6) **通路**:指从某一节点开始,沿支路箭头方向,经过各相连支路到另一节点所构成的路径。通路中各支路增益的乘积称为**通路增益**。

(7) **前向通路**:指从输入节点开始并终止于输出节点,且与其他节点相交不多于一次的通路。该通路各增益的乘积称为**前向通路增益**。

(8) **回路**:通路的终点就是通路的起点,并且与任何其他节点相交不多于一次的通路。回路中各支路增益的乘积称为**回路增益**。

(9) **不接触回路和接触回路**:一个信号流图有多个回路,若某两个回路之间没有任何公共节点,则称它们为**不接触回路**,否则称为**接触回路**。

2. 已知原理图,绘制信号流图

已知系统的原理图,绘制信号流图的步骤如下。

(1) 确定系统的输入信号和输出信号,建立系统信号间的原始微分方程或代数方程。

(2) 在零初始条件下对原始方程进行拉氏变换。

(3) 以信号为节点、信号的传递关系为支路、信号间的变换关系为支路增益,绘制信号流图。

(4) 将系统的输入节点放在左端,输出节点放在右端。如果绘制出来的图没有输出节点,则需增加一个输出节点和一个支路增益为1的支路,流向输出节点。

3. 已知结构图,绘制信号流图

已知系统的结构图,绘制信号流图的步骤如下。

(1) 将结构图中系统的输入信号、输出信号、各综合点的输出信号、引出点的引出信号、方块的输出信号作为节点。

(2) 将信号的传递用支路连接。

(3) 将方框中的传递函数作为支路增益。在此过程中,进入综合点信号的符号发生变化,转换为负的支路增益。

4. 梅逊公式

梅逊公式的表达式为 $G(s) = \dfrac{\sum_{k=1}^{m} P_k \Delta_k}{\Delta}$,其中 $G(s)$ 为待求的总传递函数,即输入信号与输出信号之间的传递函数。

(1) Δ 为特征式,$\Delta = 1 - \sum_{1}^{n} L_i + \sum_{1}^{n_2} L_i L_j - \sum_{1}^{n_3} L_i L_j L_k + \cdots$。

(2) $\sum_{1}^{n} L_i$ 为所有回路(n 条)的回路增益之和。

(3) $\sum_{1}^{n_2} L_i L_j$ 为所有两两互不接触回路(n_2 组)的回路增益乘积之和。

(4) $\sum_{1}^{n_3} L_i L_j L_k$ 为所有三三互不接触回路(n_3 组)的回路增益乘积之和。

(5) P_k 为从输入节点到输出节点的第 k 条前向通路的增益。

(6) Δ_k 为余子式,是将 Δ 中与第 k 条前向通路相接触的回路相关的项除去后所余下的部分。

(7) m 为从输入节点到输出节点所有前向通路的条数。

5. 已知信号流图,由梅逊公式求传递函数

已知信号流图,当根据梅逊公式求解传递函数时,注意以下技巧。

(1) 要形成回路,必然需要信号的反向流动。因此,可以**从信号反向流动的支路出发**来找回路。注意,每个节点不能经过两次。

(2) 找回路和前向通路时,均要注意**某个节点有多个输出支路**的情况。此时可以做一个标记,该节点处还需要分析另一个输出支路是否构成回路或前向通路。

6. 已知结构图,由梅逊公式求传递函数

将梅逊公式应用于结构图时,其中几个相关要素的分析方法如下。

(1) **回路**:从某个**综合点**出发,按照信号流向,经过方框、其他综合点和引出点最多一次,最后回到原综合点的通路。

(2) **回路增益**:回路所经过方框的传递函数的乘积,再乘以信号流向过程中信号**进入综合点的符号**。

(3) **接触回路**:共享方框、综合点或引出点的回路。否则就是不接触回路。

(4) **前向通路**:从输入出发,按照信号流向经过方框和其他综合点最多一次,最后到达输出的通路。

(5) **前向通路增益**:前向通路所经过方框的传递函数的乘积,再乘以信号流向过程中信号**进入综合点的符号**。

(6) **与前向通路相接触的回路**:与前向通路共享方框、综合点或引出点的回路。

2.2 课后习题答案与解析

【习题 2-1】 试分别以 x_r 和 u_r 为输入、x_c 和 u_c 为输出,求图 2.9(a)所示的机械系

统和图 2.9(b)所示的电路系统的微分方程模型和传递函数,并证明这两个系统是相似系统。其中 k_1 和 k_2 是弹簧的弹性系数,b_1 和 b_2 是阻尼器的阻尼系数,R_1 和 R_2、C_1 和 C_2 分别是电阻器的电阻与电容器的电容。

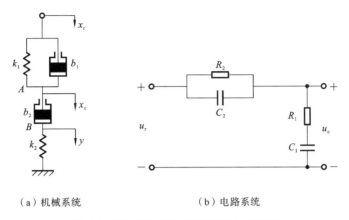

(a)机械系统　　　　　(b)电路系统

图 2.9 【习题 2-1】机械系统和电路系统

【解】 (1) 对于图 2.9(a)所示的机械系统,设 B 点的位移为 y,则由 A 点力平衡得运动方程为
$$b_1(\dot{x}_r(t)-\dot{x}_c(t))+k_1(x_r(t)-x_c(t))=b_2(\dot{x}_c(t)-\dot{y}(t))$$
由 B 点力平衡得运动方程为
$$b_2(\dot{x}_c(t)-\dot{y}(t))=k_2 y(t)$$
对上面第二个方程求一阶导数并将第一个方程的 $\dot{y}(t)$ 代入,从而消去 $y(t)$,得**机械系统的微分方程模型**为
$$b_1 b_2 \ddot{x}_c(t)+(b_1 k_2+b_2 k_1+b_2 k_2)\dot{x}_c(t)+k_1 k_2 x_c(t)$$
$$=b_1 b_2 \ddot{x}_r(t)+(b_1 k_2+b_2 k_1)\dot{x}_r(t)+k_1 k_2 x_r(t)$$
(2) 在零初始条件下,对上述两个运动方程进行拉普拉斯变换,得
$$b_1(sX_r(s)-sX_c(s))+k_1(X_r(s)-X_c(s))=b_2(sX_c(s)-sY(s))$$
$$b_2(sX_c(s)-sY(s))=k_2 Y(s)$$
消去 $Y(s)$,得
$$b_1(sX_r(s)-sX_c(s))+k_1(X_r(s)-X_c(s))=b_2 s X_c(s)-b_2 s\frac{b_2 s X_c(s)}{b_2 s+k_2}$$
整理得**机械系统的传递函数**为
$$\frac{X_c(s)}{X_r(s)}=\frac{b_1 b_2 s^2+(b_1 k_2+b_2 k_1)s+k_1 k_2}{b_1 b_2 s^2+(b_1 k_2+b_2 k_1+b_2 k_2)s+k_1 k_2}$$
(3) 对于图 2.9(b)所示的电路系统,借助复阻抗,可以很容易写出**电路系统的传递函数** $\dfrac{U_c(s)}{U_r(s)}$ 为
$$\frac{U_c(s)}{U_r(s)}=\frac{R_1+\dfrac{1}{C_1 s}}{\dfrac{R_2\dfrac{1}{C_2 s}}{R_2+\dfrac{1}{C_2 s}}+R_1+\dfrac{1}{C_1 s}}=\frac{R_1 C_1 R_2 C_2 s^2+(R_1 C_1+R_2 C_2)s+1}{R_1 C_1 R_2 C_2 s^2+(R_1 C_1+R_2 C_1+R_2 C_2)s+1}$$

(4) 对于图 2.9(b) 所示的电路系统,由传递函数可以很容易写出**电路系统的微分方程模型**为

$$R_1C_1R_2C_2\ddot{u}_c(t)+(R_1C_1+R_2C_1+R_2C_2)\dot{u}_c(t)+u_c(t)$$
$$=R_1C_1R_2C_2\ddot{u}_r(t)+(R_1C_1+R_2C_1+R_2C_2)\dot{u}_r(t)+u_r(t)$$

(5) 由上可见,$\dfrac{X_c(s)}{X_r(s)}$ 与 $\dfrac{U_c(s)}{U_r(s)}$ 具有相同的形式,当满足下面条件时,

$$R_1=b_1,\quad R_2=b_2,\quad C_1=\dfrac{1}{k_1},\quad C_2=\dfrac{1}{k_2}$$

两系统在相同的输入信号作用下具有相同的输出,因此图 2.9(a) 和 (b) 所示的两个系统是相似系统。

【难点与易错点】

● 在图 2.9(a) 所示的系统中,由于阻尼器不是刚体,因此需要单独分析 A 点的受力情况。

● 在图 2.9(b) 所示的系统中,输出电压是 R_1 与 $\dfrac{1}{C_1s}$ 串联的端电压,而 R_2 与 $\dfrac{1}{C_2s}$ 是并联关系,据此由复阻抗来分析电压之间的关系较为便捷。

● 该题消去中间变量的过程较易出错,**消去中间变量的方法**,除采用上述解题过程(1) 中求导的方法外,也可以借助(2) 中拉氏变换的**方法**消去中间变量,再由传递函数得到微分方程模型。读者可以自行尝试,选择适合自己的方法。

● 对于最终结果,应注意采用微分方程和传递函数的**标准形式**给出答案。

● 从该题可以看出,**机械系统和电路系统之间具有一定的对应关系**。对比表 2-1 和表 2-2,对于机械位移系统,若设弹簧或阻尼器上下两端的相对速度以及质量块的运动速度为 v,则图 2.1 中弹簧 B 点受力 $F_2=kv$,图 2.2 中阻尼器 B 点受力 $F_2=fv$,图 2.3 中质量块受力 $F=m\dot{v}$。

若将**受力与电压**、**速度及电流**分别对应起来,则**弹簧**、**阻尼器**、**质量块**的动力学分别对应图 2.6 中的**电容**、图 2.4 中的**电阻**、图 2.5 中的**电感**,且 $\dfrac{1}{C}=k,R=f,L=m$,与该题结论具有一致性。

【习题 2-2】 某电路系统如图 2.10 所示,图中 R_1 和 R_2、C、L 分别是电阻器的电阻、电容器的电容、电感器的电感。设输入信号为电压 u_r,输出信号为电压 u_c,试求该系统的微分方程模型和传递函数。

【解】 根据复阻抗可以很容易写出其传递函数为

$$\dfrac{U_c(s)}{U_r(s)}=\dfrac{\dfrac{1}{\dfrac{1}{R_2+Ls}+Cs}}{\dfrac{1}{\dfrac{1}{R_2+Ls}+Cs}+R_1}$$

$$=\dfrac{Ls+R_2}{R_1LCs^2+(R_1R_2C+L)s+R_1+R_2}$$

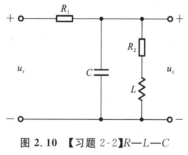

图 2.10 【习题 2-2】R—L—C 电路系统

因此其微分方程模型为
$$R_1LC\ddot{u}_c(t)+(R_1R_2C+L)\dot{u}_c(t)+(R_1+R_2)u_c(t)=L\dot{u}_r(t)+R_2u_r(t)$$

【难点与易错点】

● 在图 2.10 所示的电路系统中，输出电压是 R_2 与 Ls 串联后再与 $\dfrac{1}{Cs}$ 并联的端电压，其与 R_1 两端电压之和是输入电压，因此易由复阻抗得到传递函数。再由传递函数得到微分方程模型。

【习题 2-3】 有机械运动系统分别如图 2-11(a)和(b)所示，其中 m 为质量块的质量，k_1 和 k_2 是弹簧的弹性系数，b、b_1 和 b_2 是阻尼器的阻尼系数。设输入信号为位移 x_r，输出信号为位移 x_c，试分别求这两个机械运动系统的微分方程模型和传递函数。

【解】 (1) 由图 2.11(a)可知：质量块的运动方程为
$$b_1(\dot{x}_r-\dot{x}_c)-b_2\dot{x}_c=m\ddot{x}_c$$
$$m\ddot{x}_c+(b_1+b_2)\dot{x}_c=b_1\dot{x}_r$$

则图 2.11(a)的微分方程模型为
$$m\ddot{x}_c+(b_1+b_2)\dot{x}_c=b_1\dot{x}_r$$

图 2.11(a)的传递函数为
$$\frac{X_c(s)}{X_r(s)}=\frac{b_1}{ms+(b_1+b_2)}$$

(2) 由于阻尼器上下两端的位移不同，因此设 A 点处的位移为 y，如图 2.12 所示。

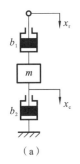 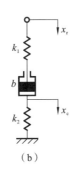 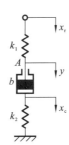

(a)　　　　　　　(b)

图 2.11 【习题 2-3】机械运动系统　　　图 2.12 【习题 2-3】机械运动系统的辅助线

由力平衡可得
$$k_1(x_r-y)=b(\dot{y}-\dot{x}_c)$$
$$b(\dot{y}-\dot{x}_c)=k_2x_c$$

对第一个方程求一阶导数，并将由第二个方程求得的 $\dot{y}$ 代入，可得
$$k_1\left(\dot{x}_r-\frac{k_2}{b}x_c-\dot{x}_c\right)=k_2\dot{x}_c$$

则图 2.11(b)的微分方程模型为
$$b(k_1+k_2)\dot{x}_c+k_1k_2x_c=bk_1\dot{x}_r$$

图 2.11(b)的传递函数为
$$\frac{X_c(s)}{X_r(s)}=\frac{bk_1s}{b(k_1+k_2)s+k_1k_2}$$

> 【难点与易错点】
> ● 在图 2.11 所示的两个机械运动系统中,(a)的两个阻尼器由质量块连接,质量块近似认为是刚体,因此上下两端共同运动。而(b)的两根弹簧由阻尼器连接,阻尼器不是刚体,上下两端位移不同,因此需要单独分析 A 点处的受力情况。
> ● 该题**消去中间变量的方法**除采用上述解题过程中求导的方法外,也可以借助拉氏变换的方法消去中间变量,再由传递函数得到微分方程模型。读者可以自行尝试,选择适合自己的方法。

【习题 2-4】 已知系统的微分方程模型为 $3\ddot{c}(t)+6\dot{c}(t)+2c(t)=2r(t)$,试求系统的传递函数。

【解】 在零初始条件下对微分方程模型进行拉氏变换,可得系统的传递函数为
$$\frac{C(s)}{R(s)} = \frac{2}{3s^2+6s+2}$$

> 【难点与易错点】
> ● 该题考查微分方程模型与传递函数之间的关系,较为简单。

【习题 2-5】 若某系统在单位阶跃输入 $r(t)=1(t)$ 作用下,系统
(1) 在零初始条件下的输出响应为 $c(t)=1+e^{-t}-e^{-2t}$, $t>0$;
(2) 在初始条件为 $c(0)=0,\dot{c}(0)=3$ 时的输出响应为 $c(t)=1+4e^{-t}-4e^{-2t}$, $t>0$。
试分别求上述两种情况下系统的传递函数。
(3) 思考为什么该系统的输出响应在 $t=0$ 时发生了跳变;
(4) 求系统的单位脉冲响应,并比较与系统的单位阶跃响应的关系。

【解】 (1) 当满足零初始条件时。

根据传递函数的定义,可求出输入信号与输出信号的拉氏变换,二者之比即为传递函数。单位阶跃输入的拉氏变换为 $R(s)=\frac{1}{s}$,系统的单位阶跃响应的拉氏变换为
$$C(s)=L(1+e^{-t}-e^{-2t})=\frac{1}{s}+\frac{1}{s+1}-\frac{1}{s+2}$$

则情况(1)下系统的传递函数为
$$G(s)=\frac{C(s)}{R(s)}=\frac{s^2+4s+2}{s^2+3s+2}$$

(2) **当初始条件非零时。**

此时需先求出零状态响应,才能进一步根据定义求出传递函数。单位阶跃输入的拉氏变换为 $R(s)=\frac{1}{s}$,系统输出响应的拉氏变换为
$$C(s)=L(1+4e^{-t}-4e^{-2t})=\frac{1}{s}+\frac{4}{s+1}-\frac{4}{s+2}$$

则系统有两个闭环特征根 -1 和 -2。因此可设**系统的零输入响应** $C_1(s)=\frac{a}{s+1}+$

$\dfrac{b}{s+2}$，则 $c_1(t)=a\mathrm{e}^{-t}+b\mathrm{e}^{-2t}$。将初始条件代入，得

$$c_1(0)=a+b=0$$
$$\dot{c}_1(0)=-a-2b=3$$

联立可得 $a=3,b=-3$，则 $c_1(t)=3\mathrm{e}^{-t}-3\mathrm{e}^{-2t}$。因此零状态响应为输出响应减去零输入响应，即零状态响应为

$$c_2(t)=c(t)-c_1(t)=1+\mathrm{e}^{-t}-\mathrm{e}^{-2t}$$

则情况(2)下系统的传递函数为

$$G(s)=\dfrac{C_2(s)}{R(s)}=\dfrac{s^2+4s+2}{s^2+3s+2}$$

(3) **思考为什么该系统的输出响应在 $t=0$ 时发生了跳变。**

观察系统的输出响应，无论是在零初始条件下还是在非零初始条件下，输出响应在零时刻都存在一个跳变。以零初始条件下的单位阶跃响应为例，$c(0)=1$，输出响应从初始状态 $c(0)=0$ 直接变成了 1。**发生跳变的原因**，就是因为传递函数分子与分母阶次相同。$G(s)=1+\dfrac{s}{s^2+3s+2}$，其中 $G'(s)=1$ 这个部分导致了输出响应的跳变。

(4) **求系统的单位脉冲响应，并比较与系统的单位阶跃响应的关系。**

根据单位脉冲响应与传递函数之间的关系，对 $G(s)$ 求拉氏反变换即可得**单位脉冲响应** $c_\delta(t)$ 为

$$c_\delta(t)=L^{-1}\left(1+\dfrac{s}{s^2+3s+2}\right)=L^{-1}\left(1+\dfrac{-1}{s+1}+\dfrac{2}{s+2}\right)=\delta(t)-\mathrm{e}^{-t}+2\mathrm{e}^{-2t}$$

对比该系统的**单位阶跃响应** $c(t)=1+\mathrm{e}^{-t}-\mathrm{e}^{-2t},t\geqslant 0$，二者是导数关系。要注意的是，该系统的单位阶跃响应 $c(t)$ 的表达式实际上可表示为

$$c(t)=(1+\mathrm{e}^{-t}-\mathrm{e}^{-2t})\cdot 1(t)$$

对单位阶跃响应求导，即得单位脉冲响应为

$$c_\delta(t)=\dot{c}(t)=(-\mathrm{e}^{-t}+2\mathrm{e}^{-2t})\cdot 1(t)+(1+\mathrm{e}^{-t}-\mathrm{e}^{-2t})\cdot \delta(t)$$

由于 $1+\mathrm{e}^{-t}-\mathrm{e}^{-2t}$ 在零时刻的值为 1，因此可得单位脉冲响应为

$$c_\delta(t)=\delta(t)-\mathrm{e}^{-t}+2\mathrm{e}^{-2t}$$

【难点与易错点】

● 该题考查的知识点包括：零初始条件下传递函数的求解；非零初始条件下传递函数的求解；单位脉冲响应与传递函数的关系；单位阶跃响应与单位脉冲响应间的关系。

● 该题探讨了零初始条件下出现 $c(t)|_{t=0}\neq 0$ 的原因，探讨了非零初始条件下出现 $c(t)|_{t=0}\neq c(0)$ 的原因。二者均是因为该题中系统的传递函数分子与分母阶次相同。

● 若系统的单位阶跃响应在零时刻出现跳变，则需注意对单位阶跃响应**求导数的方法**，即将输出响应乘以 $1(t)$，再按照求导的方法求关于时间的导数，这样不容易出错。

【习题 2-6】 已知系统的单位脉冲响应为 $c(t)=0.1t^2,t\geqslant 0$，试求系统的传递

函数。

【解】 根据单位脉冲响应与传递函数之间的关系，对单位脉冲响应求拉氏变换即可得传递函数为

$$G(s) = L(0.1t^2) = \frac{0.2}{s^3}$$

【难点与易错点】
● 该题考查了单位脉冲响应与传递函数的关系。

【习题 2-7】 已知某系统信号间的微分方程描述如下：

$$x_1(t) = r(t) - c(t), \quad x_2(t) = \tau \dot{x}_1(t) + K_1 x_1(t), \quad x_3(t) = K_2 x_2(t),$$

$$x_3(t) = x_4(t) + x_5(t) + K_5 c(t), \quad \dot{x}_5(t) = K_3 x_4(t), \quad K_4 x_5(t) = T\dot{c}(t) + c(t)$$

其中 τ、K_1、K_2、K_3、K_4、K_5、T 均为常数。设输入信号为 $r(t)$，输出信号为 $c(t)$，试绘制系统的结构图，要求该结构图能展示系统各个信号 $x_i(t), i=1,2,\cdots,5$ 之间的变换关系，并根据该结构图求系统的传递函数 $\dfrac{C(s)}{R(s)}$。

【解】 在零初始条件下，对上述信号间的微分方程求拉氏变换，并将每个方程写成某一个变量的表达式，即可得下面方程组：

$$X_1(s) = R(s) - C(s), \quad X_2(s) = (\tau s + K_1) X_1(s), \quad X_3(s) = K_2 X_2(s),$$

$$X_4(s) = X_3(s) - X_5(s) - K_5 C(s), \quad sX_5(s) = K_3 X_4(s), \quad C(s) = \frac{K_4}{Ts+1} X_5(t)$$

据此可绘制该系统的结构图，如图 2.13 所示。

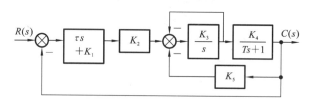

图 2.13 【习题 2-7】系统的结构图

此时系统的传递函数为

$$\frac{C(s)}{R(s)} = \frac{\sum_{k=1}^{1} P_k \Delta_k}{\Delta} = \frac{(\tau s + K_1) \dfrac{K_2 K_3 K_4}{s(Ts+1)}}{1 + \dfrac{K_3}{s} + \dfrac{K_3 K_4 K_5}{s(Ts+1)} + (\tau s + K_1) \dfrac{K_2 K_3 K_4}{s(Ts+1)}}$$

$$= \frac{K_2 K_3 K_4 \tau s + K_1 K_2 K_3 K_4}{Ts^2 + (K_2 K_3 K_4 \tau + K_3 T + 1)s + K_1 K_2 K_3 K_4 + K_3 K_4 K_5 + K_3}$$

【难点与易错点】
● 该题考查的知识点包括结构图的绘制以及传递函数的求解。
● 绘制结构图时，**不能先消去中间变量**。这是因为结构图要求体现所有中间信号的变换关系。如果消去中间变量，则会失去某些中间信号。

> ● 该题求解过程中,将每个方程写成**某一个变量的表达式**,则很容易绘制结构图。
> ● 该题基于结构图求解传递函数时,采用梅逊公式较为简便。由两个综合点出发易得系统有三个回路,且这三个回路均为接触回路。由输入信号出发,易得有一条前向通路,且其余子式为 1。

【**习题 2-8**】 已知系统的结构图如图 2.14 所示,试分别用结构图等效化简的方法和梅逊公式的方法求系统的传递函数。

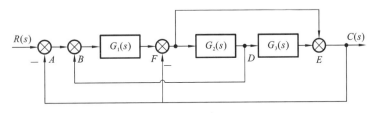

图 2.14 【习题 2-8】系统的结构图

【**解**】 (1) **结构图等效化简**:将综合点 F 前移至 $G_1(s)$ 的输入端,将引出点 D 前移至 $G_2(s)$ 的输入端,同时交换移动后的综合点 F 和综合点 B 的位置,可得图 2.15。

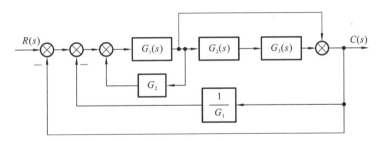

图 2.15 【习题 2-8】第一步等效变换后的系统结构图

将反馈回路由内至外逐层化简即可得系统的传递函数,详细步骤略。

(2) **梅逊公式**。

① **分析回路**。

从综合点 A 出发的回路有两条,$L_1 = -G_1 G_2 G_3$,$L_2 = -G_1$。

从综合点 B 出发的回路有一条,$L_3 = G_1 G_2$。

从综合点 F 出发的回路有两条,$L_4 = -G_2 G_3$,$L_5 = -1$。

从综合点 E 出发没有构成新的回路。

上述五条回路相互都有接触,因此特征式为

$$\Delta = 1 - \sum_1^5 L_i = 1 + G_1 - G_1 G_2 + G_1 G_2 G_3 + G_2 G_3 + 1$$

② **分析前向通路及其余子式**。

从输入出发,有两条前向通路到达输出,即 $P_1 = G_1 G_2 G_3$,其余子式为 $\Delta_1 = 1$;$P_2 = G_1$,其余子式为 $\Delta_2 = 1$。

由梅森公式可得系统的**传递函数**为

$$\frac{C(s)}{R(s)} = \frac{\sum_{k=1}^{2} P_k \Delta_k}{\Delta} = \frac{G_1 + G_1 G_2 G_3}{2 + G_1 - G_1 G_2 + G_1 G_2 G_3 + G_2 G_3}$$

【难点与易错点】
- 该题考查结构图等效变换和梅逊公式。
- 该题综合点 B 处的输入信号没有发生符号的变化，要注意其符号的正负性。从综合点 B 出发的回路 L_3 在信号流动过程中没有发生符号的改变，因此回路增益 $L_3 = G_1 G_2$。而其他回路在信号流动过程中均发生了一次符号的改变，因此回路增益均为负。
- 在找该题所示结构图的回路时，容易漏掉从 F 直接到综合点 E 的支路，回路 L_2 和回路 L_5 均经过了这条支路。
- 该题前向通路中容易遗漏 P_2，P_2 也经过了从 F 直接到综合点 E 的支路。

【习题 2-9】 已知系统的结构图如图 2.16 所示，试分别用结构图等效化简的方法和梅逊公式的方法求系统的传递函数。

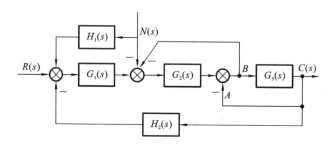

图 2.16 【习题 2-9】系统的结构图

【解】 （1）结构图等效化简：将 G_3 输入端的引出点 B 后移，同时将局部反馈化简，可得图 2.17。

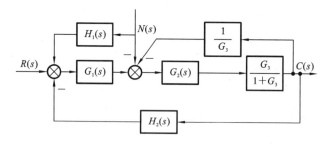

图 2.17 【习题 2-9】第一步等效变换后的系统结构图

进一步将局部反馈化简，可得图 2.18。
则有用输入下的传递函数为

$$\frac{C(s)}{R(s)} = \frac{G_1 G_2 G_3}{1 + G_1 G_2 G_3 H_2 + G_2 + G_3}$$

扰动输入下，将结构图 2.18 重新画成图 2.19。

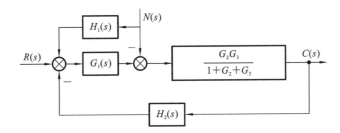

图 2.18 【习题 2-9】第二步等效变换后的系统结构图

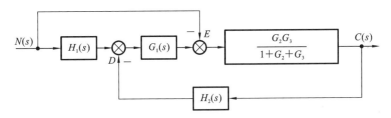

图 2.19 【习题 2-9】第三步等效变换后的系统结构图

将 G_1 输出端的综合点 E 前移,可得图 2.20。

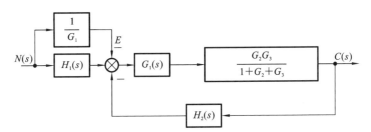

图 2.20 【习题 2-9】第四步等效变换后的系统结构图

将局部反馈等效化简可得图 2.21。

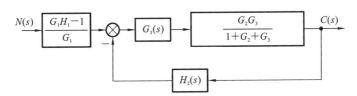

图 2.21 【习题 2-9】第五步等效变换后的系统结构图

则扰动输入下的传递函数为
$$\frac{C(s)}{N(s)} = \frac{G_1 G_2 G_3 H_1 - G_2 G_3}{1 + G_1 G_2 G_3 H_2 + G_2 + G_3}$$

(2) **梅逊公式**。

为方便阐述,将图 2.16 中三个综合点标记为 A、B 和 D,如图 2.22 所示。

有用输入和扰动输入下,回路是相同的。

从综合点 A 出发的回路有一条,$L_1 = -G_1 G_2 G_3 H_2$;

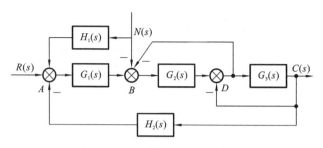

图 2.22 【习题 2-9】加标记后的系统结构图

从综合点 B 出发的回路有一条，$L_2=-G_2$；

从综合点 D 出发的回路有一条，$L_3=-G_3$；

三条回路均两两接触，没有不接触回路。

有用输入和扰动输入下三条回路均有效，因此特征式均为

$$\Delta = 1 - \sum_1^3 L_i = 1 + G_1G_2G_3H_2 + G_2 + G_3$$

有用输入下的前向通路只有一条，$P_1=G_1G_2G_3$，对应的余子式为 $\Delta_1=1$，则有用输入下的传递函数为

$$\frac{C(s)}{R(s)} = \frac{\sum_{k=1}^{1} P_k\Delta_k}{\Delta} = \frac{G_1G_2G_3}{1+G_1G_2G_3H_2+G_2+G_3}$$

扰动输入下的前向通路有两条：$P_1=-G_2G_3$，其余子式为 $\Delta_1=1$；$P_2=G_1G_2G_3H_1$，其余子式为 $\Delta_2=1$。

因此扰动输入下的传递函数为

$$\frac{C(s)}{N(s)} = \frac{\sum_{k=1}^{2} P_k\Delta_k}{\Delta} = \frac{G_1G_2G_3H_1-G_2G_3}{1+G_1G_2G_3H_2+G_2+G_3}$$

【难点与易错点】
- 该题考查的知识点包括结构图等效变换和梅逊公式。
- 在结构图等效化简时，第一步也可以将图 2.16 中的综合点 A 前移至 G_2 的输入端。第四步也可以将图 2.19 中的综合点 D 后移至 G_1 的输出端。
- 用梅逊公式求解时，扰动输入下的前向通路 P_1 的信号流动过程中，从 $N(s)$ 到综合点 B 发生了符号的改变，因此 $P_1=-G_2G_3$。

【习题 2-10】 试求图 2.23 所示控制系统的传递函数矩阵。

【解】 (1) 分析回路。

观察图 2.23 所示的结构图可知，两个输入作用下的两个输出的回路是相同的。

从综合点 A 出发的回路有两条，$L_1=G_1G_2$，$L_2=G_1G_4G_5H_1H_2$。

从综合点 B 出发的回路与综合点 A 出发的回路重复。

从综合点 D 出发的回路有一条，$L_3=-G_4$。

有一对两两不接触回路 $L_1=G_1G_2$ 和 $L_3=-G_4$，因此特征式为

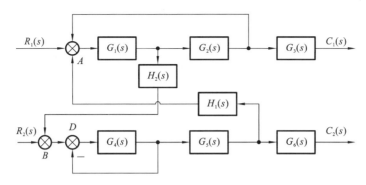

图 2.23 【习题 2-10】控制系统的结构图

$$\Delta = 1 - G_1G_2 - G_1G_4G_5H_1H_2 + G_4 - G_1G_2G_4$$

(2) 分析不同输入与不同输出之间的前向通路及传递函数。

从 $R_1(s)$ 到 $C_1(s)$ 有一条前向通路,$P_1 = G_1G_2G_3$,其余子式为 $\Delta_1 = 1 + G_4$,则 $R_1(s)$ 到 $C_1(s)$ 的传递函数为

$$\frac{C_1(s)}{R_1(s)} = \frac{\sum_{k=1}^{1} P_k \Delta_k}{\Delta} = \frac{G_1G_2G_3 + G_1G_2G_3G_4}{1 - G_1G_2 - G_1G_4G_5H_1H_2 + G_4 - G_1G_2G_4}$$

从 $R_1(s)$ 到 $C_2(s)$ 有一条前向通路,$P_1 = G_1G_4G_5G_6H_2$,其余子式为 $\Delta_1 = 1$,则 $R_1(s)$ 到 $C_2(s)$ 的传递函数为

$$\frac{C_2(s)}{R_1(s)} = \frac{G_1G_4G_5G_6H_2}{1 - G_1G_2 - G_1G_4G_5H_1H_2 + G_4 - G_1G_2G_4}$$

从 $R_2(s)$ 到 $C_1(s)$ 有一条前向通路,$P_1 = G_1G_2G_3G_4G_5H_1$,其余子式为 $\Delta_1 = 1$,则 $R_2(s)$ 到 $C_1(s)$ 的传递函数为

$$\frac{C_1(s)}{R_2(s)} = \frac{G_1G_2G_3G_4G_5H_1}{1 - G_1G_2 - G_1G_4G_5H_1H_2 + G_4 - G_1G_2G_4}$$

从 $R_2(s)$ 到 $C_2(s)$ 有一条前向通路,$P_1 = G_4G_5G_6$,其余子式为 $\Delta_1 = 1 - G_1G_2$,则 $R_2(s)$ 到 $C_2(s)$ 的传递函数为

$$\frac{C_2(s)}{R_2(s)} = \frac{G_4G_5G_6 - G_1G_2G_4G_5G_6}{1 - G_1G_2 - G_1G_4G_5H_1H_2 + G_4 - G_1G_2G_4}$$

【难点与易错点】

● 该题考查的知识点是多输入多输出下梅逊公式的应用。此时需要关注**不同输入和不同输出下每条回路是否有效**。

● 该题中,对于两个输入作用下的两个输出,**回路是相同的**。因此四个传递函数具有相同的分母。

● 该题从综合点 A 出发的两条回路中,信号在流动过程中均未发生变号,因此两条回路增益均为正,即 $L_1 = G_1G_2$,$L_2 = G_1G_4G_5H_1H_2$,**对应特征式中的这两项均为负**。

● 从该题可以看出,传递函数分子有多项,并不一定意味着必然有多条前向通路,也可能是因为余子式造成的。

【习题 2-11】 设系统信号流图如图 2.24 所示,求传递函数 $G(s)=\dfrac{C(s)}{R(s)}$。

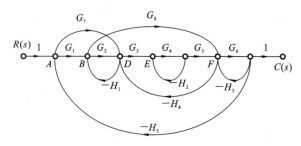

图 2.24 【习题 2-11】系统的信号流图

【解】 (1) 分析回路。

经过 $-H_5$ 的回路有:$L_1=-G_1G_2G_3G_4G_5G_6H_5$、$L_2=-G_7G_3G_4G_5G_6H_5$、$L_3=G_7H_1G_8G_6H_5$、$L_4=-G_1G_8G_6H_5$。

经过 $-H_1$ 的回路有:$L_5=-G_2H_1$。

经过 $-H_2$ 的回路有:$L_6=-G_4H_2$。

经过 $-H_3$ 的回路有:$L_7=-G_6H_3$。

经过 $-H_4$ 的回路有:$L_8=-G_3G_4G_5H_4$。

经过 $-H_1$ 和 $-H_4$ 的回路有:$L_9=G_8H_1H_4$。

两两不接触的回路有:经过 G_8 产生的不接触回路有 L_3 和 L_6、L_4 和 L_6、L_6 和 L_9;三条小的内回路相互不接触的有 L_5 和 L_6、L_5 和 L_7、L_6 和 L_7;三三不接触的回路有 L_5、L_6 和 L_7。

因此特征式为

$$\Delta = 1 - \sum_1^9 L_i + \sum_1^6 L_iL_j - \sum_1^1 L_iL_jL_k$$
$$= 1 + G_1G_2G_3G_4G_5G_6H_5 + G_3G_4G_5G_6G_7H_5 - G_6G_7G_8H_1H_5$$
$$+ G_1G_6G_8H_5 + G_2H_1 + G_4H_2 + G_6H_3 + G_3G_4G_5H_4 - G_8H_1H_4$$
$$- G_4G_6G_7G_8H_1H_2H_5 + G_1G_4H_5G_6G_8H_2 + G_2G_4H_1H_2$$
$$+ G_2G_6H_1H_3 + G_4G_6H_2H_3 - G_4G_8H_1H_2H_4 + G_2G_4G_6H_1H_2H_3$$

(2) 分析前向通路。

一共有四条前向通路:$P_1=G_1G_2G_3G_4G_5G_6$,其余子式为 $\Delta_1=1$;$P_2=G_7G_3G_4G_5G_6$,其余子式为 $\Delta_2=1$;$P_3=-G_7G_8G_6H_1$,其余子式为 $\Delta_3=1+G_4H_2$;$P_4=G_1G_8G_6$,其余子式为 $\Delta_4=1+G_4H_2$。

所以**系统的传递函数**为

$$G(s)=\dfrac{C(s)}{R(s)}=\dfrac{\sum_{k=1}^4 P_k\Delta_k}{\Delta}$$

$$=\dfrac{G_1G_2G_3G_4G_5G_6+G_3G_4G_5G_6G_7-G_6G_7G_8H_1-G_4G_6G_7G_8H_1H_2+G_1G_6G_8+G_1G_4G_6G_8H_2}{\Delta}$$

【难点与易错点】
- 该题考查的知识点为梅逊公式。

- 在分析前向通路和回路时,观察该题向左和向右的支路会发现,G_7、G_8 和 $-H_1$ 三者的结构非常特殊,G_8、$-H_1$ 和 $-H_4$ 三者的结构也非常特殊,需要特别注意。
- 该题**容易漏掉的前向通路**有 P_3。由于它经过了支路 $-H_1$,因此前向通路增益为负。
- 该题**容易漏掉的回路**有:经过 $-H_1$ 和 G_8 的回路 L_3,经过 $-H_1$、$-H_4$ 和 G_8 的回路 L_9。由于这两条回路增益为正,在特征式中的对应项以及交叉项均要**注意符号问题**。
- 该题**在分析不接触回路时**,当前向通路经过 G_8 时,必然会存在不接触回路;此外,几条小的内回路也显然相互不接触。
- 该题上述求解采用的是将**反向流动的支路**作为分类来分析回路的思路。事实上,可以将所有反向流动的支路进入的节点(依次记为 A、B、D、E、F,如图 2-24 所示)作为分类分析回路的思路,也可得到类似的分析结果。

【**习题 2-12**】 已知某系统的信号流图如图 2.25 所示,试求传递函数 $\dfrac{Y_6}{R_1}$、$\dfrac{Y_6}{R_2}$、$\dfrac{Y_3}{R_1}$、$\dfrac{Y_3}{R_2}$。

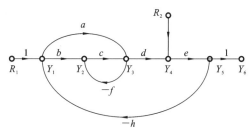

图 2.25 【习题 2-12】系统的信号流图

【**解**】 (1) 分析回路。

对于要求的四个传递函数,其回路是相同的。系统共有三条回路,即 $L_1 = -bcdeh$、$L_2 = -cf$、$L_3 = -adeh$;三条回路都有接触。因此四个传递函数的**特征式**都为

$$\Delta = 1 - \sum_{1}^{3} L_i = 1 + bcdeh + cf + adeh$$

(2) 求以 Y_6 为输出信号的传递函数。

对于 $\dfrac{Y_6}{R_1}$,前向通路有两条:$P_1 = bcde$,其余子式为 $\Delta_1 = 1$;$P_2 = ade$,其余子式为 $\Delta_2 = 1$。

因此传递函数为

$$\frac{Y_6}{R_1} = \frac{\sum_{k=1}^{2} P_k \Delta_k}{\Delta} = \frac{bcde + ade}{1 + bcdeh + cf + adeh}$$

对于 $\dfrac{Y_6}{R_2}$,前向通路有一条,$P_1 = e$,其余子式为 $\Delta_1 = 1 + cf$。

因此传递函数为

$$\frac{Y_6}{R_2} = \frac{e+ecf}{1+bcdeh+cf+adeh}$$

（3）求以 Y_3 为输出信号的传递函数。

若要考查以 Y_3 为输出信号的传递函数,则可将信号流图增加一个输出节点,如图 2.26 所示。

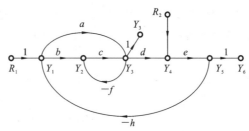

图 2.26 【习题 2-12】系统信号流图的修正图

对于 $\dfrac{Y_3}{R_1}$,前向通路有两条:$P_1=bc$,其余子式为 $\Delta_1=1$;$P_2=a$,其余子式为 $\Delta_2=1$。

因此传递函数为

$$\frac{Y_3}{R_1} = \frac{bc+a}{1+bcdeh+cf+adeh}$$

对于 $\dfrac{Y_3}{R_2}$,前向通路有两条:$P_1=-bceh$,其余子式为 $\Delta_1=1$;$P_2=-aeh$,其余子式为 $\Delta_2=1$。

因此传递函数为

$$\frac{Y_3}{R_2} = \frac{-bceh-aeh}{1+bcdeh+cf+adeh}$$

【难点与易错点】

● 该题考查的知识点为梅逊公式。

● 该题信号流图 2.25 中有两个输入节点、一个输出节点,但题设要求以 Y_3 为输出的传递函数。因此,需要将信号流图 2.25 增加一个输出节点 Y_3,如图 2.26 所示。再来求以 Y_3 为输出的传递函数。

● 值得注意的是,梅逊公式并不能用于求解诸如 $\dfrac{Y_6}{Y_3}$ 之类的传递函数。这是因为 Y_3 为混合节点,梅逊公式仅限于求解某输入节点与某输出节点间的传递函数,而 Y_3 作为中间信号,会受到两个输入信号的影响。事实上,如果以 R_1 为输入信号来考查 $\dfrac{Y_6}{Y_3}$,即令 $\dfrac{Y_6}{Y_3}=\dfrac{\frac{Y_6}{R_1}}{\frac{Y_3}{R_1}}$,则可得 $\dfrac{Y_6}{Y_3}=de$;如果以 R_2 为输入信号来考查 $\dfrac{Y_6}{Y_3}$,即令 $\dfrac{Y_6}{Y_3}=\dfrac{\frac{Y_6}{R_2}}{\frac{Y_3}{R_2}}$,则可得 $\dfrac{Y_6}{Y_3}=\dfrac{-1}{bch+ah}$。

显然,Y_3 与 Y_6 二者的关系受到输入信号的影响,导致上述两种思路得到的结论不一致。

2.3 加时练习题与解析

2.3.1 教材中"想一想"问题的解答

【2-1】 已知某二阶系统的初始条件为 $c(0)=-1, \dot{c}(0)=0$,当 $t=0^+$ 时给系统施加输入 $r(t)=\delta(t)$,得到输出响应为 $c(t)=-e^{-2t}, t>0$,求系统的传递函数。

【解】 由输出响应的拉氏变换可得

$$C(s)=\frac{-1}{s+2}$$

因此输入信号为 $R(s)=1$,该二阶系统有一个闭环极点为 -2。

由于闭环系统稳定,因此设另一个闭环极点为 $-a$,其中 $a>0$,可设系统的零输入响应为

$$C_1(s)=\frac{b}{s+a}+\frac{c}{s+2}$$

则 $c_1(t)=be^{-at}+ce^{-2t}$。由初始条件得

$$c_1(0)=b+c=-1, \quad \dot{c}_1(0)=-ab-2c=0$$

解得 $b=\frac{2}{a-2}, c=\frac{-a}{a-2}$,即 $c_1(t)=\frac{2}{a-2}e^{-at}+\frac{-a}{a-2}e^{-2t}$,则系统的零状态响应为

$$c_2(t)=c(t)-c_1(t)=\frac{2}{a-2}e^{-2t}-\frac{2}{a-2}e^{-at}$$

系统的传递函数为

$$G(s)=\frac{C_2(s)}{R(s)}=\frac{2}{a-2}\left(\frac{1}{s+2}-\frac{1}{s+a}\right)=\frac{2}{s^2+(2+a)s+2a}, a>0$$

因此,满足题设条件的控制系统有无数个。

> **【难点与易错点】**
> - 该题给出了系统阶次的信息,否则,由于输出响应失去了部分衰减项信息,难以辨识出满足两个初始条件的系统。
> - 上面题设中,如果增加一个条件,例如增加一个动态性能指标的信息,或者增加一个稳态误差的信息,就可以进一步确定参数 a。否则,基于该题所给出的条件,无法准确实现系统的辨识。

【2-2】 试用结构图等效化简和信号流图的方法,求图 2.27 所示控制系统的传递函数 $\frac{C(s)}{R(s)}$。

【解】 (1) 采用结构图等效化简方法。

观察控制系统结构图,不宜交换综合点和引出点的位置。而前向通路可以看成是两个通路的并联连接,因此下面介绍分解化简方法。

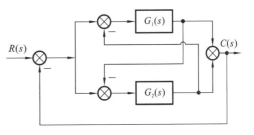

图 2.27 【2-2】控制系统的结构图 1

将结构图中的几处信号分别标记为 E、C_1 和 C_2，如图 2.28 所示。

首先化简以 E 为输入、以 C_1 为输出的前向通路，如图 2.29 所示。

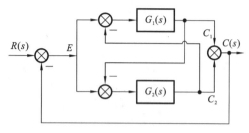

图 2.28 【2-2】加标记后的控制系统结构图

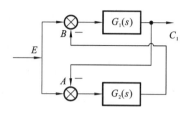

图 2.29 【2-2】控制系统的前向通路 1

将综合点 A 后移到 G_2 的输出端，并交换与综合点 B 的位置，得到图 2.30。在此过程中，**注意信号的符号变化**。

接下来化简以 E 为输入、以 C_2 为输出的前向通路，如图 2.31 所示。

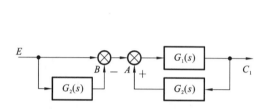

图 2.30 【2-2】经过一次等效变换后的前向通路 1

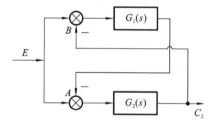

图 2.31 【2-2】控制系统的前向通路 2

将综合点 B 后移到 G_1 的输出端，并交换与综合点 A 的位置，得到图 2.32。在此过程中，**注意信号的符号变化**。

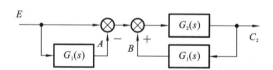

图 2.32 【2-2】经过一次等效变换后的前向通路 2

因此，第一次等效化简后的控制系统结构图如图 2.33 所示。

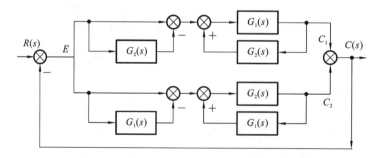

图 2.33 【2-2】第一次等效化简后的控制系统结构图

接下来很容易将图中的并联连接、反馈连接由内至外进行化简,得到图 2.34。
从而得到系统的传递函数为

$$G(s)=\frac{C(s)}{R(s)}=\frac{G_1+G_2-2G_1G_2}{1+G_1+G_2-3G_1G_2}$$

(2) 采用梅逊公式求解。

为方便阐述,可将图 2.27 中的综合点分别标注为点 A、B、D,如图 2.35 所示。

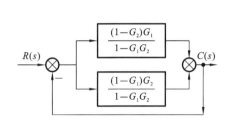

图 2.34 【2-2】第二次等效化简后的控制系统结构图

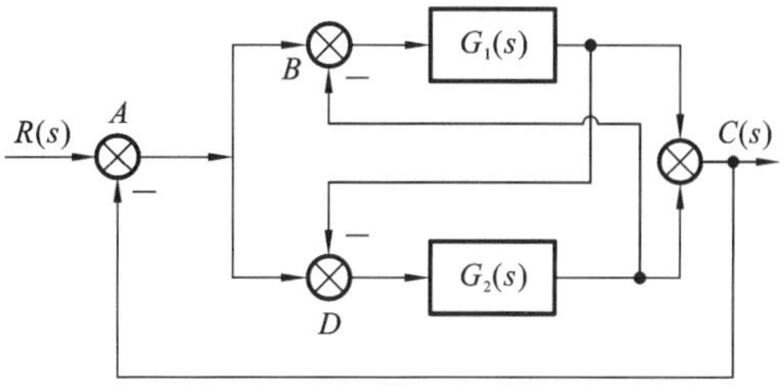

图 2.35 【2-2】控制系统的结构图 2

首先分析回路。

从图 2.35 中综合点 A 出发的回路有:$L_1=-G_1$、$L_2=-G_2$、$L_3=+G_1G_2$、$L_4=+G_1G_2$。

从图 2.35 中综合点 B 出发的回路有:$L_5=+G_1G_2$。

从图 2.35 中综合点 D 出发的回路与前面分析的回路 L_5 重叠。

以上没有两两不接触回路。

因此特征式为

$$\Delta=1-\sum_1^4 L_i=1+G_1+G_2-3G_1G_2$$

其次分析前向通路。

从 $R(s)$ 出发到 $C(s)$ 的前向通路如下。

- $P_1=G_1$,没有不接触回路,因此余子式 $\Delta_1=1$。
- $P_2=G_2$,没有不接触回路,因此余子式 $\Delta_2=1$。
- $P_3=-G_1G_2$,没有不接触回路,因此余子式 $\Delta_3=1$。
- $P_4=-G_1G_2$,没有不接触回路,因此余子式 $\Delta_4=1$。

从而得到**系统的传递函数**为

$$G(s)=\frac{C(s)}{R(s)}=\frac{\sum_{k=1}^4 P_k\Delta_k}{\Delta}=\frac{G_1+G_2-2G_1G_2}{1+G_1+G_2-3G_1G_2}$$

【难点与易错点】
- 该题是教材例题的扩展,考查的是结构图等效化简和梅逊公式。
- 结构图等效化简时,由于无法通过移动综合点或引出点来实现等效化简,因此采用了分解化简的方法。在此过程中,**综合点互换位置时要注意符号的变化。**例如,从图 2.29 变换到图 2.30 的过程中,由于进入综合点 A 的信号经过了一次变号,再进入综合点 B 时又发生一次变号,因此,在交换综合点 A 与综合点 B 的位置之后,图 2.30 中进入综合点 A 的信号符号不变。

从图 2.31 变换到图 2.32 的过程类似。

- 在应用梅逊公式时,**容易遗漏下面这条回路** L_5:**从综合点** B **出发,经过** G_1 **进入综合点** D,**再经过** G_2 **回到综合点** B。
- 在应用梅逊公式时,从图 2.35 中综合点 A 出发的回路 L_3 和 L_4,以及从综合点 B 出发的回路 L_5 中,信号均经过两次变号,因此回路增益为正。

2.3.2 原理图与数学模型

1. 有源电路

【2-3】 求图 2.36 中三个有源网络各自的传递函数 $\dfrac{U_c(s)}{U_r(s)}$,并分析图示中三个有源网络在改善系统性能方面所起的作用。

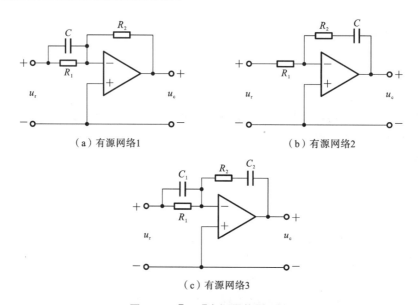

图 2.36 【2-3】有源网络原理图

【解】 (1) 对于有源网络 1,根据基尔霍夫定律,$\dfrac{u_r}{R_1}+C\dot{u}_r=-\dfrac{u_c}{R_2}$,则传递函数为

$$\frac{U_c(s)}{U_r(s)}=-\frac{R_1 R_2 Cs+R_2}{R_1}$$

或者根据复阻抗,R_1 与 C 并联的复阻抗为 $Z_1=\dfrac{R_1\dfrac{1}{Cs}}{R_1+\dfrac{1}{Cs}}=\dfrac{R_1}{R_1 Cs+1}$,则传递函数为

$$\frac{U_c(s)}{U_r(s)}=-\frac{R_2}{Z_1}=-\frac{R_1 R_2 Cs+R_2}{R_1}$$

这是一个**比例-微分控制装置**,可以提高系统的相角裕度,改善系统的相对稳定性。

(2) 对于有源网络 2，由

$$-\frac{u_r}{R_1} = C\frac{d}{dt}(u_c - R_2 i), i = -\frac{u_r}{R_1}$$

整理得传递函数为

$$\frac{U_c(s)}{U_r(s)} = -\frac{R_2 C s + 1}{R_1 C s}$$

或者根据复阻抗，R_2 与 C 串联的复阻抗为 $Z_2 = R_2 + \frac{1}{Cs} = \frac{R_2 C s + 1}{Cs}$，则传递函数为

$$\frac{U_c(s)}{U_r(s)} = -\frac{Z_2}{R_1} = -\frac{R_2 C s + 1}{R_1 C s}$$

这是一个**比例-积分**控制装置，可以减小系统的稳态误差，改善系统的稳态性能。

(3) 对于有源网络 3，根据基尔霍夫定律，$-\left(\frac{\dot{u}_r}{R_1} + C_1 \ddot{u}_r\right) R_2 + \dfrac{-\left(\dfrac{u_r}{R_1} + C_1 \dot{u}_r\right)}{C_2} = \dot{u}_c$，

则传递函数为

$$\frac{U_c(s)}{U_r(s)} = -\frac{R_1 R_2 C_1 C_2 s^2 + (R_1 C_1 + R_2 C_2) s + 1}{R_1 C_2 s}$$

或者根据复阻抗，R_1 与 C_1 并联的复阻抗为 $Z_1 = \dfrac{R_1 \dfrac{1}{C_1 s}}{R_1 + \dfrac{1}{C_1 s}} = \dfrac{R_1}{R_1 C_1 s + 1}$，$R_2$ 与 C_2 串联的

复阻抗为 $Z_2 = R_2 + \dfrac{1}{C_2 s} = \dfrac{R_2 C_2 s + 1}{C_2 s}$，则传递函数为

$$\frac{U_c(s)}{U_r(s)} = -\frac{Z_2}{Z_1} = -\frac{R_1 R_2 C_1 C_2 s^2 + (R_1 C_1 + R_2 C_2) s + 1}{R_1 C_2 s}$$

这是一个 PID 控制装置，可以改善系统的稳定性和相对稳定性，改善系统的稳态性能和动态性能。

【难点与易错点】
● 该题考查的知识点包括基于电路理论基础知识的建模、PID 控制作用。
● 应用运算放大器的虚短虚断性质，即可写出系统的微分方程模型。在此过程中，要注意电流的方向。

【2-4】 求图 2.37 中两个有源网络各自的传递函数 $\dfrac{U_c(s)}{U_r(s)}$。

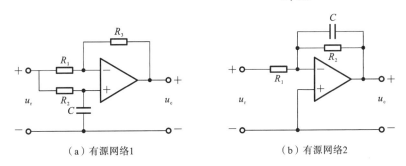

(a) 有源网络1　　　　　　　　(b) 有源网络2

图 2.37 【2-4】有源网络原理图

【解】 （1）对于有源网络1，设图2.38中A和B处的电压分别为U_A和U_B，则有下面关系成立：

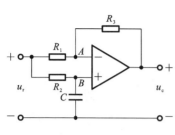

图2.38 【2-4】增加标注后的
有源网络原理图

$$\frac{U_r(s)-U_A(s)}{R_1}=\frac{U_A(s)-U_c(s)}{R_3}$$

化简得$U_A(s)=\dfrac{R_3U_r(s)+R_1U_c(s)}{R_1+R_3}$，根据复阻抗，有

$$U_B(s)=U_r(s)\frac{\dfrac{1}{Cs}}{R_2+\dfrac{1}{Cs}}=U_r(s)\frac{1}{R_2Cs+1}$$

由$U_A(s)=U_B(s)$得传递函数为

$$\frac{U_c(s)}{U_r(s)}=-\frac{R_2R_3Cs-R_1}{R_1R_2Cs+R_1}$$

（2）对于有源网络2，有

$$-\frac{u_r}{R_1}=C\dot{u}_c+\frac{u_c}{R_2}$$

整理得传递函数为

$$\frac{U_c(s)}{U_r(s)}=-\frac{R_2}{R_1R_2Cs+R_1}$$

或者根据复阻抗，R_2与C并联的复阻抗为$Z_2=\dfrac{R_2\dfrac{1}{Cs}}{R_2+\dfrac{1}{Cs}}=\dfrac{R_2}{R_2Cs+1}$，则传递函数为

$$\frac{U_c(s)}{U_r(s)}=-\frac{Z_2}{R_1}=-\frac{R_2}{R_1R_2Cs+R_1}$$

【难点与易错点】
- 该题考查基于电路理论基础知识的建模。
- 该题B点未接地，需设B点电压为中间变量，再利用A点和B点处的电压相等，即可求得系统的微分方程模型。

【2-5】 求图2.39中有源网络的传递函数$\dfrac{U_c(s)}{U_r(s)}$。

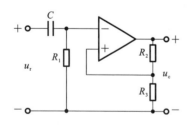

图2.39 【2-5】有源网络原理图

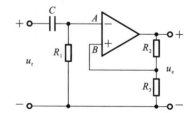

图2.40 【2-5】增加标注后的有源网络原理图

【解】 设图2.40中A点和B点处的电压分别为U_A和U_B，则易得下面关系成立：

$$U_A(s)=U_r(s)\frac{R_1}{R_1+\dfrac{1}{Cs}}=U_r(s)\frac{R_1Cs}{R_1Cs+1}$$

$$U_B(s) = U_c(s)\frac{R_3}{R_2+R_3}$$

由 $U_A(s) = U_B(s)$，可得有源网络的传递函数为

$$\frac{U_c(s)}{U_r(s)} = \frac{R_1C(R_2+R_3)s}{R_1R_3Cs+R_3}$$

【难点与易错点】
- 该题考查基于电路理论基础知识的建模。
- 该题 B 点未接地，需设 B 点电压为中间变量，再利用 A 点和 B 点处的电压相等，即可求得系统的微分方程模型。

2. 无源电路

【2-6】 求图 2.41 中两个电路系统各自的传递函数 $\dfrac{U_c(s)}{U_r(s)}$。

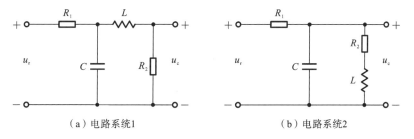

(a) 电路系统1　　　　　　(b) 电路系统2

图 2.41 【2-6】电路系统的原理图

【解】(1) 对于电路系统 1，根据复阻抗，C 与"R_2 和 L 的串联"再并联的复阻抗为

$Z_1 = \dfrac{\dfrac{1}{Cs}(Ls+R_2)}{Ls+R_2+\dfrac{1}{Cs}}$，则

$$\frac{U_c(s)}{U_r(s)} = \frac{Z_1}{R_1+Z_1} \times \frac{R_2}{Ls+R_2} = \frac{R_2}{R_1LCs^2+(R_1R_2C+L)s+R_1+R_2}$$

(2) 对于电路系统 2，根据复阻抗，C 与"R_2 和 L 的串联"再并联的复阻抗为 $Z_1 = \dfrac{\dfrac{1}{Cs}(Ls+R_2)}{Ls+R_2+\dfrac{1}{Cs}}$，则

$$\frac{U_c(s)}{U_r(s)} = \frac{Z_1}{R_1+Z_1} = \frac{Ls+R_2}{R_1LCs^2+(R_1R_2C+L)s+R_1+R_2}$$

【难点与易错点】
- 该题考查基于电路理论基础知识的建模。
- 通过复阻抗求解这类题目，相对较为简便。

【2-7】 求图 2.42 所示电路系统的传递函数 $\dfrac{U_c(s)}{U_r(s)}$。

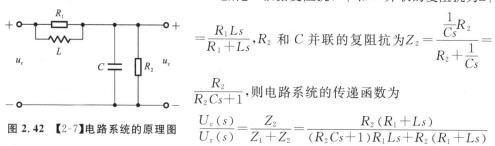

图 2.42 【2-7】电路系统的原理图

【解】 根据复阻抗，R_1 和 L 并联的复阻抗为 $Z_1 = \dfrac{R_1 Ls}{R_1 + Ls}$，$R_2$ 和 C 并联的复阻抗为 $Z_2 = \dfrac{\dfrac{1}{Cs}R_2}{R_2 + \dfrac{1}{Cs}} = \dfrac{R_2}{R_2 Cs + 1}$，则电路系统的传递函数为

$$\dfrac{U_c(s)}{U_r(s)} = \dfrac{Z_2}{Z_1 + Z_2} = \dfrac{R_2(R_1 + Ls)}{(R_2 Cs + 1)R_1 Ls + R_2(R_1 + Ls)}$$

$$= \dfrac{R_2 Ls + R_1 R_2}{R_1 R_2 LCs^2 + (R_1 + R_2)Ls + R_1 R_2}$$

【难点与易错点】
- 该题考查基于电路理论基础知识的建模。
- 通过复阻抗求解这类题目，相对较为简便。

【2-8】 求图 2.43 所示电路系统的传递函数 $\dfrac{U_c(s)}{U_r(s)}$。

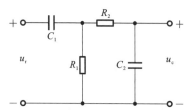

图 2.43 【2-8】电路系统的原理图

【解】 根据复阻抗，R_1 与"R_2 和 C_2 的串联"再并联的复阻抗为

$$Z_1 = \dfrac{R_1\left(\dfrac{1}{C_2 s} + R_2\right)}{R_1 + \dfrac{1}{C_2 s} + R_2} = \dfrac{R_1(R_2 C_2 s + 1)}{R_1 C_2 s + R_2 C_2 s + 1}$$

则电路系统的传递函数为

$$\dfrac{U_c(s)}{U_r(s)} = \dfrac{Z_1}{\dfrac{1}{C_1 s} + Z_1} \times \dfrac{\dfrac{1}{C_2 s}}{\dfrac{1}{C_2 s} + R_2} = \dfrac{\dfrac{R_1(R_2 C_2 s + 1)}{R_1 C_2 s + R_2 C_2 s + 1}}{\dfrac{1}{C_1 s} + \dfrac{R_1(R_2 C_2 s + 1)}{R_1 C_2 s + R_2 C_2 s + 1}} \times \dfrac{1}{R_2 C_2 s + 1}$$

$$= \dfrac{R_1 C_1 s}{R_1 C_1 R_2 C_2 s^2 + (R_1 C_1 + R_1 C_2 + R_2 C_2)s + 1}$$

【难点与易错点】
- 该题考查基于电路理论基础知识的建模。
- 观察图 2.43，可知输出电压 $U_c(s)$ 为 $\dfrac{1}{C_2 s}$ 两端电压。设 Z_1 为 R_1 与 $\dfrac{1}{C_2 s} + R_2$ 并联的复阻抗。$\dfrac{1}{C_2 s}$ 两端电压可由 R_2 与 $\dfrac{1}{C_2 s}$ 串联的电压分解得到，而 R_2 与 $\dfrac{1}{C_2 s}$ 串联的电压占比由 $\dfrac{Z_1}{\dfrac{1}{C_1 s} + Z_1}$ 得到。

【2-9】 求图 2.44 所示电路系统的传递函数 $\dfrac{U_c(s)}{U_r(s)}$。

【解】 根据复阻抗，R_1 与 $R_2 + R_3$ 并联的复阻抗为 $Z_1 = \dfrac{R_1(R_2 + R_3)}{R_1 + R_2 + R_3}$，则

$$\frac{U_c(s)}{U_r(s)} = \frac{\frac{1}{Cs}}{\frac{1}{Cs}+Z_1} + \frac{Z_1}{\frac{1}{Cs}+Z_1} \cdot \frac{R_3}{R_2+R_3}$$

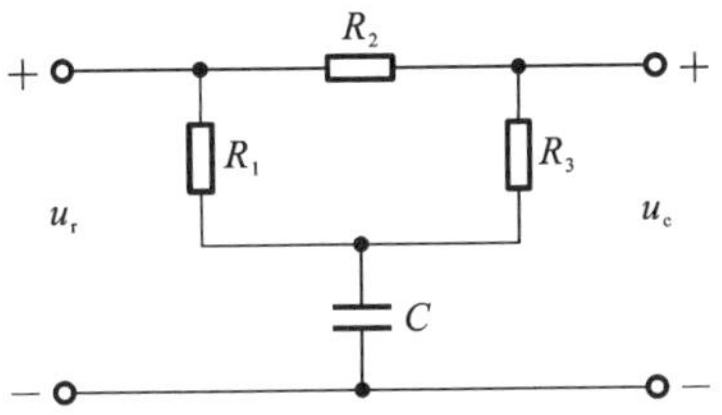

其中：

$$\frac{\frac{1}{Cs}}{\frac{1}{Cs}+Z_1} = \frac{R_1+R_2+R_3}{R_1(R_2+R_3)Cs+R_1+R_2+R_3}$$

图 2.44 【2-9】电路系统的原理图

$$\frac{Z_1}{\frac{1}{Cs}+Z_1} = \frac{\frac{R_1(R_2+R_3)}{R_1+R_2+R_3}}{\frac{1}{Cs}+\frac{R_1(R_2+R_3)}{R_1+R_2+R_3}} = \frac{R_1(R_2+R_3)Cs}{R_1(R_2+R_3)Cs+R_1+R_2+R_3}$$

因此电路系统的传递函数为

$$\frac{U_c(s)}{U_r(s)} = \frac{R_1R_3Cs+R_1+R_2+R_3}{R_1(R_2+R_3)Cs+R_1+R_2+R_3}$$

【难点与易错点】

● 该题考查基于电路理论基础知识的建模。

● 观察图 2.44，可知输出电压 $U_c(s)$ 为 R_3 与 $\frac{1}{Cs}$ 两端电压之和。设 Z_1 为 R_1 与 R_2+R_3 并联的复阻抗。R_3 两端电压可由 R_2 与 R_3 串联电压分解得到，而 R_2 与 R_3 串联电压的占比则由 $\frac{Z_1}{\frac{1}{Cs}+Z_1}$ 得到。$\frac{1}{Cs}$ 两端电压占比则由 $\frac{\frac{1}{Cs}}{\frac{1}{Cs}+Z_1}$ 得到。

● 该题也可以根据下面关系求解：

$$\frac{U_c(s)}{U_r(s)} = 1 - \frac{U_{R_2}(s)}{U_r(s)}$$

其中：$\frac{U_{R_2}(s)}{U_r(s)} = \frac{Z_1}{\frac{1}{Cs}+Z_1} \cdot \frac{R_2}{R_2+R_3}$，$Z_1 = \frac{R_1(R_2+R_3)}{R_1+R_2+R_3}$，可求出相同的结果。

【2-10】 求图 2.45 所示电路系统的传递函数 $\frac{U_c(s)}{U_r(s)}$。

【解】 根据复阻抗，R_3 与 C_2 并联的复阻抗为

$$Z_1 = \frac{\frac{1}{C_2s}R_3}{\frac{1}{C_2s}+R_3} = \frac{R_3}{R_3C_2s+1}, C_1 \text{ 与 “} R_2 \text{ 和 } Z_1 \text{ 的串联”}$$

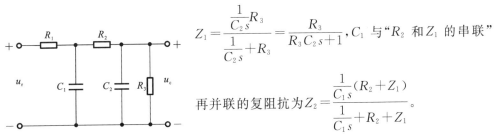

图 2.45 【2-10】电路系统的原理图

再并联的复阻抗为 $Z_2 = \frac{\frac{1}{C_1s}(R_2+Z_1)}{\frac{1}{C_1s}+R_2+Z_1}$。

其中：

$$R_2+Z_1=R_2+\frac{R_3}{R_3C_2s+1}=\frac{R_2R_3C_2s+R_2+R_3}{R_3C_2s+1}$$

$$\frac{1}{C_1s}+R_2+Z_1=\frac{1}{C_1s}+\frac{R_2R_3C_2s+R_2+R_3}{R_3C_2s+1}=\frac{R_2R_3C_1C_2s^2+(R_2C_1+R_3C_1+R_3C_2)s+1}{R_3C_1C_2s^2+C_1s}$$

则

$$Z_2=\frac{(R_3C_2s+1)\left(R_2+\frac{R_3}{R_3C_2s+1}\right)}{R_2R_3C_1C_2s^2+(R_2C_1+R_3C_1+R_3C_2)s+1}$$

$$=\frac{R_2R_3C_2s+R_2+R_3}{R_2R_3C_1C_2s^2+(R_2C_1+R_3C_1+R_3C_2)s+1}$$

传递函数为

$$\frac{U_c(s)}{U_r(s)}=\frac{Z_2}{R_1+Z_2}\times\frac{Z_1}{R_2+Z_1}$$

其中：$\frac{Z_1}{R_2+Z_1}=\frac{R_3}{R_2R_3C_2s+R_2+R_3}$，代入并整理可得传递函数为

$$\frac{U_c(s)}{U_r(s)}=\frac{\dfrac{R_2R_3C_2s+R_2+R_3}{R_2R_3C_1C_2s^2+(R_2C_1+R_3C_1+R_3C_2)s+1}}{R_1+\dfrac{R_2R_3C_2s+R_2+R_3}{R_2R_3C_1C_2s^2+(R_2C_1+R_3C_1+R_3C_2)s+1}}\times\frac{R_3}{R_2R_3C_2s+R_2+R_3}$$

$$=\frac{R_3}{R_1R_2R_3C_1C_2s^2+(R_1R_2C_1+R_1R_3C_1+R_1R_3C_2+R_2R_3C_2)s+R_1+R_2+R_3}$$

【难点与易错点】

● 该题考查基于电路理论基础知识的建模。

● 观察图 2.45，可知输出电压 $U_c(s)$ 为 R_3 两端电压。设 Z_1 为 R_3 与 $\frac{1}{C_2s}$ 并联的复阻抗，Z_2 为 $\frac{1}{C_1s}$ 与 R_2+Z_1 并联的复阻抗，则 R_3 两端电压由 R_2 与 Z_1 串联的电压分解得到，而 R_2 与 Z_1 串联的电压占比则由 $\frac{Z_2}{R_1+Z_2}$ 得到。

【2-11】 求图 2.46 所示电路系统的传递函数 $\frac{U_c(s)}{U_r(s)}$。

【解】 根据复阻抗，R_1 和 C_1 并联的复阻抗为 $Z_1=\dfrac{R_1\dfrac{1}{C_1s}}{R_1+\dfrac{1}{C_1s}}=\dfrac{R_1}{R_1C_1s+1}$，"$R_2$ 和 C_2 的串联"与"R_3 和 L_3 的串联"再并联的复阻抗为

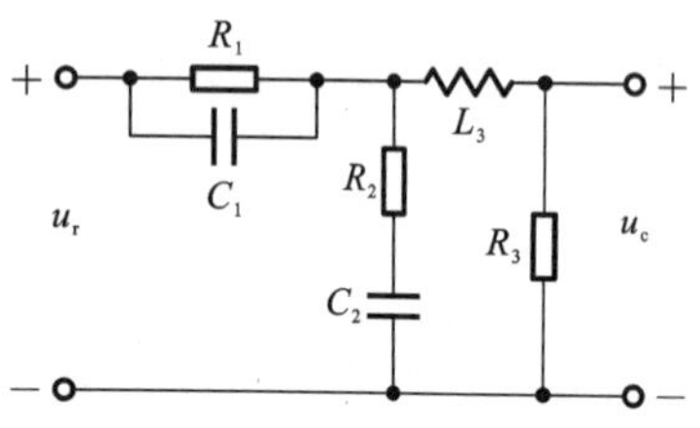

$$Z_2=\frac{\left(R_2+\dfrac{1}{C_2s}\right)(R_3+L_3s)}{R_2+\dfrac{1}{C_2s}+R_3+L_3s}$$

$$=\frac{(R_2C_2s+1)(R_3+L_3s)}{R_2C_2s+1+R_3C_2s+L_3C_2s^2}$$

图 2.46 【2-11】电路系统的原理图

则电路系统的传递函数为

$$\begin{aligned}\frac{U_c(s)}{U_r(s)} &= \frac{Z_2}{Z_1+Z_2} \times \frac{R_3}{R_3+L_3 s}\\
&= \frac{(R_2 C_2 s+1)(R_3+L_3 s)(R_1 C_1 s+1)}{R_1 R_2 C_2 s+R_1+R_1 R_3 C_2 s+R_1 C_2 L_3 s^2+(R_2 C_2 s+1)(R_3+L_3 s)(R_1 C_1 s+1)}\\
&\quad \times \frac{R_3}{R_3+L_3 s}\\
&= \frac{R_3(R_2 C_2 s+1)(R_1 C_1 s+1)}{R_1 R_2 C_1 C_2 L_3 s^3+(R_1 C_2 L_3+R_1 R_2 C_1 C_2+R_1 C_2 L_3+R_2 C_2 L_3)s^2+(R_1 R_2 C_2+R_1 R_3 C_2+R_1 R_3 C_1+R_2 R_3 C_2+L_3)s+R_1+R_3}\end{aligned}$$

【难点与易错点】
- 该题考查基于电路理论基础知识的建模。
- 观察图 2.46，可知输出电压 $U_c(s)$ 为 R_3 两端电压。设 Z_1 为 R_1 与 $\frac{1}{C_1 s}$ 并联的复阻抗、Z_2 为 $R_2+\frac{1}{C_2 s}$ 与 $R_3+L_3 s$ 并联的复阻抗，则 Z_2 的电压在 $U_r(s)$ 中的占比由 $\frac{Z_2}{Z_1+Z_2}$ 可以得到，而输出电压 $U_c(s)$ 在 Z_2 电压中的占比由 $\frac{R_3}{R_3+L_3 s}$ 得到。

3. 机械位移系统

【2-12】已知图 2.47 中 f_1 和 f_2 为输入作用力，y_1 和 y_2 为输出位移。设输入向量为 $[f_1,f_2]^T$，输出向量为 $[y_1,y_2]^T$，求图 2.47 所示机械位移系统的传递函数矩阵。

【解】 由质量块 m_1 的运动方程可得
$$f_1 - k_1 y_1 - b(\dot{y}_1 - \dot{y}_2) = m_1 \ddot{y}_1$$
由质量块 m_2 的运动方程可得
$$f_2 + b(\dot{y}_1 - \dot{y}_2) - k_2 y_2 = m_2 \ddot{y}_2$$
在零初始条件下对上述两个方程求拉氏变换，可得
$$F_1 + bs Y_2 = (m_1 s^2 + bs + k_1) Y_1$$
$$F_2 + bs Y_1 = (m_2 s^2 + bs + k_2) Y_2$$

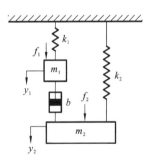

图 2.47 【2-12】机械位移系统的原理图

(1) 以 Y_2 为输出的两个传递函数分别求解如下。

由第一个式子得到 $Y_1 = \frac{F_1 + bs Y_2}{m_1 s^2 + bs + k_1}$，代入第二个式子得

$$F_2(m_1 s^2 + bs + k_1) + bs F_1 = (m_1 s^2 + bs + k_1)(m_2 s^2 + bs + k_2) Y_2 - b^2 s^2 Y_2$$

当 $F_2 = 0$ 时，可得
$$\frac{Y_2}{F_1} = \frac{bs}{(m_1 s^2 + bs + k_1)(m_2 s^2 + bs + k_2) - b^2 s^2}$$

当 $F_1 = 0$ 时，可得
$$\frac{Y_2}{F_2} = \frac{m_1 s^2 + bs + k_1}{(m_1 s^2 + bs + k_1)(m_2 s^2 + bs + k_2) - b^2 s^2}$$

(2) 以 Y_1 为输出的两个传递函数分别求解如下。

由第二个式子得到 $Y_2 = \frac{F_2 + bs Y_1}{m_2 s^2 + bs + k_2}$，代入第一个式子得

$$F_1(m_2s^2+bs+k_2)+bsF_2=(m_1s^2+bs+k_1)(m_2s^2+bs+k_2)Y_1-b^2s^2Y_1$$

当 $F_2=0$ 时,可得

$$\frac{Y_1}{F_1}=\frac{m_2s^2+bs+k_2}{(m_1s^2+bs+k_1)(m_2s^2+bs+k_2)-b^2s^2}$$

当 $F_1=0$ 时,可得

$$\frac{Y_1}{F_2}=\frac{bs}{(m_1s^2+bs+k_1)(m_2s^2+bs+k_2)-b^2s^2}$$

化简得到的标准形式即为所求传递函数。此处省略传递函数标准形式的整理过程。

(3) 系统的传递函数矩阵为

$$\boldsymbol{G}=\begin{bmatrix}\dfrac{Y_1}{F_1} & \dfrac{Y_1}{F_2} \\ \dfrac{Y_2}{F_1} & \dfrac{Y_2}{F_2}\end{bmatrix}$$

【难点与易错点】
- 该题考查多输入多输出系统传递函数矩阵的求解。
- 该题列出微分方程组之后,消去中间变量时采用了拉氏变换的方法,相较时域方法更为简便。
- 该题传递函数矩阵的排列应符合题设中输入向量和输出向量的定义。

【2-13】 已知图 2.48 中 f_1 和 f_2 为输入作用力,y_1 和 y_2 为输出位移。设输入向量为 $[f_1,f_2]^T$,输出向量为 $[y_1,y_2]^T$,求图 2.48 所示机械位移系统的传递函数矩阵。

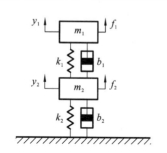

图 2.48 【2-13】机械位移系统的原理图

【解】 由质量块 m_1 的运动方程可得
$$f_1-k_1(y_1-y_2)-b_1(\dot{y}_1-\dot{y}_2)=m_1\ddot{y}_1$$
由质量块 m_2 的运动方程可得
$$f_2+k_1(y_1-y_2)+b_1(\dot{y}_1-\dot{y}_2)-k_2y_2-b_2\dot{y}_2=m_2\ddot{y}_2$$
在零初始条件下对上述两个方程求拉氏变换,可得
$$F_1+k_1Y_2+b_1sY_2=m_1s^2Y_1+b_1sY_1+k_1Y_1$$
$$F_2+F_1-m_1s^2Y_1=(m_2s^2+b_2s+k_2)Y_2$$

(1) 以 Y_2 为输出的两个传递函数分别求解如下。

由第一个式子得到 $Y_1=\dfrac{F_1+(b_1s+k_1)Y_2}{m_1s^2+b_1s+k_1}$,代入第二个式子得

$$(m_1s^2+b_1s+k_1)F_2+(m_1s^2+b_1s+k_1)F_1-m_1s^2F_1$$
$$=(m_1s^2+b_1s+k_1)(m_2s^2+b_2s+k_2)Y_2+m_1s^2(b_1s+k_1)Y_2$$

当 $F_2=0$ 时,可得传递函数为

$$\frac{Y_2}{F_1}=\frac{b_1s+k_1}{(m_1s^2+b_1s+k_1)(m_2s^2+b_2s+k_2)+m_1s^2(b_1s+k_1)}$$

当 $F_1=0$ 时,可得传递函数为

$$\frac{Y_2}{F_2}=\frac{m_1s^2+b_1s+k_1}{(m_1s^2+b_1s+k_1)(m_2s^2+b_2s+k_2)+m_1s^2(b_1s+k_1)}$$

(2) 以 Y_1 为输出的两个传递函数分别求解如下。

由第二个式子得到 $Y_2=\dfrac{F_2+F_1-m_1s^2Y_1}{m_2s^2+b_2s+k_2}$,代入第一个式子得

$$F_1(m_2s^2+(b_1+b_2)s+k_1+k_2)+F_2(b_1s+k_1)$$
$$=[(m_1s^2+b_1s+k_1)(m_2s^2+b_2s+k_2)+m_1k_1s^2+m_1b_1s^3]Y_1$$

当 $F_2=0$ 时,可得传递函数为

$$\frac{Y_1}{F_1}=\frac{m_2s^2+(b_1+b_2)s+k_1+k_2}{(m_1s^2+b_1s+k_1)(m_2s^2+b_2s+k_2)+m_1k_1s^2+m_1b_1s^3}$$

当 $F_1=0$ 时,可得传递函数为

$$\frac{Y_1}{F_2}=\frac{b_1s+k_1}{(m_1s^2+b_1s+k_1)(m_2s^2+b_2s+k_2)+m_1k_1s^2+m_1b_1s^3}$$

化简得到的标准形式即为所求传递函数。

(3) 系统的传递函数矩阵为

$$G=\begin{bmatrix}\dfrac{Y_1}{F_1} & \dfrac{Y_1}{F_2}\\[6pt] \dfrac{Y_2}{F_1} & \dfrac{Y_2}{F_2}\end{bmatrix}$$

【难点与易错点】
- 该题考查多输入多输出系统传递函数矩阵的求解。
- 该题列出微分方程组之后,**消去中间变量时采用了拉氏变换的方法**,相较时域方法更为简便。
- 该题传递函数矩阵的排列应符合题设中输入向量和输出向量的定义。

2.3.3 非线性模型的线性化

【2-14】 实验测得如图 2.49(a)所示的弹簧在输入一定位移 x 下产生的输出力 f 之间具有如图 2.49(b)中实线所示的特性曲线。图中的点线是特性曲线在 $x=1.6$ 处的切线,它与横轴相交于 -0.8。

已知该弹簧在某控制装置中的工作点在 $x=1.6$ 附近,试以位移为输入、力为输出,求该弹簧的线性化微分方程模型。

【解】 由于弹簧的工作点在 $x=1.6$ 附近,求此处切线的斜率,即 $k=\dfrac{24-0}{1.6-(-0.8)}$
$=10$,因此,弹簧的线性化微分方程模型为

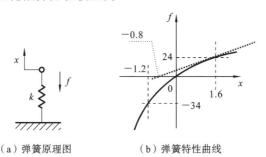

(a) 弹簧原理图   (b) 弹簧特性曲线

图 2.49 【2-14】弹簧及其力-位移特性曲线

$$\Delta f = k\Delta x = 10\Delta x$$

【难点与易错点】
- 该题考查非线性微分方程的线性化。
- 线性化采用泰勒级数展开的方法，需要**先确定工作点**。该题给定了工作点，因此只需求出工作点处切线的斜率，就可以得到关于增量的线性化方程。

【2-15】 设某装置的输出信号 $F(t)$ 与两个输入信号 $x(t)$ 和 $y(t)$ 之间满足关系 $F = x^2 + 2xy + y^2$。试求该装置在平衡点 $x=1, y=1$ 附近输出与输入间的线性化方程。

【解】 由 $F = F|_0 + \dfrac{\partial F}{\partial x}\Big|_0 \Delta x + \dfrac{\partial F}{\partial y}\Big|_0 \Delta y = F|_0 + 2(x+y)|_0 \Delta x + 2(x+y)|_0 \Delta y$，得

$$\Delta F = 4\Delta x + 4\Delta y$$

【难点与易错点】
- 该题考查非线性微分方程的线性化。
- 该题非线性函数是多元函数，因此，泰勒级数展开时，要分别求关于两个自变量的偏导。

2.3.4 由传递函数求输出响应

【2-16】 某系统的单位脉冲响应为 $c_1(t) = 2\mathrm{e}^{-2t}, t \geq 0$。在零初始条件下，求该系统在如图 2.50 所示输入信号 $r(t)$ 作用下的输出响应 $c_2(t)$。

【解】 由单位脉冲响应与传递函数的关系可知，该系统的传递函数为

$$G(s) = L(2\mathrm{e}^{-2t}) = \dfrac{2}{s+2}$$

图 2.50 所示输入信号的表达式如下：

$$r(t) = 1(t) - 1(t-T)$$

因此其拉氏变换为

$$R(s) = \dfrac{1}{s}(1 - \mathrm{e}^{-Ts})$$

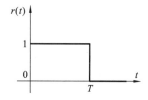

图 2.50 【2-16】系统的输入信号

输出响应为

$$c_2(t) = L^{-1}(G(s)R(s)) = L^{-1}\left(\dfrac{2(1-\mathrm{e}^{-Ts})}{s(s+2)}\right) = L^{-1}\left((1-\mathrm{e}^{-Ts})\left(\dfrac{1}{s} - \dfrac{1}{s+2}\right)\right)$$

$$= L^{-1}\left(\dfrac{1}{s} - \dfrac{1}{s+2} - \dfrac{\mathrm{e}^{-Ts}}{s} + \dfrac{\mathrm{e}^{-Ts}}{s+2}\right) = 1 - \mathrm{e}^{-2t} - 1(t-T) + \mathrm{e}^{-2(t-T)}1(t-T)$$

【难点与易错点】
- 该题考查的知识点包括单位脉冲响应与传递函数的关系、零初始条件下输出响应与传递函数之间的关系。
- 该题输入信号以图形的方式给出，因此需要先写出输入信号的数学表达式。
- 该题需注意 $\dfrac{\mathrm{e}^{-Ts}}{s+2}$ 的拉氏反变换的求解。

【2-17】 某系统的传递函数为 $G(s)=\dfrac{s^3+2s+2}{(s+2)(s^2+1)}$。已知该系统的初始状态满足 $c(0)=2,\dot{c}(0)=-1,\ddot{c}(0)=3$,求该系统在单位阶跃输入信号 $r(t)=1(t)$ 作用下的输出响应 $c(t)$。

【解】 由于初始状态不满足零初始条件,因此下面分别求出系统的零状态响应和零输入响应,二者之和就是要求的输出响应。

(1) **求零输入响应。**

根据系统的闭环特征根为 -2 和 $\pm j1$,可设系统的零输入响应为

$$C_1(s)=\frac{a}{s+2}+\frac{bs+c}{s^2+1}=\frac{a}{s+2}+\frac{bs}{s^2+1}+\frac{c}{s^2+1}$$

则 $c_1(t)=ae^{-2t}+b\cos t+c\sin t$,由初始条件得

$$c_1(0)=a+b=2,\quad \dot{c}_1(0)=-2a+c=-1,\quad \ddot{c}(0)=4a-b=3$$

解得 $a=1,b=1,c=1$,因此系统的零输入响应为

$$c_1(t)=e^{-2t}+\cos t+\sin t$$

(2) **求零状态响应。**

零初始条件下输出响应为传递函数与输入拉氏变换的乘积的拉氏反变换,即

$$c_2(t)=L^{-1}(G(s)R(s))=L^{-1}\left(\frac{s^3+2s+2}{(s+2)(s^2+1)}\times\frac{1}{s}\right)$$

$$=L^{-1}\left(\frac{1}{s}+\frac{1}{s+2}+\frac{-s}{s^2+1}\right)=1+e^{-2t}-\cos t$$

(3) **求系统的输出响应。**

综上,在题设初始条件下,单位阶跃输入信号作用下的**输出响应**为

$$c(t)=c_1(t)+c_2(t)=1+2e^{-2t}+\sin t,\quad t>0$$

【难点与易错点】

● 该题所述系统有以下两个特点。

(1) 系统临界稳定,因此系统的单位阶跃响应出现等幅振荡。

(2) 系统传递函数的分子和分母阶次相同,因此系统的单位阶跃响应在 $t=0$ 时出现跳变,零状态响应 $c_2(0)\neq 0$,最终所得到的输出响应 $c(t)$ 在零时刻并不符合初始条件,即 $c(t)|_{t=0}\neq c(0)$。而零输入响应 $c_1(t)$ 在零时刻符合初始条件,即 $c_1(t)|_{t=0}=c(0)$。

对于这类系统,要注意初始条件的应用对象,只能用于零输入响应,而不能用于整体的输出响应。

2.3.5 由输出响应求传递函数

1. 满足零初始条件的情况

【2-18】 已知系统的单位脉冲响应为 $c(t)=5e^{-0.2t}-2e^{-0.5t},t\geqslant 0$,试求系统的传递函数。

【解】 根据单位脉冲响应与传递函数之间的关系,对单位脉冲响应求拉氏变换,即可得系统的传递函数为

$$G(s) = L(5e^{-0.2t} - 2e^{-0.5t}) = \frac{5}{s+0.2} - \frac{2}{s+0.5} = \frac{3s+2.1}{s^2+0.7s+0.1}$$

【难点与易错点】
● 该题考查单位脉冲响应与传递函数之间的关系。

【2-19】 某系统在零初始条件下,在单位脉冲输入 $r(t) = \delta(t)$ 作用下的输出响应 $c(t)$ 如图 2.51 所示,求该系统的传递函数。

【解】 图 2.51 所示的输出响应可以看成是图 2.52 所示两个输出信号之差,即 $c(t) = c_1(t) - c_2(t)$。

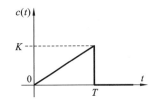

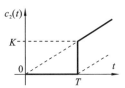

图 2.51 【2-19】系统的单位脉冲响应曲线　　图 2.52 【2-19】单位脉冲响应的分解图

由于

$$c_1(t) = \frac{K}{T} t \cdot 1(t)$$

$$c_2(t) = \frac{K}{T} t \cdot 1(t-T)$$

因此 $c(t) = \frac{K}{T} t \cdot 1(t) - \frac{K}{T} t \cdot 1(t-T), t \geq 0$。

根据单位脉冲响应与传递函数之间的关系,可得该**系统的传递函数**为

$$G(s) = L(c(t)) = L\left(\frac{K}{T} t \cdot 1(t) - \frac{K}{T}(t-T) \cdot 1(t-T) - K \cdot 1(t-T)\right)$$

$$= \frac{K(1 - e^{-Ts} - sTe^{-Ts})}{Ts^2}$$

【难点与易错点】
● 该题考查单位脉冲响应与传递函数之间的关系。
● 该题单位脉冲响应由图形方式给出,需要先通过分析得到单位脉冲响应的数学表达式。
● 该题应注意 $\frac{K}{T} t \cdot 1(t-T)$ 的拉氏变换的求解。

【2-20】 若某系统在零初始条件下,在单位阶跃输入 $r(t) = 1(t)$ 作用下的输出响应为 $c(t) = 1 + 2e^{-t} - e^{-2t}, t > 0$。
(1) 求该系统的单位脉冲响应 $c_\delta(t)$;
(2) 求该系统的传递函数 $G(s)$;
(3) 对比该系统的单位脉冲响应与传递函数之间的关系。

【解】 (1) 求该系统的单位脉冲响应。

由单位阶跃响应为
$$c(t)=(1+2e^{-t}-e^{-2t})\cdot 1(t)$$
对上式求导,即得单位脉冲响应为
$$c_\delta(t)=\dot{c}(t)=(-2e^{-t}+2e^{-2t})\cdot 1(t)+(1+2e^{-t}-e^{-2t})\cdot \delta(t)$$
由于 $1+2e^{-t}-e^{-2t}$ 在零时刻的值为2,因此单位脉冲响应为
$$c_\delta(t)=2\delta(t)-2e^{-t}+2e^{-2t}$$

(2) **求该系统的传递函数。**

单位阶跃输入的拉氏变换为 $R(s)=\dfrac{1}{s}$,系统的单位阶跃响应的拉氏变换为
$$C(s)=L(1+2e^{-t}-e^{-2t})=\dfrac{1}{s}+\dfrac{2}{s+1}+\dfrac{-1}{s+2}$$
那么,
$$G(s)=\dfrac{C(s)}{R(s)}=1+\dfrac{2s}{s+1}+\dfrac{-s}{s+2}=2-\dfrac{2}{s^2+3s+2}=\dfrac{2s^2+6s+2}{s^2+3s+2}$$

(3) **对比该系统的单位脉冲响应与传递函数之间的关系。**

对单位脉冲响应求拉氏变换,得
$$C_\delta(s)=L(2\delta(t)-2e^{-t}+2e^{-2t})=2+\dfrac{-2}{s+1}+\dfrac{2}{s+2}=2-\dfrac{2}{s^2+3s+2}=G(s)$$
因此,单位脉冲响应与传递函数之间是拉氏变换与拉氏反变换的关系。

【难点与易错点】
- 该题所述系统传递函数的分子和分母阶次相同,因此系统的单位阶跃响应 $c(t)$ 在 $t=0$ 时出现跳变,$c(0)\neq 0$。
- 当由**单位阶跃响应求导**来求单位脉冲响应时,要注意求导时单位阶跃信号的处理,以及零时刻的处理。特别是当系统的输出响应在零时刻出现跳变时,要注意采用该题给出的方法来求导数。

2. 不满足零初始条件的情况

【2-21】 某闭环控制系统的初始条件为 $c(0)=0,\dot{c}(0)=1$,此时给闭环系统施加单位阶跃输入 $r(t)=1(t)$,得到系统的输出响应为 $c(t)=\dfrac{2}{25}-\dfrac{2}{25}e^{-5t}+\dfrac{3}{5}te^{-5t},t\geqslant 0$,求该系统的传递函数。

【解】 由输出响应可求得输出的拉氏变换为
$$C(s)=\dfrac{2}{25s}-\dfrac{2}{25(s+5)}+\dfrac{3}{5(s+5)^2}$$
而输入的拉氏变换为 $\dfrac{1}{s}$,因此可以推断系统有两个特征根,均为 -5。

设系统的零输入响应为
$$C_1(s)=\dfrac{a}{s+5}+\dfrac{b}{(s+5)^2}$$
则 $c_1(t)=ae^{-5t}+bte^{-5t}$,由初始条件得
$$c_1(0)=a=0,\quad \dot{c}_1(0)=-5a+b=1$$
有 $a=0,b=1$,则系统的零输入响应为

$$c_1(t) = te^{-5t}$$

系统的零状态响应为

$$c_2(t) = c(t) - c_1(t) = \frac{2}{25} - \frac{2}{25}e^{-5t} - \frac{2}{5}te^{-5t}$$

系统的传递函数为

$$G(s) = \frac{C_2(s)}{R(s)} = \frac{2}{25} - \frac{2s}{25(s+5)} - \frac{2s}{5(s+5)^2} = \frac{2}{(s+5)^2}$$

【难点与易错点】

● 该题所述系统的传递函数的分子阶次小于分母阶次,因此系统的单位阶跃响应 $c_2(t)$ 在 $t=0$ 时不会出现跳变,$c_2(0)=0$。

● 由于闭环特征根存在重根,因此该题零输入响应所设待定表达式为 $\frac{a}{s+5} + \frac{b}{(s+5)^2}$。此外,也可采用 $C_1(s) = \frac{as+b}{(s+5)^2}$ 形式设定待定表达式,但上述解题过程中给出的表达式更便于求解。

【2-22】 某闭环控制系统的初始条件为 $c(0)=2, \dot{c}(0)=-14, \ddot{c}(0)=76$。此时给闭环控制系统施加单位阶跃输入 $r(t)=1(t)$,得到系统的输出响应为 $c(t) = 1 - \sin t + e^{-5t}, t \geq 0$,求该系统的传递函数。

【解】 由输出响应可求得输出的拉氏变换为

$$C(s) = \frac{1}{s} - \frac{1}{s^2+1} + \frac{1}{s+5}$$

而输入的拉氏变换为 $\frac{1}{s}$,因此可以推断系统有三个特征根,分别为 -5 和 $\pm j1$。

设系统的零输入响应为

$$C_1(s) = \frac{a}{s+5} + \frac{bs+c}{s^2+1} = \frac{a}{s+5} + \frac{bs}{s^2+1} + \frac{c}{s^2+1}$$

则 $c_1(t) = ae^{-5t} + b\cos t + c\sin t$,由初始条件得

$$c_1(0) = a+b = 2, \quad \dot{c}_1(0) = -5a+c = -14, \quad \ddot{c}_1(0) = 25a-b = 76$$

解得 $a=3, b=-1, c=1$,那么系统的零输入响应为

$$c_1(t) = 3e^{-5t} - \cos t + \sin t$$

系统的零状态响应为

$$c_2(t) = c(t) - c_1(t) = 1 - 2e^{-5t} - 2\sin t + \cos t$$

则

$$C_2(s) = \frac{1}{s} + \frac{-2}{s+5} + \frac{s}{s^2+1} + \frac{-2}{s^2+1}$$

系统的传递函数为

$$G(s) = \frac{C_2(s)}{R(s)} = 1 + \frac{-2s}{s+5} + \frac{s^2}{s^2+1} + \frac{-2s}{s^2+1} = \frac{8s^2 - 11s + 5}{(s+5)(s^2+1)}$$

【难点与易错点】

● 该题所述系统的传递函数的分子阶次小于分母阶次,因此系统的单位阶跃响应 $c_2(t)$ 在 $t=0$ 时不会出现跳变,$c_2(0)=0$。

> • 由于闭环特征根存在纯虚根,因此该题零输入响应采用了待定表达式 $\dfrac{bs+c}{s^2+1}$。

【2-23】 试判断是否存在这样的控制系统,其在初始条件为 $c(0)=1$、$\dot{c}(0)=2$,输入信号为 $r(t)=1(t)$ 的共同作用下,输出响应为 $c(t)=-3\mathrm{e}^{-2t}+5\mathrm{e}^{-t}+1, t\geqslant 0$,并说明理由。

【解】 假设存在这样的控制系统,则由输出响应可求得输出的拉氏变换为

$$C(s)=\frac{1}{s}+\frac{5}{s+1}-\frac{3}{s+2}$$

而输入的拉氏变换为 $\dfrac{1}{s}$,若存在这样的控制系统,其特征根有两个,分别为 -1 和 -2。设该系统的零输入响应为

$$C_1(s)=\frac{a}{s+1}+\frac{b}{s+2}$$

则 $c_1(t)=a\mathrm{e}^{-t}+b\mathrm{e}^{-2t}$,由初始条件得

$$c_1(0)=a+b=1, \quad \dot{c}_1(0)=-a-2b=2$$

解得 $a=4, b=-3$,那么系统的零输入响应为

$$c_1(t)=4\mathrm{e}^{-t}-3\mathrm{e}^{-2t}$$

系统的零状态响应为

$$c_2(t)=c(t)-c_1(t)=\mathrm{e}^{-t}+1$$

则

$$C_2(s)=\frac{1}{s}+\frac{1}{s+1}=\frac{2s+1}{s(s+1)}$$

系统的传递函数为

$$G(s)=\frac{C_2(s)}{R(s)}=\frac{2s+1}{s+1}$$

这与前述假设"若存在这样的控制系统,其特征根有两个"相矛盾。因此不存在这样的控制系统。

> **【难点与易错点】**
> • 设某系统的传递函数为
>
> $$G(s)=\frac{(a+c)s^2+(ad+bc)s+bd}{(s+1)(s+2)}=\frac{as+b}{s+1}+\frac{cs+d}{s+2}$$
>
> 则在零初始条件下,单位阶跃输入下的输出响应为
>
> $$C_2(s)=G(s)R(s)=\frac{as+b}{s+1}\cdot\frac{1}{s}+\frac{cs+d}{s+2}\cdot\frac{1}{s}=\frac{b+\dfrac{d}{2}}{s}+\frac{a-b}{s+1}+\frac{c-\dfrac{d}{2}}{s+2}$$
>
> 若 $C_2(s)$ 中不含 $\dfrac{1}{s+2}$ 项,则 $d=2c$,系统的传递函数为
>
> $$G(s)=\frac{as+b}{s+1}+c$$
>
> 这就是该题所遇到的情况。

2.3.6 微分方程模型与结构图

【2-24】 已知某控制系统的各变量满足下列微分方程组,其中,$T_i(i=1,2,3)$ 和 $K_j(j=1,2,\cdots,5)$ 为常数,$r(t)$ 为输入信号,$c(t)$ 为输出信号。试绘制该系统的结构图,要求能体现方程组中涉及的全部信号间的关系,并求系统的传递函数。

$$x_1(t) = r(t) - T_1 \dot{c}(t)$$
$$x_2(t) = K_1 x_1(t)$$
$$K_5 c(t) = x_2(t) - x_3(t)$$
$$\dot{x}_4(t) - K_3 x_3(t) = T_2 \ddot{r}(t) + K_2 \dot{r}(t)$$
$$T_3 \dot{c}(t) + c(t) = K_4 x_4(t)$$

【解】 对微分方程组在零初始条件下进行拉氏变换,并将每个方程均写为某一个变量的表达式,可得

$$X_1(s) = R(s) - T_1 s C(s)$$
$$X_2(s) = K_1 X_1(s)$$
$$X_3(s) = X_2(s) - K_5 C(s)$$
$$X_4(s) = (T_2 s + K_2) R(s) + \frac{K_3}{s} X_3(s)$$
$$C(s) = \frac{K_4}{T_3 s + 1} X_4(s)$$

依次将信号间的关系用箭头和方框连接,即得**结构图**如图 2.53 所示。

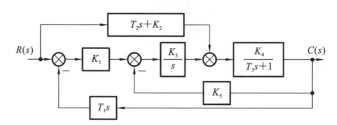

图 2.53 【2-24】控制系统的结构图

由梅逊公式易得该**系统的传递函数**为

$$\frac{C(s)}{R(s)} = \frac{\sum_{k=1}^{2} P_k \Delta_k}{\Delta} = \frac{\dfrac{K_1 K_3}{s} \dfrac{K_4}{T_3 s + 1} + \dfrac{K_4 T_2 s + K_2 K_4}{T_3 s + 1}}{1 + \dfrac{K_5 K_3}{s} \dfrac{K_4}{T_3 s + 1} + \dfrac{K_1 K_3}{s} \dfrac{K_4 T_1 s}{T_3 s + 1}}$$

$$= \frac{K_4 T_2 s^2 + K_2 K_4 s + K_1 K_3 K_4}{T_3 s^2 + (K_1 K_3 K_4 T_1 + 1) s + K_3 K_4 K_5}$$

> **【难点与易错点】**
> ● 该题考查的知识点包括结构图与微分方程模型间的关系、由结构图求传递函数。
> ● 在将微分方程组转换成结构图时,不应消去中间变量,否则无法体现各个中间信号的变换关系。

2.3.7 结构图与传递函数

1. 单输入单输出系统

【2-25】 试用结构图等效化简和信号流图的方法,求图 2.54 所示系统的传递函数 $\dfrac{C(s)}{R(s)}$。

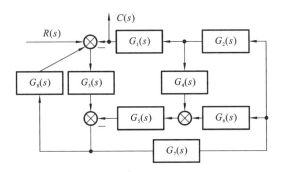

图 2.54 【2-25】控制系统的结构图

【解】 (1)方法 1:采用结构图等效化简。

如图 2.55 所示,设图中两处引出点分别为 A 点和 B 点。

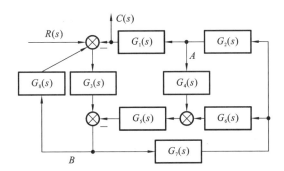

图 2.55 【2-25】增加标注后的控制系统结构图

将图 2.55 中的引出点 A 前移、引出点 B 后移可得图 2.56。

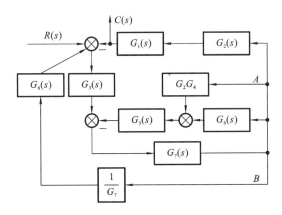

图 2.56 【2-25】第一步等效变换后的结构图

将 G_2G_4 和 G_6 的并联连接化简可得图 2.57。

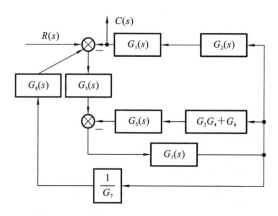

图 2.57 【2-25】第二步等效变换后的结构图

将以 G_7 为前向通路、以 G_5 和 $G_2G_4+G_6$ 为反馈通路的反馈连接化简可得图 2.58。

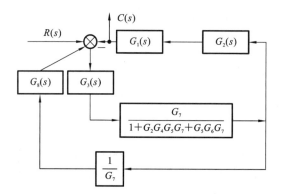

图 2.58 【2-25】第三步等效变换后的结构图

将串联连接化简可得图 2.59。

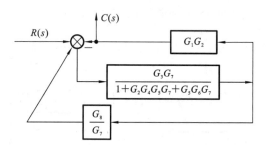

图 2.59 【2-25】第四步等效变换后的结构图

将以 $\dfrac{G_3G_7}{1+G_2G_4G_5G_7+G_5G_6G_7}$ 为前向通路、以 $\dfrac{G_8}{G_7}$ 为反馈通路的正反馈连接化简可得图 2.60。

将以 $\dfrac{G_3G_7}{1+G_2G_4G_5G_7+G_5G_6G_7-G_3G_8}$ 和 G_1G_2 为前向通路的单位反馈连接化简可得系统的传递函数为

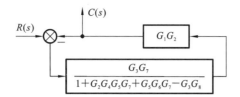

图 2.60 【2-25】第五步等效变换后的结构图

$$\frac{C(s)}{R(s)} = \frac{G_1 G_2 G_3 G_7}{1 + G_2 G_4 G_5 G_7 + G_5 G_6 G_7 - G_3 G_8 + G_1 G_2 G_3 G_7}$$

(2) **方法 2：采用梅逊公式求解。**

为方便阐述，将结构图 2.54 中的引出点和综合点依次标号，如图 2.61 所示。

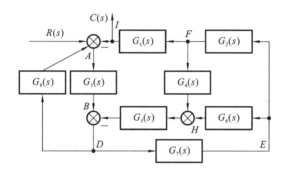

图 2.61 【2-25】增加标注后的控制系统结构图

首先分析回路。

从综合点 A 出发的回路如下。

$L_1 : A \to B \to D \to E \to F \to I \to A$，回路增益为 $-G_1 G_2 G_3 G_7$。

$L_2 : A \to B \to D \to A$，回路增益为 $+G_3 G_8$。

从综合点 B 出发的回路如下。

$L_3 : B \to D \to E \to H \to B$，回路增益为 $-G_5 G_6 G_7$。

$L_4 : B \to D \to E \to F \to H \to B$，回路增益为 $-G_2 G_4 G_5 G_7$。

从综合点 H 出发的回路 $H \to B \to D \to E \to H$ 与从综合点 B 出发的回路 $B \to D \to E \to H \to B$ 是同一个。

显然，四条回路都经过了综合点 B，因此没有不接触回路。特征式为

$$\Delta = 1 - \sum_1^4 L_i = 1 + G_2 G_4 G_5 G_7 + G_5 G_6 G_7 - G_3 G_8 + G_1 G_2 G_3 G_7$$

其次分析前向通路。

从 $R(s)$ 出发，$R(s) \to A \to B \to D \to E \to F \to I \to C(s)$ 为唯一的前向通路，前向通路传递函数为 $P_1 = G_1 G_2 G_3 G_7$，它与所有的回路都有接触，因此余子式 $\Delta_1 = 1$。

那么**系统的传递函数为**

$$\frac{C(s)}{R(s)} = \frac{P_1 \Delta_1}{\Delta} = \frac{G_1 G_2 G_3 G_7}{1 + G_2 G_4 G_5 G_7 + G_5 G_6 G_7 - G_3 G_8 + G_1 G_2 G_3 G_7}$$

【难点与易错点】
● 该题在结构图等效变换时,注意图 2.57 中的 G_7 为前向通路、G_5 和 $G_2G_4+G_6$ 为反馈通路,这是根据信号流向来确定的。
● 该题在采用梅逊公式求传递函数时,回路 L_2 信号流动过程中没有发生变号,因此回路增益为正,在特征式中的对应项为负。

【2-26】 试用结构图等效化简和信号流图的方法,求图 2.62 所示系统的传递函数 $\dfrac{C(s)}{R(s)}$。

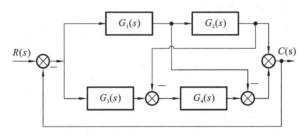

图 2.62 【2-26】控制系统的结构图

【解】 (1) 采用结构图等效化简的方法。

将图 2.62 中的两处综合点分别标记为 A 和 B,如图 2.63 所示。

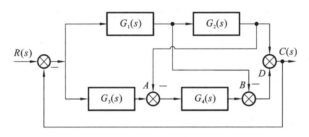

图 2.63 【2-26】增加标注后的控制系统结构图

将图 2.63 中的综合点 A 后移,并与综合点 B 交换位置后可得图 2.64。

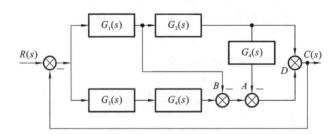

图 2.64 【2-26】第一步等效变换后的结构图

将综合点 A 与综合点 D 交换位置并将并联连接化简可得图 2.65。
将综合点 B 与综合点 D 交换位置并将并联连接化简可得图 2.66。
将并联连接化简可得图 2.67。

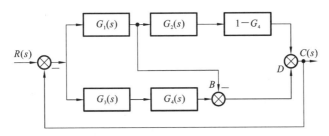

图 2.65 【2-26】第二步等效变换后的结构图

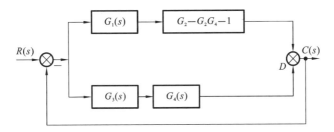

图 2.66 【2-26】第三步等效变换后的结构图

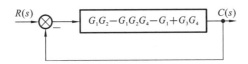

图 2.67 【2-26】第四步等效变换后的结构图

因此系统的传递函数为

$$\frac{C(s)}{R(s)} = \frac{G_1G_2 - G_1G_2G_4 - G_1 + G_3G_4}{1 + G_1G_2 - G_1G_2G_4 - G_1 + G_3G_4}$$

（2）采用梅逊公式求解。

为方便阐述，将结构图 2.62 中的综合点分别标注为点 A、B、D、E，如图 2.68 所示。

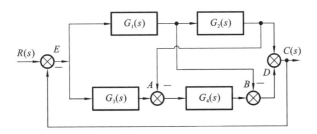

图 2.68 【2-26】增加标注后的控制系统结构图

首先分析回路。

从综合点 E 出发的回路有 $L_1 = -G_1G_2$、$L_2 = G_1G_2G_4$、$L_3 = G_1$、$L_4 = -G_3G_4$。

从综合点 A 和从综合点 B 出发的回路与上述回路重复。

从综合点 D 出发没有回到 D 点的回路。

没有不接触回路。因此特征式为

$$\Delta = 1 - \sum_{1}^{4} L_i = 1 + G_1G_2 - G_1G_2G_4 - G_1 + G_3G_4$$

其次分析前向通路。从 $R(s)$ 出发到 $C(s)$ 的前向通路如下。

$P_1 = G_1G_2$，它与所有的回路都有接触，因此余子式 $\Delta_1 = 1$。

$P_2 = -G_1$，它与所有的回路都有接触，因此余子式 $\Delta_2 = 1$。

$P_3 = -G_1G_2G_4$，它与所有的回路都有接触，因此余子式 $\Delta_3 = 1$。

$P_4 = G_3G_4$，它与所有的回路都有接触，因此余子式 $\Delta_4 = 1$。

因此**系统的传递函数**为

$$\frac{C(s)}{R(s)} = \frac{\sum_{k=1}^{4} P_k \Delta_k}{\Delta} = \frac{G_1G_2 - G_1G_2G_4 - G_1 + G_3G_4}{1 + G_1G_2 - G_1G_2G_4 - G_1 + G_3G_4}$$

【难点与易错点】

● 该题采用梅逊公式求解时，注意回路 L_2 和 L_3 的信号均发生两次变号，而前向通路 P_2 和 P_3 的信号均发生一次变号。

【2-27】 试用结构图等效化简和信号流图的方法，求图 2.69 所示系统的传递函数 $\dfrac{C(s)}{R(s)}$。

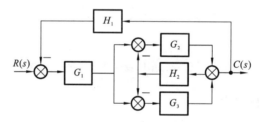

图 2.69 【2-27】控制系统的结构图

【解】（1）采用结构图等效化简的方法。

将图 2.69 中的两处综合点分别标记为 A 和 B，如图 2.70 所示。

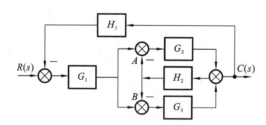

图 2.70 【2-27】增加标注后的控制系统结构图

将图 2.70 中的综合点 A 和综合点 B 后移可得图 2.71。

交换综合点 A、B 和 D 的位置，即将信号求和关系进行变换：

$$(x-y)+(f-e)=(x+f)-(y+e)$$

则结构图等效化简为图 2.72。

将并联连接化简并将局部反馈连接化简得图 2.73。

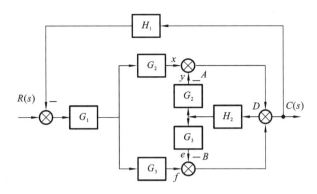

图 2.71 【2-27】第一步等效变换后的结构图

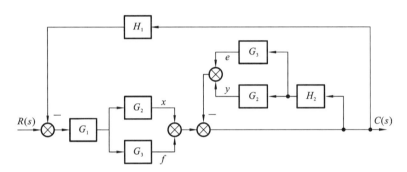

图 2.72 【2-27】第二步等效变换后的结构图

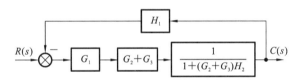

图 2.73 【2-27】第三步等效变换后的结构图

此时系统的传递函数为

$$\frac{C(s)}{R(s)}=\frac{G_1(G_2+G_3)}{1+G_1G_2H_1+G_1G_3H_1+G_2H_2+G_3H_2}$$

(2) 采用梅逊公式求解。

为方便阐述,将结构图 2.69 中的综合点分别标注为点 A、B、D、E,如图 2.74 所示。

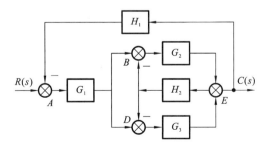

图 2.74 【2-27】增加标注后的控制系统结构图

首先分析回路。

从综合点 A 出发的回路有：$-G_1G_2H_1$、$-G_1G_3H_1$。

从综合点 B 出发的回路有：$-G_2H_2$。

从综合点 D 出发的回路有：$-G_3H_2$。

从综合点 E 出发的回路与前面重复。

四条回路之间都有接触。因此特征式为

$$\Delta = 1 - \sum_1^4 L_i = 1 + G_1G_2H_1 + G_1G_3H_1 + G_2H_2 + G_3H_2$$

其次分析前向通路。

从 $R(s)$ 出发到 $C(s)$ 的前向通路如下。

$P_1 = G_1G_2$，它与所有的回路都有接触，因此余子式 $\Delta_1 = 1$。

$P_2 = G_1G_3$，与所有的回路都有接触，余子式 $\Delta_2 = 1$。

那么系统的传递函数为

$$\frac{C(s)}{R(s)} = \frac{\sum_{k=1}^{2} P_k \Delta_k}{\Delta} = \frac{G_1G_2 + G_1G_3}{1 + G_1G_2H_1 + G_1G_3H_1 + G_2H_2 + G_3H_2}$$

【难点与易错点】

● 该题采用结构图等效化简时，图 2.70 所示中的综合点 D、引出点 E 和 F 均不便于向同类方向移动，因此解题时后移了综合点 A 和 B。此外，在交换图 2.71 中的综合点 A、B、D 的位置时，注意信号的变号。

● 该题采用结构图等效化简时，如果交换图 2.75 中的两个综合点 A 和 B 与引出点 D 的先后顺序，则可以等效化简为图 2.76 所示的结构图。接下来的化简较为简单，在此省略。

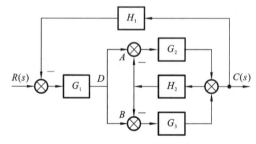

图 2.75 【2-27】控制系统的结构图

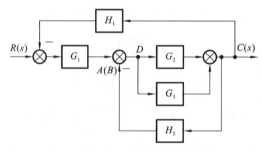

图 2.76 【2-27】控制系统的结构图的等效变换过程

> 上述化简过程,实际上是**交换图** 2.76 **中的综合点** A **和引出点** D **的先后顺序的**逆过程,即交换综合点和引出点等效变换的图 2.8(a)中由右图变换成左图的过程。

【2-28】 试用结构图等效化简和信号流图的方法,求图 2.77 所示系统的传递函数 $\dfrac{U_\mathrm{c}(s)}{U_\mathrm{r}(s)}$。

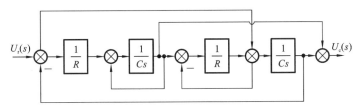

图 2.77 【2-28】控制系统的结构图

【解】 (1) 采用结构图等效化简求解。

首先将局部反馈等效化简之后,得到的结构图如图 2.78 所示。请注意综合点 D 到 E 再到 D 这不是一个局部反馈,不能化简。

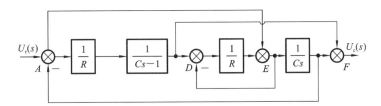

图 2.78 【2-28】第一步等效变换后的结构图

再将综合点 E 前移,得到的结构图如图 2.79 所示。

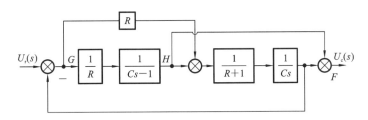

图 2.79 【2-28】第二步等效变换后的结构图

将引出点 G 后移,并与现有引出点 H 交换位置,得到图 2.80。

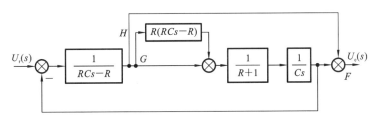

图 2.80 【2-28】第三步等效变换后的结构图

化简并联连接和串联连接,得到图 2.81。

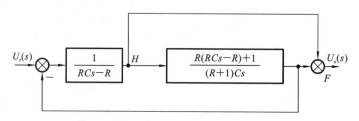

图 2.81 【2-28】第四步等效变换后的结构图

将引出点 H 后移,得到图 2.82。

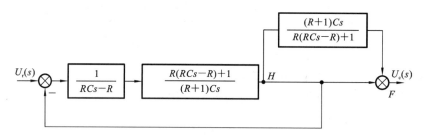

图 2.82 【2-28】第五步等效变换后的结构图

化简并联连接和反馈连接,得到传递函数为

$$G(s)=\frac{U_c(s)}{U_r(s)}=\frac{(R^2+R+1)Cs-R^2+1}{(R+1)RC^2s^2-RCs-R^2+1}$$

(2) 采用梅逊公式求解。

为方便阐述,将结构图 2.77 中的综合点分别标注为点 A、B、D、E、F,如图 2.83 所示。

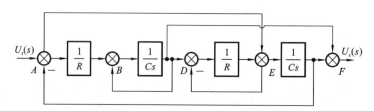

图 2.83 【2-28】增加标注后的控制系统结构图

首先分析回路。

从综合点 A 出发的回路有: $L_1=-\frac{1}{R^2C^2s^2}$, $L_2=-\frac{1}{Cs}$。

从综合点 B 出发的回路有: $L_3=\frac{1}{Cs}$。

从综合点 D 出发的回路有: $L_4=-\frac{1}{R}$。

从综合点 E 出发没有新的回路。

两两不接触的回路有: L_2 与 L_3, L_3 与 L_4。

因此特征式为

$$\Delta=1-\sum_1^4 L_i+\sum_1^2 L_iL_j=1+\frac{1}{R^2C^2s^2}+\frac{1}{Cs}-\frac{1}{Cs}+\frac{1}{R}-\frac{1}{C^2s^2}-\frac{1}{RCs}$$

其次分析前向通路。

从 $R(s)$ 出发到 $C(s)$ 的前向通路如下。

$P_1 = \dfrac{1}{R^2 C^2 s^2}$，余子式 $\Delta_1 = 1$。

$P_2 = \dfrac{1}{Cs}$，与 L_3 不接触，因此余子式 $\Delta_2 = 1 - \dfrac{1}{Cs}$。

$P_3 = \dfrac{1}{RCs}$，与 L_4 不接触，因此余子式 $\Delta_3 = 1 + \dfrac{1}{R}$。

因此系统的传递函数为

$$G(s) = \frac{U_c(s)}{U_r(s)} = \frac{\sum\limits_{k=1}^{3} P_k \Delta_k}{\Delta} = \frac{\dfrac{1}{R^2 C^2 s^2} + \dfrac{1}{Cs} - \dfrac{1}{C^2 s^2} + \dfrac{1}{RCs} + \dfrac{1}{R^2 Cs}}{1 + \dfrac{1}{R^2 C^2 s^2} + \dfrac{1}{R} - \dfrac{1}{C^2 s^2} - \dfrac{1}{RCs}}$$

$$= \frac{(R^2 + R + 1)Cs - R^2 + 1}{(R+1)RC^2 s^2 - RCs - R^2 + 1}$$

【难点与易错点】

● 该题采用梅逊公式求解时，易忽略回路 L_2 和前向通路 P_3。此外还需注意，回路 L_3 与前向通路 P_2 不接触，回路 L_4 与前向通路 P_3 不接触。

● 该题在综合点 B 处没有发生变号，因此回路增益为正。

【2-29】 试用结构图等效化简和信号流图的方法，求图 2.84 所示系统的传递函数 $\dfrac{C(s)}{R(s)}$。

【解】（1）采用结构图等效化简。

将结构图 2.84 中相邻的引出点和综合点标记为 A 和 B，如图 2.85 所示。

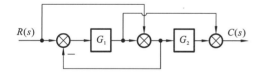
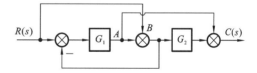

图 2.84 【2-29】控制系统的结构图　　图 2.85 【2-29】增加标注后的控制系统结构图

观察结构图 2.85 发现，无论如何移动综合点和引出点，都不可避免要交换综合点和引出点的位置。因此，交换引出点 A 和综合点 B 的位置，得到图 2.86。注意，此时需要复制一个综合点。

交换引出点 D 和 E 的位置，并将综合点 B 前移，得到图 2.87。

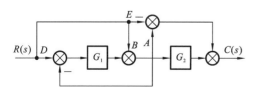
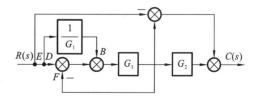

图 2.86 【2-29】第一步等效变换后的结构图　　图 2.87 【2-29】第二步等效变换后的结构图

交换综合点 B 和 F 的位置,同时化简并联连接和反馈连接,可得图 2.88。
化简串联连接,即得图 2.89。

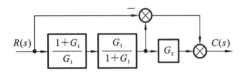 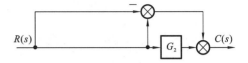

图 2.88 【2-29】第三步等效变换后的结构图　　图 2.89 【2-29】第四步等效变换后的结构图

因此系统的传递函数为

$$\frac{C(s)}{R(s)} = G_2$$

(2) **采用梅逊公式求解**。

为方便阐述,将结构图 2.84 中的综合点和引出点分别标注为点 A、B、D、E,如图 2.90 所示。

首先分析回路。

图 2.90 【2-29】增加标注后的控制系统结构图

从综合点 A 出发的回路有:$L_1 = -G_1$。
其特征式为

$$\Delta = 1 - \sum_{1}^{1} L_i = 1 + G_1$$

其次分析前向通路。
从 $R(s)$ 出发到 $C(s)$ 的前向通路如下。
$P_1 = G_1 G_2$,余子式 $\Delta_1 = 1$。
$P_2 = G_2$,余子式 $\Delta_2 = 1$。
$P_3 = G_1$,余子式 $\Delta_3 = 1$。
$P_4 = -G_1$,余子式 $\Delta_4 = 1$。
因此系统的传递函数为

$$G(s) = \frac{\sum_{k=1}^{4} P_k \Delta_k}{\Delta} = \frac{G_1 G_2 + G_1 + G_2 - G_1}{1 + G_1} = G_2$$

【难点与易错点】
● 该题采用结构图等效化简时,交换了综合点和引出点的位置。当由图 2.85 得到图 2.86 时,交换引出点 A 和综合点 B 的位置,引出点 A 的信号需要从综合点 B 的输出中减去信号 E 才能得到,因此增加了一个综合点且**信号需要变号**。
● 该题采用梅逊公式求解时,**容易忽略**前向通路 P_4,它从 $R(s)$ 出发,直接到达综合点 B,再经过负反馈到达综合点 A,经过 G_1 到达引出点 D,再到达综合点 E,最后到达 $C(s)$。

【2-30】 试用结构图等效化简和信号流图的方法,求图 2.91 所示系统的传递函数 $\dfrac{C(s)}{R(s)}$。

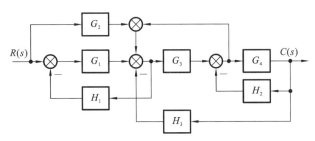

图 2.91 【2-30】控制系统的结构图

【解】 标记图 2.91 中几处综合点和引出点处的信号分别为 A、B、D,如图 2.92 所示。

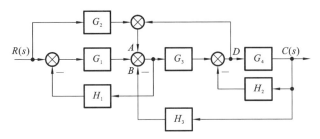

图 2.92 【2-30】增加标注后的控制系统结构图

(1) 采用结构图等效化简。

首先将图 2.92 的信号 A 和 B 进入综合点的位置前移到 G_1 的输入端,并将 D 这个引出信号后移到 G_4 的输出端,即得图 2.93。

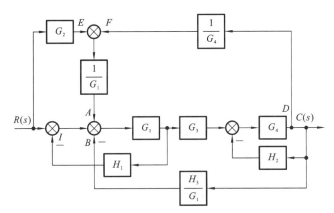

图 2.93 【2-30】第一步等效变换后的控制系统结构图

再将信号 E 和 F 进入综合点的位置后移到 $\dfrac{1}{G_1}$ 的输出端,同时交换与综合点 I 的位置,得到图 2.94。

其次将并联连接化简,将反馈回路由内至外化简,得到图 2.95。

再化简反馈连接和串联连接,即可得系统的传递函数为

$$G(s)=\frac{C(s)}{R(s)}=\frac{G_1+G_2}{G_1}\cdot\frac{G_1G_3G_4}{1+G_1H_1+G_4H_2+G_1G_4H_1H_2+G_3G_4H_3-G_3}$$

$$=\frac{G_1G_3G_4+G_2G_3G_4}{1+G_1H_1+G_4H_2+G_1G_4H_1H_2+G_3G_4H_3-G_3}$$

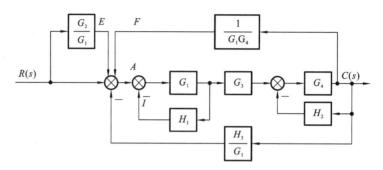

图 2.94 【2-30】第二步等效变换后的控制系统结构图

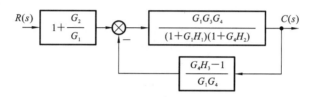

图 2.95 【2-30】第三步等效变换后的控制系统结构图

(2) 采用信号流图的方法。

为方便阐述,将结构图 2.91 中的综合点分别标注为点 A、B、D、E,如图 2.96 所示。

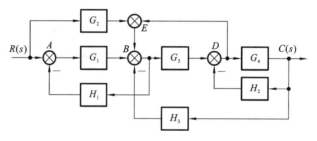

图 2.96 【2-30】增加标注后的控制系统结构图

首先分析回路。

从图 2.96 中综合点 A 出发的回路有:$L_1=-G_1H_1$。

从图 2.96 中综合点 B 出发的回路有:$L_2=-G_3G_4H_3$、$L_3=G_3$。

从图 2.96 中综合点 D 出发的回路有:$L_4=-G_4H_2$。

从图 2.96 中综合点 E 出发没有新增的回路。

两两不接触的回路有:$L_1L_4=G_1G_4H_1H_2$。

因此特征式为
$$\Delta=1+G_1H_1+G_3G_4H_3+G_4H_2-G_3+G_1G_4H_1H_2$$

其次分析前向通路。

从 $R(s)$ 出发到 $C(s)$ 的前向通路如下。

$P_1=G_1G_3G_4$,没有不接触回路,因此余子式 $\Delta_1=1$。

$P_2=G_2G_3G_4$,没有不接触回路,因此余子式 $\Delta_1=1$。

因此系统的传递函数为

$$G(s) = \frac{C(s)}{R(s)} = \frac{\sum_{k=1}^{2} P_k \Delta_k}{\Delta} = \frac{G_1 G_3 G_4 + G_2 G_3 G_4}{1 + G_1 H_1 + G_4 H_2 + G_1 G_4 H_1 H_2 + G_3 G_4 H_3 - G_3}$$

【难点与易错点】
● 该题采用结构图等效化简的方法，第一步将综合点信号前移时，A、B 两个信号同时前移，两个分支均需要变换；第二步将信号 E 和 F 后移到 $\frac{1}{G_1}$ 的输出端时，同样需要考虑两个分支的变换。

【2-31】 试用结构图等效化简和信号流图的方法，求图 2.97 所示系统的传递函数 $\dfrac{C(s)}{R(s)}$。

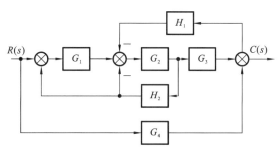

图 2.97 【2-31】控制系统的结构图

【解】（1）采用结构图等效化简。

由于 H_1 的输入端的引出点在最右边综合点的输出端，因此不便于前移。为实现化简，可先将 H_2 输出端的引出点前移，即化为图 2.98。

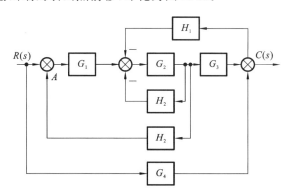

图 2.98 【2-31】第一步等效变换后的结构图

将综合点 A 后移，跨过 G_1 环节，得到图 2.99。
化简并联连接，得到图 2.100。
其次由内至外化简反馈连接，得到图 2.101。
再将左边第一个综合点后移，得到图 2.102。
最后依次化简串联连接和并联连接，得到控制系统的传递函数为

$$G(s) = \frac{C(s)}{R(s)} = \frac{G_1 G_2 G_3 + G_4 + G_2 G_4 H_2 - G_1 G_2 G_4 H_2}{1 + G_2 H_2 - G_1 G_2 H_2 + G_2 G_3 H_1}$$

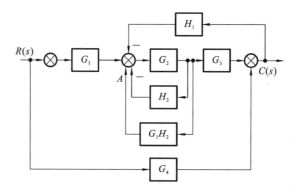

图 2.99 【2-31】第二步等效变换后的结构图

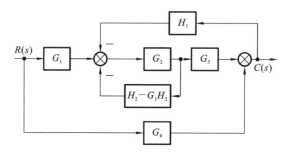

图 2.100 【2-31】第三步等效变换后的结构图

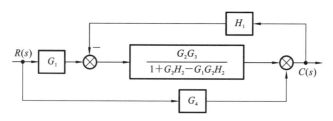

图 2.101 【2-31】第四步等效变换后的结构图

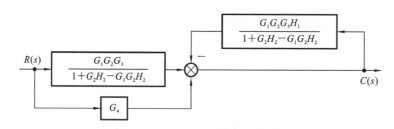

图 2.102 【2-31】第五步等效变换后的结构图

（2）采用梅逊公式求解。

为方便阐述，将结构图 2.97 中的综合点分别标注为点 A、B、D，如图 2.103 所示。

首先分析回路。

从图 2.103 中综合点 A 出发的回路有：$L_1 = G_1G_2H_2$。

从图 2.103 中综合点 B 出发的回路有：$L_2 = -G_2H_2$、$L_3 = -G_2G_3H_1$。

从图 2.103 中综合点 D 出发的回路与前面分析的回路 L_3 重叠。

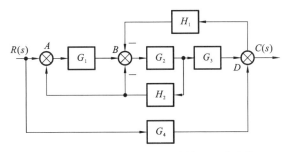

图 2.103 【2-31】增加标注后的控制系统结构图

这三个回路相互接触,没有两两不接触回路。因此特征式为

$$\Delta = 1 - \sum_1^3 L_i = 1 + G_2 H_2 - G_1 G_2 H_2 + G_2 G_3 H_1$$

其次分析前向通路。

从 $R(s)$ 出发到 $C(s)$ 的前向通路如下。

$P_1 = G_1 G_2 G_3$,没有不接触回路,因此余子式 $\Delta_1 = 1$。

$P_2 = G_4$,与回路 L_3 接触,因此余子式 $\Delta_2 = 1 + G_2 H_2 - G_1 G_2 H_2$。

因此系统的传递函数为

$$G(s) = \frac{C(s)}{R(s)} = \frac{\sum_{k=1}^2 P_k \Delta_k}{\Delta} = \frac{G_1 G_2 G_3 + G_4 + G_2 G_4 H_2 - G_1 G_2 G_4 H_2}{1 + G_2 H_2 - G_1 G_2 H_2 + G_2 G_3 H_1}$$

【难点与易错点】

● 该题易错点在于 H_1 输入信号是综合点的输出信号,从图 2.97 变换为图 2.98 时,最好将引出点绘制到综合点的输出端,这样在结构图等效化简时不易出错。

● 该题需注意区分图 2.97 与图 2.104,二者有相同的回路,即特征式相同。但是,对于图 2.104,前向通路 $P_2 = G_4$ 与所有回路均不接触,则其余子式 $\Delta_2 = \Delta$。这一点与该题不同。

因此图 2.104 所示系统的传递函数为

$$G(s) = \frac{C(s)}{R(s)} = \frac{\sum_{k=1}^2 P_k \Delta_k}{\Delta} = G_4 + \frac{G_1 G_2 G_3}{1 + G_2 H_2 - G_1 G_2 H_2 + G_2 G_3 H_1}$$

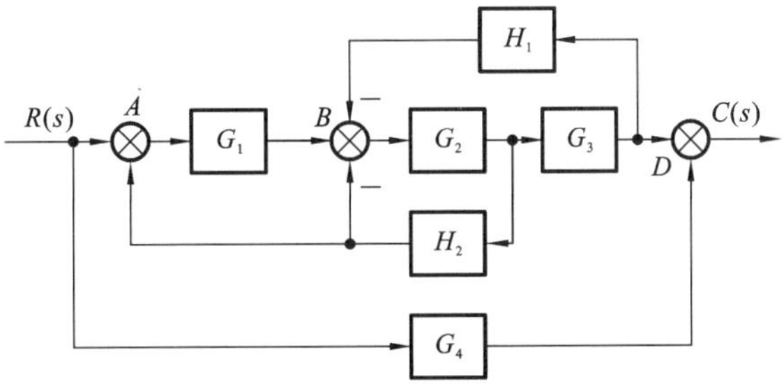

图 2.104 【2-31】控制系统的结构对比图

【2-32】 试用结构图等效化简和信号流图的方法,求图 2.105 所示系统的传递函数 $\dfrac{C(s)}{R(s)}$。

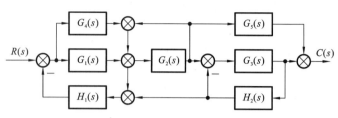

图 2.105 【2-32】控制系统的结构图

【解】 (1) 采用结构图等效化简。

为便于阐述,将结构图 2.105 中几处引出点和综合点分别标记为 A、B、D、E,如图 2.106 所示。

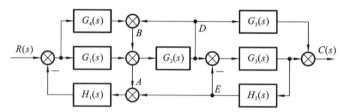

图 2.106 【2-32】增加标注后的控制系统结构图

将综合点 A 前移、综合点 B 后移、引出点 D 和 E 前移,可得图 2.107 所示结构图。

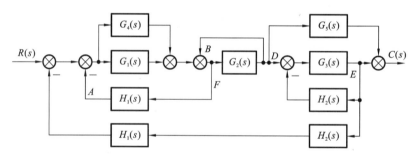

图 2.107 【2-32】第一步等效变换后的控制系统结构图

将图 2.107 所示结构图中引出点 F 后移,并将局部并联连接、局部反馈连接化简,可得图 2.108 所示结构图。

将图 2.108 所示结构图中局部串联连接、局部反馈连接化简,并将图 2.108 中的引出点 G 前移,可得图 2.109 所示结构图。

将图 2.109 所示结构图中局部并联连接、局部反馈连接化简,之后再化简二者的串联连接,即得系统的传递函数为

$$\dfrac{C(s)}{R(s)} = \dfrac{G_1 G_2 G_3 + G_1 G_2 G_5 + G_1 G_2 G_3 G_5 H_2 + G_2 G_3 G_4 + G_2 G_4 G_5 + G_2 G_3 G_4 G_5 H_2}{1 + G_1 H_1 + G_4 H_1 - G_2 + G_3 H_2 - G_2 G_3 H_2 + G_1 G_3 H_1 H_2 + G_3 G_4 H_1 H_2 + G_1 G_2 G_3 H_1 H_2 + G_2 G_3 G_4 H_1 H_2}$$

(2) 采用梅逊公式求解。

为便于阐述,将结构图 2.105 中几处综合点分别标记为点 A、B、D、E 和 F,如图 2.110 所示。

2 控制系统的数学模型   63

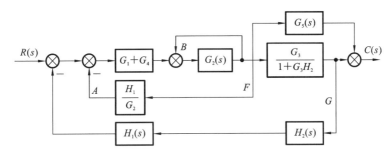

图 2.108 【2-32】第二步等效变换后的控制系统结构图

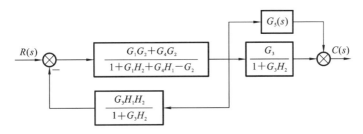

图 2.109 【2-32】第三步等效变换后的控制系统结构图

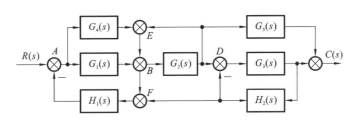

图 2.110 【2-32】增加标注后的控制系统结构图

首先分析回路。

从图 2.110 中综合点 A 出发的回路有：$L_1 = -G_1 H_1$、$L_2 = -G_1 G_2 G_3 H_1 H_2$、$L_3 = -G_4 H_1$、$L_4 = -G_2 G_3 G_4 H_1 H_2$。

从图 2.110 中综合点 B 出发的回路有：$L_5 = +G_2$。

从图 2.110 中综合点 D 出发的回路有：$L_6 = -G_3 H_2$。

从图 2.110 中综合点 E 和 F 出发没有新的回路。

两两不接触回路有：$L_1 L_3 = G_1 G_3 H_1 H_2$、$L_3 L_5 = -G_2 G_3 H_2$、$L_3 L_6 = G_3 G_4 H_1 H_2$。

因此特征式为

$$\Delta = 1 - \sum_1^4 L_i + \sum_1^3 L_i L_j$$
$$= 1 + G_1 H_1 + G_1 G_2 G_3 H_1 H_2 + G_2 G_3 G_4 H_1 H_2 + G_4 H_1 - G_2 + G_3 H_2$$
$$- G_2 G_3 H_2 + G_1 G_3 H_1 H_2 + G_3 G_4 H_1 H_2$$

其次分析前向通路。

从 $R(s)$ 出发到 $C(s)$ 的前向通路如下。

$P_1=G_1G_2G_3$，没有不接触回路，因此余子式 $\Delta_1=1$。

$P_2=G_1G_2G_5$，有不接触回路 L_6，因此余子式 $\Delta_2=1+G_3H_2$。

$P_3=G_2G_3G_4$，没有不接触回路，因此余子式 $\Delta_3=1$。

$P_4=G_2G_4G_5$，有不接触回路 L_6，因此余子式 $\Delta_4=1+G_3H_2$。

因此系统的传递函数为

$$\frac{C(s)}{R(s)}=\frac{\sum_{k=1}^{4}P_k\Delta_k}{\Delta}$$

$$=\frac{G_1G_2G_3+G_1G_2G_5+G_1G_2G_3G_5H_2+G_2G_3G_4+G_2G_4G_5+G_2G_3G_4G_5H_2}{1+G_1H_1+G_4H_1-G_2+G_3H_2-G_2G_3H_2+G_1G_3H_1H_2+G_3G_4H_1H_2+G_1G_2G_3H_1H_2+G_2G_3G_4H_1H_2}$$

【难点与易错点】

● 该题在结构图等效化简时要注意：化简到图 2.107 时，将综合点 A 前移不能随便交换与 G_4 输入端的引出点的位置；此外，不能交换综合点 B 与引出点 F 的位置。

● 该题在应用梅逊公式时，要注意回路 L_5 中没有信号发生符号变化，因此 L_5 的回路增益为正。

【2-33】 求图 2.111 所示系统的传递函数 $\dfrac{C(s)}{R(s)}$。

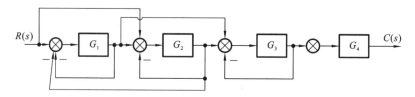

图 2.111 【2-33】控制系统的结构图

【解】 采用梅逊公式求解。

为方便阐述，将结构图 2.111 中的综合点和引出点分别标注为点 A、B、D、E、F、G，如图 2.112 所示。

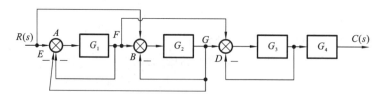

图 2.112 【2-33】增加标注后的控制系统结构图

首先分析回路。

从图 2.112 中综合点 A 出发的回路有：$L_1=-G_1$、$L_2=-G_1G_2$。

从图 2.112 中综合点 B 出发的回路有：$L_3=-G_2$。

从图 2.112 中综合点 D 出发的回路有：$L_4=-G_3$。

两两不接触回路有：$L_1L_3=G_1G_2$、$L_1L_4=G_1G_3$、$L_3L_4=G_2G_3$、$L_2L_4=G_1G_2G_3$。

三三不接触回路有：$L_1L_3L_4 = -G_1G_2G_3$。

因此特征式为

$$\Delta = 1 - \sum_1^4 L_i + \sum_1^4 L_iL_j - \sum_1^1 L_iL_jL_k$$
$$= 1 + G_1 + G_2 + G_3 + 2G_1G_2 + G_1G_3 + G_2G_3 + 2G_1G_2G_3$$

其次分析前向通路。从 $R(s)$ 出发到 $C(s)$ 的前向通路如下。

$P_1 = G_1G_2G_3G_4$，它与所有的回路都有接触，因此余子式 $\Delta_1 = 1$。

$P_2 = G_2G_3G_4$，与 L_1 不接触，因此余子式 $\Delta_2 = 1 + G_1$。

$P_3 = G_1G_3G_4$，与 L_3 不接触，因此余子式 $\Delta_3 = 1 + G_2$。

$P_4 = -G_1G_2G_3G_4$，它与所有的回路都有接触，因此余子式 $\Delta_4 = 1$。

因此系统的传递函数为

$$G(s) = \frac{\sum_{k=1}^4 P_k\Delta_k}{\Delta} = \frac{G_2G_3G_4 + G_1G_3G_4 + 2G_1G_2G_3G_4}{1 + G_1 + G_2 + G_3 + 2G_1G_2 + G_1G_3 + G_2G_3 + 2G_1G_2G_3}$$

【难点与易错点】

● 该题在前向通路中，容易遗漏最后一条 P_4。观察结构图 2.112 可以看到，从引出点 E 到综合点 B、从引出点 G 到综合点 A、从引出点 F 到综合点 D，刚好形成一条通路，而不会经过某个节点两次，所以构成了一条前向通路。事实上，正是这条通路的存在，使得结构图等效化简非常困难，需要交换综合点和引出点的位置。

2. **多输入多输出系统**

【2-34】 图 2.113 所示系统的输入向量为 $\begin{bmatrix} R_1(s) \\ R_2(s) \end{bmatrix}$，输出向量为 $\begin{bmatrix} C_1(s) \\ C_2(s) \end{bmatrix}$，求图 2.113 所示系统的传递函数矩阵。

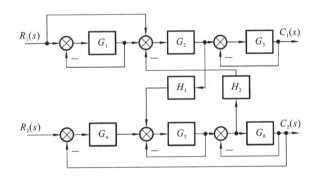

图 2.113 【2-34】控制系统的结构图

【解】 首先分析回路。

回路有：$L_1 = -G_1$、$L_2 = -G_2G_5H_1H_2$、$L_3 = -G_3$、$L_4 = -G_5$、$L_5 = -G_6$、$L_6 = -G_4G_5G_6$。

两两不接触回路有：$L_1L_2 = G_1G_2G_5H_1H_2$、$L_1L_3 = G_1G_3$、$L_1L_4 = G_1G_5$、$L_1L_5 = G_1G_6$、$L_1L_6 = G_1G_4G_5G_6$、$L_2L_3 = G_2G_3G_5H_1H_2$、$L_3L_4 = G_3G_5$、$L_3L_5 = G_3G_6$、$L_3L_6 = $

$G_3G_4G_5G_6$、$L_4L_5=G_5G_6$。

三三不接触回路有:$L_1L_2L_3=-G_1G_2G_3G_5H_1H_2$、$L_1L_3L_4=-G_1G_3G_5$、$L_1L_3L_5=-G_1G_3G_6$、$L_1L_3L_6=-G_1G_3G_4G_5G_6$、$L_1L_4L_5=-G_1G_5G_6$、$L_3L_4L_5=-G_3G_5G_6$。

四四不接触回路有:$L_1L_3L_4L_5=G_1G_3G_5G_6$。

由于该系统是多输入多输出系统,回路是否起作用取决于输入输出信号,因此需要分别讨论。

下面根据输入输出信号分析特征式和前向通路。

(1) $C_1(s)$ 与 $R_1(s)$ 之间。

此时所有回路均起作用。因此特征式为

$$\Delta = 1 - \sum_1^6 L_i + \sum_1^{10} L_iL_j - \sum_1^5 L_iL_jL_k + \sum_1^1 L_iL_jL_kL_h$$
$$= 1 + G_1 + G_2G_5H_1H_2 + G_3 + G_5 + G_6 + G_4G_5G_6$$
$$+ G_1G_2G_5H_1H_2 + G_1G_3 + G_1G_5 + G_1G_6 + G_1G_4G_5G_6$$
$$+ G_2G_3G_5H_1H_2 + G_3G_5 + G_3G_6 + G_3G_4G_5G_6$$
$$+ G_5G_6 + G_1G_2G_3G_5H_1H_2 + G_1G_3G_4G_5G_6$$
$$+ G_1G_3G_5 + G_1G_3G_6 + G_1G_5G_6 + G_3G_5G_6 + G_1G_3G_5G_6$$

$C_1(s)$ 与 $R_1(s)$ 之间的**前向通路**如下。

$P_1=G_1G_2G_3$,余子式 $\Delta_1=1+G_5+G_6+G_4G_5G_6+G_5G_6$。

$P_2=G_2G_3$,余子式 $\Delta_2=1+G_1+G_5+G_6+G_4G_5G_6+G_1G_5+G_1G_6+G_1G_4G_5G_6+G_5G_6+G_1G_5G_6$。

因此,$C_1(s)$ 与 $R_1(s)$ 之间的传递函数为

$$\frac{C_1(s)}{R_1(s)} = \frac{\sum_{k=1}^2 P_k\Delta_k}{\Delta}$$

(2) $C_1(s)$ 与 $R_2(s)$ 之间。

此时回路 L_1 不起作用。因此特征式变为

$$\Delta_{12}=1+G_2G_5H_1H_2+G_3+G_5+G_6+G_4G_5G_6+G_2G_3G_5H_1H_2+G_3G_5$$
$$+G_3G_6+G_3G_4G_5G_6+G_5G_6+G_3G_5G_6$$

$C_1(s)$ 与 $R_2(s)$ 之间的前向通路有:$P_1=-G_2G_3G_4G_5H_2$,余子式 $\Delta_1=1$。

因此,$C_1(s)$ 与 $R_2(s)$ 之间的传递函数为

$$\frac{C_1(s)}{R_2(s)} = \frac{\sum_{k=1}^1 P_k\Delta_k}{\Delta_{12}}$$

(3) $C_2(s)$ 与 $R_1(s)$ 之间。

此时回路 L_3 不起作用。因此特征式变为

$$\Delta_{21}=1+G_1+G_2G_5H_1H_2+G_5+G_6+G_4G_5G_6+G_1G_2G_5H_1H_2$$
$$+G_1G_5+G_1G_6+G_1G_4G_5G_6+G_5G_6+G_1G_5G_6$$

$C_2(s)$ 与 $R_1(s)$ 之间的前向通路有:$P_1=G_1G_2G_5G_6H_1$,余子式 $\Delta_1=1$;$P_2=G_2G_5G_6H_1$,余子式 $\Delta_1=1+G_1$。

因此,$C_2(s)$ 与 $R_1(s)$ 之间的传递函数为

$$\frac{C_2(s)}{R_1(s)} = \frac{\sum_{k=1}^{2} P_k \Delta_k}{\Delta_{21}}$$

(4) $C_2(s)$ 与 $R_2(s)$ 之间。

此时回路 L_1 和 L_3 不起作用。因此特征式变为
$$\Delta_{22} = 1 + G_2 G_5 H_1 H_2 + G_5 + G_6 + G_4 G_5 G_6 + G_5 G_6$$
$C_2(s)$ 与 $R_2(s)$ 之间的前向通路有：$P_1 = G_4 G_5 G_6$，余子式 $\Delta_1 = 1$。

因此，$C_2(s)$ 与 $R_2(s)$ 之间的传递函数为
$$\frac{C_2(s)}{R_2(s)} = \frac{\sum_{k=1}^{1} P_k \Delta_k}{\Delta_{22}}$$

因此，系统的传递函数矩阵为
$$\begin{bmatrix} \dfrac{C_1(s)}{R_1(s)} & \dfrac{C_1(s)}{R_2(s)} \\ \dfrac{C_2(s)}{R_1(s)} & \dfrac{C_2(s)}{R_2(s)} \end{bmatrix}$$

【难点与易错点】
- 该题考查多输入多输出系统中梅逊公式的应用。
- 该题回路虽然多，但直观上看很容易判断是否是接触回路，因此，只要按照一定的顺序去判断，就不容易遗漏。
- 该题在求余子式时，去掉所有与前向通路相接触的项之后，要注意保留所有**不接触项**，例如，在 $C_1(s)$ 与 $R_1(s)$ 之间的前向通路 P_2 的余子式 Δ_2 中，与 P_2 不接触的项除了包括单独的不接触回路外，还包括两两不接触项 $G_1 G_5$、$G_1 G_6$、$G_1 G_4 G_5 G_6$、$G_5 G_6$，以及三三不接触项 $G_1 G_5 G_6$。
- 将梅逊公式应用到多输入多输出系统时，需要重点关注**回路是否起作用**。例如：$C_1(s)$ 与 $R_2(s)$ 之间回路 G_1 不起作用；$C_2(s)$ 与 $R_1(s)$ 之间回路 G_3 不起作用；$C_2(s)$ 与 $R_2(s)$ 之间回路 G_1 和 G_3 不起作用。

【2-35】 求图 2.114 所示系统的输出 $C(s)$ 以及信号 $E(s)$ 关于输入信号的表达式。

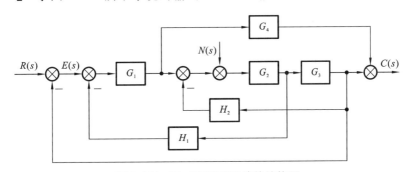

图 2.114 【2-35】控制系统的结构图

【解】 首先分析回路。

回路有：$L_1 = -G_1 G_2 H_1$、$L_2 = -G_2 G_3 H_2$、$L_3 = -G_1 G_2 G_3$。

没有两两不接触回路。

其次根据输入输出信号分析特征式和前向通路。

(1) $C(s)$ 与 $R(s)$ 之间。

此时所有回路均起作用。因此特征式为

$$\Delta = 1 - \sum_{1}^{3} L_i = 1 + G_1 G_2 H_1 + G_2 G_3 H_2 + G_1 G_2 G_3$$

$C(s)$ 与 $R(s)$ 之间的前向通路有：$P_1 = G_1 G_2 G_3$，余子式 $\Delta_1 = 1$；$P_2 = G_1 G_4$，余子式 $\Delta_2 = 1 + G_2 G_3 H_2$。

因此，$C(s)$ 与 $R(s)$ 之间的传递函数为

$$\frac{C(s)}{R(s)} = \frac{\sum_{k=1}^{2} P_k \Delta_k}{\Delta} = \frac{G_1 G_2 G_3 + G_1 G_4 + G_1 G_2 G_3 G_4 H_2}{1 + G_1 G_2 H_1 + G_2 G_3 H_2 + G_1 G_2 G_3}$$

(2) $C(s)$ 与 $N(s)$ 之间。

此时所有回路均起作用。因此特征式不变。

$C(s)$ 与 $N(s)$ 之间的前向通路有：$P_1 = G_2 G_3$，余子式 $\Delta_1 = 1$；$P_2 = -G_1 G_2 G_4 H_1$，余子式 $\Delta_2 = 1$；$P_3 = -G_1 G_2 G_3 G_4$，余子式 $\Delta_3 = 1$。

因此，$C(s)$ 与 $N(s)$ 之间的传递函数为

$$\frac{C(s)}{N(s)} = \frac{\sum_{k=1}^{3} P_k \Delta_k}{\Delta} = \frac{G_2 G_3 - G_1 G_2 G_4 H_1 - G_1 G_2 G_3 G_4}{1 + G_1 G_2 H_1 + G_2 G_3 H_2 + G_1 G_2 G_3}$$

系统的输出 $C(s)$ 表达式为

$$C(s) = \frac{G_1 G_2 G_3 + G_1 G_4 + G_1 G_2 G_3 G_4 H_2}{1 + G_1 G_2 H_1 + G_2 G_3 H_2 + G_1 G_2 G_3} \times R(s)$$

$$+ \frac{G_2 G_3 - G_1 G_2 G_4 H_1 - G_1 G_2 G_3 G_4}{1 + G_1 G_2 H_1 + G_2 G_3 H_2 + G_1 G_2 G_3} \times N(s)$$

(3) $E(s)$ 与 $R(s)$ 之间。

此时所有回路均起作用。因此特征式不变。

$E(s)$ 与 $R(s)$ 之间的前向通路有：$P_1 = 1$，余子式 $\Delta_1 = 1 + G_1 G_2 H_1 + G_2 G_3 H_2$。

因此，$E(s)$ 与 $R(s)$ 之间的传递函数为

$$\frac{E(s)}{R(s)} = \frac{P_1 \Delta_1}{\Delta} = \frac{1 + G_1 G_2 H_1 + G_2 G_3 H_2}{1 + G_1 G_2 H_1 + G_2 G_3 H_2 + G_1 G_2 G_3}$$

(4) $E(s)$ 与 $N(s)$ 之间。

此时所有回路均起作用。因此特征式不变。

$E(s)$ 与 $N(s)$ 之间的前向通路有：$P_1 = -G_2 G_3$，余子式 $\Delta_1 = 1$。

因此，$E(s)$ 与 $N(s)$ 之间的传递函数为

$$\frac{E(s)}{R(s)} = \frac{P_1 \Delta_1}{\Delta} = \frac{-G_2 G_3}{1 + G_1 G_2 H_1 + G_2 G_3 H_2 + G_1 G_2 G_3}$$

$E(s)$ 表达式为

$$E(s) = \frac{1 + G_1 G_2 H_1 + G_2 G_3 H_2}{1 + G_1 G_2 H_1 + G_2 G_3 H_2 + G_1 G_2 G_3} \times R(s)$$

$$+ \frac{-G_2 G_3}{1 + G_1 G_2 H_1 + G_2 G_3 H_2 + G_1 G_2 G_3} \times N(s)$$

【难点与易错点】
- 该题考查多输入多输出系统中梅逊公式的应用。
- 以扰动为输入信号的传递函数的求解在第3章中的稳态性能分析经常用到,因此对于系统性能分析很重要。
- 在分析$C(s)$与$N(s)$之间的前向通路时,要注意反馈通路的作用,否则容易遗漏P_2和P_3。
- 在分析$E(s)$与$N(s)$之间的前向通路时,要注意信号流动过程中发生了符号的改变,因此前向通路传递函数的符号为负。

2.3.8 信号流图与传递函数

1. 单输入单输出系统

【2-36】 某系统的信号流图如图2.115所示,求系统的传递函数$\dfrac{C(s)}{R(s)}$。

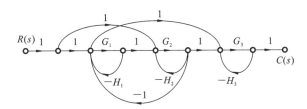

图 2.115 【2-36】控制系统的信号流图

【解】 首先分析回路。

图2.115中反向流动的信号线有四条,即$-H_1$、$-H_2$、$-H_3$和-1,因此回路要借助它们来找。

经过$-H_1$的回路有:$L_1 = -G_1 H_1$。

经过$-H_2$的回路有:$L_2 = -G_2 H_2$。

经过$-H_3$的回路有:$L_3 = -G_3 H_3$。

经过-1的回路有:$L_4 = -G_1 G_2$。

两两不接触回路增益有:$L_1 L_2 = G_1 G_2 H_1 H_2$、$L_1 L_3 = G_1 G_3 H_1 H_3$、$L_2 L_3 = G_2 G_3 H_2 H_3$、$L_3 L_4 = G_1 G_2 G_3 H_3$。

三三不接触回路增益有:$L_1 L_2 L_3 = -G_1 G_2 G_3 H_1 H_2 H_3$。

因此特征式为

$$\Delta = 1 - \sum_1^5 L_i + \sum_1^5 L_i L_j - \sum_1^1 L_i L_j L_k$$
$$= 1 + G_1 G_2 + G_1 H_1 + G_2 H_2 + G_3 H_3 + G_1 G_2 H_1 H_2 + G_1 G_3 H_1 H_3$$
$$+ G_2 G_3 H_2 H_3 + G_1 G_2 G_3 H_3 + G_1 G_2 G_3 H_1 H_2 H_3$$

其次分析前向通路。

从$R(s)$出发到$C(s)$的前向通路如下。

$P_1 = G_1G_2G_3$,余子式 $\Delta_1 = 1$。

$P_2 = G_2G_3$,余子式 $\Delta_2 = 1 + G_1H_1$。

$P_3 = G_3$,余子式 $\Delta_3 = 1 + G_2H_2$。

$P_4 = -G_2G_3$,余子式 $\Delta_4 = 1$。

因此系统的传递函数为

$$G(s) = \frac{C(s)}{R(s)} = \frac{\sum_{k=1}^{4} P_k \Delta_k}{\Delta}$$

$$= \frac{G_1G_2G_3 + G_1G_2G_3H_1 + G_3 + G_2G_3H_2}{1 + G_1G_2 + G_1H_1 + G_2H_2 + G_3H_3 + G_1G_2H_1H_2 + G_1G_3H_1H_3 + G_2G_3H_2H_3 + G_1G_2G_3H_3 + G_1G_2G_3H_1H_2H_3}$$

> 【难点与易错点】
> ● 该题中,容易遗漏前向通路 $P_3 = G_3$ 和 $P_4 = -G_2G_3$。因此,应用梅逊公式时,应特别注意顺向和反向支路有交叉的情景。

【2-37】 某系统的信号流图如图 2.116 所示,求系统的传递函数 $\frac{C(s)}{R(s)}$。

【解】 首先分析回路。

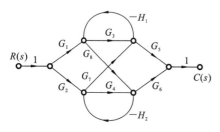

图 2.116 【2-37】控制系统的信号流图

图 2.116 中反向流动的信号线只有两条,即 $-H_1$ 和 $-H_2$,因此回路要借助它们来找。

经过 $-H_1$ 的回路有:$L_1 = -G_3H_1$、$L_2 = G_7G_8H_1H_2$。

经过 $-H_2$ 的回路有:$L_3 = -G_4H_2$。

两两不接触回路有:L_1 和 L_3。

因此特征式为

$$\Delta = 1 - \sum_{1}^{3} L_i + \sum_{1}^{1} L_iL_j = 1 + G_3H_1 - G_7G_8H_1H_2 + G_4H_2 + G_3G_4H_1H_2$$

其次分析前向通路。

从 $R(s)$ 出发到 $C(s)$ 的前向通路如下。

$P_1 = G_1G_3G_5$,余子式 $\Delta_1 = 1 + G_4H_2$。

$P_2 = G_1G_8G_6$,余子式 $\Delta_2 = 1$。

$P_3 = -G_1G_8H_2G_7G_5$,余子式 $\Delta_3 = 1$。

$P_4 = G_2G_4G_6$,余子式 $\Delta_4 = 1 + G_3H_1$。

$P_5 = G_2G_7G_5$,余子式 $\Delta_5 = 1$。

$P_6 = -G_2G_7H_1G_8G_6$,余子式 $\Delta_6 = 1$。

因此系统的传递函数为

$$G(s) = \frac{C(s)}{R(s)} = \frac{\sum_{k=1}^{6} P_k \Delta_k}{\Delta}$$

$$= \frac{G_1G_3G_5 + G_1G_3G_4G_5H_2 + G_1G_6G_8 - G_1G_8H_2G_7G_5 + G_2G_4G_6 + G_2G_3G_4G_6H_1 + G_2G_5G_7 - G_2G_6G_7G_8H_1}{1 + G_3H_1 - G_7G_8H_1H_2 + G_4H_2 + G_3G_4H_1H_2}$$

【**难点与易错点**】
● 该题的前向通路较为复杂。分析时,可以在分叉点处做一个标记,这样可帮助自己分析不同分叉的通路。例如在 G_8 支路之后分为两条支路:G_6 和 $-H_2$。其中前向通路 P_3 是经由 $-H_2$ 到 G_7 到 G_5 再到输出节点。类似的还有前向通路 P_6 的分析。

【2-38】 某系统的信号流图如图 2.117 所示,求系统的传递函数 $\dfrac{C(s)}{R(s)}$。

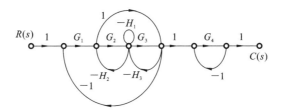

图 2.117 【2-38】控制系统的信号流图

【**解**】 首先分析回路。

回路有:$L_1=-H_1$、$L_2=-G_2H_2$、$L_3=-G_3H_3$、$L_4=H_2H_3$、$L_5=-G_1G_2G_3$、$L_6=-G_1$、$L_7=-G_4$。

两两不接触回路的增益有:$L_1L_6=G_1H_1$、$L_1L_7=G_4H_1$、$L_2L_7=G_2G_4H_2$、$L_3L_7=G_3G_4H_3$、$L_4L_7=-G_4H_2H_3$、$L_5L_7=G_1G_2G_3G_4$、$L_6L_7=G_1G_4$。

三三不接触回路的增益有:$L_1L_6L_7=-G_1G_4H_1$。

因此特征式为

$$\begin{aligned}\Delta &= 1-\sum_1^7 L_i+\sum_1^7 L_iL_j-\sum_1^1 L_iL_jL_k \\ &= 1+H_1+G_2H_2+G_3H_3-H_2H_3+G_1G_2G_3+G_1 \\ &\quad +G_4+G_1H_1+G_4H_1+G_2G_4H_2+G_3G_4H_3 \\ &\quad -G_4H_2H_3+G_1G_2G_3G_4+G_1G_4+G_1G_4H_1\end{aligned}$$

其次分析前向通路。

从 $R(s)$ 出发到 $C(s)$ 的前向通路如下。

$P_1=G_1G_2G_3G_4$,余子式 $\Delta_1=1$。

$P_2=G_1G_4$,余子式 $\Delta_2=1+H_1$。

因此系统的传递函数为

$$G(s)=\frac{C(s)}{R(s)}=\frac{\sum_{k=1}^{2}P_k\Delta_k}{\Delta}$$

$$=\frac{G_1G_2G_3G_4+G_1G_4+G_1G_4H_1}{1+H_1+G_2H_2+G_3H_3-H_2H_3+G_1G_2G_3+G_1+G_4+G_1H_1+G_4H_1+G_2G_4H_2+G_3G_4H_3-G_4H_2H_3+G_1G_2G_3G_4+G_1G_4+G_1G_4H_1}$$

【**难点与易错点**】
● 该题回路 L_1 是一个自回路。
● 该题容易忽略的回路可能是 L_4 和 L_6,二者均经过了支路增益为 1 的支路。

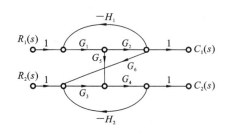

图 2.118 【2-39】控制系统的信号流图

2. 多输入多输出系统

【2-39】 某系统的信号流图如图 2.118 所示。系统的输入向量为 $\begin{bmatrix} R_1(s) \\ R_2(s) \end{bmatrix}$，输出向量为 $\begin{bmatrix} C_1(s) \\ C_2(s) \end{bmatrix}$，求系统的传递函数矩阵，并判断是否存在合适的 G_5 使得 $C_2(s)$ 和 $R_1(s)$ 解耦，即 $\dfrac{C_2(s)}{R_1(s)} = 0$。

【解】 首先分析回路。

图 2.118 中反向流动的信号线只有两条，即 $-H_1$ 和 $-H_2$，因此回路要借助它们来找。

经过 $-H_1$ 的回路有：$L_1 = -G_1 G_2 H_1$。

经过 $-H_2$ 的回路有：$L_2 = -G_3 G_4 H_2$。

两两不接触回路有：L_1 和 L_2。

由于该系统是多输入多输出系统，回路是否起作用取决于输入输出信号，因此需要分别讨论。

下面根据输入输出信号分析特征式和前向通路。

(1) $C_1(s)$ 与 $R_1(s)$ 之间。

此时回路 L_2 不起作用，因此特征式为 $\Delta = 1 + G_1 G_2 H_1$，前向通路有 $P_1 = G_1 G_2$，余子式 $\Delta_1 = 1$。

$C_1(s)$ 与 $R_1(s)$ 之间的传递函数为

$$\frac{C_1(s)}{R_1(s)} = \frac{\sum_{k=1}^{1} P_k \Delta_k}{\Delta} = \frac{G_1 G_2}{1 + G_1 G_2 H_1}$$

(2) $C_1(s)$ 与 $R_2(s)$ 之间。

$R_2(s)$ 对 $C_1(s)$ 不起作用，则 $C_1(s)$ 与 $R_2(s)$ 之间的传递函数为

$$\frac{C_1(s)}{R_2(s)} = 0$$

(3) $C_2(s)$ 与 $R_1(s)$ 之间。

此时特征式为

$$\Delta = 1 - \sum_1^2 L_i + \sum_1^1 L_i L_j = 1 + G_1 G_2 H_1 + G_3 G_4 H_2 + G_1 G_2 G_3 G_4 H_1 H_2$$

前向通路有：$P_1 = G_1 G_2 G_3 G_4 G_6$，余子式 $\Delta_1 = 1$；$P_2 = G_1 G_4 G_5$，余子式 $\Delta_2 = 1$。

那么 $C_2(s)$ 与 $R_1(s)$ 之间的传递函数为

$$\frac{C_2(s)}{R_1(s)} = \frac{G_1 G_2 G_3 G_4 G_6 + G_1 G_4 G_5}{1 + G_1 G_2 H_1 + G_3 G_4 H_2 + G_1 G_2 G_3 G_4 H_1 H_2}$$

(4) $C_2(s)$ 与 $R_2(s)$ 之间。

此时回路 L_1 不起作用，因此特征式为

$$\Delta = 1 + G_3 G_4 H_2$$

前向通路有：$P_1 = G_3 G_4$，余子式 $\Delta_1 = 1$。

那么 $C_2(s)$ 与 $R_2(s)$ 之间的传递函数为

$$\frac{C_2(s)}{R_2(s)} = \frac{G_3 G_4}{1+G_3 G_4 H_2}$$

系统的传递函数矩阵为

$$\begin{bmatrix} \dfrac{C_1(s)}{R_1(s)} & \dfrac{C_1(s)}{R_2(s)} \\ \dfrac{C_2(s)}{R_1(s)} & \dfrac{C_2(s)}{R_2(s)} \end{bmatrix} = \begin{bmatrix} \dfrac{G_1 G_2}{1+G_1 G_2 H_1} & 0 \\ \dfrac{G_1 G_2 G_3 G_4 G_6 + G_1 G_4 G_5}{1+G_1 G_2 H_1 + G_3 G_4 H_2 + G_1 G_2 G_3 G_4 H_1 H_2} & \dfrac{G_3 G_4}{1+G_3 G_4 H_2} \end{bmatrix}$$

(5) 要使 $C_2(s)$ 和 $R_1(s)$ 解耦,令 $\dfrac{C_2(s)}{R_1(s)} = 0$,得

$$G_5 = -G_2 G_3 G_6$$

【难点与易错点】

● 将梅逊公式应用于多输入多输出系统时,需要检查回路是否起作用。只有起作用的回路才能包含在特征式中。因此,同一个系统,对于不同的输入不同的输出,可能具有不同的特征式,即可能具有不同的闭环特征方程。

3 控制系统的时域分析

在经典控制理论中,时域分析方法是一类非常重要的方法。一方面,该方法可以借助系统的数学模型来分析控制系统的稳定性、动态性能和稳态性能;另一方面,该方法也可以根据对控制系统的稳定性、动态性能和稳态性能的指标要求,对控制系统的参数进行调节,或者设计合适的控制器。本章首先回顾时域分析的基础知识,再对配套教材中的习题进行解答,最后给出一些典型练习题及其答案,并对难点和易错点给予解析。

3.1 控制系统的时域分析知识点回顾

本章知识点包括稳定性的定义、劳斯判据、相对稳定性、动态性能及性能指标、一阶系统、二阶系统和高阶系统动态性能指标的求解、有用输入和扰动输入下稳态误差的求解、控制系统的设计等。下面依次介绍。

3.1.1 稳定性的定义及其时域判断方法

1. 稳定性的定义

稳定性是指系统在扰动消失后,由初始偏差状态恢复到原来平衡状态的能力。具体来说,若一个系统处于平衡状态,由于扰动作用使其偏离平衡点,那么,

(1) 扰动消失后,系统能够恢复到原始平衡状态,则称系统是**稳定**的。

(2) 扰动消失后,系统不能恢复到原始平衡状态,且偏差越来越大,则称系统是**不稳定**的。

(3) 扰动消失后,系统输出与原始平衡状态间存在恒定的偏差或输出维持等幅振荡,则称系统是**临界稳定**的。

2. 稳定性的时域判断方法

总结第 3 章的知识,我们可以知道,控制系统稳定性的时域判断方法至少有以下四种。

(1) **稳定性与单位脉冲响应**。

若系统的单位脉冲响应 $c(t)$ 满足 $\lim_{t \to \infty} c(t) = 0$,则该系统是**稳定**的。

(2) **稳定性与闭环特征根**。

① **线性定常系统稳定的充分必要条件**是其所有闭环特征根均具有**负实部**。

② 若线性定常系统的闭环特征根具有虚轴上(或原点处)的**单根**,而其他根均具有负实部,则该系统是**临界稳定**的。

③ 若线性定常系统的闭环特征根具有正实部的根,或者具有虚轴上(或原点处)的重根,则该系统是**不稳定**的。

(3) **劳斯判据**。

设闭环特征方程 $a_n s^n + a_{n-1} s^{n-1} + \cdots + a_0 = 0$ 的最高次幂系数 $a_n > 0$,根据特征方程的系数列写劳斯阵列,如下:

$$
\begin{array}{cllll}
s^n & a_n & a_{n-2} & a_{n-4} & \cdots \\
s^{n-1} & a_{n-1} & a_{n-3} & a_{n-5} & \cdots \\
s^{n-2} & \dfrac{a_{n-1}a_{n-2} - a_n a_{n-3}}{a_{n-1}} & \dfrac{a_{n-1}a_{n-4} - a_n a_{n-5}}{a_{n-1}} & \cdots & \\
\vdots & \vdots & \vdots & & \\
s^1 & \cdots & & & \\
s^0 & \cdots & & &
\end{array}
$$

① 线性定常系统稳定的**充分必要条件**是劳斯阵列中第一列各项元素均为**正**。若第一列系数有负数,则系统**不稳定**,且第一列系数符号改变的次数等于在**右半平面的根的个数**。

② 如果劳斯阵列中某一行的第一个系数为 0,其余各系数不全为 0 或没有其余项,则用一个小正数 ε 代替第一个系数 0,并继续计算劳斯阵列。此时,

(a) 若第一列元素为正数,则**有共轭纯虚根(或 0 根)而没有右半平面的根**;若原点处或虚轴上的根为**单重根**,则系统**临界稳定**。

(b) 若劳斯阵列第一列有变号,则系统**不稳定**,处于右半平面的根的个数由第一列符号改变的次数决定。

③ 如果劳斯阵列中某一行全为零(设为 s 的 k 次幂行),则说明**有成对的关于原点对称的根**。此时,利用第 k 行的上一行构成辅助多项式,求辅助多项式关于 s 的导数,并用其系数作为第 k 行的值,再继续计算劳斯阵列。

(a) **关于原点对称的根**可以根据辅助多项式解出。令辅助多项式等于 0,求解方程即得。

(b) 若劳斯阵列第一列不变号,则说明没有特征根位于右半平面。此时,若原点处或虚轴上的根为**单重根**,则系统**临界稳定**;若原点处或虚轴上的根为多重根,则系统**不稳定**。

(c) 若劳斯阵列第一列系数有负数,则系统**不稳定**,处于右半平面的根的个数由第一列符号改变的次数决定。

④ **赫尔维茨判据**。

设线性定常系统特征方程为 $a_n s^n + a_{n-1} s^{n-1} + \cdots + a_1 s + a_0 = 0$,其中 $a_n > 0$。列写赫尔维茨行列式(n 阶行列式)如下:

$$\begin{bmatrix} a_{n-1} & a_n & 0 & 0 & \cdots & 0 \\ a_{n-3} & a_{n-2} & a_{n-1} & a_n & 0 & \cdots \\ a_{n-5} & a_{n-4} & a_{n-3} & a_{n-2} & a_{n-1} & \cdots \\ a_{n-7} & a_{n-6} & a_{n-5} & a_{n-4} & a_{n-3} & \cdots \\ a_{n-9} & a_{n-8} & a_{n-7} & a_{n-6} & a_{n-5} & \cdots \\ \cdots & \cdots & \cdots & \cdots & \cdots & \cdots \\ 0 & 0 & \cdots & \cdots & 0 & a_0 \end{bmatrix}$$

线性定常系统稳定的**充分必要条件**是在 $a_n>0$ 的情况下,赫尔维茨行列式的各阶主子式 $\Delta_i(i=1,2,\cdots,n)$ 均大于零。

3. 相对稳定性的判断方法

若闭环特征根均位于左半平面,则越靠近虚轴,稳定裕量越小,相对稳定性越差。据此,用劳斯判据检验系统的相对稳定性的方法如下。

令 $s=z-\sigma$,特征方程变为以 z 为变量的新的方程:

$$a_n(z-\sigma)^n + a_{n-1}(z-\sigma)^{n-1} + \cdots + a_0 = 0$$

对该方程应用劳斯判据,就可以判断新的方程有几个根位于新的虚轴的右边。如果所有根位于新的虚轴的左边,则说明**系统具有稳定裕量** σ。

4. 时滞系统稳定性的时域判断方法

对于包含有时滞环节 $e^{-\tau s}$ 的时滞系统,可采用以下近似式近似得到 $e^{-\tau s}$ 的表达式,从而得到关于 s 的多项式方程来近似原特征方程,进而应用劳斯判据或其他方法判断其稳定性。

(1) 用有限项简单有理函数的乘积近似,即 $e^{-\tau s} \approx \left[\dfrac{1}{1+\dfrac{\tau s}{n}}\right]^n$。

(2) 用 e^{-x} 的帕德(Pade)近似式近似。

3.1.2 动态性能及其求解方法

控制系统的**动态过程**,是指从输入信号作用在系统的时刻开始,到系统输出达到稳定状态为止,系统输出随时间变化的过程。**动态性能**是指控制系统的动态过程的性能。对于稳定的控制系统,**动态性能分析**是在零初始条件下对控制系统的单位阶跃响应的动态过程进行分析。

1. 动态性能指标的定义

(1) **延迟时间** t_d:指系统的单位阶跃响应从 0 上升到稳态值的 50% 所需要的时间。

(2) **上升时间** t_r:对于单位阶跃响应**有振荡**的系统,上升时间 t_r 定义为系统的单位阶跃响应从 0 开始至第一次到达稳态值所需要的时间;对于单位阶跃响应**无振荡**的系统,上升时间 t_r 定义为系统的单位阶跃响应从稳态值的 10% 到达 90% 所需要的时间。

(3) **峰值时间** t_p:指系统的单位阶跃响应从 0 到达第一个超出其稳态值的峰值所

需要的时间。

(4) **最大超调量** σ_p：简称超调量，指系统的单位阶跃响应偏离稳态值的最大值，常以百分比表示，即

$$\sigma_p = \frac{c(t_p) - c(\infty)}{c(\infty)} \times 100\%$$

(5) **调整时间**（调节时间）t_s：指系统的单位阶跃响应从 0 开始到进入稳态值的 $95\% \sim 105\%$（或 $98\% \sim 102\%$）误差带时所需要的时间。

(6) **振荡次数**：指在调节时间 t_s 内系统的单位阶跃响应穿越其稳态值次数的一半。

(7) **衰减比**：指系统的单位阶跃响应的第一个峰值与第二个峰值之比。

上述性能指标中，延迟时间、上升时间和峰值时间用于评价系统在响应初期的**初始快速性**；调整时间用于评价系统的**总体快速性**；超调量、振荡次数和衰减比用于评价系统的**平稳性**。

2. 一阶系统动态性能指标的求解

一阶系统的闭环传递函数为

$$G_B(s) = \frac{C(s)}{R(s)} = \frac{K_B}{Ts + 1}$$

其中：T 为闭环时间常数；K_B 为闭环放大系数。那么一阶系统的单位阶跃响应为

$$c(t) = K_B(1 - e^{-\frac{t}{T}}), \quad t \geqslant 0$$

(1) 当单位阶跃响应输出达到稳态值的 63.2% 时，对应的时间就是闭环时间常数 T，即 $c(T) = 0.632 c(\infty)$。

(2) 延迟时间 $t_d = 0.69T$。

(3) 上升时间 $t_r = 2.20T$。

(4) 调节时间 $t_s = \begin{cases} 3T, & \Delta = 5\% \\ 4T, & \Delta = 2\% \end{cases}$

显然，闭环时间常数 T 反映了系统的惯性。T 减小，惯性减小，响应速度加快。

3. 二阶系统动态性能指标的求解

典型二阶系统的**闭环传递函数**为

$$\Phi(s) = \frac{C(s)}{R(s)} = \frac{\omega_n^2}{s^2 + 2\zeta\omega_n s + \omega_n^2}$$

其中：ζ 为阻尼比；ω_n 为无阻尼自然振荡角频率。

该闭环传递函数对应单位反馈系统的**开环传递函数**为

$$G(s) = \frac{\omega_n^2}{s(s + 2\zeta\omega_n)}$$

闭环特征根为

$$s_{1,2} = -\zeta\omega_n \pm \omega_n\sqrt{\zeta^2 - 1}$$

(1) 根据阻尼比 ζ 的不同，可将二阶系统的工作状态划分为以下五类。

① 当 $\zeta < 0$ 时，为**负阻尼**，此时系统不稳定，无法正常工作。

② 当 $\zeta = 0$ 时，为**无阻尼**，此时系统处于临界稳定。

③ 当 $0 < \zeta < 1$ 时，为**欠阻尼**，二阶系统的两个特征根为具有负实部的共轭复数根，如图 3.1 所示。其中 $\omega_d = \omega_n\sqrt{1-\zeta^2}$，$\theta = \arccos\zeta$。

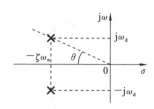

图 3.1 欠阻尼二阶系统的特征根示意图

④ 当 $\zeta=1$ 时，为**临界阻尼**，二阶系统的两个特征根为重根 $s_{1,2}=-\omega_n$。

⑤ 当 $\zeta>1$ 时，为**过阻尼**，二阶系统的两个特征根为负实根。

（2）**欠阻尼二阶系统的单位阶跃响应**为

$$c(t)=1-\frac{1}{\sqrt{1-\zeta^2}}e^{-\zeta\omega_n t}\sin(\omega_d t+\theta), \quad t\geqslant 0$$

其中：$\omega_d=\omega_n\sqrt{1-\zeta^2}$，$\theta=\arccos\zeta$。此时系统的**振荡频率**为 ω_d，**振荡周期**为 $\frac{2\pi}{\omega_d}$。

（3）**欠阻尼二阶系统的动态性能指标**。

① 上升时间：$t_r=\dfrac{\pi-\theta}{\omega_d}$。

② 峰值时间：$t_p=\dfrac{\pi}{\omega_d}$。

③ 若超调量 $\sigma_p=e^{\frac{-\pi\zeta}{\sqrt{1-\zeta^2}}}\times 100\%$，则 $\zeta=\sqrt{\dfrac{(\ln\sigma_p)^2}{\pi^2+(\ln\sigma_p)^2}}$。

④ 调整时间：$t_s\approx\begin{cases}\dfrac{4}{\zeta\omega_n}, & \Delta=2\%\\[2mm]\dfrac{3}{\zeta\omega_n}, & \Delta=5\%\end{cases}$

⑤ 振荡次数：$N=\dfrac{t_s}{T_d}\approx\begin{cases}\dfrac{4\sqrt{1-\zeta^2}}{2\pi\zeta}, & \Delta=2\%\\[2mm]\dfrac{3\sqrt{1-\zeta^2}}{2\pi\zeta}, & \Delta=5\%\end{cases}$

⑥ 系统参数与动态性能指标之间的关系如下。

(a) 当无阻尼自然振荡角频率 ω_n 一定时，要减小 t_r 和 t_p，需减小阻尼比 ζ；而要减小 t_s，需使阻尼比 ζ 增大。即初期响应速度与总体响应速度两方面的指标是相互矛盾的。

(b) 当阻尼比 ζ 一定时，增大 ω_n 可使 t_r、t_p 和 t_s 都减小，从而提高系统的性能。

(c) 最大超调量 σ_p 和振荡次数 N 只取决于 ζ。ζ 越小，σ_p 越大。

4. 高阶系统动态性能指标的求解

高阶系统的动态性能分析通常采用**主导极点法**。

如果离虚轴最近的极点附近没有零点，且其余的极点都远离虚轴，这样的闭环极点称为**主导极点**，它们所对应的动态分量衰减最慢，在系统的响应过程中起主要作用。

将高阶系统近似为由主导极点构成的低阶系统，**近似方法**为：在保持闭环放大系数不变的前提下，保留闭环传递函数中的主导极点，忽略非主导极点。

3.1.3 稳态误差及其求解方法

稳态响应是指系统在典型信号作用下，当时间 $t\to\infty$ 时系统输出量的表现方式，又称稳态过程。**稳态误差**是衡量系统稳态响应的性能指标。

1. 稳态误差的定义

图 3.2 所示的典型控制系统为主反馈到输入端。定义这类系统的**误差** $e(t)$ 是参考输入信号 $r(t)$ 和反馈信号 $b(t)$ 的差值,即 $e(t) = r(t) - b(t)$。而**稳态误差**为误差 $e(t)$ 在 $t \to \infty$ 时的值,记为 e_{ss},即

$$e_{ss} = e(\infty) = \lim_{t \to \infty} e(t) = \lim_{t \to \infty} [r(t) - b(t)]$$

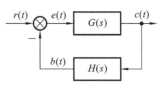

图 3.2 典型控制系统的结构图

这类主反馈到输入端系统的**误差传递函数**为

$$\Phi_{er}(s) = \frac{E(s)}{R(s)} = \frac{1}{1 + G(s)H(s)}$$

2. 有用输入下稳态误差的求解

(1) 采用终值定理求解稳态误差。

该方法适用于任何形式的反馈控制系统。若系统稳定,则根据终值定理,

$$e_{ss} = \lim_{s \to 0} sE(s) = \lim_{s \to 0} s\Phi_{er}(s)R(s)$$

终值定理的适用条件是 $sE(s)$ 在虚轴及右半平面无极点(原点除外)。

(2) 采用静态误差系数法求解稳态误差。

该方法仅适用于求解**主反馈到输入端系统**(见图 3.2)在**有用输入下的稳态误差**。设主反馈到输入端的控制系统的开环传递函数为

$$G(s)H(s) = \frac{K(\tau_1 s + 1)(\tau_2^2 s^2 + 2\zeta_2 \tau_2 s + 1) \cdots (\tau_{m'} s + 1)}{s^v(T_1 s + 1)(T_2^2 s^2 + 2\zeta_2' T_2 s + 1) \cdots (T_{n'-v} s + 1)}$$

其中:K 为**开环放大系数**(开环增益),v 为**控制系统的型别**,又称**控制系统的无差度**。则该系统在**有用输入下的误差传递函数**为

$$\Phi_{er}(s) = \frac{1}{1 + G(s)H(s)}$$

对有用输入 $r(t) = a_1 + a_2 t + a_3 t^2$,其中 a_1、a_2 和 a_3 均为常数,**若系统稳定**,则稳态误差为

$$e_{ss} = a_1 \frac{1}{1 + K_p} + a_2 \frac{1}{K_v} + 2a_3 \frac{1}{K_a}$$

其中:**稳态位置误差系数** $K_p = \lim_{s \to 0} G(s)H(s) = G(0)H(0)$;**稳态速度误差系数** $K_v = \lim_{s \to 0} sG(s)H(s)$;**稳态加速度误差系数** $K_a = \lim_{s \to 0} s^2 G(s)H(s)$。

对于主反馈到输入端的控制系统,不同型别的线性定常系统的静态误差系数与稳态误差如表 3-1 所示。

表 3-1 不同型别的线性定常系统的静态误差系数与稳态误差

系统型别	静态误差系数			稳态误差		
	K_p	K_v	K_a	$r(t) = 1(t)$	$r(t) = t$	$r(t) = t^2/2$
0 型	K	0	0	$1/(1+K)$	∞	∞
Ⅰ 型	∞	K	0	0	$1/K$	∞
Ⅱ 型	∞	∞	K	0	0	$1/K$

(3) 采用动态误差系数法求解稳态误差。

该方法适用的条件是,$s = 0$ 处误差传递函数关于 s 的各阶导数均存在。对任意控制系统,设其**误差传递函数**为

$$\Phi_{er}(s) = \frac{E(s)}{R(s)} = C_0 + C_1 s + C_2 s^2 + \cdots + C_l s^l + \cdots$$

定义 $C_i = \frac{1}{i!}\Phi_{er}^{(i)}(0), i=0,1,2,\cdots$ 为**动态误差系数**。C_0 为**动态位置误差系数**,C_1 为**动态速度误差系数**,C_2 为**动态加速度误差系数**。那么误差

$$e_{ss}(t) = C_0 r(t) + C_1 \dot{r}(t) + \cdots + C_l r^{(l)}(t) + \cdots$$

稳态误差 $e_{ss} = \lim_{t \to \infty} e_{ss}(t)$。

对于 $\Phi_{er}(s)$,采用**整式除法**即可求出所需的动态误差系数。

3. 扰动输入下稳态误差的求解

对于图 3.3 所示的带扰动输入的典型控制系统,设给定输入为零,根据误差的定义,扰动输入引起的误差为

$$E(s) = R(s) - B(s) = -\frac{G_2(s)H(s)}{1 + G_1(s)G_2(s)H(s)} \cdot N(s)$$

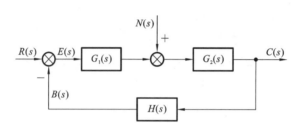

图 3.3 带扰动输入的典型控制系统的结构图

扰动输入作用下的**误差传递函数**为

$$\Phi_{en}(s) = \frac{E(s)}{N(s)} = -\frac{G_2(s)H(s)}{1 + G_1(s)G_2(s)H(s)}$$

那么扰动输入引起的**稳态误差**为

$$e_{ssn} = \lim_{s \to 0} s\Phi_{en}(s)N(s)$$

在扰动和有用输入共同作用下,系统**总的稳态误差**为给定输入和扰动输入的稳态误差的和,即

$$e_{ss} = e_{ssr} + e_{ssn}$$

4. 减小稳态误差的途径

总结第 3 章的知识可以知道,减小控制系统稳态误差的途径至少有三种。

(1) 在稳定的范围内增大(扰动作用点前的)系统**前向通路的增益**,可以减小给定输入(和扰动输入)的稳态误差。

(2) 在稳定的前提下,在(扰动作用点前的)前向通路中加入**积分环节**,可以减小给定输入(和扰动输入)的稳态误差。

(3) 采用复合控制可以减小稳态误差,即增加按输入或按扰动进行的**顺馈控制**。

① 对误差的全补偿:

● 选择顺馈装置使得 $\Phi_{er}(s) = \frac{E(s)}{R(s)} = 0$,可以消除任意形式的有用输入信号所引起的误差;

- 选择顺馈装置使得 $\Phi_{en}(s)=\dfrac{E(s)}{N(s)}=0$，可以消除任意形式的扰动输入信号所引起的误差。

② 对误差的部分补偿：
- 对有用输入的部分补偿：选择顺馈装置使得稳态误差 $e_{ssr}=\lim\limits_{s\to 0}sE(s)=\lim\limits_{s\to 0}s\Phi_{er}(s)R(s)=0$，则可以消除指定 $R(s)$ 形式的有用输入信号所引起的误差；
- 对扰动输入的部分补偿：选择顺馈装置使得稳态误差 $e_{ssn}=\lim\limits_{s\to 0}sE(s)=\lim\limits_{s\to 0}s\Phi_{en}(s)N(s)=0$，则可以消除指定 $N(s)$ 形式的扰动输入信号所引起的误差。

3.1.4 控制系统的时域设计

基于时域分析方法对控制系统进行设计，基本思路如下。
(1) 根据稳态误差或稳定性求出开环放大系数或其可行域。
(2) 根据动态性能指标要求给出主导极点，确定二阶参数。
(3) 在保证主导极点的前提下设计其他参数。

此外，增加局部反馈或者局部并联连接有助于改善稳定性；增加顺馈控制有助于改善稳态性能，消除稳态误差；采用 PID 控制可以实现控制系统性能的综合调节。

3.2 课后习题答案与解析

【**习题 3-1**】 已知一些控制系统的闭环特征方程分别如下，试用劳斯判据分别判断每个系统的稳定性，如果不稳定，请给出右半平面的闭环极点的个数。
(1) $0.1s^4+1.25s^3+2.6s^2+26s+25=0$；
(2) $s^5+12s^4+44s^3+48s^2+s+1=0$；
(3) $s^6+s^5+2s^4+2s^3+3s^2+3s+4=0$。

【**解**】 (1) 列写劳斯阵列如下：

s^4	0.1	2.6	25
s^3	1.25	26	0
s^2	0.52	25	
s^1	$-\dfrac{1773}{52}=-34.0962$	0	
s^0	25		

劳斯阵列第一列出现负数，变号 2 次，**系统不稳定，有 2 个正实部的闭环极点**。

(2) 列写劳斯阵列如下：

s^5	1	44	1
s^4	12	48	1
s^3	40	$\dfrac{11}{12}$	0
s^2	$\dfrac{1909}{40}=47.725$	1	…
s^1	$\dfrac{1799}{22908}=0.0785$	0	
s^0	1		

劳斯阵列第一列全部为正数，**闭环系统稳定**。

（3）列写劳斯阵列如下：

s^6	1	2	3	4
s^5	1	2	3	
s^4	$0(\varepsilon)$	0	4	
s^3	2	$3-\dfrac{4}{\varepsilon}\approx -\dfrac{4}{\varepsilon}$		
s^2	2	4		
s^1	$-4/\varepsilon-4$			
s^0	4			

劳斯阵列第一列出现负数，变号 2 次，**系统不稳定，有 2 个正实部的闭环极点**。

【难点与易错点】
- 该题考查了劳斯判据的一般情况以及第一列出现元素 0 的特殊情况。
- 对于第一列出现元素 0 的特殊情况，用一个小正数 ε 代替第一个元素 0，其他 0 保留不变。

例如对于系统（3），劳斯阵列的 s^4 行中，只需将第一个元素 0 用 ε 代替。

- 上面第（3）小题求解中，s^3 行的第二个系数采用了近似 $3-\dfrac{4}{\varepsilon}\approx -\dfrac{4}{\varepsilon}$，这是因为 ε 无穷小，所以 3 相对于 $-\dfrac{4}{\varepsilon}$ 可以忽略。

【习题 3-2】已知控制系统的闭环特征方程如下，试用劳斯判据判断系统的稳定性并求系统的特征根。

$$s^6+2s^5+8s^4+12s^3+20s^2+16s+16=0$$

【解】列写劳斯阵列如下：

s^6	1	8	20	16
s^5	2	12	16	
s^4	2	12	16	
s^3	0(8)	0(24)		
s^2	8	16		
s^1	8			
s^0	16			

列写上述劳斯阵列过程中，s^3 行出现全零行，因此用 s^4 行构成辅助多项式，求导得到的系数作为 s^3 行。

由 s^4 行的辅助多项式等于 0 可得 $2s^4+12s^2+16=0$，解得关于原点对称的根是 $\pm\sqrt{2}\mathrm{j}$、$\pm 2\mathrm{j}$。进而对原特征方程进行因式分解，得 $s^6+2s^5+8s^4+12s^3+20s^2+16s+16=(s^4+6s^2+8)(s^2+2s+2)=0$，因此另外两个闭环特征根为 $-1\pm\mathrm{j}$。

由于劳斯阵列第一列元素均不为负，且虚轴上的根是单重根，因此**系统临界稳定**。系统的六个特征根是 $\pm\sqrt{2}\mathrm{j}$、$\pm 2\mathrm{j}$、$-1\pm\mathrm{j}$。

【难点与易错点】
● 该题考查了劳斯判据出现全零行的情况。此时,如果劳斯阵列第一列均为正,则系统可能出现临界稳定;如果虚轴上或原点处的根是单重根,则系统临界稳定。
● 当根据辅助多项式对原特征方程进行因式分解时,可采用长除法或待定系数法。

【习题 3-3】 某单位反馈系统的开环传递函数为 $G(s) = \dfrac{K}{s(0.1s+1)(0.25s+1)}$,其中 K 为常数。现希望闭环系统全部特征根实部均小于 -1,试确定 K 的取值范围。

【解】 已知开环传递函数为 $G(s)$,则系统闭环特征方程为 $1+G(s)=0$,整理得 $0.025s^3 + 0.35s^2 + s + K = 0$。

令 $s = z - 1$ 并代入系统闭环特征方程,可得
$$0.025z^3 + 0.275z^2 + 0.375z + K - 0.675 = 0$$
要使闭环系统全部特征根都位于 z 平面左半平面,应有
$$K - 0.675 > 0$$
$$0.275 \times 0.375 > 0.025(K - 0.675)$$

联立解得 $\dfrac{27}{40} < K < \dfrac{24}{5}$,即当闭环系统全部特征根实部均小于 -1 时,K 的取值范围为
$$0.675 < K < 4.8$$

【难点与易错点】
● 该题考查时域内稳定裕度的判断。借助 $s = z - 1$ 实现坐标平移,从而判断出具有一定稳定裕度的参数的范围。

【习题 3-4】 假设温度计可用传递函数 $\dfrac{1}{Ts+1}$ 描述。现用温度计测量某恒温水箱的水温,发现需要 1 分钟才能指示出实际水温的 98%。试确定时间常数 T。

【解】 实际水温的 98%,即进入误差带 $\Delta = 2\%$,则调节时间 $t_s = 4T = 60$ (s)。因此时间常数为
$$T = 15$$

【难点与易错点】
● 该题考查一阶系统动态性能指标与闭环时间常数的关系。

【习题 3-5】 图 3.4(a) 所示系统的单位阶跃响应曲线如图 3.4(b) 所示,试确定参数 K_1、K_2、a 的值。

【解】 系统的闭环传递函数为
$$\Phi(s) = \dfrac{C(s)}{R(s)} = \dfrac{K_1 K_2}{s^2 + as + K_2}$$
对比标准二阶系统传递函数,可得 $K_2 = \omega_n^2$,$2\zeta\omega_n = a$。
由响应曲线可知,闭环放大系数为 2,因此 $K_1 = 2$。

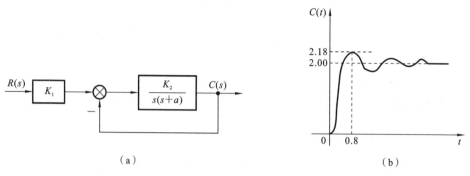

（a）　　　　　　　　　　　　　　　　（b）

图 3.4 【习题 3-5】控制系统的结构图及其单位阶跃响应曲线

由响应曲线可知，$\sigma_p = \dfrac{2.18-2}{2} = 9\%$，$t_p = \dfrac{\pi}{\omega_n\sqrt{1-\zeta^2}} = 0.8$，所以 $\zeta = \sqrt{\dfrac{(\ln\sigma_p)^2}{\pi^2+(\ln\sigma_p)^2}}$
$= 0.608$，$\omega_n = 4.946$。于是有 $K_2 = 24.46$，$a = 6.01$。

那么三个参数分别为

$$K_1 = 2, K_2 = 24.46, a = 6.01$$

【难点与易错点】
● 该题考查二阶系统动态性能指标与参数的关系。
● 该题需注意控制系统的闭环放大系数不是 1，但这并不影响动态性能指标的公式。

【习题 3-6】 考虑图 3.5 所示的系统。试确定 k 值，使得阻尼比为 0.5。然后求单位阶跃响应的上升时间 t_r、峰值时间 t_p、超调量 σ_p 和调节时间 t_s。

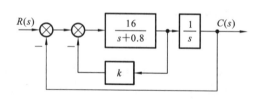

图 3.5 【习题 3-6】控制系统的结构图

【解】 系统的闭环传递函数为

$$\Phi(s) = \dfrac{C(s)}{R(s)} = \dfrac{16}{s^2 + (0.8+16k)s + 16}$$

对比标准二阶系统传递函数，可得

$$\omega_n = \sqrt{16} = 4, \quad 2\zeta\omega_n = 0.8 + 16k$$

由 $\zeta = 0.5$，可得

$$4 = 0.8 + 16k$$

故

$$k = 0.2$$

由 $\omega_n = \sqrt{16} = 4$，$\zeta = 0.5$ 可得到

$$\omega_d = \omega_n\sqrt{1-\zeta^2} = 3.464, \quad \theta = \arccos\zeta = 1.047$$

因此性能指标分别如下。

上升时间：$t_r = \dfrac{\pi - \theta}{\omega_d} = 0.6$。

峰值时间：$t_p = \dfrac{\pi}{\omega_d} = 0.907$。

超调量：$\sigma_p = e^{\frac{-\pi\zeta}{\sqrt{1-\zeta^2}}} \times 100\% = 16.3\%$。

调整时间:$t_s = \dfrac{4}{\zeta\omega_n} = 2(\Delta = 2\%)$ 或者 $t_s = \dfrac{3}{\zeta\omega_n} = 1.5(\Delta = 5\%)$。

【难点与易错点】
● 该题考查二阶系统动态性能指标与参数的关系。

【习题 3-7】 设控制系统的闭环传递函数为
$$G(s) = \dfrac{\omega_n^2}{s^2 + 2\zeta\omega_n s + \omega_n^2}$$
试在 S 平面上绘制满足 $1 > \zeta \geqslant 0.707$ 且 $3 > t_s \geqslant 2$ 的特征根的区域。

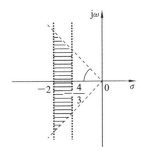

【解】 由 $\theta = \arccos\zeta$ 可得 $0° < \theta \leqslant 45°$,对应过原点的射线,如图 3.6 所示。

由 $t_s = \dfrac{4}{\zeta\omega_n}$,$\Delta = 2\%$ 可得 $2 \leqslant \zeta\omega_n < \dfrac{4}{3}$,对应与实轴垂直的直线,如图 3.6 所示。

图 3.6 【习题 3-7】满足条件的特征根分布范围

因此特征根的区域是在图 3.6 所示阴影部分除去负实轴和 $-\dfrac{4}{3}$ 直线的区域。

【难点与易错点】
● 该题考查二阶系统动态性能指标与闭环特征根的关系。
● 注意特征根的区域与边界的关系。

【习题 3-8】 已知控制系统的结构图如图 3.7 所示,其中 K、τ 均大于零且为常数。有用输入 $r(t) = 1(t)$,扰动输入 $n(t) = 1(t)$。讨论参数 K 和 τ 对系统的有用输入下的稳态误差和扰动输入下的稳态误差的影响。

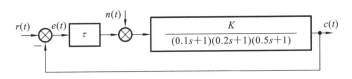

图 3.7 【习题 3-8】控制系统的结构图

【解】 参数对稳态误差的影响受到稳定性的限制。因此,先分析保证系统稳定的参数的范围。

由于系统的闭环特征方程为 $(0.1s+1)(0.2s+1)(0.5s+1) + K\tau = 0$,即
$$s^3 + 17s^2 + 80s + 100 + 100K\tau = 0$$
要使系统稳定,需 $17 \times 80 = 1360 > 100 + 100K\tau$,即
$$K\tau < 12.6$$
下面先求**有用输入下的稳态误差**。由于系统的开环传递函数
$$G(s) = \dfrac{\tau K}{(0.1s+1)(0.2s+1)(0.5s+1)}$$

为 0 型系统,开环放大系数为 τK,因此静态位置误差系数 $K_p = \tau K$,那么有用输入 $r(t) = 1(t)$ 的稳态误差为

$$e_{ssr} = \frac{1}{1+K_p} = \frac{1}{1+K\tau}$$

其次求**扰动输入下的稳态误差**。由于扰动输入下的误差传递函数为

$$\Phi_{en}(s) = \frac{E(s)}{N(s)} = \frac{-K}{(0.1s+1)(0.2s+1)(0.5s+1)+K\tau}$$

因此扰动输入 $n(t) = 1(t)$ 引起的稳态误差为

$$e_{ssn} = \lim_{s \to 0} s\Phi_{en}(s)N(s) = \frac{-K}{1+K\tau}$$

由于扰动输入下的稳态误差为负,因此其绝对值的大小才能体现扰动输入带来的误差的大小。

显然,在 $K\tau < 12.6$ 范围内,τ 增大,则 e_{ssr} 和 $|e_{ssn}|$ 均减小。而增大 K 时,e_{ssr} 减小,但 $|e_{ssn}|$ 增大。

【难点与易错点】
● 该题考查有用输入和扰动输入下稳态误差的求解。
● 讨论控制系统的稳态性能,前提是该控制系统是稳定的。因此,参数的取值范围需在稳定性的前提下确定。

【习题 3-9】 已知某控制系统的结构图如图 3.8 所示,K_1 与 K_2 均大于 0。试设计 $G(s)$,使之在 $r(t)$ 单独作用下无稳态误差。

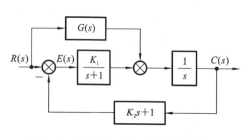

图 3.8 【习题 3-9】控制系统的结构图

【解】 由闭环系统是二阶系统,闭环特征方程系数均大于 0,显然闭环系统稳定。由梅逊公式易得有用输入下的误差传递函数为

$$\Phi_{er}(s) = \frac{E(s)}{R(s)} = \frac{1 - \frac{G(s)(K_2 s + 1)}{s}}{1 + \frac{K_1(K_2 s + 1)}{s(s+1)}}$$

$$= \frac{s(s+1) - G(s)(K_2 s + 1)(s+1)}{s(s+1) + K_1(K_2 s + 1)}$$

要使系统在 $r(t)$ 单独作用下无稳态误差,即**对误差的全补偿**,则令 $\Phi_{er}(s) = 0$,得

$$G(s) = \frac{s}{K_2 s + 1}$$

【难点与易错点】
● 该题考查对有用输入的顺馈控制设计。
● 对误差的全补偿,需令误差传递函数为 0。

【习题 3-10】 已知某控制系统的结构图如图 3.9 所示,试设计 $G(s)$,使之在扰动作用下无稳态误差。

【解】 由闭环系统是二阶系统,闭环特征方程系数均大于 0,显然闭环系统稳定。

由梅逊公式易求出系统在扰动作用下的误差传递函数为

$$\Phi_{en}(s) = \frac{E(s)}{N(s)}$$

$$= \frac{-(K_2s+1) + G(s)\frac{(K_2s+1)}{s}}{1 + \frac{K_1(K_2s+1)}{s(s+1)}}$$

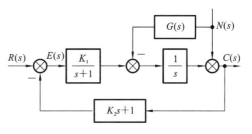

图 3.9 【习题 3-10】某控制系统的结构图

要使系统在 $n(t)$ 单独作用下无稳态误差,即对误差的全补偿,则令 $\Phi_{en}(s)=0$,得

$$G(s) = s$$

【难点与易错点】
● 该题考查对扰动输入的顺馈控制设计。
● 对误差的全补偿,需令误差传递函数为 0。

【习题 3-11】 控制系统的结构图如图 3.10 所示,求:
(1) 系统在输入信号 $r(t)=2(t)$ 和扰动信号 $n(t)=1(t)$ 综合作用下的稳态误差;
(2) 闭环系统的阻尼比和无阻尼自然振荡角频率,并计算 $n(t)=0$ 时系统在单位阶跃输入 $r(t)=1(t)$ 下的超调量 σ_p 和调节时间 t_s。

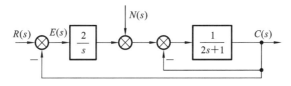

图 3.10 【习题 3-11】控制系统的结构图

【解】 由闭环系统是二阶系统,闭环特征方程系数均大于 0,显然闭环系统稳定。
(1) 求稳态误差。
先求有用输入下的稳态误差。
系统的开环传递函数为

$$G(s) = \frac{2}{s} \times \frac{1}{2s+2} = \frac{1}{s(s+1)}$$

由开环传递函数可知该系统为 I 型系统,因此在 $r(t)=2(t)$ 作用下的稳态误差为

$$e_{ssr} = 0$$

再求扰动作用下的稳态误差。 扰动作用下系统的误差传递函数为

$$\Phi_{en}(s) = \frac{E(s)}{N(s)} = -\frac{\frac{1}{2(s+1)}}{1 + \frac{1}{s(s+1)}} = \frac{-s}{2(s^2+s+1)}$$

那么扰动输入引起的稳态误差为

$$e_{ssn} = \lim_{s \to 0} s\Phi_{en}(s)N(s) = \lim_{s \to 0} s \frac{-s}{2(s^2+s+1)} \frac{1}{s} = 0$$

总误差为
$$e_{ss}=e_{ssr}+e_{ssn}=0$$

(2) 求参数和动态性能指标。

由系统的开环传递函数 $G(s)=\dfrac{1}{s(s+1)}$ 和标准二阶系统开环传递函数可知，
$$\omega_n^2=1,\quad 2\zeta\omega_n=1$$

因此
$$\zeta=0.5,\quad \omega_n=1$$

超调量：$\sigma_p=e^{\frac{-\pi\zeta}{\sqrt{1-\zeta^2}}}\times 100\%=16.3\%$。

调整时间：$t_s\approx\begin{cases}\dfrac{4}{\zeta\omega_n}=8,&\Delta=2\%,\\ \dfrac{3}{\zeta\omega_n}=6,&\Delta=5\%.\end{cases}$

【难点与易错点】
- 该题考查稳态误差以及二阶系统的动态性能指标。
- 由于扰动作用点之前的前向通路中含有积分环节，因此阶跃扰动引起的稳态误差也为 0。
- 该题也可根据终值定理来求有用输入引起的稳态误差。由梅逊公式易得有用输入下的误差传递函数为

$$\Phi_{er}(s)=\frac{E(s)}{R(s)}=\cfrac{1}{1+\cfrac{1}{2s+1}+\cfrac{2}{s(2s+1)}}=\frac{s(2s+1)}{2(s^2+s+1)}$$

则有用输入引起的稳态误差为

$$e_{ssr}=\lim_{s\to 0}s\Phi_{er}(s)R(s)=\lim_{s\to 0}s\frac{s(2s+1)}{2(s^2+s+1)}\frac{2}{s}=0$$

【习题 3-12】 已知某单位反馈三阶系统没有闭环零点，其开环传递函数为 $G(s)$，已知条件：

(1) 在 $r(t)=t$ 作用下的稳态误差为 1.2；

(2) 在 $r(t)=1(t)$ 作用下的动态性能指标为超调量 $\sigma_p=16.30\%$，调整时间 $t_s=6(s)$（$\Delta=5\%$时）。

求系统的闭环传递函数 $\Phi(s)$。

【解】 由条件(1)可知，系统必为 I 型系统，由于单位反馈三阶系统没有闭环零点，因此开环传递函数可设为如下形式：

$$G(s)=\frac{K}{s(s^2+as+b)}$$

在 $r(t)=t$ 作用下的稳态误差 $e_{ss}=\dfrac{1}{K_v}=1.2$，而 $K_v=\dfrac{K}{b}$，则

$$b=\frac{6}{5}K$$

因为该系统是单位反馈系统，所以**闭环传递函数**为

$$\Phi(s)=\frac{G(s)}{1+G(s)}=\frac{K}{s^3+as^2+bs+K}$$

由于系统没有闭环零点,因此,若该系统存在共轭主导极点,则可近似采用二阶系统动态性能指标计算公式。

由性能指标 $\sigma_p=16.30\%$, $t_s=6$,解得 $\zeta=0.5$, $\omega_n=1$,对应的特征根为 $-\omega_n\zeta\pm\omega_n\sqrt{\zeta^2-1}$,实部为 -0.5。

因此特征式中存在因式 (s^2+s+1),即

$$s^3+as^2+bs+K=(s^2+s+1)(s+c)=s^3+(1+c)s^2+(1+c)s+c$$

由对应的系数相等,可得

$$1+c=a, \quad 1+c=b, \quad c=K$$

结合 $b=\frac{6}{5}k$ 可以解得 $a=6, b=6, c=5, K=5$,即系统的开环传递函数为

$$G(s)=\frac{5}{s(s^2+6s+6)}$$

闭环传递函数为

$$\Phi(s)=\frac{5}{s^3+6s^2+6s+5}$$

第三个闭环极点为 $s_3=-5$,是 $s_{1,2}$ 实部 -0.5 的 10 倍,主导极点的假设近似成立,因此上述求解可行。

【难点与易错点】
- 该题考查稳态误差以及主导极点的概念。
- 该题单位反馈三阶系统没有闭环零点,因此其开环传递函数没有开环零点。
- 该题借助二阶系统动态性能指标进行求解,因此需要检查其可行性,即检查主导极点的假设是否成立。

3.3 加时练习题与解析

3.3.1 综合问答

【3-1】 某控制系统在单位阶跃输入作用下的超调量超出了安全范围,该系统是否不稳定?

【解】 控制系统的稳定性仅与系统结构和参数相关,与输入信号无关。该系统在单位阶跃输入作用下的超调量超出了安全范围,说明该系统的动态性能差,超调量过大,不能说明该系统不稳定。事实上,只有在稳定的前提下,才能讨论某系统的动态性能。

【3-2】 某控制系统在某种输入信号作用下的稳态误差为无穷大,该系统是否不稳定?

【解】 控制系统在某种输入信号作用下的稳态误差为无穷大,仅说明该系统无法跟踪该输入信号,无法说明该系统不稳定。事实上,只有在稳定的前提下,才能讨论某系统的稳态性能。

【3-3】 某单位反馈系统的闭环放大系数是 1,求该系统在单位阶跃输入下的稳态误差。

【解】 对于单位反馈系统,设其开环传递函数为

$$G(s)=\frac{KN(s)}{s^v M(s)}$$

其中:v 为系统的型别;$M(s)$ 和 $N(s)$ 均为关于 s 的尾一多项式,即 $M(0)=1, N(0)=1$;K 为开环放大系数。那么闭环传递函数为

$$\Phi(s)=\frac{G(s)}{1+G(s)}=\frac{KN(s)}{s^v M(s)+KN(s)}$$

闭环放大系数为

$$K_B = \Phi(s)\big|_{s=0} = \frac{K}{s^v + K}\bigg|_{s=0}$$

若要使 $K_B=1$,则需 $v \geq 1$,即系统需要是 I 型及以上系统。那么系统在单位阶跃输入下的稳态误差为

$$e_{ss}=0$$

3.3.2 劳斯判据

【3-4】 已知控制系统的闭环特征方程为 $s^6+2s^5+5s^4+6s^3+8s^2+4s+4=0$,试判断闭环系统的稳定性,求出系统的全部闭环特征根。

【解】 列写劳斯阵列如下:

s^6	1	5	8	4
s^5	2	6	4	
s^4	2	6	4	
s^3	0 (8)	0 (12)	0 (0)	
s^2	3	4		
s^1	$\frac{4}{3}$	0		
s^0	4			

由于 s^3 行出现全零行,所以用 s^4 行构成辅助多项式,即 $2s^4+6s^2+4$,求导得

$$8s^3+12s$$

所得系数作为 s^3 行的系数,写在括号内。继续计算,即得上述劳斯阵列。

由于劳斯阵列第一列全部为正,因此可由辅助多项式构成辅助方程

$$2s^4+6s^2+4=0$$

解得四个关于原点对称的根,即

$$s_{1,2}=\pm j, \quad s_{3,4}=\pm\sqrt{2}j$$

它们是虚轴上的单重根,因此**闭环系统临界稳定**。

根据辅助方程,对闭环特征方程进行因式分解,可得

$$s^6+2s^5+5s^4+6s^3+8s^2+4s+4=(s^4+3s^2+2)(s^2+2s+2)=0$$

因此,另外两个闭环特征根为

$$s_{5,6}=-1\pm j$$

【难点与易错点】
● 该题考查劳斯判据中出现全零行的特殊情况。
● 当劳斯阵列出现全零行及第一列非负,且虚轴上的根是单重根时,闭环系统临界稳定。

【3-5】 已知控制系统的闭环特征方程为 $s^6+11s^5+12s^4+22s^3+21s^2+11s+10=0$,试判断闭环系统的稳定性,并求出系统的全部闭环特征根。

【解】 列写劳斯阵列如下:

$$
\begin{array}{cllll}
s^6 & 1 & 12 & 21 & 10 \\
s^5 & 11 & 22 & 11 & \\
s^4 & 10 & 20 & 10 & \\
s^3 & 0\,(40) & 0\,(40) & 0\,(0) & \\
s^2 & 10 & 10 & & \\
s^1 & 0(\varepsilon) & & & \\
s^0 & 10 & & & \\
\end{array}
$$

由于 s^3 行出现全零行,因此用 s^4 行构成辅助多项式,即 $10s^4+20s^2+10$,求导得

$$40s^3+40s$$

所得系数作为 s^3 行的系数,写在括号内。继续计算,得到 s^1 行为零,用无穷小的正数 ε 代替这个系数并继续计算,即得上述劳斯阵列。

由于劳斯阵列第一列全部为正,而由辅助多项式构成辅助方程

$$10s^4+20s^2+10=0$$

解得四个关于原点对称的根,即

$$s_{1,2}=\pm \mathrm{j}, \quad s_{3,4}=\pm \mathrm{j}$$

由于虚轴上存在双重根,因此闭环系统不稳定。

根据辅助方程,对闭环特征方程进行因式分解,可得

$$s^6+11s^5+12s^4+22s^3+21s^2+11s+10=(s^4+2s^2+1)(s^2+11s+10)=0$$

因此,另外两个闭环特征根为

$$s_5=-1, \quad s_6=-10$$

【难点与易错点】
● 该题考查劳斯判据中出现全零行的特殊情况。
● 当劳斯阵列出现全零行及第一列非负,且虚轴上的根是双重根时,闭环系统不稳定。
● 该题 s^2 行构成的辅助多项式 $10s^2+10$ 是 s^4 行构成的辅助多项式的一个因式,不需要重复求解。

【3-6】 已知控制系统的闭环特征方程为 $s^6+2s^5+9s^4+16s^3+24s^2+32s+16=0$,试判断闭环系统的稳定性,并求出系统的全部闭环特征根。

【解】 列写劳斯阵列如下:

s^6	1	9	24	16
s^5	2	16	32	
s^4	1	8	16	
s^3	0 (4)	0 (16)	0 (0)	
s^2	4	16		
s^1	0(ε)			
s^0	16			

由于 s^3 行出现全零行，因此用 s^4 行构成辅助多项式，即 s^4+8s^2+16，求导得
$$4s^3+16s$$
所得系数作为 s^3 行的系数，写在括号内。继续计算，得到 s^1 行为零，用无穷小的正数 ε 代替这个系数并继续计算，即得上述劳斯阵列。

由于第一列全部为正，因此可由辅助多项式构成辅助方程
$$s^4+8s^2+16=0$$
解得四个关于原点对称的根，即
$$s_{1,2}=\pm 2\mathrm{j}, \quad s_{3,4}=\pm 2\mathrm{j}$$
由于虚轴上存在双重根，因此闭环系统不稳定。

根据辅助方程，对闭环特征方程进行因式分解，可得
$$s^6+2s^5+9s^4+16s^3+24s^2+32s+16=(s^4+8s^2+16)(s^2+2s+1)=0$$
因此，另外两个闭环特征根为
$$s_{5,6}=-1$$

【难点与易错点】
- 该题考查劳斯判据中出现全零行的特殊情况。
- 当劳斯阵列出现全零行及第一列非负，且虚轴上的根是双重根时，闭环系统不稳定。

【3-7】 某单位反馈系统的开环传递函数为 $G(s)=\dfrac{K}{s(s^2+5s+8)}$，

（1）确定所有闭环特征根均位于 $s=-1$ 左边时 K 的范围；

（2）确定系统具有关于原点对称的闭环特征根时的 K，此时系统是否发生等幅振荡？如果发生等幅振荡，试确定振荡周期。

【解】 该系统的闭环特征方程为 $s^3+5s^2+8s+K=0$。

（1）**要特征根均位于 $s=-1$ 左边**，可令 $s=z-1$，得到关于 z 的特征方程如下：
$$z^3-3z^2+3z-1+5z^2-10z+5+8z-8+K=0$$
即 $z^3+2z^2+z+K-4=0$。

要使所有闭环特征根均位于 $s=-1$ 左边，则需要 $2>K-4>0$，即 $4<K<6$。

（2）**当系统具有关于原点对称的闭环特征根时**，由闭环特征方程列写劳斯阵列如下：

s^3	1	8
s^2	5	K
s^1	$8-\dfrac{K}{5}$	
s^0	K	

令 $8-\dfrac{K}{5}=0$，即系统具有关于原点对称的闭环特征根时的 K 为

$$K=40$$

此时，s^1 为全零行，由其上一行构成辅助方程，即

$$5s^2+40=0$$

解得 $s_{1,2}=\pm j2\sqrt{2}$，因此**系统将发生等幅振荡**，振荡频率为 $2\sqrt{2}$ rad/s。
因此振荡周期为

$$\dfrac{2\pi}{2\sqrt{2}}=0.707\pi$$

【难点与易错点】
- 该题考查时域内的稳定裕度以及劳斯判据出现全零行的情况。
- 如果劳斯阵列出现全零行及第一列非负，且虚轴上的根是单重根，则闭环系统临界稳定。此时系统的振荡周期取决于虚轴上的根。
- 该题中，当 $K=0$ 时没有意义。

【3-8】 已知某控制系统的闭环特征方程为 $s^4+s^3+11s^2+9s+K=0$，试用劳斯判据判断参数 K 与系统的稳定性之间的关系，并求该系统发生等幅振荡时的 K 值以及此时的闭环特征根。

【解】 列写系统的劳斯阵列如下：

$$
\begin{array}{c|ccc}
s^4 & 1 & 11 & K \\
s^3 & 1 & 9 & 0 \\
s^2 & 2 & K & \\
s^1 & \dfrac{18-K}{2} & & \\
s^0 & K & &
\end{array}
$$

(1) **判断参数 K 与系统的稳定性之间的关系**。

当 $K<0$ 时，闭环系统不稳定。
当 $K=0$ 时，闭环系统临界稳定。
当 $0<K<18$ 时，闭环系统稳定。
当 $K=18$ 时，闭环系统临界稳定。
当 $K>18$ 时，闭环系统不稳定，且有两个右半平面的闭环极点。

(2) **当系统发生等幅振荡时**，$K=18$。此时，由辅助方程 $2s^2+18=0$ 得两个纯虚根为

$$s_{1,2}=\pm 3j$$

进一步由 $s^4+s^3+11s^2+9s+K=(s^2+9)(s^2+s+2)=0$ 求得另外两个根为

$$s_{3,4}=\dfrac{-1\pm j\sqrt{7}}{2}$$

【难点与易错点】
- 该题考查劳斯判据。

> • 如果劳斯阵列出现全零行及第一列非负,且虚轴上的根是单重根,则闭环系统发生等幅振荡。
> • 该题与【3-7】题不同,当 $K=0$ 时,闭环系统含有 $s=0$ 的根,临界稳定,但不会发生等幅振荡。

【3-9】 某单位反馈系统的开环传递函数为 $G(s)=\dfrac{as^3+s+2}{s^2(s^3+2s^2+b)}$,试判断该系统是否能以 2 rad/s 的频率振荡？如果能,请求出此时参数 a 和 b 的值。

【解】 该系统的闭环特征方程为 $s^5+2s^4+as^3+bs^2+s+2=0$。

根据闭环特征方程的系数列写劳斯阵列如下：

$$\begin{array}{cccc} s^5 & 1 & a & 1 \\ s^4 & 2 & b & 2 \\ s^3 & \dfrac{2a-b}{2} & 0 & 0 \\ s^2 & b & 2 & \\ s^1 & \dfrac{b-2a}{b} & 0 & \\ s^0 & 2 & & \end{array}$$

若要出现**等幅振荡**,则需出现全零行,因此令 $2a-b=0$,即

$$b=2a$$

此时,劳斯阵列需修正如下：

$$\begin{array}{cccc} s^5 & 1 & a & 1 \\ s^4 & 2 & b & 2 \\ s^3 & 0(8) & 0(2b) & 0 \\ s^2 & \dfrac{b}{2} & 2 & \\ s^1 & \dfrac{2b^2-32}{b} & 0 & \\ s^0 & 2 & & \end{array}$$

此时,由 s^4 行构成辅助方程,得 $2s^4+bs^2+2=0$,解得 $s^2=\dfrac{-b\pm\sqrt{b^2-16}}{4}$。

若要以 2 rad/s 的频率等幅振荡,则需 $\dfrac{-b\pm\sqrt{b^2-16}}{4}=-4$,解得

$$b=\dfrac{17}{2}$$

于是得

$$a=\dfrac{17}{4}$$

此时,辅助方程的根是

$$s=\pm 2\mathrm{j},\pm\dfrac{1}{2}\mathrm{j}$$

该系统的输出响应将出现频率 2 和 $\frac{1}{2}$ 两种振荡的叠加,而频率 2 是 $\frac{1}{2}$ 的 4 倍,因此,该系统可以以 $\frac{1}{2}$ rad/s 的频率等幅振荡,**无法以 2 rad/s 的频率等幅振荡**。

【难点与易错点】
- 该题考查劳斯判据出现全零行的情况。
- 如果劳斯阵列出现全零行及第一列非负,且虚轴上的根是单重根,则闭环系统临界稳定。此时系统的振荡周期取决于虚轴上的根。
- 如果系统的输出响应是有限个频率正弦信号的叠加,则输出响应的周期应为多个频率正弦信号周期的最小公倍数。

这个结论可以很容易证明。设两个信号 $f(t)$ 和 $g(t)$ 的周期分别为 T_1 和 T_2,且 $\frac{T_1}{T_2}=\frac{m}{n}$,则 $f(t+T_1)=f(t)$,$g(t+T_2)=g(t)$。又设 $nT_1=mT_2=T$,即 T 为 T_1 和 T_2 的最小公倍数,则两个信号的叠加满足下面关系:
$$f(t+T)+g(t+T)=f(t+nT_1)+g(t+mT_2)=f(t)+g(t)$$
即两个信号的叠加 $f(t)+g(t)$ 的周期为 T。

- 该题若令 $\frac{2b^2-32}{b}=0$,则 $b=4$,进一步求解易得虚轴上的根为 2,重根 $s=\pm j$,系统不稳定,振荡频率同样不是 2 rad/s。

【3-10】 某控制系统具有串联比例-积分校正装置,其结构图如图 3.11 所示,其中 K、$T>0$。

(1) 比较加入 $\frac{1}{Ts}$ 串联环节前后该系统的稳态性能;

(2) 分别求出加入 $\frac{1}{Ts}$ 串联环节前后控制系统具有实部均小于 -1 的闭环极点的条件;

(3) 分析该校正装置对系统性能的作用。

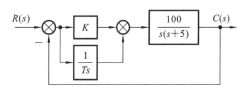

图 3.11 【3-10】某控制系统的结构图

【解】 (1) 加入 $\frac{1}{Ts}$ 串联环节前,控制系统的开环传递函数为

$$G(s)=\frac{100K}{s(s+5)}$$

加入 $\frac{1}{Ts}$ 串联环节后,控制系统的开环传递函数为

$$G(s)=\frac{100\left(K+\frac{1}{Ts}\right)}{s(s+5)}=\frac{100(KTs+1)}{Ts^2(s+5)}$$

显然,加入 $\frac{1}{Ts}$ 串联环节后,使控制系统从 Ⅰ 型系统变为 Ⅱ 型系统,增加了系统的型别,提高了控制系统的稳态性能。

(2) 加入 $\dfrac{1}{Ts}$ 串联环节前,控制系统的闭环特征方程为

$$s^2+5s+100K=0$$

要使系统具有实部均小于 -1 的闭环极点,令 $s=z-1$,得

$$z^2+3z+100K-4=0$$

因此只要

$$K>0.04$$

即可保证系统具有实部均小于 -1 的闭环极点。

加入 $\dfrac{1}{Ts}$ 串联环节后,控制系统的闭环传递函数为

$$\Phi(s)=\dfrac{100\left(K+\dfrac{1}{Ts}\right)}{s(s+5)+100\left(K+\dfrac{1}{Ts}\right)}=\dfrac{100KTs+100}{Ts^3+5Ts^2+100KTs+100}$$

系统的闭环特征方程为 $Ts^3+5Ts^2+100KTs+100=0$。
要使系统具有实部均小于 -1 的闭环极点,令 $s=z-1$,有

$$Tz^3-3Tz^2+3Tz-T+5Tz^2-10Tz+5T+100KTz-100KT+100=0$$
$$Tz^3+2Tz^2+(100KT-7T)z+100-100KT+4T=0$$

需要

$$\begin{cases} 100K>7 \\ 100+4T>100KT \\ 2T(100KT-7T)>T(100-100KT+4T) \end{cases}$$

整理得

$$\dfrac{100+18T}{300T}<K<\dfrac{100+4T}{100T} \quad \text{且} \quad K>\dfrac{7}{100}$$

只有满足上述条件,才能保证系统具有实部均小于 -1 的闭环极点。

(3) 由上述分析可知,**比例-积分校正装置的作用**如下。

① 提高系统的型别,改善稳态性能。
② 产生了 $90°$ 的滞后相角,对稳定性不利。

【难点与易错点】

● 该题考查比例-积分校正装置的控制作用,涉及了第 6 章的知识。此外,该题考查了时域内稳定裕度的判断。

3.3.3 动态响应与特征根分布

【3-11】 某控制系统的结构图如图 3.12 所示。试根据图 3.13 所示的该系统的单位阶跃响应曲线辨识出每一种情况下系统的内环和外环的反馈极性。以"+"表示正反馈,"−"表示负反馈,"0"表示断路。

【解】 根据梅逊公式,易得控制系统的闭环传递函数为

$$\Phi(s)=\dfrac{\dfrac{K_1K_2}{s^2}}{1\pm\dfrac{K_2}{s}\pm\dfrac{K_1K_2}{s^2}}=\dfrac{K_1K_2}{s^2\pm K_2 s\pm K_1K_2}$$

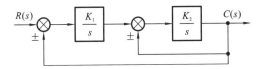

图 3.12 【3-11】控制系统的结构图

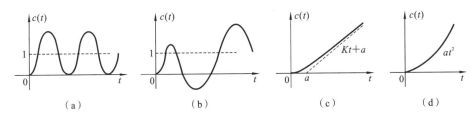

图 3.13 【3-11】不同反馈时控制系统的单位阶跃响应曲线

上式分母中，$\pm K_2 s$ 中的加号对应内环的负反馈，减号对应内环的正反馈；$\pm K_1 K_2$ 中的加号对应外环的负反馈，减号对应外环的正反馈。

由图 3.13(a)可知，系统阶跃响应为**等幅振荡**，二阶系统为无阻尼工作状态，$\zeta=0$，闭环特征方程应为 $s^2+K_1 K_2=0$。因此，外环为"$-$"，内环为"0"。

由图 3.13(b)可知，系统阶跃响应为**发散振荡**，二阶系统为负阻尼工作状态，$\zeta<0$，闭环特征方程应为 $s^2-K_2 s+K_1 K_2=0$。因此，外环为"$-$"，内环为"$+$"。

由图 3.13(c)可知，系统阶跃响应为一个**斜坡函数**，闭环传递函数有一个积分环节，应为 $\Phi(s)=\dfrac{K_1 K_2}{s^2+K_2 s}$。因此，外环为"0"，内环为"$-$"。此时系统的单位阶跃响应为

$$c(t)=L^{-1}[C(s)]=L^{-1}\left[\dfrac{K_1 K_2}{s^2(s+K_2)}\right]=\dfrac{K_1}{K_2}L^{-1}\left[\dfrac{1}{s+K_2}+\dfrac{-1}{s}+\dfrac{K_2}{s^2}\right]$$

$$=K_1 t-\dfrac{K_1}{K_2}(1-e^{-K_2 t})$$

由图 3.13(d)可知，系统阶跃响应为**加速度函数**，闭环传递函数有两个积分环节，应为 $\Phi(s)=\dfrac{K_1 K_2}{s^2}$。因此，外环为"0"，内环也为"0"。此时系统的单位阶跃响应为

$$c(t)=L^{-1}[C(s)]=L^{-1}\left[\dfrac{K_1 K_2}{s^3}\right]=\dfrac{K_1 K_2}{2}t^2$$

【难点与易错点】
- 该题考查二阶系统的单位阶跃响应曲线特征与传递函数间的关系。
- 该题可以根据输出响应曲线形状判断出输出响应的拉氏变换表达式，从而判断闭环传递函数的表达式，进而得到内环和外环反馈通路的符号。

【3-12】 某单位反馈二阶系统的单位阶跃响应为 $c(t)=1-2e^{-5t}+e^{-10t}$，$t\geqslant 0$。求该系统的开环传递函数 $G(s)$、阻尼比 ζ、无阻尼自然振荡频率 ω_n。

【解】 对输出响应求拉氏变换，得

$$C(s)=\dfrac{1}{s}-\dfrac{2}{s+5}+\dfrac{1}{s+10}=\dfrac{50}{s(s+5)(s+10)}$$

则系统的闭环传递函数为

$$\Phi(s)=\frac{C(s)}{R(s)}=\frac{50}{(s+5)(s+10)}=\frac{50}{s^2+15s+50}$$

因为是单位反馈系统，则系统的开环传递函数为

$$G(s)=\frac{\Phi(s)}{1-\Phi(s)}=\frac{50}{s^2+15s}$$

由标准二阶系统参数对应关系可知，

$$\omega_n^2=50,\quad 2\zeta\omega_n=15$$

因此阻尼比和无阻尼自然振荡频率分别为

$$\zeta=\frac{3\sqrt{2}}{4},\quad \omega_n=5\sqrt{2}$$

【难点与易错点】
● 该题考查闭环传递函数的求解。已知零初始条件下某输入作用下的输出响应，根据定义即可求得闭环传递函数。
● 单位反馈系统的闭环传递函数 $\Phi(s)$ 与开环传递函数 $G(s)$ 之间满足关系

$$G(s)=\frac{\Phi(s)}{1-\Phi(s)} \quad \text{或} \quad \Phi(s)=\frac{G(s)}{1+G(s)}$$

【3-13】 已知单位反馈系统的开环传递函数为 $G(s)=\dfrac{\omega_n^2}{s(s+2\zeta\omega_n)}$，试在 S 平面上分别绘制满足下面要求的系统闭环特征根的分布区域。

(1) $4.32\% \leqslant \sigma_p \leqslant 5\%$ 且 $1 \leqslant t_p \leqslant 2$；
(2) $5 \leqslant \omega_n \leqslant 6$ 且 $1 \leqslant t_s \leqslant 1.2$（$\Delta=2\%$ 时）。

【解】 系统的闭环特征根 $s_{1,2}=-\zeta\omega_n\pm j\omega_d$。

(1) **满足条件(1)时**，根据 $\sigma_p=e^{\frac{-\pi\zeta}{\sqrt{1-\zeta^2}}}\times 100\%$，则 $\zeta=\sqrt{\dfrac{(\ln\sigma_p)^2}{\pi^2+(\ln\sigma_p)^2}}$。

由 $4.32\% \leqslant \sigma_p \leqslant 5\%$ 可得 $0.707 \leqslant \zeta \leqslant 0.6901$。
由 $\theta=\arccos\zeta$ 可得 $45° \leqslant \theta \leqslant 46.3620°$。

根据 $t_p=\dfrac{\pi}{\omega_d}$，由 $1 \leqslant t_p \leqslant 2$ 可得 $1.5708 \leqslant \omega_d \leqslant 3.1416$。

绘制满足条件(1)的区域，如图 3.14(a)中的阴影部分。

(2) **满足条件(2)时**，根据 $t_s=\dfrac{4}{\zeta\omega_n}$，由 $1 \leqslant t_s \leqslant 1.2$ 可得 $3.3333 \leqslant \zeta\omega_n \leqslant 4$，而 $\omega_n=|s_{1,2}|$，则 $5 \leqslant |s_{1,2}| \leqslant 6$。

绘制满足条件(2)的区域，如图 3.14(b)中的阴影部分。

【难点与易错点】
● 该题考查二阶系统动态性能指标与特征根的分布之间的关系。
● ζ 对应特征根的相角，ω_n 对应特征根的模，$\zeta\omega_n$ 对应特征根的实部，ω_d 对应特征根的虚部。

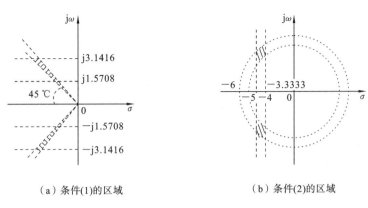

（a）条件(1)的区域　　　　　　（b）条件(2)的区域

图 3.14 【3-13】单位反馈系统的闭环极点分布范围图

【3-14】 已知三个单位反馈系统的开环传递函数均形如 $G(s)=\dfrac{\omega_n^2}{s(s+2\zeta\omega_n)}$。这三个系统的单位阶跃响应曲线如图 3.15 中的三条曲线所示。通过实验能够判断出三个系统响应初期的动态性能大小关系，包括峰值时间和超调量的相对大小，如图 3.15 中的虚线所示，但无法准确判断它们的调整时间的相对大小。

(1) 在 S 平面上绘制这三个系统闭环特征根的相对位置，并说明理由；
(2) 判断三个系统调整时间之间的大小关系，并说明理由。

【解】 (1) 从图 3.15 中可知，三个系统的峰值时间满足关系 $t_{p1}=t_{p2}<t_{p3}$，

三个系统的超调量满足关系 $\sigma_{p1}=\sigma_{p3}>\sigma_{p2}$，由 $t_p=\dfrac{\pi}{\omega_d}$，$\sigma_p=e^{\frac{-\pi\zeta}{\sqrt{1-\zeta^2}}}\times 100\%$ 可知：

$$\omega_{d1}=\omega_{d2}>\omega_{d3},\quad \zeta_1=\zeta_3<\zeta_2$$

由 $\theta=\arccos\zeta$ 可得

$$\theta_1=\theta_3>\theta_2$$

根据 $s_{1,2}=-\zeta\omega_n\pm\omega_n\sqrt{\zeta^2-1}=-\zeta\omega_n\pm j\omega_d$，记三个系统的两个特征根分别为 $s_{1,2}^1$、$s_{1,2}^2$ 和 $s_{1,2}^3$，则可绘制三个系统闭环特征根的相对位置，如图 3.16 所示。

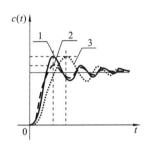

图 3.15 【3-14】三个系统的
单位阶跃响应曲线

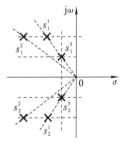

图 3.16 【3-14】三个系统闭环
特征根的相对位置

(2) 根据特征根实部，显然有 $\zeta_3\omega_{n3}<\zeta_1\omega_{n1}<\zeta_2\omega_{n2}$。根据 $t_s=\dfrac{4}{\zeta\omega_n}$，$\Delta=2\%$ 时可得三个系统调整时间之间的大小关系为

$$t_{s3}>t_{s1}>t_{s2}$$

【难点与易错点】
- 该题考查二阶系统动态性能指标与特征根分布之间的关系。
- 根据 θ 和 ω_d 的大小关系，易得 $t_{r1}<t_{r2}$ 且 $t_{r1}<t_{r3}$，但 t_{r2} 和 t_{r3} 之间的大小关系不确定。

3.3.4 一阶系统的动态性能

【3-15】 某温度控制系统的结构图如图 3.17 所示。当施加增益为 $K_2=1$ 的反馈控制时，测得其在单位阶跃输入下调整时间为 $t_s=16$ s($\Delta=2\%$)，稳态误差为 $e_{ss}=0.1$。试确定合适的反馈控制增益 K_2，提高该系统的响应速度，使得调整时间达到 $t_s=4$ s($\Delta=2\%$)，并分析此时稳态误差如何变化。

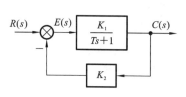

图 3.17 【3-15】温度控制系统的结构图

【解】 (1) 确定系统参数。

系统的闭环传递函数为

$$\Phi(s)=\frac{K_1}{Ts+1+K_1K_2}$$

当 $K_2=1$ 时，$\Delta=2\%$ 的调整时间为

$$t_s=\frac{4T}{1+K_1K_2}=\frac{4T}{1+K_1}=16$$

有

$$\frac{T}{1+K_1}=4$$

系统的开环传递函数为

$$G(s)=\frac{K_1K_2}{Ts+1}$$

有 $K_p=K_1K_2$。

单位阶跃输入下的稳态误差为

$$e_{ss}=\frac{1}{1+K_p}=\frac{1}{1+K_1K_2}=\frac{1}{1+K_1}=0.1$$

有

$$K_1=9$$

则

$$T=4(1+K_1)=40$$

(2) 要使调整时间为 $t_s=4$ s。

有

$$t_s=\frac{4T}{1+K_1K_2}=\frac{160}{1+9K_2}=4$$

则

$$K_2=\frac{13}{3}$$

此时的稳态误差变为

$$e_{ss}=\frac{1}{1+K_p}=\frac{1}{1+K_1K_2}=\frac{1}{40}$$

即稳态误差减小了。

> **【难点与易错点】**
> ● 该题考查一阶系统动态性能指标与闭环传递函数的关系,以及稳态误差与开环传递函数的关系。

3.3.5 欠阻尼二阶系统的动态性能

【3-16】 某控制系统的结构图如图 3.18(a)所示,它在单位阶跃信号作用下的输出信号如图 3.18(b)所示,且测得其调整时间 $t_s=4$ s$(\Delta=2\%)$,求 K_1、K_2、a 的值。

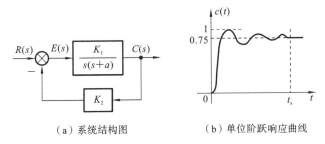

(a)系统结构图　　　(b)单位阶跃响应曲线

图 3.18 【3-16】控制系统的结构图和单位阶跃响应曲线

【解】 由结构图 3.18 可求出系统的闭环传递函数为

$$\Phi(s)=\frac{C(s)}{R(s)}=\frac{K_1}{s^2+as+K_1K_2}$$

则闭环放大系数为 $K_B=\frac{1}{K_2}$。

对比二阶系统标准传递函数,可得 $K_1K_2=\omega_n^2$,$2\zeta\omega_n=a$。

由响应曲线可知,闭环放大系数为 0.75,$\frac{1}{K_2}=0.75$,则

$$K_2=\frac{4}{3}$$

由响应曲线可知,$\sigma_p=\frac{1-0.75}{0.75}=\frac{1}{3}$,$t_s=\frac{4}{\zeta\omega_n}=4$,所以 $\zeta=\sqrt{\frac{(\ln\sigma_p)^2}{\pi^2+(\ln\sigma_p)^2}}=0.33$,$\omega_n=3$。

于是有

$$K_1=6.75,\quad a=2$$

> **【难点与易错点】**
> ● 该题考查二阶系统动态性能指标与闭环传递函数之间的关系。

3.3.6 过阻尼二阶系统的动态性能

【3-17】 已知单位反馈系统的开环传递函数为 $G(s)=\dfrac{\omega_n^2}{s(s+2\zeta\omega_n)}$,试求 $\zeta=1.5$、

$\omega_n=5$ 时的动态性能指标,并解释求解原因。

【解】 (1) 求动态性能指标。

虽然该系统是标准二阶系统,但由于 $\zeta=1.5$ 是过阻尼,不能用欠阻尼性能指标,因此系统的两个闭环特征根为

$$s_1 = -\omega_n\zeta + \omega_n\sqrt{\zeta^2-1} = -1.9098$$

$$s_2 = -\omega_n\zeta - \omega_n\sqrt{\zeta^2-1} = -13.0902$$

由于 $|s_1| < 6|s_2|$,所以原系统的闭环传递函数可以近似为

$$\Phi(s) \approx \frac{|s_1|}{s-s_1} = \frac{1}{0.5236s+1}$$

则时间常数 $T=0.5236$;延迟时间 $t_d=0.69T=0.3613$;上升时间 $t_r=2.20T=1.1519$;当 $\Delta=5\%$ 时,调节时间 $t_s=3T=1.5708$。

(2) 能够进行上述近似的原因。

由于 $|s_1|<6|s_2|$,这两个特征根在系统的单位阶跃响应中对应两个分量,s_1 对应的分量衰减速度慢,而 s_2 对应的分量衰减速度很快,因此,原系统可以近似为一阶系统来分析动态性能。

【难点与易错点】

- 该题考查过阻尼二阶系统的动态性能指标的近似求解。
- 对于过阻尼二阶系统,如果两个极点实部相差很大,则可保留距离虚轴较近的极点,将原系统近似为一阶系统来分析动态性能。
- 事实上,该题系统的单位阶跃响应为

$$c(t) = 1 + \frac{\omega_n}{2\sqrt{\zeta^2-1}}\left(\frac{e^{s_1 t}}{s_1} - \frac{e^{s_2 t}}{s_2}\right) = 1 - 1.1708e^{-1.9t} + 0.1708e^{-13.1t}$$

由于 $|s_1|<6|s_2|$,$e^{-13.1t}$ 分量衰减很快,因此 $c(t)$ 可以近似为 $c(t) \approx 1 - 1.1708e^{-1.9t}$,原系统可以近似为一阶系统来分析动态性能。

3.3.7 带闭环零点的二阶系统的动态性能

【3-18】 卫星姿态调节控制系统的原理图如图 3.19(a)所示,目的在于实现对偏航角 θ 的控制。A、B 为斜对称配置的喷气发动机,推力为 $\frac{F}{2}$,成对工作,所产生的力矩为 $T=Fl$。设卫星的转动惯量为 J。

对喷气发动机采用比例-微分控制,则该控制系统具有如图 3.19(b)所示的结构图。假设 $\frac{l}{J}=\frac{1}{9}$,$K=2$,若要使系统的阻尼比设置为 $\zeta=0.707$,试确定微分时间常数 T,并计算超调量、上升时间及调节时间。

【解】 系统的闭环传递函数为

$$\Phi(s) = \frac{K(1+Ts)\frac{l}{Js^2}}{1+K(1+Ts)\frac{l}{Js^2}} = \frac{\frac{l}{J}KTs + \frac{l}{J}K}{s^2 + \frac{l}{J}KTs + \frac{l}{J}K} = \frac{\frac{2}{9}Ts + \frac{2}{9}}{s^2 + \frac{2}{9}Ts + \frac{2}{9}}$$

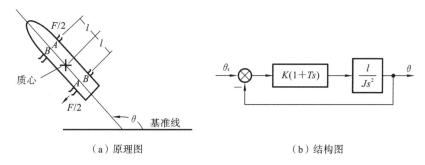

（a）原理图　　　　　　　　　　　（b）结构图

图 3.19 【3-18】卫星姿态调节控制系统的原理图和结构图

（1）由 $\omega_n = \sqrt{\dfrac{2}{9}}$，$2\zeta\omega_n = \dfrac{2}{9}T$ 可得微分时间常数 T 为

$$T = 9\zeta\omega_n = 3$$

（2）由于系统有闭环零点,因此需要根据定义来求系统的动态性能指标。

首先求系统的单位阶跃响应。由闭环传递函数

$$\Phi(s) = \dfrac{\dfrac{2}{3}\left(s + \dfrac{1}{3}\right)}{\left(s + \dfrac{1}{3}\right)^2 + \left(\dfrac{1}{3}\right)^2}$$

可得系统的单位阶跃响应为

$$\theta(s) = \Phi(s)\theta_r(s) = \dfrac{\dfrac{2}{3}\left(s + \dfrac{1}{3}\right)}{\left(s + \dfrac{1}{3}\right)^2 + \left(\dfrac{1}{3}\right)^2} \cdot \dfrac{1}{s}$$

$$= \dfrac{-\left(s + \dfrac{1}{3}\right)}{\left(s + \dfrac{1}{3}\right)^2 + \left(\dfrac{1}{3}\right)^2} + \dfrac{\dfrac{1}{3}}{\left(s + \dfrac{1}{3}\right)^2 + \left(\dfrac{1}{3}\right)^2} + \dfrac{1}{s}$$

对单位阶跃响应求拉氏反变换,得

$$\theta(t) = 1 - e^{-\frac{t}{3}}\cos\dfrac{t}{3} + e^{-\frac{t}{3}}\sin\dfrac{t}{3} = 1 + \sqrt{2}e^{-\frac{t}{3}}\sin\left(\dfrac{t}{3} - \dfrac{\pi}{4}\right)$$

求上升时间。 由于稳态值为 1,因此可令 $\theta(t) = 1$,得 $\sin\left(\dfrac{t}{3} - \dfrac{\pi}{4}\right) = 0$,由 $\dfrac{t_r}{3} = \dfrac{\pi}{4}$,有

$$t_r = 2.3562$$

求峰值时间。 令 $\dot{\theta}(t) = 0$,有

$$\dfrac{1}{3}e^{-\frac{t}{3}}\cos\dfrac{t}{3} + \dfrac{1}{3}e^{-\frac{t}{3}}\sin\dfrac{t}{3} - \dfrac{1}{3}e^{-\frac{t}{3}}\sin\dfrac{t}{3} + \dfrac{1}{3}e^{-\frac{t}{3}}\cos\dfrac{t}{3} = 0$$

得 $\cos\dfrac{t_p}{3} = 0$,即 $\dfrac{t_p}{3} = \dfrac{\pi}{2}$,则峰值时间为

$$t_p = 4.7124$$

此时 $\theta(t_p) = 1 + e^{-\frac{t_p}{3}} = 1 + e^{-\frac{\pi}{2}} = 1.2079$,则超调量为

$$\sigma_p = \frac{\theta(t_p)-1}{1} \times 100\% = 20.79\%$$

求调节时间。采用上下包络线的方法。令 $\sin\left(\frac{t}{3}-\frac{\pi}{4}\right)=0$，得到该系统单位阶跃响应的上下包络线为 $1+\sqrt{2}e^{-\frac{t}{3}}$ 和 $1-\sqrt{2}e^{-\frac{t}{3}}$。

令 $\sqrt{2}e^{-\frac{t}{3}}=\Delta$，得到 $t_s=3\ln\frac{\sqrt{2}}{\Delta}$，则：

- 当 $\Delta=5\%$ 时，$t_s=10.026$；
- 当 $\Delta=2\%$ 时，$t_s=12.775$。

【难点与易错点】
- 该题考查含闭环零点的二阶系统的动态性能求解。此时需先求出单位阶跃响应，再采用定义来求解动态性能指标。

3.3.8 高阶系统的动态性能

【3-19】 某控制系统的结构图如图 3.20 所示。已知该系统有一个闭环极点为 -5，试求下列问题：

(1) 系统的动态性能指标；
(2) 系统在单位斜坡输入下的稳态误差。

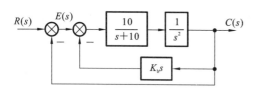

图 3.20 【3-19】控制系统的结构图

【解】 (1) 求系统的数学模型。
系统的闭环传递函数为

$$\frac{C(s)}{R(s)} = \frac{\dfrac{10}{s^2(s+10)}}{1+\dfrac{10K_b}{s(s+10)}+\dfrac{10}{s^2(s+10)}}$$

$$= \frac{10}{s^3+10s^2+10K_b s+10}$$

由于系统有一个闭环极点为 -5，因此可设特征多项式为

$$(s+5)(s^2+as+b) = s^3+(5+a)s^2+(b+5a)s+5b = s^3+10s^2+10K_b s+10$$

由对应系数相等，可解得 $a=5$，$b=2$，$K_b=2.7$。
因此系统的闭环传递函数为

$$\frac{C(s)}{R(s)} = \frac{10}{s^3+10s^2+27s+10}$$

(2) 求系统的动态性能指标。

三个闭环极点为 $s_1=-5$，$s_{2,3}=-2.5\pm\dfrac{\sqrt{17}}{2}=-0.438,-4.562$。因此 $s_2=-0.438$ 为主导极点，所以**闭环系统近似为一阶系统**：

$$\frac{C(s)}{R(s)} = \frac{10}{s^3+10s^2+27s+10} \approx \frac{0.438}{s+0.438} = \frac{1}{2.283s+1}$$

则时间常数为 $T=2.283$；延迟时间 $t_d=0.69T=1.575$；上升时间 $t_r=2.20T=5.023$；当 $\Delta=5\%$ 时，调节时间 $t_s=3T=6.849$。

(3) 求系统在单位斜坡输入下的稳态误差。

系统的开环传递函数为

$$G(s) = \frac{\dfrac{10}{s^2(s+10)}}{1+\dfrac{10K_b s}{s^2(s+10)}} = \frac{10}{s(s^2+10s+10K_b)}$$

于是有

$$K_v = \lim_{s \to 0} sG(s)H(s) = \frac{1}{K_b}$$

$$e_{ss} = \frac{1}{K_v} = K_b = 2.7$$

【难点与易错点】
● 该题考查高阶系统动态性能的近似求解。
● 对于高阶系统,如果存在主导极点,则采用主导极点法得到近似的低阶系统,再采用低阶系统性能指标公式近似得到高阶系统动态性能指标。
● 该题求解稳态误差时,如果将并联连接的内外两条反馈通路等效化简成一条反馈通路,则改变了稳态误差的定义,因此不能化简求解。

【3-20】 某控制系统的结构图如图 3.21 所示。已知该系统有一个闭环极点为 -5,试求解下列问题:
(1) 系统的动态性能指标;
(2) 系统在单位斜坡输入下的稳态误差。

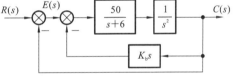

图 3.21 【3-20】控制系统的结构图

【解】 (1) 求系统的数学模型。

系统的闭环传递函数为

$$\frac{C(s)}{R(s)} = \frac{\dfrac{50}{s^2(s+6)}}{1+\dfrac{50(K_b s+1)}{s^2(s+6)}} = \frac{50}{s^3+6s^2+50K_b s+50}$$

由于系统有一个闭环极点为 -5,所以可设特征多项式为

$(s+5)(s^2+as+b) = s^3+(5+a)s^2+(b+5a)s+5b = s^3+6s^2+50K_b s+50$

由对应系数相等,可解得 $a=1, b=10, K_b=0.3$。

因此系统的闭环传递函数为

$$\frac{C(s)}{R(s)} = \frac{10}{s^3+6s^2+15s+50}$$

(2) 求系统的动态性能指标。

三个闭环极点为 $s_1=-5, s_{2,3}=-0.5 \pm j\dfrac{\sqrt{39}}{2}$,因此 $s_{2,3}$ 为主导极点,所以闭环系统近似为二阶系统:

$$\frac{C(s)}{R(s)} = \frac{10}{s^3+10s^2+27s+10} \approx \frac{10}{s^2+s+10}$$

由 $\zeta=0.158, \omega_n=3.16$ 可得

上升时间：$t_r = \dfrac{\pi - \theta}{\omega_d} = 0.55$。

峰值时间：$t_p = \dfrac{\pi}{\omega_d} = 1.01$。

超调量：$\sigma_p = e^{\dfrac{-\pi\zeta}{\sqrt{1-\zeta^2}}} \times 100\% = 60.4\%$。

当 $\Delta = 2\%$ 时，调整时间：$t_s = \dfrac{4}{\zeta\omega_n} = 8$。

(3) 求系统在单位斜坡输入下的稳态误差。

系统的开环传递函数为

$$G(s) = \dfrac{50}{s(s^2 + 6s + 50K_b)}$$

于是有

$$K_v = \lim_{s \to 0} sG(s)H(s) = \dfrac{1}{K_b}$$

$$e_{ss} = \dfrac{1}{K_v} = K_b = 0.3$$

【难点与易错点】
● 该题考查高阶系统动态性能的近似求解。
● 对于高阶系统，如果存在主导极点，则采用主导极点法得到近似的低阶系统，再采用低阶系统性能指标公式近似得到高阶系统动态性能指标。

【3-21】 机械臂控制系统的结构图如图 3.22 所示。已知该系统的单位阶跃响应是衰减振荡的。现需将其超调量调节至 $\sigma_p < 5\%$，且峰值时间 $t_p < 2$ s。

(1) 试证明无法用主导极点法近似为二阶系统实现上述动态性能的调控；
(2) 试用仿真方法找到合适的参数 K 和 ω_n。

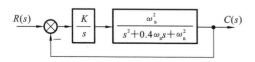

图 3.22 【3-21】机械臂控制系统的结构图

【解】 (1) 该系统的闭环传递函数为

$$\Phi(s) = \dfrac{K\omega_n^2}{s^3 + 0.4\omega_n s^2 + \omega_n^2 s + K\omega_n^2}$$

下面采用反证法证明无法用主导极点法近似。

假设可以用主导极点法近似，则可设闭环系统阻尼比为 ζ_1，无阻尼自然振荡角频率为 ω_1，非主导极点的第三个极点为 $-b$，特征式可进行如下分解

$$s^3 + 0.4\omega_n s^2 + \omega_n^2 s + K\omega_n^2 = (s^2 + 2\zeta_1\omega_1 s + \omega_1^2)(s + b)$$
$$= s^3 + (2\zeta_1\omega_1 + b)s^2 + (\omega_1^2 + 2\zeta_1\omega_1 b)s + \omega_1^2 b$$

由对应系数相等，可得下面三个方程：

$$2\zeta_1\omega_1 + b = 0.4\omega_n$$
$$\omega_1^2 + 2\zeta_1\omega_1 b = \omega_n^2$$
$$\omega_1^2 b = K\omega_n^2$$

根据闭环系统稳定的条件，可知 $b > 0$，$\zeta_1\omega_1 > 0$，由第二个方程可得

$$\omega_n > \omega_1$$

由第一个方程可得 $b = 0.4\omega_n - 2\zeta_1\omega_1$，代入第二个方程，得

$$\omega_n^2 - 0.8\zeta_1\omega_1\omega_n + 4\zeta_1^2\omega_1^2 - \omega_1^2 = 0$$

有

$$\omega_n = \omega_1(0.4\zeta_1 \pm \sqrt{1-3.84\zeta_1^2})$$

由于 $\omega_n > \omega_1$，所以至少需要 $0.4\zeta_1 + \sqrt{1-3.84\zeta_1^2} > 1$，得 $\zeta_1 < 0.2$。

如果采用主导极点法设计，则超调量近似计算公式为 $\sigma_p = e^{\frac{-\pi\zeta}{\sqrt{1-\zeta^2}}}$；如果 $\sigma_p < 5\%$，则 $\zeta_1 > 0.6901$。显然矛盾。因此无法采用主导极点法近似为二阶系统实现超调量的控制目标。

(2) **采用仿真的方法**。

基于 Matlab 仿真平台可以编写下面程序。注意：**峰值时间** t_p 是指系统的单位阶跃响应从 0 到达第一个超出其稳态值的峰值所需要的时间；**最大超调量** σ_p 是指系统的单位阶跃响应偏离稳态值的最大值。

```
K=0;
z=0.2;
tpbound=1.5;
chaotiaob=0.05;

while wn<10
    wn=wn+0.1
    K=0;
while K<10
    K=K+0.1
    G1=tf([K],[1,0]);
    G2=tf([wn^2],[1,2*z*wn,wn^2]);
    G3=series(G1,G2);
    fai=feedback(G3,[1],-1);
    t=[0:0.01:100];
    [c1,x,t1]=step(fai,t);
    plot(t,c1); grid
    xlabel('times'); ylabel('outputs');
    chaotiao1= (max(c1)-1)/1;
    % 求峰值时间
    j=1;
    while (c1(j)<c1(j+1) | (c1(j)>c1(j+1) & c1(j)<1 ) ) & j<length(t)-1
        j=j+1;
    end
    tp1=t(j);

    if chaotiao1<chaotiaob & tp1<tpbound
        break
    end
end
    if chaotiao1<chaotiaob & tp1<tpbound
```

```
            break
        end
    end
```

由以上可知,当 $K=1.3$ 和 $\omega_n=5.7$ 时,$\sigma_p=4.23\%$,$t_p=1.98$,基本满足设计要求。此时,单位阶跃响应曲线如图3.23所示。从图中可以看到,无法用一个二阶系统的单位阶跃响应曲线来近似该系统的单位阶跃响应曲线。此时,峰值时间处的输出并不对应最大超调量。

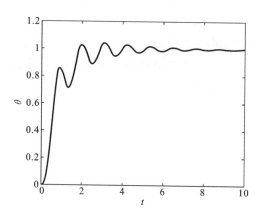

图3.23 【3-21】机械臂控制系统的单位阶跃响应曲线

【难点与易错点】
- 该题考查高阶系统动态性能的近似求解。
- 对于高阶系统,如果不存在主导极点,则无法采用主导极点法得到近似的低阶系统。此时需要借助动态性能指标的定义来求解动态性能指标。

3.3.9 有用输入和扰动输入下的稳态误差

【3-22】 某控制系统的结构图如图3.24所示。已知其中 $G_1(s)$ 环节的单位脉冲响应为 $36e^{-2t}$,求系统在 $r(t)=20\times 1(t)$ 和 $n(t)=0.2\times 1(t)$ 共同作用下的稳态误差。

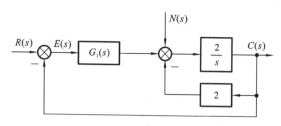

图3.24 【3-22】控制系统的结构图

【解】 由单位脉冲响应求拉氏变换,可得 $G_1(s)=\dfrac{36}{s+2}$。

因此,系统的开环传递函数为

$$G(s) = \frac{36}{s+2} \frac{2}{s+4} = \frac{8 \times 9}{(s+2)(s+4)}$$

闭环特征方程为 $1+G(s)=0$。

因为是二阶系统,系数大于 0,因此闭环系统稳定。

(1) **有用输入下**:根据开环传递函数,$K_p = K = 9$,稳态误差为

$$e_{ssr} = \frac{20}{1+K_p} = 2$$

(2) **扰动输入下**:误差传递函数为

$$\Phi_{en}(s) = \frac{-\dfrac{2}{s}}{1+\dfrac{72}{s(s+2)}+\dfrac{4}{s}} = -\frac{2s+4}{s^2+6s+80}$$

由终值定理

$$e_{ssn} = \lim_{s \to 0} s\Phi_{en}(s)N(s) = \lim_{s \to 0} \frac{-2s-4}{s^2+6s+80} \times 0.2 = -0.01$$

得总的稳态误差为

$$e_{ss} = e_{ssn} + e_{ssr} = 1.99$$

【难点与易错点】

● 该题考查有用输入和扰动输入下稳态误差的求解。

● 该题的易错点在于扰动输入下误差传递函数的求解。熟练掌握梅逊公式,在求解扰动输入下的误差传递函数时会方便很多。

● 该题也可以采用终值定理来求有用输入下的稳态误差,由误差传递函数

$$\Phi_{er}(s) = \frac{1+\dfrac{4}{s}}{1+\dfrac{72}{s(s+2)}+\dfrac{4}{s}} = \frac{s^2+6s+8}{s^2+6s+80}$$

及终值定理,可得

$$e_{ssr} = \lim_{s \to 0} s\Phi_{er}(s)R(s) = \lim_{s \to 0} \frac{s^2+6s+8}{s^2+6s+80} \times 20 = 2$$

【3-23】 某控制系统的结构图如图 3.25 所示。

(1) 求该系统在有用输入为单位阶跃信号下的动态性能指标:超调量 σ_p、上升时间 t_r 和调整时间 t_s;

(2) 证明如果有用输入和扰动输入具有完全相同的输入信号,则该系统的稳态误差总为 0。

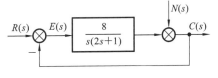

图 3.25 【3-23】控制系统的结构图

【解】 (1) 系统的闭环传递函数为

$$\frac{C(s)}{R(s)} = \frac{8}{2s^2+s+8} = \frac{4}{s^2+0.5s+4}$$

对于二阶系统,分母系数大于 0,因此**闭环系统稳定**。

由 $\omega_n^2 = 4$,$2\zeta\omega_n = 0.5$,得 $\omega_n = 2$,$\zeta = 0.125$。那么系统的动态性能指标分别为

$$t_r = \frac{\pi - \theta}{\omega_d} = \frac{\pi - \arccos\zeta}{\omega_n \sqrt{1-\zeta^2}} = 0.8548$$

$$\sigma_p = e^{\frac{-\pi\zeta}{\sqrt{1-\zeta^2}}} = 67.31\%$$

当 $\Delta = 2\%$ 时,$t_s = \dfrac{4}{\zeta\omega_n} = 16$。

(2) 有用输入下的误差传递函数为

$$\frac{E(s)}{R(s)} = \frac{s(2s+1)}{2s^2+s+8}$$

扰动输入下的误差传递函数为

$$\frac{E(s)}{N(s)} = \frac{-s(2s+1)}{2s^2+s+8}$$

则总的误差

$$E(s) = \frac{s(2s+1)}{2s^2+s+8}R(s) - \frac{s(2s+1)}{2s^2+s+8}N(s)$$

若 $R(s) = N(s)$,则 $E(s) = 0$,也就是说,如果有用输入和扰动输入有完全相同的输入信号,则该系统的稳态误差总为 0。得证。

【难点与易错点】

● 该题考查动态性能指标的求解以及有用输入和扰动输入下稳态误差的求解。

【3-24】 某电路系统原理图如图 3.26 所示,定义误差为 $e(t) = \dfrac{u_r(t)}{R_1} - \dfrac{u_c(t)}{R_6}$,试确定该系统的型别,并求使系统在单位斜坡输入作用下稳态误差满足 $e_{ss} \leq 0.1$ 时参数的选取条件。

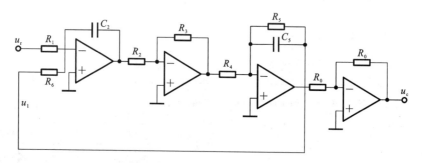

图 3.26 【3-24】电路系统原理图

【解】 首先求出系统的传递函数。
由

$$\left(\frac{U_r}{R_1} - \frac{U_1}{R_6}\right)\frac{-1}{C_2 s} \times \frac{-R_3}{R_2} \times \frac{R_5}{R_4(R_5 C_5 s + 1)} = U_1 = -U_c$$

整理可得系统的传递函数为

$$\Phi(s) = \frac{U_c}{U_r} = \frac{R_3 R_5 R_6}{R_1[R_2 R_4 R_6 C_2 s(R_5 C_5 s + 1) + R_3 R_5]}$$

显然,闭环特征方程为二次方程,参数为正,因此闭环系统始终稳定。

(1) 有用输入下系统的误差传递函数为

$$\Phi_e(s) = \frac{\dfrac{U_r(s)}{R_1} - \dfrac{U_c(s)}{R_6}}{U_r(s)} = \frac{1}{R_1} - \frac{1}{R_6} \frac{R_3 R_5 R_6}{R_1[R_2 R_4 R_6 C_2 s(R_5 C_5 s+1) + R_3 R_5]}$$

$$= \frac{R_2 R_4 R_6 C_2 s(R_5 C_5 s+1)}{R_1[R_2 R_4 R_6 C_2 s(R_5 C_5 s+1) + R_3 R_5]}$$

$$= \frac{1}{R_1\left[1 + \dfrac{R_3 R_5}{R_2 R_4 R_6 C_2 s(R_5 C_5 s+1)}\right]}$$

等效开环传递函数为 $G(s) = \dfrac{R_3 R_5}{R_2 R_4 R_6 C_2 s(R_5 C_5 s+1)}$,因此原系统为 I 型系统。

(2) 由单位斜坡输入 $U_r = \dfrac{1}{s^2}$,则系统的稳态误差为

$$e_{ss} = \lim_{s \to 0} sE(s) = \lim_{s \to 0} s\left(\frac{U_r}{R_1} - \frac{U_c}{R_6}\right) = \lim_{s \to 0} sU_r\left(\frac{1}{R_1} - \frac{\Phi(s)}{R_6}\right)$$

$$= \lim_{s \to 0} s \frac{1}{s^2}\left(\frac{1}{R_1} - \frac{R_3 R_5}{R_1[R_2 R_4 R_6 C_2 s(R_5 C_5 s+1) + R_3 R_5]}\right)$$

$$= \lim_{s \to 0} \frac{R_2 R_4 R_6 C_2 s(R_5 C_5 s+1)}{R_1[R_2 R_4 R_6 C_2 s(R_5 C_5 s+1) + R_3 R_5]s}$$

$$= \lim_{s \to 0} \frac{R_2 R_4 R_6 C_2}{R_1 R_3 R_5}$$

因此,要使 $e_{ss} \leq 0.1$,需使

$$\frac{R_2 R_4 R_6 C_2}{R_1 R_3 R_5} \leq 0.1$$

【难点与易错点】

● 该题不是主反馈到输入端的系统,但是在 $e(t) = \dfrac{u_r(t)}{R_1} - \dfrac{u_c(t)}{R_6}$ 误差的定义下,容易求出其等效开环传递函数,从而判断该系统的型别。

● 判断该系统型别的方法,除了求出系统等效开环传递函数外,还可以直接求系统在单位阶跃、单位斜坡、单位加速度输入下的稳态误差,根据稳定性的表现来判断系统的型别。例如,该题易求出单位阶跃输入下的稳态误差始终为 0,而单位斜坡输入下的稳态误差为常数,因此系统是 I 型系统。

3.3.10 基于性能要求的参数设计

【3-25】 某单位反馈系统的闭环传递函数为 $\Phi(s) = \dfrac{C(s)}{R(s)} = K \dfrac{\prod\limits_{j=1}^{m}(\tau_j s+1)}{\prod\limits_{i=1}^{n}(T_i s+1)}$,试

确定使系统在单位斜坡输入作用下稳态误差为 0 时参数的选取条件。

【解】 要满足稳态性能要求,首先需要保证系统的稳定性,因此 $T_i > 0, \forall i = 1, \cdots, n$。

由于是单位反馈系统,符合主反馈到输入端的要求,因此可以用静态误差系数法求

系统的稳态误差。

首先求出开环传递函数。对于单位反馈系统,其**开环传递函数**为

$$G(s) = \frac{\Phi(s)}{1-\Phi(s)} = \frac{K\prod_{j=1}^{m}(\tau_j s + 1)}{\prod_{i=1}^{n}(T_i s + 1) - K\prod_{j=1}^{m}(\tau_j s + 1)}$$

题设要求单位斜坡输入 $R(s) = \dfrac{1}{s^2}$ 的稳态误差为 0,则系统至少为 Ⅱ 型系统,分母展开后的常数项和 s 的一次方项为 0,即

$$K = 1, \sum_{i=1}^{n} T_i = \sum_{j=1}^{m} \tau_i \text{ 且 } T_i > 0, \forall i = 1, \cdots, n$$

【难点与易错点】
- 该题考查有用输入下稳态误差的求解。
- 稳态性能分析的前提条件是闭环系统稳定。

【3-26】 某单位反馈系统的闭环传递函数为 $\Phi(s) = \dfrac{C(s)}{R(s)} = \dfrac{b_1 s + b_0}{s^4 + 2s^3 + 5s^2 + 2s + 1}$,是否存在合适的参数使该系统在单位斜坡输入作用下稳态误差为 0?如果存在,求此时系统在抛物线输入 $r(t) = 2t^2$ 作用下的稳态误差。

【解】 (1) 判断系统的稳定性。

由劳斯判据,列写劳斯阵列如下:

$$
\begin{array}{c|ccc}
s^4 & 1 & 5 & 1 \\
s^3 & 2 & 2 & 0 \\
s^2 & 4 & 1 & \\
s^1 & \dfrac{3}{2} & 0 & \\
s^0 & 1 & &
\end{array}
$$

显然,闭环系统稳定。

(2) 考查单位斜坡输入作用下的稳态误差。

由于是单位反馈系统,符合主反馈到输入端的要求,且误差 $e(t) = r(t) - c(t)$,因此单位斜坡输入 $R(s) = \dfrac{1}{s^2}$ 下的**稳态误差**为

$$\begin{aligned}
e_{ss} &= \lim_{s\to 0} sE(s) = \lim_{s\to 0} sR(s)(1-\Phi(s)) \\
&= \lim_{s\to 0} s \times \frac{1}{s^2} \times \frac{s^4 + 2s^3 + 5s^2 + (2-b_1)s + 1 - b_0}{s^4 + 2s^3 + 5s^2 + 2s + 1} = 0
\end{aligned}$$

由上式分子中的 $2 - b_1 = 0, 1 - b_0 = 0$,得

$$b_1 = 2, \quad b_0 = 1$$

即存在合适的参数使该系统在单位斜坡输入作用下稳态误差为 0。

(3) 考查输入 $R(s) = \dfrac{4}{s^3}$ 作用下的稳态误差。

输入 $R(s) = \dfrac{4}{s^3}$ 作用下的**稳态误差**为

$$e_{ss} = \lim_{s \to 0} sE(s) = \lim_{s \to 0} sR(s)(1-\Phi(s))$$
$$= \lim_{s \to 0} s \times \frac{4}{s^3} \times \frac{s^4+2s^3+5s^2}{s^4+2s^3+5s^2+2s+1} = 20$$

> 【难点与易错点】
> - 该题考查有用输入下稳态误差的求解。
> - 稳态性能分析的前提条件是闭环系统稳定。

【3-27】 某反馈系统的闭环传递函数为 $\Phi(s) = \dfrac{C(s)}{R(s)} = \dfrac{b_m s^m + b_{m-1}s^{m-1} + \cdots + b_1 s + b_0}{a_n s^n + a_{n-1}s^{n-1} + \cdots + a_1 s + a_0}$，其中 $n>m$。设误差定义为 $e(t)=r(t)-c(t)$。

(1) 试确定使系统在单位阶跃输入作用下稳态误差为 0 时参数的选取条件；
(2) 试确定使系统在单位斜坡输入作用下稳态误差为 0 时参数的选取条件；
(3) 试确定使系统在单位加速度输入作用下稳态误差为 0 时参数的选取条件。

【解】 根据题设，要满足稳态性能，首先需满足稳定性要求。因此，参数的选取条件之一就是**保证系统的稳定性**。

误差表达式为
$$E(s) = R(s)(1-\Phi(s)) = R(s)\frac{a_n s^n + \cdots + (a_m - b_m)s^m + \cdots + (a_1 - b_1)s + a_0 - b_0}{a_n s^n + a_{n-1}s^{n-1} + \cdots + a_1 s + a_0}$$

(1) 单位阶跃输入作用下，
$$R(s) = \frac{1}{s}$$
$$e_{ss} = \lim_{s \to 0} sE(s) = \lim_{s \to 0} sR(s)(1-\Phi(s))$$
$$= \lim_{s \to 0} \frac{a_n s^n + \cdots + (a_m - b_m)s^m + \cdots + (a_1 - b_1)s + a_0 - b_0}{a_n s^n + a_{n-1}s^{n-1} + \cdots + a_1 s + a_0}$$

要使 $e_{ss}=0$，需使 $(1-\Phi(s))$ 的分子至少包含 1 次方项，而常数项为 0。因此，参数需要满足的条件是，$a_0 = b_0$ 且需保证系统的稳定性。

(2) 单位斜坡输入作用下，
$$R(s) = \frac{1}{s^2}$$
$$e_{ss} = \lim_{s \to 0} sE(s) = \lim_{s \to 0} sR(s)(1-\Phi(s))$$
$$= \lim_{s \to 0} \frac{1}{s} \times \frac{a_n s^n + \cdots + (a_m - b_m)s^m + \cdots + (a_1 - b_1)s + a_0 - b_0}{a_n s^n + a_{n-1}s^{n-1} + \cdots + a_1 s + a_0}$$

要使 $e_{ss}=0$，需使 $(1-\Phi(s))$ 的分子至少包含 2 次方项，而 1 次方项和常数项为 0，即 $a_1 = b_1$、$a_0 = b_0$ 且需保证系统的稳定性。

(3) 单位加速度输入作用下，
$$R(s) = \frac{1}{s^3}$$
$$e_{ss} = \lim_{s \to 0} sE(s) = \lim_{s \to 0} sR(s)(1-\Phi(s))$$
$$= \lim_{s \to 0} \frac{1}{s^2} \times \frac{a_n s^n + \cdots + (a_m - b_m)s^m + \cdots + (a_1 - b_1)s + a_0 - b_0}{a_n s^n + a_{n-1}s^{n-1} + \cdots + a_1 s + a_0}$$

要使 $e_{ss}=0$，需使 $(1-\Phi(s))$ 的分子至少包含 3 次方项，而低次方项均为 0。即 $a_2 =$

b_2、$a_1=b_1$、$a_0=b_0$ 且需保证系统的稳定性。

> **【难点与易错点】**
> - 该题考查有用输入下稳态误差的求解。
> - 稳态性能分析的前提条件是闭环系统稳定。

【3-28】 某控制系统的结构图如图 3.27 所示。实验测得该系统在单位阶跃输入下的峰值时间 t_p 约为 0.5,超调量 σ_p 在 $[0.7\%, 2\%]$ 范围内。已知参数 K_1 和 K_2 均为正整数,$a=20, b=0.5$。

(1) 试求参数 K_1 和 K_2 的值;

(2) 确定此时在单位斜坡输入下的稳态误差。

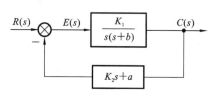

图 3.27 【3-28】控制系统的结构图

【解】 系统的闭环传递函数为

$$\frac{C(s)}{R(s)} = \frac{K_1}{s^2 + (K_1K_2+b)s + K_1a}$$

由于分母系数均为正,显然系统稳定。

(1) 求参数 K_1 和 K_2 的值。

由 $\omega_n^2 = K_1 a, 2\zeta\omega_n = K_1K_2 + b$,得 $K_1 = \dfrac{2\zeta\omega_n - b}{K_2}$。

由 $\sigma_p = e^{\frac{-\pi\zeta}{\sqrt{1-\zeta^2}}} \in [0.7\%, 2\%]$,得 $\zeta \in [0.7797, 0.8449]$。

由 $t_p = \dfrac{\pi}{\omega_n\sqrt{1-\zeta^2}} = 0.5$,得 $\omega_n \in [10.0346, 11.7459]$。

于是有 $K_1 = \dfrac{\omega_n^2}{20} \in [5.0347, 6.8983]$。

由于 K_1 为正整数,因此 $K_1 = 6$。对应 $\omega_n = 10.9545$,$K_2 = \dfrac{2\zeta\omega_n - b}{K_1} \in [2.7637, 3.0018]$。

由于 K_2 为正整数,因此 $K_2 = 3$。

(2) 求在单位斜坡输入下的稳态误差。

由开环传递函数 $G(s) = \dfrac{K_1(K_2s+a)}{s(s+b)}$ 和开环放大系数 $K = \dfrac{K_1a}{b}$ 可知系统是一个 I 型系统,因此单位斜坡输入下的稳态误差为

$$e_{ss} = \frac{1}{K_v} = \frac{b}{K_1 a} = 0.0042$$

> **【难点与易错点】**
> - 该题考查动态性能与稳态误差。

【3-29】 某控制系统的结构图如图 3.28 所示,其中 K_1、K_2 为常数。试确定 K_1、K_2 的范围,使系统在 $r(t) = n(t) = t$ 共同作用下的总稳态误差 e_{ss} 满足 $|e_{ss}| < 0.1$。

【解】 (1) 稳定性分析。

首先求系统的闭环传递函数。

系统的闭环传递函数为

$$\Phi(s) = \frac{\dfrac{K_1}{s^2(s+1)}}{1 + \dfrac{K_1(K_2 s+1)}{s^2(s+1)}}$$

$$= \frac{K_1}{s^3 + s^2 + K_1 K_2 s + K_1}$$

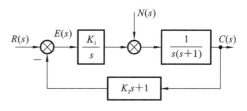

图 3.28 【3-29】控制系统的结构图

如果要使系统稳定,则需 $K_1 K_2 > K_1 > 0$,有

$$K_2 > 1, \quad K_1 > 0$$

(2) 有用输入下的稳态误差。

系统的开环传递函数为

$$G(s) = \frac{K_1(K_2 s+1)}{s^2(s+1)}$$

由开环传递函数可知,系统为 Ⅱ 型系统,$K_v = \infty$,因此,在 $r(t) = t$ 作用下,稳态误差为

$$e_{\text{ssr}} = 0$$

(3) 扰动输入下的稳态误差。

求扰动作用下的误差传递函数,由梅逊公式易得

$$\Phi_{\text{en}}(s) = \frac{E(s)}{N(s)} = \frac{-\dfrac{(K_2 s+1)}{s(s+1)}}{1 + \dfrac{K_1(K_2 s+1)}{s^2(s+1)}} = -\frac{s(K_2 s+1)}{s^3 + s^2 + K_1 K_2 s + K_1}$$

则扰动输入引起的稳态误差为

$$e_{\text{ssn}} = \lim_{s \to 0} s \Phi_{\text{en}}(s) N(s) = -\lim_{s \to 0} s \frac{s(K_2 s+1)}{s^3 + s^2 + K_1 K_2 s + K_1} \cdot \frac{1}{s^2} = -\frac{1}{K_1}$$

系统总的稳态误差为

$$e_{\text{ss}} = e_{\text{ssr}} + e_{\text{ssn}} = -\frac{1}{K_1}$$

由于 $|e_{\text{ss}}| < 0.1$,因此

$$K_1 > 10$$

结合稳定性的条件,满足条件的参数范围是

$$K_1 > 10, \quad K_2 > 1$$

【难点与易错点】
- 该题参数的可行范围需综合考虑满足稳定性和稳态误差的要求。

【3-30】 某单位反馈控制系统的闭环传递函数为 $\Phi(s) = \dfrac{2s^2 + b_1 s + b_0}{s^4 + s^3 + a_2 s^2 + s + a_0}$。其中参数 a_0、a_2、b_0 和 b_1 为 4 个正常数。确定是否存在合适的参数 a_0、a_2、b_0 和 b_1,使系统在单位抛物线输入时稳态误差满足 $|e_{\text{ss}}| < 2$。

【解】 (1) 根据闭环特征方程判断闭环系统稳定的条件。

由 $s^4 + s^3 + a_2 s^2 + s + a_0 = 0$ 列写劳斯阵列,如下:

s^4	1	a_2	a_0
s^3	1	1	0
s^2	a_2-1	a_0	
s^1	$1-\dfrac{a_0}{a_2-1}$	0	
s^0	a_0		

由于参数均为正,因此,若要使系统稳定,则需 $a_2>1$ 且 $1-\dfrac{a_0}{a_2-1}>0$,即

$$a_2>a_0+1$$

(2) **求稳态误差**。

系统的开环传递函数为

$$G(s)=\frac{\Phi(s)}{1-\Phi(s)}=\frac{2s^2+b_1s+b_0}{s^4+s^3+(a_2-2)s^2+(1-b_1)s+a_0-b_0}$$

在单位抛物线输入时稳态误差 $|e_{ss}|<2$,即 $|e_{ss}|=\dfrac{1}{|K_a|}<2$,则

$$|K_a|=\left|\lim_{s\to 0}s^2G(s)\right|=\left|\lim_{s\to 0}s^2\frac{2s^2+b_1s+b_0}{s^4+s^3+(a_2-2)s^2+(1-b_1)s+a_0-b_0}\right|>0.5$$

因此需 $1-b_1=a_0-b_0=0$ 且 $\left|\dfrac{b_0}{a_2-2}\right|>0.5$。

考虑到 $a_2=2$ 的情况,将 $\left|\dfrac{b_0}{a_2-2}\right|>0.5$ 改写成 $|a_2-2|<2a_0$。

综上,要使系统在单位抛物线输入时稳态误差满足 $|e_{ss}|<2$,参数需要满足下面条件:

$$\begin{cases} a_2>a_0+1 \\ |a_2-2|<2a_0 \\ b_0=a_0 \\ b_1=1 \end{cases}$$

【**难点与易错点**】
- 该题参数的可行范围需综合考虑满足稳定性和稳态误差的要求。
- 该题容易忽略稳态误差为 0 的情况。
- 该题也可以直接采用终值定理来求稳态误差。因为系统是单位反馈,所以 $E(s)=R(s)-C(s)=R(s)(1-\Phi(s))$。
- 当 $a_2=2$ 时,单位抛物线输入时稳态误差为 0;当 $a_2\neq 2$ 时,稳态误差为绝对值小于 2 的非零常数。

【3-31】 已知某反馈控制系统的输入为 $r(t)$,输出为 $c(t)$,控制信号为 $u(t)$,它们与信号 $b(t)$ 间的关系满足下面微分方程组,其中参数 T_1、T_2、K_1、K_2 均大于 0。

$$T_1\ddot{c}(t)+\dot{c}(t)=K_2u(t)$$
$$u(t)=K_1(r(t)-b(t))$$
$$T_2\dot{b}(t)+b(t)=c(t)$$

定义误差信号为 $e(t)=r(t)-c(t)$。求输入为 $r(t)=t+1$,稳态误差的绝对值不大于正数 ε 时,参数 T_1、T_2、K_1、K_2 的可行范围。

【解】 （1）判断稳定性。

解微分方程组易得系统的闭环传递函数为

$$\Phi(s) = \frac{C(s)}{R(s)} = \frac{K_1 K_2 (T_2 s + 1)}{s(T_1 s + 1)(T_2 s + 1) + K_1 K_2} = \frac{K_1 K_2 (T_2 s + 1)}{T_1 T_2 s^3 + (T_1 + T_2) s^2 + s + K_1 K_2}$$

要使系统稳定，需使

$$T_1 + T_2 > T_1 T_2 K_1 K_2$$

（2）求稳态误差。

当输入为 $r(t) = t + 1$ 时，$R(s) = \frac{1}{s^2} + \frac{1}{s} = \frac{s+1}{s^2}$，误差信号为 $e(t) = r(t) - c(t)$，那么 $E(s) = (1 - \Phi(s)) R(s)$，稳态误差

$$\begin{aligned}
e_{ss} &= \lim_{s \to 0} s E(s) = \lim_{s \to 0} s (1 - \Phi(s)) R(s) \\
&= \lim_{s \to 0} s \frac{T_1 T_2 s^3 + (T_1 + T_2) s^2 + (1 - K_1 K_2 T_2) s}{T_1 T_2 s^3 + (T_1 + T_2) s^2 + s + K_1 K_2} \cdot \frac{s+1}{s^2} \\
&= \lim_{s \to 0} \frac{T_1 T_2 s^2 + (T_1 + T_2) s + (1 - K_1 K_2 T_2)}{T_1 T_2 s^3 + (T_1 + T_2) s^2 + s + K_1 K_2} (s+1) \\
&= \frac{1 - K_1 K_2 T_2}{K_1 K_2}
\end{aligned}$$

由 $|e_{ss}| \leq \varepsilon$，得

$$\frac{|1 - K_1 K_2 T_2|}{K_1 K_2} \leq \varepsilon$$

综上所述，当稳态误差的绝对值不大于 ε 时，参数 T_1、T_2、K_1、K_2 需满足条件：$\frac{|1 - K_1 K_2 T_2|}{K_1 K_2} \leq \varepsilon$ 和 $T_1 + T_2 > T_1 T_2 K_1 K_2$。

【难点与易错点】
- 该题参数的可行范围需综合考虑满足稳定性和稳态误差的要求。

【3-32】 已知某单位反馈二阶系统在单位阶跃输入下的峰值时间为 π，在单位斜坡输入下的稳态误差为 0.8，且该系统的两个闭环极点实部均小于 -1。试求该系统的开环传递函数。

【解】 由于单位斜坡输入下的稳态误差为常数，因此该系统是一个 I 型系统，设其开环传递函数为

$$G(s) = \frac{a}{s(s+b)}$$

则 $a = \omega_n^2$，$b = 2\zeta\omega_n$。

其开环放大系数为 $\frac{a}{b}$，有 $K_v = \frac{a}{b}$，根据 $e_{ss} = \frac{1}{K_v} = 0.8$，于是有

$$\frac{a}{b} = \frac{5}{4}$$

由峰值时间 $t_p = \frac{\pi}{\omega_n \sqrt{1-\zeta^2}} = \pi$，有

$$\omega_n \sqrt{1-\zeta^2} = \sqrt{a} \times \sqrt{1 - \frac{b^2}{4a}} = \sqrt{a - \frac{b^2}{4}} = 1$$

二者联立求解，得

$$a=5, \quad b=4 \text{ 或 } a=\frac{5}{4}, \quad b=1$$

由闭环特征方程为 $s^2+bs+a=0$，根据闭环极点实部均小于 -1，令 $s=z-1$，则可得 $z^2+(b-2)z+1-b+a=0$。要使 $b>2$，只有 $a=5,b=4$ 符合要求。因此，该系统的**开环传递函数**为

$$G(s)=\frac{5}{s(s+4)}$$

【难点与易错点】
- 该题综合考查稳定性、动态性能与稳态误差。

3.3.11 基于性能要求的控制器设计

1. 顺馈控制器的设计

【3-33】 某复合控制系统的结构图如图 3.29 所示，其中常数 $K>0$。试设计顺馈控制器 $G_1(s)$，并确定控制器参数的范围，使系统的稳态性能达到 Ⅲ 型系统的效果。

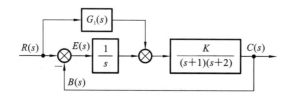

图 3.29 【3-33】复合控制系统的结构图

【解】 由梅逊公式易得系统的**闭环传递函数**为

$$\Phi(s)=\frac{\dfrac{K}{s(s+1)(s+2)}+\dfrac{K}{(s+1)(s+2)}G_1}{1+\dfrac{K}{s(s+1)(s+2)}}=\frac{K+KsG_1}{s(s+1)(s+2)+K}$$

由梅逊公式易得系统的**误差传递函数**为

$$\Phi_e(s)=\frac{E(s)}{R(s)}=\frac{1-\dfrac{K}{(s+1)(s+2)}G_1}{1+\dfrac{K}{s(s+1)(s+2)}}=\frac{s(s+1)(s+2)-KsG_1}{s(s+1)(s+2)+K}$$

对于输入 $R(s)=a_1\dfrac{1}{s}+a_2\dfrac{1}{s^2}+2a_3\dfrac{1}{s^3}$，**稳态误差**为

$$e_{ss}=\lim_{s\to 0}s\Phi_e(s)R(s)=\lim_{s\to 0}\frac{s^3+3s^2+2s-KsG_1}{s(s+1)(s+2)+K}\left(a_1+a_2\frac{1}{s}+2a_3\frac{1}{s^2}\right)$$

若要 $e_{ss}=0$，而且要在 $R(s)=a_4\dfrac{1}{s^4}$ 作用下稳态误差为常数，需使 $3s^2+2s-KsG_1=0$，而不能消除 s^3 项，因此可得

$$G_1=\frac{3s+2}{K}$$

此时，根据闭环传递函数可得闭环特征方程为 $s^3+3s^2+2s+K=0$。要使系统稳

定,需使
$$0 < K < 6$$
综上,顺馈控制器为
$$G_1(s) = \frac{3s+2}{K}, \quad 0 < K < 6$$

> 【难点与易错点】
> ● 该题考查顺馈控制器的设计。
> ● **系统的稳态性能达到Ⅲ型系统的效果**,即在有用输入 $r(t) = a_1 + a_2 t + a_3 t^2$ 作用下的稳态误差为零,而在 $r(t) = a_4 t^3$ 作用下的稳态误差为常数。
> ● 由于增加顺馈控制之后,系统不是主反馈到输入端的系统,因此不存在开环传递函数,但可以引入**等效开环传递函数**的概念,即由 $G_1 = \frac{3s+2}{K}$ 代入误差传递函数
> $$\Phi_e(s) = \frac{s(s+1)(s+2) - KsG_1}{s(s+1)(s+2) + K} = \frac{1}{1 + G'(s)}$$
> 可得等效开环传递函数为 $G'(s) = \frac{3s^2 + 2s + K}{s^3}$,由此可知,系统的稳态性能达到了Ⅲ型系统的效果。

【3-34】 某复合控制系统的结构图如图 3.30 所示,其中常数 $K = 10$。试设计顺馈控制器 $G_1(s)$,设计要求包括:

(1) 系统的稳态性能达到Ⅲ型系统的稳态性能效果;

(2) 顺馈控制器 $G_1(s)$ 的分子和分母阶次差不超过 1。

根据上述要求,确定顺馈控制器 $G_1(s)$ 的结构及其参数的可行范围。

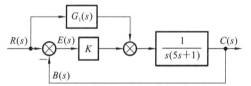

图 3.30 【3-34】复合控制系统的结构图

【解】 由梅逊公式易得系统的误差传递函数为
$$\Phi_e(s) = \frac{E(s)}{R(s)} = \frac{1 - \frac{1}{s(5s+1)}G_1}{1 + \frac{K}{s(5s+1)}} = \frac{5s^2 + s - G_1}{5s^2 + s + K}$$

由于 $G_1(s)$ 的分子和分母阶次差不超过 1,因此不能直接令 $G_1 = 5s^2 + s$。

对于输入 $R(s) = a_1 \frac{1}{s} + a_2 \frac{1}{s^2} + 2a_3 \frac{1}{s^3}$,稳态误差为
$$e_{ss} = \lim_{s \to 0} s\Phi_e(s) R(s) = \lim_{s \to 0} \frac{5s^2 + s - G_1}{5s^2 + s + K} \left(a_1 + a_2 \frac{1}{s} + 2a_3 \frac{1}{s^2} \right)$$

若要 $e_{ss} = 0$,而且要在 $R(s) = a_4 \frac{1}{s^4}$ 作用下稳态误差为常数,需使 $\Phi_e(s)$ 的分子中包含 s^3 项,且不存在 2 次方项、1 次方项及常数项。

根据上述分析,$\Phi_e(s)$ 分子中的 2 次方项、1 次方项及常数项均需依靠 $G_1(s)$ 去抵消。这样,$G_1(s)$ 的分母至少是 1 次多项式,才能使 $\Phi_e(s)$ 的分子中包含 s^3 项。分子至

少为 2 次多项式,才能消掉 $\Phi_e(s)$ 分子中的对应项。

根据 $G_1(s)$ 的分子和分母阶次差不超过 1,设

$$G_1(s)=\frac{as^2+bs+c}{Ts+1}$$

有

$$\Phi_e(s)=\frac{5s^2+s-G_1}{5s^2+s+K}=\frac{5Ts^3+(T+5)s^2+s-(as^2+bs+c)}{5Ts^3+(T+5)s^2+(KT+1)s+K}$$

当

$$\begin{cases} T+5=a \\ b=1 \\ c=0 \end{cases}$$

时,即顺馈控制器 $G_1(s)$ 为

$$G_1(s)=\frac{(T+5)s^2+s}{Ts+1}$$

此时误差传递函数为

$$\Phi_e(s)=\frac{5Ts^3}{5Ts^3+(T+5)s^2+(KT+1)s+K}$$

则在输入信号 $R(s)=a_1\frac{1}{s}+a_2\frac{1}{s^2}+2a_3\frac{1}{s^3}$ 作用下的**稳态误差**为

$$e_{ss}=\lim_{s\to 0}s\Phi_e(s)R(s)=\lim_{s\to 0}\frac{5Ts^3}{5Ts^3+(T+5)s^2+(KT+1)s+K}\left(a_1+a_2\frac{1}{s}+2a_3\frac{1}{s^2}\right)=0$$

在输入信号 $R(s)=a_4\frac{1}{s^4}$ 作用下的**稳态误差**

$$e_{ss}=\lim_{s\to 0}s\Phi_e(s)R(s)=\lim_{s\to 0}\frac{5Ts^3}{5Ts^3+(T+5)s^2+(KT+1)s+K}\times\frac{a_4}{s^3}=\frac{5Ta_4}{K}$$

为常数,符合设计要求。

下面检查系统的稳定性。 施加顺馈控制之后的闭环特征方程为

$$(5s^2+s+K)(Ts+1)=0$$

要使系统稳定,由于 $K=10$,因此只要 $T>0$,就能满足要求。

综上,顺馈控制器设计为

$$G_1(s)=\frac{(T+5)s^2+s}{Ts+1}, \quad T>0$$

【难点与易错点】

● 该题中,若设 $G_1(s)=\dfrac{as^2+bs+c}{ds+e}$,实际上存在冗余的参数。因此设 $G_1(s)=\dfrac{as^2+bs+c}{Ts+1}$。

● 由于增加顺馈控制之后,系统不是主反馈到输入端的系统,因此不存在开环传递函数,但可以引入**等效开环传递函数**的概念,即由 $G_1=\dfrac{(T+5)s^2+s}{Ts+1}$ 代入误差传递函数

$$\Phi_e(s) = \frac{5Ts^3}{5Ts^3 + (T+5)s^2 + (KT+1)s + K} = \frac{1}{1+G'(s)}$$

可得等效开环传递函数为 $G'(s) = \dfrac{(T+5)s^2 + (KT+1)s + K}{5Ts^3}$,由此亦可知,系统的稳态性能达到了Ⅲ型系统的效果。

【3-35】 某复合控制系统的结构图如图 3.31 所示,其中 K、$T>0$。

(1) 是否存在合适的顺馈控制器 $G_1(s)$,使得系统对任意输入 $R(s)$ 均可保持稳态误差为 0。如果存在,请给出合适的 $G_1(s)$ 表达式。

(2) 是否存在合适的顺馈控制器 $G_2(s)$,使得系统对任意扰动输入 $N(s)$ 均可保持稳态误差为 0。如果存在,请给出合适的 $G_2(s)$ 表达式。

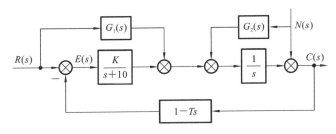

图 3.31 【3-35】复合控制系统的结构图

【解】 (1) 有用输入下,由梅逊公式易得误差传递函数为

$$\Phi_{er}(s) = \frac{1 - \dfrac{(1-Ts)G_1}{s}}{1 + \dfrac{K(1-Ts)}{s^2 + 10s}} = \frac{s(s+10) - (s+10)(1-Ts)G_1}{s^2 + (10-KT)s + K}$$

如果要使任意有用输入下的稳态误差均为 0,即误差的全补偿,则需 $\Phi_{er}(s) = 0$,即

$$s(s+10) - (s+10)(1-Ts)G_1 = 0$$

则有

$$G_1(s) = \frac{s}{1-Ts}$$

此时,闭环特征方程为

$$(s^2 + (10-KT)s + K)(1-Ts) = 0$$

由于 K、$T>0$,因此闭环系统不稳定。不存在合适的顺馈控制器 $G_1(s)$,使得系统对任意输入 $R(s)$ 均可保持稳态误差为 0。

(2) **扰动输入下**,由梅逊公式易得误差传递函数为

$$\Phi_{en}(s) = \frac{Ts - 1 - \dfrac{(1-Ts)G_2}{s}}{1 + \dfrac{K(1-Ts)}{s^2 + 10s}}$$

如果要使任意有用输入下的稳态误差均为 0,则需 $\Phi_{er}(s) = 0$,即

$$Ts - 1 - \frac{(1-Ts)G_2}{s} = 0$$

则有

$$G_2 = -s$$

此时,闭环特征方程为

$$s^2 + (10 - KT)s + K = 0$$

只要 $KT < 10$,就存在 $G_2 = -s$,使得系统对任意扰动输入 $N(s)$ 均可保持稳态误差为0。

【难点与易错点】
● 顺馈控制器可能会改变控制系统的闭环特征方程,因此,在设计时,要兼顾控制系统的稳定性要求。

【3-36】 某控制系统的结构图如图3.32所示。

(1) 当 $n(t) = 0$ 时,确定参数 K_1 和 K_2,使得系统的单位阶跃响应超调量 $\sigma_p = 25\%$,峰值时间 $t_p = 2(s)$;

(2) 判断是否存在 $G_n(s)$,使系统在 $r(t) = n(t) = t$ 共同作用下的总稳态误差为零。如果存在,试求出 $G_n(s)$。

【解】 显然闭环系统稳定。

(1) 当 $n(t) = 0$ 时,系统的开环传递函数为

$$G(s) = \frac{K_1}{s(s + K_1 K_2 + 1)}$$

对照二阶系统开环传递函数的标准形式 $\frac{\omega_n^2}{s(s + 2\zeta\omega_n)}$,可得

$$\omega_n^2 = K_1, \quad 2\zeta\omega_n = K_1 K_2 + 1$$

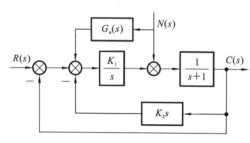

图 3.32 【3-36】控制系统的结构图

由 $\sigma_p = e^{\frac{-\pi\zeta}{\sqrt{1-\zeta^2}}} = 0.25$, $t_p = \frac{\pi}{\omega_d} = 2$, $\omega_d = \omega_n\sqrt{1-\zeta^2}$,可得

$$\zeta = \sqrt{\frac{(\ln\sigma_p)^2}{\pi^2 + (\ln\sigma_p)^2}} = 0.40, \quad \omega_n = \frac{\pi}{2\sqrt{1-\zeta^2}} = 1.71$$

从而

$$K_1 = \omega_n^2 = 2.92$$

$$K_2 = \frac{2\zeta\omega_n - 1}{K_1} = 0.13$$

(2) 当 $r(t) = t$ 时,由 $G(s) = \frac{K_1}{s(s + K_1 K_2 + 1)}$,开环放大系数为 $\frac{K_1}{K_1 K_2 + 1}$,有

$$K_v = \frac{K_1}{K_1 K_2 + 1}$$

则在有用输入下的稳态误差为

$$e_{ssr} = \frac{1}{K_v} = \frac{K_1 K_2 + 1}{K_1}$$

当 $n(t) = t$ 时,由梅逊公式易得扰动作用下的误差传递函数为

$$\Phi_{en}(s) = \frac{E(s)}{N(s)} = -\frac{\frac{1}{s+1} + \frac{K_1 G_n}{s(s+1)}}{1 + \frac{K_1}{s(s+1)} + \frac{K_1 K_2}{s+1}} = -\frac{s + K_1 G_n}{s^2 + (K_1 K_2 + 1)s + K_1}$$

扰动输入引起的稳态误差为

$$e_{ssn} = \lim_{s \to 0} s\Phi_{en}(s)N(s) = -\lim_{s \to 0} s \frac{s+K_1 G_n}{s^2+(K_1 K_2+1)s+K_1} \frac{1}{s^2} = -\lim_{s \to 0} \frac{s+K_1 G_n}{K_1} \frac{1}{s}$$

则总的稳态误差为

$$e_{ss} = e_{ssr} + e_{ssn} = \frac{K_1 K_2+1}{K_1} - \lim_{s \to 0} \frac{s+K_1 G_n}{K_1} \frac{1}{s} = 0$$

由 $\lim_{s \to 0} \frac{s+K_1 G_n}{K_1} \frac{1}{s} = \frac{K_1 K_2+1}{K_1}$ 可知，要使总的稳态误差为零，可选取

$$G_n = K_2 s$$

【难点与易错点】
● 该题综合考查动态性能与稳态性能。

2. 局部并联控制器的设计

【3-37】 某控制系统的结构图如图 3.33 所示。试判断系统闭环的稳定性。如果系统不稳定，试采用合适的局部并联连接的方式，采用比例环节设计控制装置，以满足下面的性能要求：
（1）闭环系统稳定；
（2）在有用输入为单位斜坡输入时稳态误差为 0；
（3）在扰动输入为单位斜坡输入时稳态误差有界。

【解】 原系统的闭环传递函数为

$$\Phi(s) = \frac{10}{s^2(2s+1)+10}$$

闭环特征方程为 $s^2(2s+1)+10=0$，缺项，显然**原系统不稳定**。

系统前向通路有两个环节 $\frac{1}{s}$ 和 $\frac{10}{s(2s+1)}$，因此有**两种设计方案**。

（1）**如果采用局部并联连接在 $\frac{1}{s}$ 上**，如图 3.34 所示。

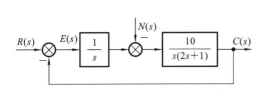
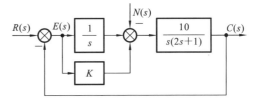

图 3.33 【3-37】控制系统的结构图　　图 3.34 【3-37】扰动点之前并联比例环节后的结构图

系统**闭环传递函数**为

$$\Phi(s) = \frac{(Ks+1)10}{s^2(2s+1)+(Ks+1)10}$$

闭环特征方程为 $2s^3+s^2+10Ks+10=0$，要使系统稳定，则需

$$K > 2$$

此时系统的开环传递函数为

$$G(s) = \frac{10(Ks+1)}{s^2(2s+1)}$$

由上可知系统为Ⅱ型系统，在有用输入为单位斜坡输入时稳态误差为 0。

在扰动作用下系统的误差传递函数为

$$\Phi_{en}(s) = \frac{E(s)}{N(s)} = \frac{\dfrac{10}{s(2s+1)}}{1+\dfrac{(Ks+1)10}{s^2(2s+1)}} = \frac{10s}{s^2(2s+1)+(Ks+1)10}$$

则

$$e_{ssn} = \lim_{s\to 0} s\Phi_{en}(s)N(s) = \lim_{s\to 0} \frac{10s}{s^2(2s+1)+(Ks+1)10}\frac{1}{s^2} = 1$$

综上，在 $\dfrac{1}{s}$ 上，并联比例环节 $K>2$ 时满足设计要求。

(2) 如果采用局部并联连接在 $\dfrac{10}{s(2s+1)}$ 上，如图 3.35 所示。

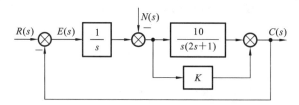

图 3.35 【3-37】扰动点之后并联比例环节后的结构图

系统闭环传递函数为

$$\Phi(s) = \frac{Ks(2s+1)+10}{s^2(2s+1)+Ks(2s+1)+10} = \frac{2Ks^2+Ks+10}{2s^3+(1+2K)s^2+Ks+10}$$

闭环特征方程为 $2s^3+(1+2K)s^2+Ks+10=0$，要使系统稳定，则需

$$2K^2+K>20 \text{ 且 } K>0$$

解得

$$K > \frac{\sqrt{161}-1}{4} = 2.922$$

此时系统的开环传递函数为

$$G(s) = \frac{Ks(2s+1)+10}{s^2(2s+1)}$$

由上可知系统为Ⅱ型系统，在有用输入为单位斜坡输入时稳态误差为 0。

在扰动作用下系统的误差传递函数为

$$\Phi_{en}(s) = \frac{E(s)}{N(s)} = \frac{\dfrac{Ks(2s+1)+10}{s(2s+1)}}{1+\dfrac{Ks(2s+1)+10}{s^2(2s+1)}} = \frac{Ks^2(2s+1)+10s}{2s^3+(1+2K)s^2+Ks+10}$$

则

$$e_{ssn} = \lim_{s\to 0} s\Phi_{en}(s)N(s) = \lim_{s\to 0} \frac{Ks^2(2s+1)+10s}{2s^3+(1+2K)s^2+Ks+10}\frac{1}{s^2} = 1$$

综上，在 $\dfrac{10}{s(2s+1)}$ 上，并联比例环节 $K>2.922$ 时满足设计要求。

因此,按照上面方案(1)或方案(2)设计并联连接的比例控制,就可以满足设计要求。

【难点与易错点】
● 该题采用**局部并联控制**补足特征方程中的缺项,从而改善系统的稳定性。
● 该题如果采用**局部反馈控制**,则会减少开环传递函数的积分环节个数,在有用输入为斜坡输入时,稳态误差无法保证为0。因此不可行。

3. 局部反馈控制器的设计

【3-38】 某控制系统的结构图如图3.36所示。试判断系统闭环的稳定性。如果系统不稳定,试采用合适的局部负反馈连接的方式,采用比例环节设计控制装置,以满足下面的性能要求:

(1) 闭环系统稳定;
(2) 当有用输入和扰动输入为单位斜坡输入时,稳态误差都不为0但都有界。

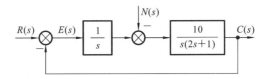

图3.36 【3-38】控制系统的结构图

【解】 原系统的闭环传递函数为

$$\Phi(s) = \frac{10}{s^2(2s+1)+10}$$

闭环特征方程为 $s^2(2s+1)+10=0$,缺项,显然**原系统不稳定**。

系统前向通路有两个环节 $\frac{1}{s}$ 和 $\frac{10}{s(2s+1)}$,下面考虑局部反馈连接的两种方案。

(1) 如果在 $\frac{1}{s}$ 两端进行比例环节的反馈连接,如图3.37所示。

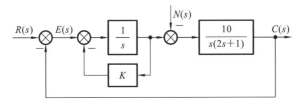

图3.37 【3-38】扰动点之前增加反馈连接后的系统结构图

在扰动作用点之前的积分环节会变成 $\frac{1}{s+K}$,虽然能改善稳定性,但是扰动作用点之前没有积分环节,对于单位斜坡的扰动输入,**稳态误差无穷大**。不符合题设。

(2) 如果在 $\frac{10}{s(2s+1)}$ 的两端进行比例环节的反馈连接,如图3.38所示。

系统的开环传递函数为

$$G(s) = \frac{10}{s(s(2s+1)+10K)}$$

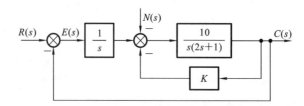

图 3.38 【3-38】扰动点之后增加反馈连接后的系统结构图

闭环特征方程为 $2s^3+s^2+10Ks+10=0$，若 $K>2$，则系统稳定。

由开环传递函数可知，系统是一个Ⅰ型系统，**当有用输入为单位斜坡输入时**，稳态误差为

$$e_{\text{ssr}}=\frac{1}{K_v}=K$$

在扰动输入作用下的误差传递函数为

$$\Phi_{\text{en}}(s)=\frac{E(s)}{N(s)}=\frac{\dfrac{10}{s(2s+1)+10K}}{1+\dfrac{10}{s(s(2s+1)+10K)}}=\frac{10s}{2s^3+s^2+10Ks+10}$$

扰动输入引起的稳态误差为

$$e_{\text{ssn}}=\lim_{s\to 0}s\Phi_{\text{en}}(s)N(s)=\lim_{s\to 0}\frac{10}{2s^3+s^2+10Ks+10}=1$$

综上，在 $\dfrac{10}{s(2s+1)}$ 的两端进行比例环节的反馈连接，只要 $K>2$，控制系统就稳定，而且稳态误差也满足题设要求。

【难点与易错点】
- 该题采用局部反馈控制补足特征方程中的缺项，从而改善控制系统的稳定性。
- 该题如果对稳态性能没有设计要求，也可以采用串联比例-微分控制来补齐闭环特征方程中的 1 次方项。
- 该题如果采用**局部并联连接**进行控制，无论是并联在前向通路中的哪个环节，系统的型别均不会改变，仍然是Ⅱ型系统。因此，在单位斜坡输入下的稳态误差为 0，不符合题设。

---

4. 串联控制器的设计

【3-39】 某控制系统的结构图如图 3.39 所示。当 $U(s)=1$ 时，试判断系统闭环的稳定性。如果系统不稳定，试设计合适的控制器 $U(s)$，保证闭环系统稳定。

【解】 (1) 原系统的闭环传递函数为

$$\Phi(s)=\frac{10}{s^2(2s+1)+10}$$

闭环特征方程为 $s^2(2s+1)+10=0$，缺项，显然**系统不稳定**。

如果要使闭环系统稳定，则需要补齐所缺的 1 次方项。

(2) 如果采用 PD **控制装置**，其具有 1 次方项，因此令

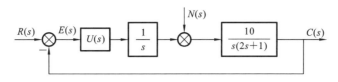

图 3.39 【3-39】控制系统的结构图

$$U(s) = as + b$$

则闭环特征方程为

$$s^2(2s+1) + 10(as+b) = 2s^3 + s^2 + 10as + 10b = 0$$

只要 $10a > 20b$，即要使闭环系统稳定，需使 PD 控制装置的参数满足

$$a > 2b > 0$$

(3) 如果采用 PID 控制装置，即

$$U(s) = \frac{as^2 + bs + c}{s}$$

则闭环特征方程为

$$2s^4 + s^3 + 10as^2 + 10bs + 10c = 0$$

列出劳斯阵列，即

$$
\begin{array}{cccc}
s^4 & 2 & 10a & 10c \\
s^3 & 1 & 10b & (0) \\
s^2 & 10a - 20b & 10c & \\
s^1 & \dfrac{10ab - 20b^2 - c}{a - 2b} & 0 & \\
s^0 & 10c & & \\
\end{array}
$$

要使系统稳定，则需

$$\begin{cases} a > 2b > 0 \\ 10ab - 20b^2 > c > 0 \end{cases}$$

满足上述参数要求的 PID 控制装置可以保证闭环系统稳定。

【难点与易错点】

● 该题采用 PID 控制之后，增加了系统的阶次，将三阶系统变成了四阶系统。此外，如果对控制系统的性能有更高的要求，则需要进行更加精准的控制器设计。具体可参考第 6 章的相关内容。

● 该题采用 PI 控制无法实现设计要求。

4

根轨迹法

根轨迹法是经典控制理论中关于线性系统的一种分析方法和设计方法。它借助控制系统的开环传递函数,绘制出闭环特征根随系统某个参数变化而变化的轨迹,即根轨迹图,由此分析控制系统的稳定性和动态性能,以及展开控制系统的设计。本章首先回顾根轨迹法的基础知识,再对配套教材中的习题进行解答,最后给出一些典型练习题和配套的答案,并对其中的重点和难点展开解析。

4.1 知识点回顾

本章的知识点包括根轨迹图的基本概念、180°根轨迹与 0°根轨迹的绘制规则、普通根轨迹的绘制、参数根轨迹的绘制、正反馈系统根轨迹的绘制、基于根轨迹的线性系统分析方法。下面依次介绍。

4.1.1 根轨迹图及相关概念

根轨迹图是控制系统的闭环特征根随某个参数从零到无穷大变化时在 S 平面上的变化轨迹。 根轨迹从起点到终点是随系统某个参数值的增加而运动的,要用**箭头**标示出根轨迹变化的方向。

根轨迹图的绘制是基于控制系统**零极点形式的开环传递函数**进行的。**开环放大系数** K 与根轨迹增益 K_r 之间的关系为

$$K = \lim_{s \to 0} s^v G(s)H(s) = \lim_{s \to 0} K_r \frac{\prod_{j=1}^{m}(s-z_j)}{\prod_{i=1}^{n-v}(s-p_i)} = K_r \frac{\prod_{j=1}^{m}(-z_j)}{\prod_{i=1}^{n-v}(-p_i)}$$

其中:v 是开环传递函数所含积分环节的个数,$z_j(j=1,2,\cdots,m)$ 和 $p_i(i=1,2,\cdots,n-v)$ 分别是开环传递函数的零点和极点(除原点外的其他 $n-v$ 个极点),m 是开环零点个数,n 是开环极点个数。

4.1.2　180°根轨迹

1. 180°根轨迹的幅值条件和相角条件

满足根轨迹方程 $K_r \dfrac{\prod\limits_{j=1}^{m}(s-z_j)}{\prod\limits_{i=1}^{n}(s-p_i)} = -1$ 的控制系统的根轨迹为 180°根轨迹。对应的幅值条件和相角条件分别如下。

幅值条件：$K_r = \dfrac{\prod\limits_{i=1}^{n}|s-p_i|}{\prod\limits_{j=1}^{m}|s-z_j|}$。

相角条件：$\sum\limits_{j=1}^{m}\angle(s-z_j) - \sum\limits_{i=1}^{n}\angle(s-p_i) = (2k+1)\pi, k=0,\pm1,\pm2,\cdots$。

其中,相角条件是判断根轨迹上一点(起点和终点除外)的充分必要条件。借助幅值条件,则可求出根轨迹上一点所对应的根轨迹增益 K_r 的值。

2. 180°根轨迹的绘制规则

对于由根轨迹方程 $K_r \dfrac{\prod\limits_{j=1}^{m}(s-z_j)}{\prod\limits_{i=1}^{n}(s-p_i)} = -1$ 描述的控制系统的根轨迹,即 180°根轨迹,其绘制规则有以下 8 条。

(1) 规则一:根轨迹的分支数、连续性和对称性。

闭环系统根轨迹图的分支数等于开环传递函数分子阶次 m 和分母阶次 n 中的较大者。

当 $K_r:0\to\infty$ 连续变化时,闭环系统的根轨迹图在复平面上是连续的。闭环系统的根轨迹图对称于实轴。

(2) 规则二:根轨迹的起点和终点。

根轨迹的起点有 n 个起始于开环极点,有 m 个终止于开环零点。

当 $n>m$ 时,有 $n-m$ 条根轨迹分支终止于无穷远处(称为无限零点)。

当 $n<m$ 时,有 $m-n$ 条根轨迹分支起始于无穷远处(称为无限极点)。

(3) 规则三:实轴上的根轨迹。

若实轴上某点(或某一线段或射线)右侧的开环零点和开环极点的个数之和为奇数,则该点(或该线段或射线)是根轨迹的一部分。

(4) 规则四:根轨迹的渐近线。

根轨迹的渐近线,是根轨迹趋向于无穷远处的切线方向的射线。根轨迹渐近线的倾角,是正实轴方向逆时针旋转到根轨迹渐近线的角度。

当 $n>m$ 时,$n-m$ 条根轨迹渐近线在实轴上相交于一点,交点坐标为

$$\sigma_a = \dfrac{\sum\limits_{i=1}^{n}p_i - \sum\limits_{j=1}^{m}z_j}{n-m}$$

当 $n>m$ 时，$n-m$ 条根轨迹渐近线的倾角为 $\varphi_a = \dfrac{2k+1}{n-m}\pi, k=0,1,2,\cdots,n-m-1$。

当 $n<m$ 时，$m-n$ 条渐近线在实轴上相交于一点，**交点坐标为**

$$\sigma_a = \dfrac{\sum\limits_{j=1}^{m} z_j - \sum\limits_{i=1}^{n} p_i}{m-n}$$

当 $n<m$ 时，$m-n$ 条**渐近线的倾角**为 $\varphi_a = \dfrac{2k+1}{m-n}\pi, k=0,1,2,\cdots,m-n-1$。

(5) **规则五：起始角与终止角**。

起始角（出射角）为实轴正方向逆时针旋转到根轨迹离开开环极点的切线（射线）的角度，用 θ_{p_l} 表示，其中 p_l 是系统的第 l 个开环极点。

终止角（入射角）为实轴正方向逆时针旋转到根轨迹进入开环零点处的切线（射线）的角度，用 θ_{z_h} 表示，其中 z_h 是系统的第 h 个开环零点。

若开环极点 p_l 和开环零点 z_h 分别是 v 重根和 w 重根，分别记为 $p_l = p_{l+1} = \cdots = p_{l+v-1}$ 以及 $z_h = z_{h+1} = \cdots = z_{h+w-1}$，则它们的起始角 θ_{p_l} 和终止角 θ_{z_h} 可分别根据下面公式计算：

$$\theta_{p_l} = \dfrac{1}{v}\Big[(2k+1)\pi + \sum_{j=1}^{m}\angle(p_l - z_j) - \sum_{\substack{i=1 \\ i \neq l,l+1,\cdots,l+v-1}}^{n}\angle(p_l - p_i)\Big]$$

$$\theta_{z_h} = \dfrac{1}{w}\Big[(2k+1)\pi - \sum_{\substack{j=1 \\ j \neq h,h+1,\cdots,h+w-1}}^{m}\angle(z_h - z_j) + \sum_{i=1}^{n}\angle(z_h - p_i)\Big]$$

(6) **规则六：根轨迹的分离点和分离角**。

分离点是指两条或两条以上根轨迹分支在 S 平面上相遇又立即分开的点。

分离角是指根轨迹进入分离点的切线（指射线方向）与离开分离点的切线（指射线方向）之间的夹角。

对于开环传递函数 $G(s) = K_r \dfrac{\prod\limits_{j=1}^{m}(s-z_j)}{\prod\limits_{i=1}^{n}(s-p_i)} = K_r \dfrac{B(s)}{A(s)}$ 描述的控制系统，根轨迹的分离点 d 是下面**分离点方程**的解。

分离点方程：

$$\sum_{j=1}^{m}\dfrac{1}{d-z_j} = \sum_{i=1}^{n}\dfrac{1}{d-p_i}$$

或者

分离点方程：

$$\dot{A}(s)B(s) = A(s)\dot{B}(s)$$

只有根轨迹上分离点方程的解才是根轨迹的分离点。

当开环传递函数无有限零点时，分离点方程即为

$$\sum_{i=1}^{n}\dfrac{1}{d-p_i} = 0 \quad \text{或} \quad \dot{A}(s) = 0$$

分离点 d 的**分离角**为 $\dfrac{1}{l}(2k+1)\pi\,(k=0,1,2,\cdots)$，其中 l 为进入分离点 d 的根轨

迹分支数，即分离点 d 的重数。如果 $s=d$ 是分离点方程的 $l-1$ 重根，那么也是原闭环特征方程的 l 重根。

l 条进入 d 点的根轨迹与 l 条离开 d 点的根轨迹相间隔。任一条进入分离点 d 的根轨迹与相邻的离开 d 点的根轨迹方向之间的夹角为 $\frac{\pi}{l}$。两条相邻的离开分离点的切线的夹角为 $\frac{2\pi}{l}$，两条相邻的进入分离点的切线的夹角为 $\frac{2\pi}{l}$。

设某分离点方程为 $f(d)=0$，可执行如下运算**求高阶分离点方程的实根**。

① 根据实轴上的根轨迹来判断分离点所在的区间 (a,b)，该区间应足够小，且需要**满足三个条件**：(a) $f(d)$ 在区间 (a,b) 上连续且符号不变。(b) $f(a)f(b)<0$。(c) $\forall d \in (a,b)$ 都有 $\ddot{f}(d) \neq 0$。条件(a)保证了函数 $f(d)$ 连续且光滑，并在该区间内凹向不变。条件(b)保证了方程在区间 (a,b) 内至少有一个实根。条件(c)保证了方程在区间 (a,b) 内最多有一个实根。

② 预估一个实轴上的分离点 $d_1 \in (a,b)$ 为初值，要求满足 $f(d_1)\ddot{f}(d_1)>0$。这个条件保证了下面求解过程的收敛性。

③ 取因式 $(d-d_1)$，求长除 $\frac{f(d)}{d-d_1}$ 后得到商 $f_1(d)$ 和余数 R_1。

④ 求长除 $\frac{f_1(d)}{d-d_1}$ 后得到商 $f_2(d)$ 和余数 R_2。

⑤ 求得分离点 $d_2=d_1-\frac{R_1}{R_2}$。

⑥ 以 d_2 为初值，重复上述步骤，直到达到所需要的精度为止。通常，用于作图时只需保留一位小数。

(7) **规则七：根轨迹与虚轴的交点。**

根轨迹与虚轴的交点是闭环特征方程的纯虚根，此时的根轨迹增益 K_r 值是系统由稳定(或不稳定)变为不稳定(或稳定)的**根轨迹增益的临界值**，记为 K_{rc}。

求解根轨迹与虚轴的交点的方法有以下两种。

① 方法1：根据**劳斯判据**，如果存在纯虚根，那么是关于原点对称的根。令第一列含有 K_r 的项为0，求出 K_{rc}，并利用劳斯阵列全零行上一行的系数构成辅助方程，求得根轨迹与虚轴的交点 ω。

② 方法2：将 $s=j\omega$ 代入闭环特征方程，得到虚部方程和实部方程，再求解虚部方程和实部方程，即可得到 K_{rc} 和与虚轴的交点坐标 ω。

(8) **规则八：根之和与根之积。**

若开环极点数 n 与开环零点数 m 满足条件 $n-m \geq 2$，则闭环特征根之和为常值，且等于开环极点之和 $\sum p_i$。此时，当 K_r 的变动使某些闭环极点在 S 平面上向左移动时，则必有另一些极点向右移动，从而保持闭环极点之和不变。

除了上述8条规则外，当存在开环零极点相消时，也需注意。设某反馈控制系统的前向通路传递函数为 $G(s)$，反馈通路传递函数为 $H(s)$。若存在 $G(s)$ **中的极点和** $H(s)$ **中的零点相消**，则根据开环传递函数 $G(s)H(s)$ 绘制出根轨迹图后，还应**在根轨迹图中增加一个根轨迹分支，该分支从被消去的开环极点出发，终止于对应的开环零点**。

3. 根轨迹图中复数部分曲线形状的判断

判断根轨迹图中复数部分曲线形状的方法是：令 $s=u+jv$ 并代入开环传递函数，可由相角条件得到一个方程。化简即可得到复数部分曲线形状的方程。

下面三种情况下，根轨迹图复数部分是圆或者圆的一部分。

(1) 已知二阶闭环控制系统的开环传递函数为 $G(s)=\dfrac{K_r(s^2+as+b)}{s^2+cs+d}$，其中 a、b、c、d 为四个已知常数。若 $a \neq c$ 且 $\left(\dfrac{b-d}{a-c}\right)^2 > \dfrac{bc-ad}{a-c}$，则该控制系统随当 $K_r:0 \to \infty$ 时，根轨迹图中复数部分是一个圆或者是圆的一部分，圆心在 $\left(\dfrac{b-d}{a-c}, j0\right)$ 点，半径为 $\sqrt{\left(\dfrac{b-d}{a-c}\right)^2 + \dfrac{ad-bc}{a-c}}$。

(2) 已知二阶闭环控制系统的开环传递函数为 $G(s)H(s)=\dfrac{K_r(s+a)}{s^2+bs+c}$，只要实零点没有位于两个实极点之间，该系统根轨迹的复数部分就是**以实零点为圆心、以实零点到分离点的距离为半径**的一个圆（当开环极点为两个实极点时）或圆的一部分（当开环极点为一对共轭复数极点时）。

(3) 已知二阶闭环控制系统的开环传递函数为 $G(s)H(s)=\dfrac{K_r(s^2+bs+c)}{s+a}$，只要实极点没有位于两个实零点之间，根轨迹的复数部分就是**以实极点为圆心、以实极点到分离点的距离为半径**的一个圆（当开环零点为两个实零点时）或圆的一部分（当开环零点为一对共轭复数零点时）。

4.1.3 0°根轨迹

1. 0°根轨迹的幅值条件和相角条件

满足根轨迹方程 $K_r \dfrac{\prod\limits_{j=1}^{m}(s-z_j)}{\prod\limits_{i=1}^{n}(s-p_i)} = 1$ 的控制系统的根轨迹为 0°根轨迹。根轨迹方程 $K_r \dfrac{\prod\limits_{j=1}^{m}(s-z_j)}{\prod\limits_{i=1}^{n}(s-p_i)} = 1$ 所对应的幅值条件和相角条件如下。

幅值条件：

$$K_r = \dfrac{\prod\limits_{i=1}^{n}|s-p_i|}{\prod\limits_{j=1}^{m}|s-z_j|}$$

相角条件：

$$\sum_{j=1}^{m} \angle(s-z_j) - \sum_{i=1}^{n} \angle(s-p_i) = 2k\pi, \quad k=0, \pm 1, \pm 2, \cdots$$

2. 0°根轨迹的绘制规则

180°根轨迹绘制规则中的**规则一、规则二、规则六、规则七、规则八**仍然适用于 0°根轨迹的绘制。虽然规则六没有改变，但在确定分离点时，应考虑分离点方程得到的解是

否在 $0°$ 根轨迹上。

绘制 $0°$ 根轨迹的其他三条规则如下。

(1) $0°$ **根轨迹规则三:实轴上的根轨迹**。

实轴上的根轨迹是那些在其右侧的开环实零点和开环实极点之和为偶数的点(或线段、射线)。

(2) $0°$ **根轨迹规则四:渐近线**。

当开环极点数 n 大于开环零点数 m 时,$0°$ 根轨迹有 $n-m$ 条根轨迹分支沿着 $n-m$ 条渐近线趋向于无穷远处,这 $n-m$ 条渐近线在实轴上相交于一点,交点坐标为

$$\sigma_\mathrm{a} = \frac{\sum_{i=1}^{n} p_i - \sum_{j=1}^{m} z_j}{n-m}$$

这 $n-m$ 条渐近线的倾角为

$$\varphi_\mathrm{a} = \frac{2k}{n-m}\pi, \quad k=0,1,2,\cdots,n-m-1$$

(3) $0°$ **根轨迹规则五:起始角和终止角**。

由根轨迹方程 $K_r \dfrac{\prod_{j=1}^{m}(s-z_j)}{\prod_{i=1}^{n}(s-p_i)} = 1$ 描述的控制系统的根轨迹中,对于 v 重开环极点 p_l(设 $p_l = p_{l+1} = \cdots = p_{l+v-1}$)和 w 重开环零点 z_h(设 $z_h = z_{h+1} = \cdots = z_{h+w-1}$)的起始角和终止角分别为

$$\theta_{p_l} = \frac{1}{v}\left[2k\pi + \sum_{j=1}^{m}\angle(p_l - z_j) - \sum_{\substack{i=1 \\ i\neq l,l+1,\cdots,l+v-1}}^{n}\angle(p_l - p_i)\right]$$

$$\theta_{z_h} = \frac{1}{w}\left[2k\pi - \sum_{\substack{j=1 \\ j\neq h,h+1,\cdots,h+w-1}}^{m}\angle(z_h - z_j) + \sum_{i=1}^{n}\angle(z_h - p_i)\right]$$

$180°$ 根轨迹中根轨迹图的复数部分是圆或者圆的一部分的三种情况,同样也适用于 $0°$ 根轨迹。

4.1.4 普通根轨迹与广义根轨迹的绘制

以根轨迹增益 K_r 为可变参数绘制的最小相位系统的根轨迹,称为**普通根轨迹**(或一般根轨迹)。

以除根轨迹增益以外的**其他参数**为可变参数绘制的控制系统的根轨迹,称为**参数根轨迹**。

除普通根轨迹外的其他根轨迹统称为**广义根轨迹**。

无论是负反馈系统还是正反馈系统,**绘制根轨迹图时,首先需要判断采用哪种根轨迹绘制规则**。判断方法是先求等效的开环传递函数,进而得到根轨迹方程,再根据根轨迹方程的结构判断根轨迹绘制规则,具体方法如下。

设某系统的闭环特征方程为 $1 \pm G(s)H(s) = 0$,现需讨论参数 A 对根轨迹的影响,可以先将方程左端展开成多项式,再将含有待讨论参数 A 的项合并在一起,从而得到

$$1 \pm G(s)H(s) = Q(s) \pm AP(s) = 0$$

其中：$P(s)$ 和 $Q(s)$ 为最高次幂系数均为正的多项式。在上面的方程两边都除以 $Q(s)$，得到 $1 \pm A\dfrac{P(s)}{Q(s)} = 0$，$A\dfrac{P(s)}{Q(s)}$ 即为系统的**等效开环传递函数**。那么

$$A\dfrac{P(s)}{Q(s)} = \pm 1$$

为**等效根轨迹方程**。若等效跟轨迹方程为 $A\dfrac{P(s)}{Q(s)} = 1$，则应该采用 0°**根轨迹绘制规则**；反之，如果等效根轨迹方程为 $A\dfrac{P(s)}{Q(s)} = -1$，则应该采用 180°**根轨迹绘制规则**。

4.1.5 线性系统的根轨迹分析法

用根轨迹分析控制系统的步骤可简单划分为下面三步。

(1) 根据系统的开环传递函数和绘制根轨迹的基本规则**绘制根轨迹图**。

(2) 由根轨迹在 S 平面上的分布情况分析系统的**稳定性**。

① 若所有根轨迹分支都在 S 平面的左半平面，则系统是**无条件稳定**的；

② 若有一条或一条以上的根轨迹分支在右半平面，则系统是**无条件不稳定**的；

③ 若有某条（或多条）根轨迹分支穿过虚轴，则系统为**有条件稳定**。此时，根轨迹增益的临界值 K_{rc} 是区分系统稳定与不稳定的临界点。

(3) 分析系统的**动态性能**。

① 对于低阶系统，可以在根轨迹上确定对应参数的闭环极点，从而按照一阶或二阶系统动态性能指标公式得到动态性能信息。

以标准二阶系统为例，其阻尼比与闭环特征根的相角对应；自然振荡角频率与闭环特征根的幅值对应；上升时间、峰值时间均与闭环特征根的虚部有关；调整时间由闭环特征根的实部决定。此外，

(a) 欠阻尼工作状态对应复数极点；

(b) 临界阻尼工作状态对应实重根，即为实分离点；

(c) 过阻尼工作状态对应两个不同的实根；

(d) 等幅振荡对应虚轴上的根。

因此，根据动态性能要求，就可以确定标准二阶系统闭环特征根的分布和位置，从而指导系统参数的选择。

② 对三阶以上高阶系统的动态性能分析，可以采用**主导极点法**来估算。主导极点要求离虚轴的距离小于其他闭环极点的 1/5 及以上，且它附近没有闭环零点。通常用简单的作图法（如作**等阻尼比线**等），求出系统的主导极点（如果存在），将高阶系统近似成由主导极点（通常是一对共轭复数极点）构成的低阶系统。当满足主导极点条件时，分析误差很小；若不满足主导极点的条件，则需进一步考虑闭环零点、极点对系统瞬态响应性能指标的影响。

4.1.6 开环零极点对根轨迹的影响

增加开环零点对根轨迹具有下列影响。

(1) 附加负实零点具有将 S 平面上的根轨迹向左"拉"的作用，且附加负实零点愈靠近虚轴，这种"拉力"愈强，反之亦然。因此，选择合适的附加负实零点有可能将系统

的根轨迹从右半平面全部"拉"到 S 左半平面,有利于提升系统的稳定性。

(2) 适当选择附加负实零点的大小,不仅可提升系统的稳定性,还可提升系统的动态性能和简化系统分析。

增加开环极点对根轨迹的影响不具有规律性。附加开环极点的大小不同,对根轨迹的形状会产生很大的影响,开环极点在 S 平面上位置的微小变化,有可能引起根轨迹形状的重大变化。

4.2 课后习题答案与解析

【习题 4-1】 已知某反馈系统的开环传递函数为 $G(s) = \dfrac{K_r}{s(s+0.5)^2}$,判断复平面上一点 $s=0.5j$ 是否为该系统关于参数 $K_r:0 \to \infty$ 时的根轨迹图上的点;若是,请求出该点对应的 K_r 的值。

【解】 (1) 判断根轨迹上的一点。

由于相角条件是判断根轨迹上一点的充分必要条件,故先判断 $s=0.5j$ 是否满足相角条件。由

$$-\angle(0.5j) - \angle(0.5j+0.5) - \angle(0.5j+0.5) = -180°$$

可知,点 $s=0.5j$ 满足相角条件,故其在根轨迹上。

(2) 求根轨迹上一点对应的参数值。

根据幅值条件,令

$$\left|\frac{K_r}{s(s+0.5)^2}\right| = \frac{K_r}{0.25} = 1$$

则点 $s=0.5j$ 对应的根轨迹增益值为

$$K_r = 0.25$$

【难点与易错点】

● 该题考查了相角条件和幅值条件在根轨迹中的作用。相角条件是判断某一点是否是根轨迹上一点的充分必要条件;幅值条件则可用于求解根轨迹上任意一点所对应的参数值。

● **判断根轨迹上一点的方法**除了相角条件外,还可以将这一点的值代入闭环特征方程,检查是否存在正的参数。如果存在,则表明是根轨迹上的一点。

● **求根轨迹上一点对应的根轨迹增益有两种方法:幅值条件、闭环特征方程**。该题求解 $s=0.5j$ 对应的 K_r 时采用了幅值条件,也可以将 $s=0.5j$ 代入闭环特征方程来求对应的 K_r。令

$$s(s+0.5)^2 + K_r = 0$$

易得 $K_r = 0.25$。

【习题 4-2】 设反馈控制系统的开环传递函数为 $G(s) = \dfrac{K_r(s+5)}{s(s+2)(s+3)}$,

(1) 试概略绘制关于参数 $K_r:0 \to \infty$ 时的闭环根轨迹图;

(2) 如果该系统的前向通路传递函数为 $\dfrac{K_r}{s(s+2)(s+3)}$,且有一个闭环特征根为

-4,试判断能否采用主导极点法分析系统的动态性能。如果可以,试采用主导极点法近似估计该系统的调整时间(误差带为2%时)。

【解】 (1) **概略绘制闭环根轨迹图。**

显然应按照 180° 根轨迹绘制规则绘制根轨迹。

由**规则一**知,$n=3, m=1$。该系统在 S 平面上有三个根轨迹分支,三个根轨迹分支连续且对称于实轴。

由**规则二**知,起点是三个开环极点,即 $p_1=0, p_2=-2, p_3=-3$。终点是开环零点,即 $z_1=-5$。所以有两个根轨迹终点在无穷远处。

由**规则三**知,实轴上的根轨迹为 $[0, -2]$,$[-3, -5]$。

由**规则四**知,两条渐近线与实轴的交点及其倾角分别为

$$\sigma_a = \frac{-2-3+5}{2} = 0, \quad \varphi_a = \frac{\pi}{2}, \frac{3\pi}{2}$$

由**规则六**知,分离点的坐标满足分离点方程

$$\frac{1}{d} + \frac{1}{d+2} + \frac{1}{d+3} = \frac{1}{d+5}$$

即 $d^3 + 10d^2 + 25d + 15 = 0$。解得 $d = -0.8865$,-2.5964,-6.5171。其中 -2.5964 和 -6.5171 不在根轨迹上,不是分离点。-0.8865 是分离点,其分离角为 $\frac{\pi}{2}$。

由**规则八**知,$n=3, m=1$,闭环特征根之和为常数,即开环极点之和为 -5。而从 -3 出发的根轨迹终点在 -5,因此从 0 和 -2 出发的两个根轨迹分支不可能出现正数,由此不可能出现在右半平面。

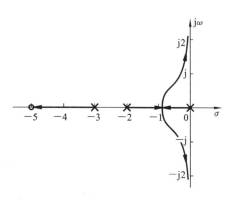

图 4.1 【习题 4-2】的根轨迹图

由上述分析可绘制根轨迹,如图 4.1 所示。

(2) **分析系统的动态性能。**

系统的前向通路传递函数为 $\frac{K_r}{s(s+2)(s+3)}$,则反馈通路传递函数为 $s+5$,闭环传递函数为 $\frac{K_r}{s(s+2)(s+3)+K_r(s+5)}$,**不含闭环零点**。

该题分母阶次比分子阶次高 2 阶,因此闭环特征根之和等于开环极点之和,即 -5。

若一个特征根为 -4,则另外两个特征根只可能是共轭纯虚根,且实部为 $\frac{-1}{2}$。

由于另外两个特征根的实部与 -4 相差 8 倍,因此可以借助主导极点法分析动态性能。

当主导极点的实部为 $\frac{-1}{2}$ 时,$\zeta\omega_n = \frac{1}{2}$。

由于**闭环传递函数不含闭环零点**,所以由典型二阶系统动态性能指标公式可得调整时间为

$$t_s = \frac{4}{\zeta\omega_n} = 8$$

【难点与易错点】
● 该题没有使用规则七去判断从 0 和 -2 出发的根轨迹分支是否会进入右半平面,再趋向于虚轴。而是结合规则八来判断,这样计算量较小。
● 该题要求解的性能指标调整时间只跟特征根实部相关,因此借助规则八即可求解出来。如果要求解其他性能指标,则需求出另外两个特征根,进而得到阻尼比和无阻尼自然振荡角频率。

已知一个特征根为 -4,再将 -4 代入闭环特征方程 $s^3+5s^2+(6+K_r)s+5K_r=0$,可得 $K_r = -\dfrac{s(s+2)(s+3)}{(s+5)} = 8$,由
$$s^3+5s^2+14s+40=(s+4)(s^2+s+10)=0$$
可得另外两个特征根为 $s_{1,2}=\dfrac{-1\pm j\sqrt{39}}{2}$。

● 如果该系统的前向通路传递函数为 $\dfrac{K_r(s+5)}{s(s+2)(s+3)}$,则闭环传递函数含有**闭环零点**,即使另外两个特征根的实部与 -4 相差 8 倍,仍无法借助典型二阶系统计算公式分析动态性能。

但是,如果系统的前向通路传递函数为 $\dfrac{K_r}{s(s+2)(s+3)}$,则反馈通路传递函数为 $s+5$,闭环传递函数为 $\dfrac{K_r}{s(s+2)(s+3)+K_r(s+5)}$。由于**闭环传递函数不含零点**,因此只要三个特征根满足主导极点法的要求,就可以借助典型二阶系统的计算公式分析动态性能。

【习题 4-3】 设单位反馈系统的开环传递函数为 $G(s)=\dfrac{K_r(s+2)}{s^2+2s+5}$,试精确绘制 $K_r:0\to\infty$ 时的闭环根轨迹图,并分析该系统可能的工作状态及对应的参数范围。

【解】 (1) 精确绘制闭环根轨迹图。

显然应按照 $180°$ 根轨迹绘制规则绘制根轨迹。

由**规则一**知,$n=2,m=1$。该系统在 S 平面上有两个根轨迹分支,两个根轨迹分支连续且对称于实轴。

由**规则二**知,起点是两个开环极点,即 $p_1=-1+2j, p_2=-1-2j$,终点是开环零点,即 $z_1=-2$。所以有一个根轨迹终点在无穷远处。

由**规则三**知,实轴上的根轨迹为 $(-\infty,-2]$。

由**规则五**,起始角满足:
$$\theta_{p_1}=(2k+1)\pi+\angle(p_1-z_1)-\angle(p_1-p_2)=180°+\arctan 2-90°=153.43°$$
$$\theta_{p_2}=206.57°$$

由**规则六**,分离点的坐标满足:
$$\dfrac{1}{d+1+j2}+\dfrac{1}{d+1-j2}=\dfrac{1}{d+2} \text{ 或 } d^2+2d+5=(d+2)(2d+2)$$

整理得 $d^2+4d-1=0$,解得 $d_{1,2}=-2\pm\sqrt{5}$,即 $d_1=-4.2361, d_2=0.2361$。其中 d_2 不是

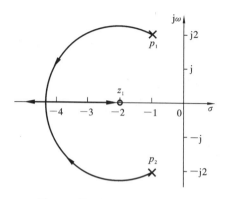

图 4.2 【习题 4-3】的根轨迹图

分离点，d_1 是分离点，其分离角为 $\frac{\pi}{2}$。

由二阶系统根轨迹构成圆的结论可知，**复数部分根轨迹是圆的一部分**，满足方程：
$$(u+2)^2+v^2=5$$

由上述分析可精确绘制根轨迹，如图 4.2 所示。

(2) **分析系统的工作状态**。

从图 4.2 中易知该系统的工作状态有三类：过阻尼工作状态、临界阻尼工作状态、欠阻尼工作状态。

为得到对应的参数范围，需求出 d_1 所对应的根轨迹增益。

由 $K_r = \dfrac{|s^2+2s+5|}{|s+2|}\bigg|_{s=d_1=-2-\sqrt{5}} = 2\sqrt{5}+2 = 6.4721$，则有以下结论。

(1) 若 $K_r \in (0, 6.4721)$，则该系统处于欠阻尼工作状态。

(2) 若 $K_r = 6.4721$，则该系统处于临界阻尼工作状态。

(3) 若 $K_r \in (6.4721, +\infty)$，则该系统处于过阻尼工作状态。

【难点与易错点】

● 该题根据规则二，有一个根轨迹终点在无穷远处；根据规则三，实轴上的根轨迹为 $(-\infty, -2]$，由此可以确定无穷远的位置，不需要再利用规则四求解渐近线。

● 该题存在复数开环极点，需要求起始角，才能确定根轨迹的走向。

● 该题是含开环零点的二阶系统，因此要注意判断复数部分的根轨迹形状。

● 二阶系统的临界阻尼工作状态对应的是实重根，即根轨迹上的分离点。

● **求根轨迹上一点对应的根轨迹增益有两种方法：幅值条件、闭环特征方程**。该题求解 $s=-2-\sqrt{5}$ 对应的 K_r 时采用了幅值条件，也可以将 $s=-2-\sqrt{5}$ 代入闭环特征方程来求对应的 K_r。令
$$s^2+(2+K_r)s+5+2K_r=0$$
解得 $K_r = 2\sqrt{5}+2$。

【习题 4-4】 设反馈控制系统的开环传递函数为 $G(s)=\dfrac{K_r(s+1)}{s^2(s+4)(s+6)}$，试概略绘制 $K_r: 0 \to \infty$ 时的闭环根轨迹图，并确定使闭环系统稳定的根轨迹增益的范围。

【解】 (1) **概略绘制闭环根轨迹图**。

显然应按照 180° 根轨迹绘制规则绘制根轨迹。

由规则一知，$n=4$，$m=1$。该系统在 S 平面上有四个根轨迹分支，它们连续且对称于实轴。

由规则二知，起点是四个开环极点，即 $p_{1,2}=0$，$p_3=-4$，$p_4=-6$，终点是开环零点，即 $z_1=-1$。所以有三个根轨迹终点在无穷远处。

由规则三知，实轴上的根轨迹为 $[-4,-1]$，$(-\infty,-6]$。

由**规则四**可知有三条渐近线,它们与实轴的交点和倾角分别为

$$\sigma_a = \frac{-4-6+1}{3} = -3, \quad \varphi_a = \frac{\pi}{3}, \pi, \frac{5\pi}{3}$$

由**规则五**,原点处的起始角满足:

$$\theta_{p_1} = \theta_{p_2} = \frac{1}{2}[(2k+1)\pi + \angle(p_1-z_1) - \angle(p_1-p_3) - \angle(p_1-p_4)]$$

$$= \frac{1}{2}[(2k+1)\pi + 0 - 0 - 0] = \frac{(2k+1)\pi}{2}$$

令 $k=0$ 和 1,可得 $\theta_{p_1} = \frac{\pi}{2}, \theta_{p_2} = \frac{3\pi}{2}$。

由**规则七**,系统的闭环特征方程为

$$D(s) = s^2(s+4)(s+6) + K_r(s+1) = s^4 + 10s^3 + 24s^2 + K_r s + K_r = 0$$

令 $s = j\omega$ 并代入,可得 $(j\omega)^4 + 10(j\omega)^3 + 24(j\omega)^2 + K_r(j\omega) + K_r = 0$,解得

$$\omega = \pm\sqrt{14} = \pm 3.7, \quad K_{rc} = 140$$

说明从原点出发的两个根轨迹分支先经过虚轴左侧,再趋向于渐近线。

由上述分析可绘制根轨迹,如图 4.3 所示。

(2) 由上述求解可知,当 $0 < K_r < 140$ 时,闭环系统稳定。

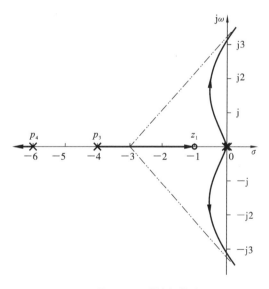

图 4.3 【习题 4-4】的根轨迹图

【难点与易错点】

● 该题在绘制根轨迹图时,由于原点处是开环重极点,所以要求起始角来确定根轨迹的走向。

● 该题容易忽略规则七的使用。由渐近线的方向可知,从原点出发的根轨迹分支一定会分别进入第一、四象限。进而借助规则七,就可以判断从原点出发的根轨迹分支是否会分别经过第二、三象限。

● 观察实轴上的根轨迹,可知该题不存在分离点,因此没有使用规则六。

【**习题 4-5**】 已知系统的结构图如图 4.4 所示,试概略绘制 $K:0\to\infty$ 时系统的根轨迹图。

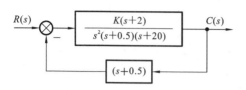

图 4.4 【习题 4-5】的系统结构图

【**解**】 系统的开环传递函数为
$$G(s)H(s) = \frac{K(s+0.5)(s+2)}{s^2(s+0.5)(s+20)}$$

求开环传递函数时,出现了**前向通路** $G(s)$ **中的极点和反馈通路** $H(s)$ **中的零点相消**,为避免开环零极点相消导致根轨迹图分支缺失,这里没有将分子和分母中的 $(s+0.5)$ 因式消去。

显然应按照 180° 根轨迹绘制规则绘制根轨迹。

由**规则一**知,$n=4, m=2$,该系统在 S 平面上有四个根轨迹分支,它们连续且对称于实轴。

由**规则二**知,起点是四个开环极点,即 $p_1=p_2=0, p_3=-0.5, p_4=-20$。终点是开环零点,即 $z_1=-0.5, z_2=-2$。所以有两个根轨迹终点在无穷远处。

由**规则三**知,实轴上的根轨迹为 $[-20,-2]$。

由**规则四**知,两条渐近线与实轴的交点坐标和倾角如下:
$$\sigma_a = \frac{0+0-0.5-20+0.5+2}{2} = -9, \quad \varphi_a = \frac{\pi}{2}, \frac{3\pi}{2}$$

由**规则五**,原点处的起始角满足:
$$\theta_{p_1} = \theta_{p_2} = \frac{1}{2}[(2k+1)\pi + \angle(p_1-z_1) + \angle(p_1-z_2) - \angle(p_1-p_3) - \angle(p_1-p_4)]$$
$$= \frac{1}{2}[(2k+1)\pi + 0 + 0 - 0 - 0] = \frac{(2k+1)\pi}{2}$$

得 $\theta_{p_1} = \frac{\pi}{2}, \theta_{p_2} = \frac{3\pi}{2}$。

由**规则六**,分离点的坐标满足:
$$\frac{2}{d} + \frac{1}{d+0.5} + \frac{1}{d+20} = \frac{1}{d+2} + \frac{1}{d+0.5}$$

整理后得 $2d^4+28d^3+106.5d^2+86.5d+20=0$,解得
$$d_1=-8, \quad d_2=-5, \quad d_3=d_4=-0.5$$

d_3 和 d_4 是起点和终点。d_1 和 d_2 是分离点,分离角均为 $\frac{\pi}{2}$。

由**规则八**,因为 $n=4, m=2$,因此闭环特征根之和为常数,即开环极点之和。除去起点和终点都在 -0.5 的分支外,其他分支的闭环特征根之和为 -20。而从 -20 出发的根轨迹向右递增,因此从 0 出发的根轨迹只能向左递减,即不会穿越虚轴。

由上述分析可绘制根轨迹,如图 4.5 所示。

图 4.5 中,0.5 既是这个根轨迹分支

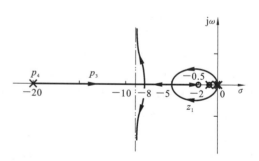

图 4.5 【习题 4-5】的根轨迹图

的起点,又是这个分支的终点。这是因为本例在求开环传递函数时,出现了前向通路 $G(s)$ 中的极点和反馈通路 $H(s)$ 中的零点相消。

> **【难点与易错点】**
> ● 该题在绘制根轨迹图时需要注意**零点相消的现象**。该题中,前向通路 $G(s)$ 中的极点和反馈通路 $H(s)$ 中的零点相消,此时存在一个根轨迹分支,其起点和终点都在 -0.5。
> ● 该题由于原点处是开环重极点,所以要求起始角来确定根轨迹的走向。
> ● 该题没有使用规则七去判断从原点出发的根轨迹分支是否会进入右半平面,再穿越虚轴进入左半平面。而是借助规则八来判断,这样做的优势是计算量较小。
> ● 该题在求开环传递函数时没有将分子和分母中的 $(s+0.5)$ 因式消去,这种做法仅适用于"前向通路 $G(s)$ 中的极点和反馈通路 $H(s)$ 中的零点相消"的情况。如果在求开环传递函数时出现**其他零极点相消的情况**,应将相同的因子消去后再绘制根轨迹图。

【习题 4-6】 设单位反馈系统的开环传递函数为 $G(s)=\dfrac{K}{s(0.5s+1)(0.5s^2+s+1)}$

(1) 绘制 $K:0\to\infty$ 时的闭环根轨迹图;
(2) 若系统单位阶跃响应无振荡,求系统的闭环传递函数;
(3) 若闭环系统在单位阶跃输入下的最大超调量为 16.3%,请估算此时系统的调整时间。

【解】 (1) 绘制闭环根轨迹图。
首先将开环传递函数变换为零极点标准形式:
$$G(s)=\frac{K}{s(0.5s+1)(0.5s^2+s+1)}=\frac{4K}{s(s+2)(s+1+\mathrm{j})(s+1-\mathrm{j})}$$

由上式可知 $K_r=4K$ 为根轨迹增益,下面绘制根轨迹图。

显然应按照 $180°$ 根轨迹绘制规则绘制根轨迹。

由规则二知,起点是四个开环极点,$p_1=0,p_2=-2,p_3=-1+\mathrm{j},p_4=-1-\mathrm{j}$。终点是无穷远。

由规则三知,实轴上的根轨迹为 $[-2,0]$。

由规则四可知有四条渐近线,它们与实轴的交点及倾角分别为
$$\sigma_a=\frac{0-2-2}{4}=-1,\quad \varphi_a=\frac{\pi}{4},\frac{3\pi}{4},\frac{5\pi}{4},\frac{7\pi}{4}$$

由规则五可求出复数极点 p_3 和 p_4 的起始角,即
$$\theta_{p_3}=(2k+1)\pi-\angle(p_3-0)-\angle(p_3+2)-\angle(p_3+1-\mathrm{j}1)=270°$$
则 $\theta_{p_4}=90°$。

由规则六,分离点的坐标满足:
$$\frac{1}{d}+\frac{1}{d+2}+\frac{1}{d+1+\mathrm{j}}+\frac{1}{d+1-\mathrm{j}}=0 \quad 或 \quad d^3+3d^2+3d+1=0$$

解得 $d=-1$,为三重根,即分离点 -1 是原系统的四重根,因此分离角为 $\dfrac{\pi}{4}$。

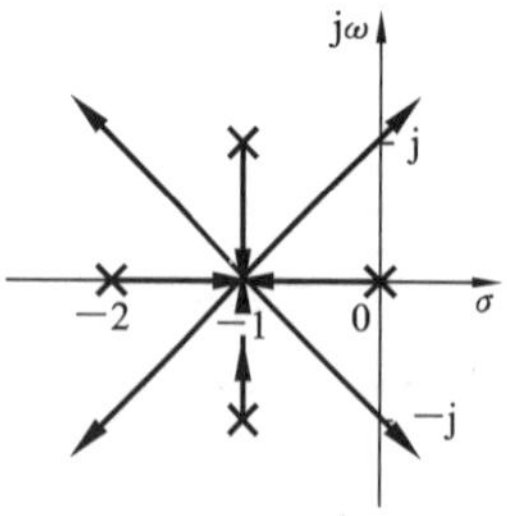

图 4.6 【习题 4-6】的根轨迹图

由**规则七**求与虚轴的交点：闭环特征方程为 $0.25s^4 + s^3 + 1.5s^2 + s + K = 0$，令 $s = j\omega$ 并代入，得

$$-\omega^3 + \omega = 0$$
$$0.25\omega^4 - 1.5\omega^2 + K = 0$$

解得 $\omega = \pm 1, K = 1.25$。

由于四个开环极点分布对称，由相角条件易知，离开 $p_3 = -1+j, p_4 = -1-j$ 的两个根轨迹分支与垂线重合。

由上述分析可绘制根轨迹，如图 4.6 所示。

(2) **求系统的闭环传递函数**。

要求输出无振荡分量，即要求闭环系统无复数极点。由根轨迹可知，只有 $(-1, j0)$ 点满足要求。

由幅值条件，$(-1, j0)$ 点对应的开环放大系数为

$$K = |s(0.5s+1)(0.5s^2+s+1)| = 0.25$$

那么根轨迹增益 $K_r = 4K = 1$。

此时的闭环传递函数为

$$\Phi(s) = \frac{1}{(s+1)^4}$$

(3) 估算系统的调整时间。

超调量为 16.3%，对应阻尼比为 0.5，则可设**其中两个闭环极点为**

$$s_{1,2} = a \pm j a \frac{\sqrt{1-\zeta^2}}{\zeta} = a \pm j a \sqrt{3}$$

观察根轨迹图，显然 $-1 < a < 0$，则开环传递函数为

$$G(s) = \frac{K}{s(0.5s+1)(0.5s^2+s+1)} = \frac{4K}{s(s+2)(s^2+2s+2)}$$
$$= \frac{4K}{(a+ja\sqrt{3})(a+2+ja\sqrt{3})[2+2a-2a^2+j(2\sqrt{3}a^2+2\sqrt{3}a)]}$$
$$= \frac{4K}{[2a-2a^2+j(2\sqrt{3}a^2+2\sqrt{3}a)][2+2a-2a^2+j(2\sqrt{3}a^2+2\sqrt{3}a)]}$$

根据相角条件，相角为 $-180°$，两边取 $\tan$ 后，就**等价于分母的虚部 $= 0$**，即得

$$(2\sqrt{3}a^2+2\sqrt{3}a)(2+2a-2a^2) + (2\sqrt{3}a^2+2\sqrt{3}a)(2a-2a^2) = 0$$

因此有 $2\sqrt{3}a(a+1)(2a^2-2a-1) = 0$，解得 $a = \frac{1 \pm \sqrt{3}}{2}$，取 $a = \frac{1-\sqrt{3}}{2}$，则两个主导极点分别为

$$s_{1,2} = a \pm j a \sqrt{3} = \frac{1-\sqrt{3}}{2} \pm j \frac{\sqrt{3}-3}{2}$$

因此实部为 -0.3660。

由根轨迹可知，**另外两个特征根必然为复数**。根据规则八，特征根之和为 -4，则另外两个特征根的实部均为

$$\frac{-4+0.366 \times 2}{2} = -1.6340$$

其接近另外两个极点实部的 5 倍，因此可以用二阶系统的性能指标估算。闭环传递函

数近似为

$$\Phi(s) = \frac{s_1 s_2}{(s-s_1)(s-s_2)} = \frac{4-2\sqrt{3}}{s^2+(\sqrt{3}-1)s+4-2\sqrt{3}} = \frac{0.5359}{s^2+0.7321s+0.5359}$$

由 $\zeta=0.5, \omega_n=0.7321$,进而可估算调整时间为

$$t_s = \frac{4}{\zeta\omega_n} = 10.9275(秒)(\Delta=2\% 时)$$

【难点与易错点】

● 该题四个开环极点分布的对称性很好,很容易采用相角条件判断根轨迹分支离开分离点之后的走向。

● 根据规则八特征根之和来判断特征根实部间的关系,可以避免求解另外两个特征根的烦琐步骤,从而判断是否可以用主导极点法近似求解动态性能指标。

● 采用主导极点法并借助典型二阶系统动态性能指标近似求解时,要求闭环系统不含闭环零点。

● 该题在采用待定系数法给出未知闭环极点时,假设 $s_{1,2} = a \pm ja\frac{\sqrt{1-\zeta^2}}{\zeta}$,这样假设的优势是计算量小。如果将闭环极点设为 $s_{1,2}=0.5a \pm j0.5a\sqrt{3}$,也可以进行求解。

● **该题求解闭环极点的方法包括以下几种。**

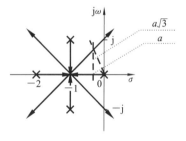

图 4.7 【习题 4-6】的根轨迹图与辅助线

(1) **采用相角条件求待定闭环极点**。这是该题上述求解中所采用的方法。

(2) **根据几何关系求解**:作辅助线,如图 4.7 所示。

设其中两个闭环极点为 $s_{1,2} = a \pm ja\frac{\sqrt{1-\zeta^2}}{\zeta}$

$= a \pm ja\sqrt{3}$,则由图 4.7 中的辅助线可知,$a+a\sqrt{3}$

$=-1$,得 $a = \frac{-1}{1+\sqrt{3}} = \frac{1-\sqrt{3}}{2} = -0.3660$。

(3) **将待定闭环极点代入特征方程**,得到实部与虚部方程,从而解出 a 和对应的 K 值。具体如下。

设闭环极点 $s_{1,2} = a \pm ja\frac{\sqrt{1-\zeta^2}}{\zeta} = a \pm ja\sqrt{3}$,显然 $-1 < a < 0$。对应因式为 $(s^2-2as+4a^2)$,设闭环特征方程为

$$(s^2-2as+4a^2)(s^2+bs+c)=0=s^4+4s^3+6s^2+4s+4K$$

由对应系数相等,可得

$$b-2a=4$$
$$4a^2-2ab+c=6$$
$$4a^2b-2ac=4$$
$$4a^2c=4K$$

整理得 $2a^3-3a-1=0$,解得

$$a=-1(舍去), \frac{1+\sqrt{3}}{2}(舍去), \frac{1-\sqrt{3}}{2}$$

那么 $b=4+2a=5-\sqrt{3}, c=8a+6=10-4\sqrt{3}$。

对于四阶系统,这种方法求解时可能会涉及未知参数 a 的三次方程而不易求解。该题参数较为特殊,整理得到关于 a 的三次方程且存在特殊根 -1。

(4) **特殊曲线方程求解**。如果所要求解的闭环极点在特殊曲线上,例如圆等,则可直接代入特殊曲线方程求解。

场景不同,这四种方法的繁简程度不同,需具体情况具体分析。该题采用了由相角条件求待定闭环极点的方法进行求解,较为烦琐。由于该题符合特殊几何形状,因此采用几何关系来求解会比较简单。

【**习题 4-7**】 已知正反馈系统的开环传递函数为 $G(s)=\dfrac{K_r}{(s+1)(s-1)(s+4)^2}$,试概略绘制 $K_r:0\to\infty$ 时的闭环根轨迹图。

【**解**】 由于系统是正反馈,且开环传递函数分子与分母的 s 最高次幂系数为正,故应按照 0°根轨迹绘制规则绘制。

由**规则一**知,$n=4, m=0$,该系统在 S 平面上有四个根轨迹分支,四个根轨迹分支连续且对称于实轴。

由**规则二**知,起点是四个开环极点,即 $p_1=-1, p_2=1, p_3=p_4=-4$。终点是无限零点。

由 0°根轨迹的**规则三**知,实轴上的根轨迹为 $(-\infty, -1], [1, +\infty)$。

由 0°根轨迹的**规则四**可知有四条渐近线,与实轴的交点及其倾角分别为

$$\sigma_a=\frac{-1+1-4-4}{4}=-2$$

$$\varphi_a=\frac{2k\pi}{n-m}=0, \frac{\pi}{2}, \pi, \frac{3\pi}{2}$$

由**规则六**,分离点的坐标满足:

$$\frac{1}{d+1}+\frac{1}{d-1}+\frac{2}{d+4}=0$$

或者 $4d^3+24d^2+30d-8=0$

解得 $d=-4, -2.2247, 0.2247$,其中 -2.2247 是分离点,分离角为 $\dfrac{\pi}{2}$。

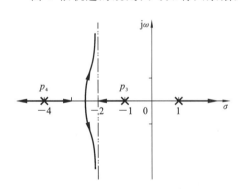

图 4.8 【习题 4-7】的根轨迹图

由上述分析可绘制根轨迹,如图 4.8 所示。

【**难点与易错点**】
- 该题考查了 0°根轨迹绘制规则的应用。
- 由 0°根轨迹绘制规则的规则三可知,如果实轴原点及右半轴上有开环零点或开环极点,对于遵循 0°根轨迹绘制规则的系统,其闭环系统必然存在一个根轨迹分支始终处于右半平面,则系统一定是无条件不稳定的。

【习题 4-8】 已知单位反馈系统的开环传递函数为 $G(s) = \dfrac{K_r(1-s)}{s(s+2)}$。试精确绘制 $K_r: 0 \to +\infty$ 时的闭环根轨迹图,并求产生纯虚根和重根时的 K_r 值。

【解】 (1) 绘制根轨迹图。

闭环特征方程整理为 $s(s+2) - K_r(s-1) = 0$。因此,等效开环传递函数为 $G'(s) = \dfrac{K_r(s-1)}{s(s+2)}$,根轨迹方程为 $\dfrac{K_r(s-1)}{s(s+2)} = 1$,应按照 $0°$ 根轨迹绘制规则绘制。

由**规则二**知,起点是两个开环极点,即 $p_1 = 0$,$p_2 = -2$,终点是开环零点 $z_1 = 1$。

由 $0°$ 根轨迹的**规则三**知,实轴上的根轨迹为 $[-2, 0]$,$[1, +\infty)$。

由**规则六**,分离点的坐标满足:
$$\frac{1}{d} + \frac{1}{d+2} = \frac{1}{d-1} \quad \text{或} \quad (d-1)(2d+2) = d^2 + 2d$$

整理得 $d^2 - 2d - 2 = 0$,解得 $d_{1,2} = 1 \pm \sqrt{3}$,$d_1 = -0.7321$,$d_2 = 2.7321$。

由**规则七**知,
$$D(s) = s(s+2) + K_r(s-1) = 0$$

令 $s = j\omega$ 并代入,可得 $j\omega(j\omega + 2) + K_r(j\omega - 1) = 0$。分别令实部与虚部为 0,解得
$$\omega = \pm\sqrt{2}, \quad K_{rc} = 2$$

判断是否是特殊形状。

由 $s = u + jv$ 并代入根轨迹方程,整理得 $\dfrac{K_r(u + jv - 1)}{u^2 - v^2 + j2uv + 2u + j2v} = 1$,由 $0°$ 根轨迹的相角条件得
$$\arctan \frac{v}{u-1} - \arctan \frac{2v(u+1)}{u^2 - v^2 + 2u} = 2k\pi$$

两边取 $\tan$,得 $\dfrac{v}{u-1} = \dfrac{2v(u+1)}{u^2 - v^2 + 2u}$,整理得
$$(u-1)^2 + v^2 = 3$$

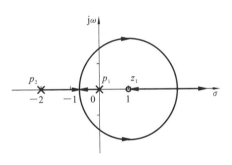

图 4.9 【习题 4-8】的根轨迹图

这是一个以 $(1, j0)$ 为圆心、以 $\sqrt{3}$ 为半径的圆。

实际上,负反馈二阶系统构成圆的结论对于正反馈也成立。

根据上述分析绘制根轨迹,如图 4.9 所示。

(2) 求产生纯虚根和重根时的 K_r 值。

产生重根是在两个分离点处。由幅值条件 $|G(d)| = 1$,解得两个分离点对应的根轨迹增益分别为
$$K_{r1} = 0.5359, \quad K_{r2} = 7.4641$$

产生纯虚根是在与虚轴的交点上,上面已由规则七求出,即
$$K_{rc} = 2$$

【难点与易错点】

● 该题展示了 $0°$ 根轨迹绘制规则下圆形根轨迹的证明。从证明过程可知,$180°$ 根轨迹绘制规则产生圆形根轨迹的条件同样适用于 $0°$ 根轨迹。

- 该题没有采用规则四求渐近线,这是因为:由规则二可知有一个根轨迹分支趋向于无穷远处,由规则三可以确定这个无穷远在正实轴方向,不需要再采用规则四。事实上,由 $0°$ 根轨迹的规则四,一条渐近线与实轴的交点及倾角分别为

$$\sigma_a = \frac{-2-1}{1} = -3, \quad \varphi_a = \frac{2k}{n-m}\pi = 0$$

- 求根轨迹上一点对应的根轨迹增益有两种方法:幅值条件、闭环特征方程。该题求解分离点对应的 K_r 时采用了幅值条件,也可以将分离点代入闭环特征方程来求对应的 K_r。令

$$s^2 + (2-K_r)s + K_r = 0$$

将 $d_{1,2} = 1 \pm \sqrt{3}$ 分别代入特征方程,可得 $K_{r1} = 4 - 2\sqrt{3} = 0.5359$, $K_{r2} = 4 + 2\sqrt{3} = 7.4641$。

【习题 4-9】 已知某反馈控制系统的开环传递函数为 $G(s) = \dfrac{K_r(-s+1)}{(-s+2)(s+4)(-s+3)}$。绘制当 $K_r: 0 \to +\infty$ 变化时的根轨迹图。

【解】 整理成标准形式,可得该系统的根轨迹方程为 $G'(s) = \dfrac{K_r(s-1)}{(s-2)(s-3)(s+4)} = 1$。因此,应基于等效开环传递函数 $G'(s)$ 采用 $0°$ 根轨迹绘制规则绘制。

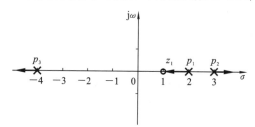

图 4.10 【习题 4-9】的根轨迹图

由规则二知,起点是三个开环极点,即 $p_1 = 2, p_2 = 3, p_3 = -4$,终点是开环零点 $z_1 = 1$。

由 $0°$ 根轨迹的规则三知,实轴上的根轨迹为 $(-\infty, -4]$, $[1, 2]$, $[3, +\infty)$。

由上述分析绘制根轨迹,如图 4.10 所示。

【难点与易错点】
- 该题考查了非最小相位系统根轨迹的绘制。
- 该题根轨迹分支均在实轴上,因此仅需借助规则三,而不需要借助其他绘制规则。

【习题 4-10】 设系统开环传递函数中根轨迹增益 $K_r: 0 \to +\infty$ 变化,试证明无论怎么选择开环传递函数,都不可能使系统无论是正反馈还是负反馈都恒稳定。

【解】 设系统的开环传递函数为 $G(s) = K_r G_0(s)$,且不失一般性,假设其开环传递函数为 $G(s) = K_r \dfrac{\prod\limits_{j=1}^{m}(s-z_j)}{\prod\limits_{i=1}^{n}(s-p_i)}$。需要从两个角度来证明。

(1) 假设该系统是负反馈的且是恒稳定的。

下面证明如果系统是正反馈时一定存在分支穿过右半平面,即正反馈时不是恒稳定的。如果系统是负反馈时恒稳定,则根轨迹的所有分支都在左半平面(除起点和终点

外)。此时所有分支的起点和终点都不在右半平面。

如果系统是**正反馈**,那么根据 0°根轨迹绘制规则,实轴上的根轨迹是那些在其**右侧的开环实零点和开环实极点之和为偶数**的线段(或射线)。

① 如果开环传递函数有实轴上的开环零点或开环极点,则从实轴的正无穷远到实轴上的第一个开环零点或开环极点之间必然是 0°根轨迹分支。

② 如果开环传递函数没有实轴上的开环零点或开环极点,则整个实轴都是 0°根轨迹分支。

因此,至少有一个分支穿过右半平面,这意味着正反馈时不是恒稳定的。

(2) 假设该系统是正反馈的且是恒稳定的。

根据 0°根轨迹绘制规则三,如果恒稳定,则实轴的正无穷远处必须存在一个开环零点或开环极点。这个假设显然不成立,因此不存在这种情况。

综合上述分析,得证。

> **【难点与易错点】**
> ● 该题综合分析了 180°根轨迹绘制规则和 0°根轨迹绘制规则。从上述分析可知,对于符合 0°根轨迹绘制规则的系统,无论何时都不可能是恒稳定的。

【习题 4-11】 某反馈控制系统不知其反馈的正负性。已知其开环传递函数为 $G(s)=\dfrac{K_r}{(s+1)(s+2)(s+3)(s+4)}$,若 $s=0$ 为系统关于参数 $K_r:0\to+\infty$ 时的闭环根轨迹上的一点,试绘制系统在 $K_r:0\to+\infty$ 时的闭环根轨迹图。

【解】 四个开环极点为 $p_1=-1, p_2=-2, p_3=-3, p_4=-4$,由于 $s=0$ 为系统闭环根轨迹上的一点,故该系统闭环根轨迹必为 0°根轨迹的绘制规则所绘制,即系统是正反馈系统。

由**规则二**知,起点是四个开环极点,即 $p_1=-1, p_2=-2, p_3=-3, p_4=-4$,终点是无限零点。

由 0°根轨迹的**规则三**知,实轴上的根轨迹为 $(-\infty,-4], [-3,-2], [-1,+\infty)$。

由 0°根轨迹的**规则四**可知有四条渐近线,即

$$\sigma_a=\dfrac{-1-2-3-4}{4}=-2.5, \qquad \varphi_a=\dfrac{2k\pi}{n-m}=0, \dfrac{\pi}{2}, \dfrac{3\pi}{2}, \pi$$

由**规则六**知,分离点的坐标满足 $\left(G(s)=\dfrac{K_r}{s^4+10s^3+35s^2+50s+24}\right)$:

$$\dfrac{1}{d+1}+\dfrac{1}{d+2}+\dfrac{1}{d+3}+\dfrac{1}{d+4}=0 \quad \text{或} \quad 4s^3+30s^2+70s+50=0$$

解得 $d=-3.6180, -2.5, -1.3820$。由此可知 -2.5 是分离点,分离角为 $\dfrac{\pi}{2}$。

由于四个开环极点分布非常对称,由相角条件易知,离开分离点的两个根轨迹分支与渐近线重合。

根据上述分析绘制根轨迹,如图 4.11 所示。

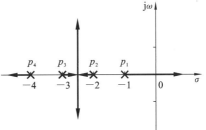

图 4.11 【习题 4-11】的根轨迹图

【难点与易错点】
- 该题考查了 $0°$ 根轨迹绘制规则。
- 由于 $s=0$ 为系统闭环根轨迹上的一点,根据实轴上根轨迹的绘制规则,所以可以判断该系统是正反馈系统。

【习题 4-12】 已知反馈控制系统的开环传递函数为 $G(s) = \dfrac{\left(\dfrac{1}{a}s - 1\right)}{s^3 + s^2 + \dfrac{s}{(1+a)^2} - 1}$,试概略绘制当 $a:0 \to +\infty$ 时系统的根轨迹图。

【解】 由题意可知,系统的特征方程为

$$D(s) = s^3 + s^2 + \left(\frac{1}{(1+a)^2} + \frac{1}{a}\right)s - 2 = 0$$

根轨迹方程为

$$\frac{\left(\dfrac{1}{(1+a)^2} + \dfrac{1}{a}\right)s}{s^3 + s^2 - 2} = -1$$

等效开环传递函数为

$$G'(s) = \frac{\left(\dfrac{1}{(1+a)^2} + \dfrac{1}{a}\right)s}{s^3 + s^2 - 2} = \frac{K_r s}{(s-1)(s+1-j)(s+1+j)}$$

其中:$K_r = \dfrac{1}{(1+a)^2} + \dfrac{1}{a}$。

显然,当 $a:0 \to +\infty$ 时,$K_r: +\infty \to 0$ 且单调递减。因此,可以先考虑以 K_r 为参数时的根轨迹图,然后将箭头反向,从而得到 $a:0 \to +\infty$ 时的根轨迹图。

下面绘制以 K_r 为参数时的根轨迹。由跟轨迹方程可知,应按照 $180°$ 根轨迹绘制规则来绘制。

由**规则二**知,起点是三个开环极点,即 $p_1 = 1, p_2 = -1+j, p_3 = -1-j$,终点是开环零点 $z_1 = 0$。

由**规则三**知,实轴上的根轨迹为 $[0, 1]$。

由**规则四**可知有两条渐近线,它们与实轴的交点以及倾角分别为

$$\sigma_a = \frac{1-1-1}{2} = -0.5, \quad \varphi_a = \frac{(2k+1)\pi}{n-m} = \frac{\pi}{2}, \frac{3\pi}{2}$$

由**规则五**,起始角满足:

$$\theta_{p_2} = 180° + 135° - \left(180° - \arctan\frac{1}{2}\right) - 90° = 71.57°$$

$$\theta_{p_3} = -71.57°$$

根据上述分析,可绘制 $K_r: 0 \to \infty$ 时的根轨迹图,如图 4.12(a) 所示。

将以 K_r 为参数时绘制的根轨迹的箭头反向,即可得到 $a: 0 \to +\infty$ 时的根轨迹图,如图 4.12(b) 所示。

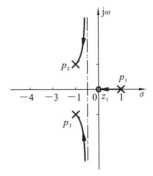

（a）以K_r为参数时的根轨迹图　　　（b）参数a变化时的根轨迹图

图 4.12 【习题 4-12】的根轨迹图

【难点与易错点】

● 该题考查了参数根轨迹的绘制。由于等效开环传递函数的根轨迹增益K_r与原系统参数a成单调反比关系，因此能够根据根轨迹增益K_r绘制根轨迹，进而得到当$a:0\to+\infty$时的根轨迹图。

● 对于参数根轨迹，如果待考查参数与等效根轨迹增益的单调性不一致，则无法直接根据根轨迹绘制规则得到参数a变化时的根轨迹图。此时可以尝试构建辅助开环传递函数，分段考查根轨迹。读者可参见教材上关于分离角的证明过程。

【习题 4-13】 单位反馈系统的开环传递函数为$G(s)=\dfrac{K\left(\dfrac{1}{2}s+1\right)\left(\dfrac{1}{3}s+1\right)}{s(s+1)}$，

（1）精确绘制系统关于参数$K:0\to+\infty$时的根轨迹图；
（2）求系统在欠阻尼状态时K的取值范围；
（3）由根轨迹图求出系统具有最小阻尼比时的闭环极点。

【解】（1）绘制系统的根轨迹图。

首先将开环传递函数化为零极点标准形式：

$$G(s)=\frac{K_r(s+2)(s+3)}{s(s+1)}$$

其中：$K_r=\dfrac{1}{6}K$。显然应按照$180°$根轨迹绘制规则来绘制。

由**规则二**知，起点是两个开环极点，即$p_1=0$，$p_2=-1$，终点是开环零点$z_1=-2$，$z_2=-3$。

由**规则三**知，实轴上的根轨迹为$[-3,-2]$，$[-1,0]$。

由**规则六**知，分离点的坐标满足方程$\left(G(s)=\dfrac{K_r(s^2+5s+6)}{s^2+s}\right)$：

$$\frac{1}{d}+\frac{1}{d+1}=\frac{1}{d+2}+\frac{1}{d+3} \quad 或 \quad (s^2+5s+6)(2s+1)=(s^2+s)(2s+5)$$

整理得$2s^2+6s+3=0$，解得$d_{1,2}=\dfrac{-3\pm\sqrt{3}}{2}$，即$d_1=-0.6340$，$d_2=-2.3360$。两个

解都是分离点,分离角都是 $\frac{\pi}{2}$。

其次判断是否构成圆。

将 $s=u+jv$ 代入根轨迹方程,整理得

$$\frac{K_r(u^2-v^2+j2uv+5u+j5v+6)}{u^2-v^2+j2uv+u+jv}=-1$$

由 180°根轨迹的相角条件,得

$$\arctan\frac{2uv+5v}{u^2-v^2+5u+6}-\arctan\frac{2uv+v}{u^2-v^2+u}=(2k+1)\pi$$

两边取 $\tan$,得 $\frac{2uv+5v}{u^2-v^2+5u+6}=\frac{2uv+v}{u^2-v^2+u}$,整理得 $\left(u+\frac{3}{2}\right)^2+v^2=\frac{3}{4}$。这是一个以 $\left(-\frac{3}{2},j0\right)$ 为圆心、以 $\frac{\sqrt{3}}{2}$ 为半径的圆。

综合上述分析,可以绘制根轨迹,如图 4.13 所示。

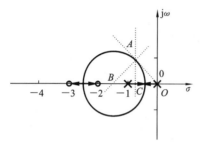

图 4.13 【习题 4-13】的根轨迹图

(2) 求系统在欠阻尼状态时 K 的取值范围。

当系统处于欠阻尼状态时,具有复数闭环极点,因此需要求出两个分离点所对应的 K 值。

由幅值条件 $K_r=\frac{|s^2+s|}{|s^2+5s+6|}$,将 d_1、d_2 代入,得 $K_{r1}=0.0718, K_{r2}=13.9282$。再由 $K=6K_r$ 求得相应的 K 值分别为 $K_1=0.4308, K_2=83.5692$。因此,系统处于欠阻尼状态时 K 的取值范围为

$$0.4308<K<83.568$$

(3) 求最小阻尼比时的闭环极点。

最小阻尼比对应最大相角。在根轨迹上作 OA 与圆相切于 A 点,则 A 点即为所求的极点位置。

由相似三角形关系,有 $\frac{AB}{BO}=\frac{BC}{AB}$,则 $BC=\frac{AB^2}{BO}=\frac{\left(\frac{\sqrt{3}}{2}\right)^2}{\frac{3}{2}}=0.5$,$A$ 点的坐标值分别为

$$OC=BO-BC=1.5-0.5=1$$
$$AC=\sqrt{AB^2-BC^2}=\sqrt{\left(\frac{\sqrt{3}}{2}\right)^2-0.5^2}=\frac{1}{\sqrt{2}}$$

所以,系统在最小阻尼状态时的闭环极点为

$$s_{1,2}=-1\pm j\frac{1}{\sqrt{2}}$$

【难点与易错点】
● 该题分析了圆形根轨迹图的性能。

- 该题要注意开环放大系数与根轨迹增益之间的对应关系。
- 求根轨迹上一点对应的根轨迹增益有两种方法：幅值条件、闭环特征方程。该题求解分离点对应的 K_r 时采用了幅值条件，也可以将分离点代入闭环特征方程来求对应的 K_r。令 $(K_r+1)s^2+(5K_r+1)s+6K_r=0$，将 $d_{1,2}=\dfrac{-3\pm\sqrt{3}}{2}$ 代入闭环特征方程，可得 $K_{r1}=7-4\sqrt{3}=0.0718, K_{r1}=7+4\sqrt{3}=13.9282$。
- 求解一定条件下的闭环极点方法包括相角条件、闭环特征方程、几何关系、特殊曲线方程。

对于特殊形状的根轨迹，根据几何关系来求解闭环极点相对较为简便。这就是该题求解的做法。

4.3 加时练习题与解析

4.3.1 二阶系统根轨迹与分析

【4-1】 设单位负反馈系统的开环传递函数为 $G(s)=\dfrac{3a+1}{s(s+a+2)}$，

(1) 精确绘制当 $a:0\to+\infty$ 时的闭环根轨迹图；

(2) 求当系统阶跃响应无超调现象时 a 的取值范围。

(3) 求系统超调量取最大值时对应的参数 a 的取值，以及此时闭环极点和系统的调整时间（$\Delta=2\%$ 时）。

【解】 (1) 精确绘制闭环根轨迹图。

由闭环特征方程 $s^2+2s+as+3a+1=0$ 求出等效开环传递函数为 $G'(s)=\dfrac{a(s+3)}{(s+1)^2}$，应按照 $180°$ 根轨迹绘制规则来绘制。

由规则一、二知，有两个根轨迹分支，$m=1,n=2$。有一个分支趋向于无穷远处。

由规则三知，实轴上的根轨迹为 $(-\infty,-3]$。

由规则五知，$p_{1,2}=-1$ 的起始角为

$$\theta_{p_{1,2}}=\frac{1}{2}((2k+1)\pi-0), \quad k=1,2$$

因此，$\theta_{p_1}=\dfrac{\pi}{2}, \theta_{p_2}=\dfrac{3\pi}{2}$。

由规则六知，分离点满足方程 $\dfrac{2}{d+1}=\dfrac{1}{d+3}$，解得 $d=-5$，分离角是 $\dfrac{\pi}{2}$。

考查根轨迹图的复数部分是否构成特殊形状。令 $s=u+jv$ 并代入开环传递函数 $G(s)H(s)=\dfrac{a(s+3)}{s^2+2s+1}$，得 $G(s)H(s)=\dfrac{a(u+jv+3)}{u^2-v^2+2uvj+2u+2vj+1}$，再由相角条件得

$$\arctan\frac{v}{u+3}-\arctan\frac{2uv+2v}{u^2-v^2+2u+1}=(2k+1)\pi$$

两边取 tan 并整理，即得

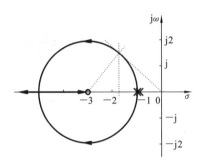

图 4.14 【4-1】的根轨迹图

$$(u+3)^2+v^2=4$$

这是一个以 $(-3,j0)$ 为圆心、2 为半径的圆。

综合上述分析绘制根轨迹,如图 4.14 所示。

(2) **求阶跃响应无超调的 a。**

该系统为一个典型的二阶系统,当两个根在实轴上时,系统的单位阶跃响应无超调现象。

通过幅值条件求分离点 -5 处的参数值,由 $|G(-5)|=1$,解得 $a=8$,则系统阶跃响应无超调现象时 a 的取值范围为

$$a \geqslant 8$$

(3) **求超调量取最大值时的特性值。**

由于系统是单位负反馈系统,开环传递函数为 $G(s)=\dfrac{3a+1}{s(s+a+2)}$,符合标准二阶系统的结构,因此系统超调量的最大值对应阻尼比的最小值,对应相角的最大值。

过原点作圆的切线,如图 4.14 中的虚线所示。

设切线与圆的交点坐标为 $-x \pm jy, x,y>0$,根据相似三角形,有

$$\frac{3}{2}=\frac{2}{3-x}=\frac{\sqrt{x^2+y^2}}{y}$$

解得 $x=\dfrac{5}{3}, y=\dfrac{2\sqrt{5}}{3}$,因此对应的闭环极点

$$s_{1,2}=-\frac{5}{3} \pm j\frac{2\sqrt{5}}{3}$$

由于系统是单位负反馈系统,开环传递函数为 $G(s)=\dfrac{3a+1}{s(s+a+2)}$,符合标准二阶系统的结构,因此可以采用标准二阶系统调整时间的计算公式。

此时 $\zeta \omega_n = x = \dfrac{5}{3}$,调整时间为

$$t_s=\frac{4}{\zeta \omega_n}=2.4$$

由 $|G'(s_1)|=\left|\dfrac{a(s+3)}{(s+1)^2}\right|=1$ 解得 $a=\dfrac{4}{3}$,或者由 $a+2=2\zeta\omega_n$ 解得

$$a=\frac{4}{3}$$

【难点与易错点】

● 该题分析了参数根轨迹中圆形根轨迹图的性能。

● 该题只有一个根轨迹分支趋向于无穷远处,且由规则三确定了无穷远处的位置在负实轴方向,因此不需要借助规则四。实际上,由规则四知,渐近线与实轴的交点 $\sigma_a=\dfrac{-1-1-(-3)}{2-1}=1$,倾角 $\varphi_a=\pi$。

● 为了确定从 $p_{1,2}=-1$ 出发的根轨迹分支的走向,该题借助规则五求解了它们的起始角。事实上,由于该题的复数部分构成圆,因此由圆的轨迹可知,从 $p_{1,2}$

$=-1$ 出发的根轨迹分支必然是垂直于实轴离开的。

● **求解一定条件下闭环极点的方法包括相角条件、闭环特征方程、几何关系、特殊曲线方程**。对于特殊形状,根据几何关系来求解闭环极点相对较为简便。这是该题的做法。

● 值得注意的是,该题中的系统是单位反馈控制系统,开环传递函数不含开环零点,则闭环传递函数也不含闭环零点,符合典型二阶系统的结构,因此可以采用标准二阶系统动态性能指标的计算公式。

【4-2】 某单位反馈控制系统的开环传递函数为 $G(s) = \dfrac{4a+1}{s(s+a+2)}$。

(1) 精确绘制系统关于参数 $a:0\to+\infty$ 时的闭环根轨迹图;

(2) 确定开环放大系数为何值时,该系统的单位阶跃响应有超调,且其无阻尼自然振荡频率 $\omega_n = 5$;

(3) 若系统的单位阶跃响应超调量为 4.32%,求此时系统的开环放大系数,并求此时系统的调整时间($\Delta = 2\%$ 时)。

【解】 (1) 绘制系统根轨迹。

由闭环特征方程 $s^2 + 2s + as + 4a + 1 = 0$,求出等效开环传递函数为 $G'(s) = \dfrac{a(s+4)}{(s+1)^2}$,应按照 $180°$ 根轨迹绘制规则来绘制。

由**规则一、规则二**知,有两个根轨迹分支,$m=1, n=2$,有一个分支趋向于无穷远处。

由**规则三**知,实轴上的根轨迹为 $(-\infty, -4]$。

由**规则五**知,起始角 $\theta_{P_1} = \dfrac{1}{2}((2k+1)\pi - 0)$,$k = 1,2$,因此 $\theta_{P_1} = \dfrac{\pi}{2}$,$\theta_{P_2} = \dfrac{3\pi}{2}$。

由**规则六**知,分离点满足方程 $\dfrac{2}{d+1} = \dfrac{1}{d+4}$,解得 $d = -7$,分离角是 $\dfrac{\pi}{2}$。

考查根轨迹图的复数部分是否构成特殊形状。令 $s = u + jv$ 并代入开环传递函数 $G(s)H(s) = \dfrac{a(s+4)}{s^2 + 2s + 1}$,得 $G(s)H(s) = \dfrac{a(u+jv+4)}{u^2 - v^2 + 2uvj + 2u + 2vj + 1}$,再由相角条件得

$$\arctan \dfrac{v}{u+4} - \arctan \dfrac{2uv + 2v}{u^2 - v^2 + 2u + 1} = (2k+1)\pi$$

两边取 $\tan$ 并整理,即得

$$(u+4)^2 + v^2 = 9$$

这是一个以 $(-4, j0)$ 为圆心、3 为半径的圆。

根据上面的分析可以绘制根轨迹图,如图 4.15 所示。

(2) **求有超调且 $\omega_n = 5$ 时的开环放大系数。**

该系统的单位阶跃响应有超调,且无阻尼自然振荡频率 $\omega_n = 5$,说明闭环极点为复数根,且其模为 5。

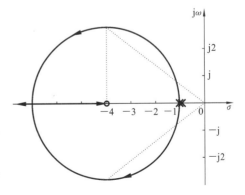

图 4.15 【4-2】的根轨迹图

以原点为圆心作半径为 5 **的圆**，与根轨迹图相交，作如图 4.15 所示的虚线的辅助线。

由于圆的半径为 3，圆心处坐标为 4，三条边的长度分别为 3、4、5，因此辅助线构成直角三角形，交点处的坐标为 $(-4, \pm 3j)$。令 $s = -4 + 3j$，由幅值条件可得

$$a = \frac{|s+1|^2}{|s+4|} = 6$$

因此开环放大系数为

$$K = \frac{4a+1}{a+2} = \frac{25}{8}$$

(3) 求超调量为 4.32% 时的特性值。

若系统的单位阶跃响应超调量为 4.32%，则阻尼比为 $\zeta = 0.7071$。设**两个闭环极点为** $s_{1,2} = b \pm jb\dfrac{\sqrt{1-\zeta^2}}{\zeta} = b \pm jb$，显然 $b < 0$。此时 $\omega_n = |b|\sqrt{2}$，因此可设闭环特征方程为

$$s^2 - 2bs + 2b^2 = s^2 + (2+a)s + 4a + 1 = 0$$

由对应系数相等，得 $b = \dfrac{-4 \pm \sqrt{2}}{2} = -2.7071, -1.2929$，对应的参数 $a = 2 \pm \sqrt{2} = 3.4142, 0.5858$，即有两组解。

第一组解对应的闭环极点为 $s_{1,2} = -2.7071 \pm j2.7071$，此时 $a = 3.4142$，系统的开环放大系数为

$$K = \frac{4a+1}{a+2} = 2.7071$$

由 $\omega_n = |b|\sqrt{2} = 3.8284$，得调整时间为

$$t_s = \frac{4}{\zeta \omega_n} = 1.4776$$

第二组解对应的闭环极点为 $s_{1,2} = -1.2929 \pm j1.2929$，此时 $a = 0.5858$，系统的开环放大系数为

$$K = \frac{4a+1}{a+2} = 1.2929$$

由 $\omega_n = |b|\sqrt{2} = 1.8284$，得调整时间为

$$t_s = \frac{4}{\zeta \omega_n} = 3.0938$$

【难点与易错点】

- 该题分析了参数根轨迹中圆形根轨迹图的性能。
- 该题只有一个根轨迹分支趋向于无穷远处，且由规则三确定了无穷远处的位置在负实轴方向，因此不需要借助规则四。实际上，由规则四知，渐近线与实轴的交点 $\sigma_a = \dfrac{-1-1-(-4)}{2-1} = 2$，倾角 $\varphi_a = \pi$。
- 无阻尼自然振荡频率是闭环极点的模，因此以原点为圆心、5 为半径的圆与根轨迹的交点就是第(2)问要求的值。该题第(2)问的求解中，由于辅助线刚好构成直角三角形，所以求解比较简便。

如果不构成直角三角形,借助几何关系也很容易进行求解。例如,如果题设条件变成无阻尼自然振荡频率 $\omega_n=4$,则如图 4.16 所示。根据图 4.16 所示的辅助线也很容易求解。

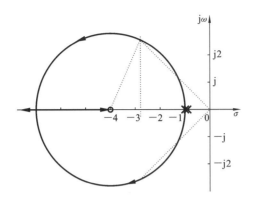

图 4.16 【4-2】的根轨迹图与辅助线

● 求解一定条件下闭环极点的方法包括相角条件、闭环特征方程、几何关系、**特殊曲线方程**。该题第(3)问采用了闭环特征方程求解。显然,满足题设要求的阻尼比的特征根有两组。

如果采用**特殊曲线方程**求解,则可设两个闭环极点为 $s_{1,2}=b\pm \mathrm{j}b\dfrac{\sqrt{1-\zeta^2}}{\zeta}=b\pm \mathrm{j}b$,显然 $b<0$。其满足圆方程 $(u+4)^2+v^2=9$,即
$$(b+4)^2+b^2=9$$
解得 $b=\dfrac{-4\pm\sqrt{2}}{2}$。

【4-3】 已知单位反馈系统的开环传递函数为 $G(s)=\dfrac{a}{s(s+4-a)}$,

(1) 精确绘制系统关于参数 $a:0\to +\infty$ 时的根轨迹图;

(2) 根据根轨迹图求系统稳定时参数 a 的范围;

(3) 若系统的单位阶跃响应具有振荡特性,且其超调量 $\sigma_\mathrm{p}\leqslant 4.32\%$。根据根轨迹图求参数 a 的范围。

【解】 (1) 精确绘制系统的根轨迹图。

系统的闭环特征方程为 $1+G(s)=0$,整理得 $s^2+4s-a(s-1)=0$,等效于正反馈的开环传递函数 $G'(s)=\dfrac{a(s-1)}{s(s+4)}$,应使用 0°根轨迹绘制规则绘制。

由 0°根轨迹**规则一、规则二**知,该系统有两个开环极点,即 $p_1=0, p_2=-4$,一个开环零点,即 $z_1=1$。两个根轨迹分支起点是两个开环极点,两个根轨迹分支终点一个在无穷远处,一个在 $z_1=1$ 处。

由 0°根轨迹**规则三**知,实轴上的根轨迹是 $[1,+\infty)$ 和 $[-4,0]$。

由 0°根轨迹**规则六**知,根轨迹的分离点方程为 $d^2-2d-4=0$,求出分离点为 $d_{1,2}=1\pm\sqrt{5}$,即 $d_1=-1.2361, d_2=3.2361$,两个都是分离点,分离角都是 $\dfrac{\pi}{2}$。

判断特殊形状：令 $s=u+\mathrm{j}v$，并代入开环传递函数，得 $G'(s)=\dfrac{a(u+\mathrm{j}v-1)}{(u+\mathrm{j}v)^2+4u+\mathrm{j}4v}$

由相角条件，得

$$\arctan\frac{v}{u-1}-\arctan\frac{2uv+4v}{u^2-v^2+4u}=2k\pi$$

两边取 $\tan$，整理得 $\dfrac{v}{u-1}=\dfrac{2uv+4v}{u^2-v^2+4u}$，即

$$(u-1)^2+v^2=5$$

这是一个以 $(1,\mathrm{j}0)$ 为圆心，$\sqrt{5}$ 为半径的圆。

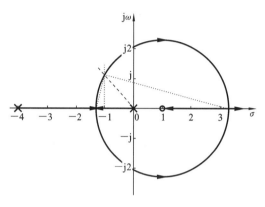

图 4.17 【4-3】的根轨迹图

由规则七求与虚轴的交点，由闭环特征方程为 $s^2+4s-a(s-1)=0$，可令 $s=\mathrm{j}v$ 并代入，得 $-v^2+\mathrm{j}4v-\mathrm{j}av+a=0$，由实部与虚部分别可得 $a=4,s=\pm\mathrm{j}2$。

由上述分析绘制根轨迹，如图 4.17 所示。

(2) 求系统稳定时的 a。

若系统稳定，则根轨迹应分布在左半平面，系统稳定时参数 a 的范围为

$$0<a<4$$

(3) 求具有振荡特性且超调量 $\sigma_\mathrm{p}\leqslant 4.32\%$ 时的 a。

若系统的单位阶跃响应具有振荡特性，则特征根为共轭复数根。

首先求出分离点处的 a 值。令 $s=d_1=1-\sqrt{5}$ 并代入闭环特征方程 $s^2+4s-a(s-1)=0$，解得

$$a=6-2\sqrt{5}=1.5279$$

由超调量 $\sigma_\mathrm{p}\leqslant 4.32\%$，则阻尼比 $\zeta\geqslant 0.7071$，对应的向量相角为 $\arccos\zeta\leqslant 45°$。下面求出 $45°$ 等阻尼比线与根轨迹的交点。

由于 $\zeta=0.7071$，因此对应的闭环极点可设为

$$s_{1,2}=-\zeta\omega_\mathrm{n}\pm\omega_\mathrm{n}\sqrt{\zeta^2-1}=-x\pm\mathrm{j}x$$

其中：$x>0$。

根据图 4.17 中的虚线，由相似三角形可列写方程如下：

$$\frac{x}{\sqrt{5}-1-x}=\frac{\sqrt{5}+1+x}{x}$$

整理得 $x^2+x-2=0$，解得 $x=\dfrac{-1\pm 3}{2}$，因此 $x=1$。

由闭环特征方程 $s^2+4s-a(s-1)=0$，令 $s=-1+\mathrm{j}$ 并代入，得

$$a=2$$

综合上述分析，系统单位阶跃响应振荡且 $\sigma_\mathrm{p}\leqslant 4.32\%$ 时的 a 的范围为

$$1.5279<a\leqslant 2$$

【难点与易错点】
● 该题分析了参数根轨迹和$0°$根轨迹中圆形根轨迹图的性能。
● 该题只有一个根轨迹分支趋向于无穷远处,且由规则三确定了无穷远处的位置在负实轴方向,因此不需要借助规则四。实际上,由$0°$根轨迹规则四知,渐近线与实轴的交点是$\sigma_a = \dfrac{\sum_{i=1}^{n} p_i - \sum_{j=1}^{m} z_j}{n-m} = -5$,渐近线的倾角是$\varphi_a = \dfrac{2k}{n-m}\pi = 0$。
● 求解一定条件下闭环极点的方法包括相角条件、闭环特征方程、几何关系、特殊曲线方程。该题采用了几何关系求解。
如果采用**特殊曲线方程**求解,则可设两个闭环极点为$s_{1,2} = -x \pm jx$,其满足圆方程$(u-1)^2 + v^2 = 5$,即
$$(x+1)^2 + x^2 = 5$$
解得$x = \dfrac{-1 \pm 3}{2}$。

【4-4】 已知某单位反馈系统的开环传递函数为$G(s) = \dfrac{5-a}{s(s+a+2)}$,

(1) 精确绘制系统关于参数a从0到$+\infty$变化时的根轨迹图;
(2) 根据根轨迹图求系统稳定时参数a的范围;
(3) 若系统的单位阶跃响应具有振荡特性,且调整时间$t_s \leqslant 2 \text{ s}(\Delta = 5\%$时),根据根轨迹图求参数$a$的范围。

【解】(1) 精确绘制根轨迹图。
系统的闭环特征方程为$1+G(s) = 0$,整理得$s^2 + 2s + 5 + a(s-1) = 0$,等效于负反馈的开环传递函数$G'(s) = \dfrac{a(s-1)}{s^2 + 2s + 5} = \dfrac{a(s-1)}{(s+1-2j)(s+1+2j)}$,因此应使用$180°$根轨迹绘制规则。

由规则一和规则二知,该系统有两个开环极点,$p_1 = -1 + 2j$,$p_2 = -1 - 2j$,一个开环零点,$z_1 = 1$。两个根轨迹分支起点是两个开环极点,终点一个在无穷远处,一个在$z_1 = 1$处。

由规则三知,实轴上的根轨迹是$(-\infty, 1]$。

由规则五知,p_1和p_2的起始角分别为
$$\theta_{p_1} = (2k+1)\pi + \angle(p_1 - z_1) - \angle(p_1 - p_2)$$
$$= (2k+1)\pi + 135° - 90° = 225°$$
$$\theta_{p_2} = 135°$$

由规则六得到根轨迹的分离点方程为$d^2 - 2d - 7 = 0$,求出分离点为$d_{1,2} = 1 \pm 2\sqrt{2}$,即$d_1 = 1 - 2\sqrt{2} = -1.8284$,$d_2 = 3.8284$,$d_2$不是分离点。$d_1$是分离点,分离角是$\dfrac{\pi}{2}$。

判断特殊形状:令$s = u + jv$并代入开环传递函数,得$G'(s) = \dfrac{a(u+jv-1)}{(u+jv)^2 + 2u + 2jv + 5}$。由相角条件得

$$\arctan\frac{v}{u-1}-\arctan\frac{2uv+2v}{u^2-v^2+2u+5}=2k\pi$$

两边取 tan,整理得 $\frac{v}{u-1}=\frac{2uv+2v}{u^2-v^2+2u+5}$,即

$$(u-1)^2+v^2=8$$

这是一个以 $(1,j0)$ 为圆心、$2\sqrt{2}$ 为半径的圆。

由**规则七**求与虚轴的交点,由闭环特征方程 $s^2+2s+5+a(s-1)=0$,令 $s=jv$ 并代入,得 $-v^2+2jv+5-jav-a=0$,由实部与虚部方程分别可得 $a=5,s=0$。

根据上述分析绘制根轨迹,如图 4.18 所示。

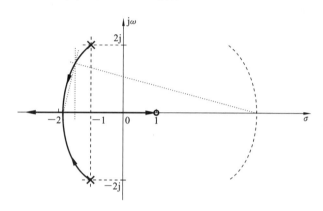

图 4.18 【4-4】的根轨迹图

(2) 求系统稳定时 a 的范围。

若系统稳定,则根轨迹应分布在左半平面,当 $0<a<5$ 时系统稳定。

(3) 求系统单位阶跃响应存在振荡且 $t_s\leqslant 2$ 时的 a。

若系统的单位阶跃响应具有振荡特性,则特征根为共轭复数根。

首先求出分离点处的 a 值。令 $s=d_1=1-2\sqrt{2}$ 并代入闭环特征方程 $s^2+2s+5+a(s-1)=0$,得

$$a=4\sqrt{2}-4=1.6569$$

再根据性能指标的要求求出参数的可行范围。由 $t_s=\frac{3}{\zeta\omega_n}\leqslant 2$,得 $\zeta\omega_n\geqslant 1.5$。

设交点 $s_{1,2}=-x\pm jy$,其中 $x,y>0$,则 $x=\zeta\omega_n=1.5$。若两角和为 $90°$,则它们的正切互为倒数。根据图 4.18 中的虚线,可列写方程如下:

$$\frac{y}{1.5+1+2\sqrt{2}}=\frac{2\sqrt{2}-1-1.5}{y}$$

得 $y=\frac{\sqrt{7}}{2}=1.3229$。

由闭环特征方程 $s^2+2s+5+a(s-1)=0$,令 $s=-1.5+j\frac{\sqrt{7}}{2}$ 并代入,得 $a=1$。

那么系统单位阶跃响应存在振荡且 $t_s\leqslant 2$ 时的 a 的范围为

$$1\leqslant a<1.6569$$

【难点与易错点】
● 该题分析了参数根轨迹中圆形根轨迹图的性能。
● 该题只有一个根轨迹分支趋向于无穷远处,且由规则三确定了无穷远处的位置在负实轴方向,因此不需要借助规则四。实际上,由 $180°$ 根轨迹规则四知,渐近线与实轴的交点是 $\sigma_a = \dfrac{\sum_{i=1}^{n} p_i - \sum_{j=1}^{m} z_j}{n-m} = -3$,渐近线的倾角是 $\varphi_a = \dfrac{2k+1}{n-m}\pi = \pi$。

● 求解一定条件下闭环极点的方法包括**相角条件、闭环特征方程、几何关系、特殊曲线方程**。该题采用了几何关系求解,且绘制辅助线时,仍然借助了圆。

如果采用**特殊曲线方程**求解,则可设两个闭环极点为 $s_{1,2} = -1.5 \pm jy$,其满足圆方程 $(u-1)^2 + v^2 = 8$,即
$$(-2.5)^2 + y^2 = 8$$
解得 $y = \dfrac{\sqrt{7}}{2}$。

【4-5】 已知某正反馈控制系统的开环传递函数为 $G(s)H(s) = \dfrac{K_r(s^2+4s+5)}{s^2+2s+5}$,

(1) 准确绘制该系统参数 $K_r : 0 \to \infty$ 时的根轨迹图;
(2) 基于根轨迹图求使系统稳定的根轨迹增益 K_r 的取值范围;
(3) 证明系统的闭环阻尼比不可能取值为 $\zeta = 0.7071$。

【解】 (1) **准确绘制根轨迹图**。

将开环传递函数整理后得 $G(s)H(s) = \dfrac{K_r(s+2+j)(s+2-j)}{(s+1+j2)(s+1-j2)}$。因为系统是正反馈系统,根轨迹方程为 $\dfrac{K_r(s+2+j)(s+2-j)}{(s+1+j2)(s+1-j2)} = 1$,因此按照 $0°$ **根轨迹绘制规则**绘制。

由**规则二**知,两个根轨迹分支分别起始于开环极点 $p_1 = -1+j2$ 和 $p_2 = -1-j2$,终止于开环零点 $z_1 = -2+j$ 和 $z_2 = -2-j$。

由 $0°$ 根轨迹的**规则三**知,实轴上的根轨迹为 $(-\infty, +\infty)$。

由 $0°$ 根轨迹的**规则五**求开环零极点起始角和终止角。

p_1 的起始角:
$$\theta_{p_1} = 2k\pi + \sum_{j=1}^{2} \angle(p_1 - z_j) - \angle(p_1 - p_2)$$
$$= 45° + 71.56° - 90° = 26.56°$$

z_1 的终止角:
$$\theta_{z_1} = 2k\pi - \angle(z_1 - z_2) + \sum_{i=1}^{2} \angle(z_1 - p_i)$$
$$= 360° - 90° - 135° + 108.45° = 243.45°$$

由上可知 p_2 的起始角和 z_2 的终止角对称。

由**规则六**得到根轨迹的分离点方程为
$$(s^2+2s+5)(2s+4) = (2s+2)(s^2+4s+5)$$

求出分离点为 $d_{1,2} = \pm\sqrt{5}$，其分离角均为 $\frac{\pi}{2}$。

考查根轨迹图的复数部分是否构成特殊形状。令 $s = u + jv$ 并代入开环传递函数 $G(s)H(s) = \dfrac{K(s^2+4s+5)}{s^2+2s+5}$，得 $G(s)H(s) = \dfrac{K(u^2-v^2+2uvj+4u+4vj+5)}{u^2-v^2+2uvj+2u+2vj+5}$，由相角条件得

$$\arctan\frac{2uv+4v}{u^2-v^2+4u+5} - \arctan\frac{2uv+2v}{u^2-v^2+2u+5} = (2k+1)\pi$$

两边取 tan 并整理，即得
$$u^2 + v^2 = 5$$

这是一个以原点为圆心，$\sqrt{5}$ 为半径的圆。因此可绘制根轨迹图，如图 4.19 所示。

由规则七求与虚轴的交点。令 $s = j\omega$ 并代入特征方程 $s^2 + 2s + 5 - K_r(s^2+4s+5) = 0$，整理得实部与虚部方程为

$$K_r\omega^2 - \omega^2 + 5 - 5K_r = 0$$
$$2\omega - 4K_r\omega = 0$$

解得 $K_{rc1} = \dfrac{1}{2}, \omega = \pm\sqrt{5}$。

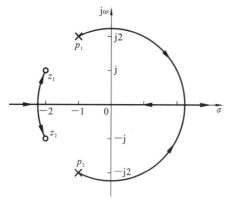

图 4.19 【4-5】的根轨迹图

（2）**求使系统稳定的 K_r 的范围**。

上面绘制根轨迹图的过程中，已经求出 K_{rc1}。

此外，令 $s = 0$ 并代入特征方程，得 $K_{rc2} = 1$。

因此，根据根轨迹图的走向，要使系统稳定的根轨迹增益 K_r 的取值范围为

$$0 < K_r < \frac{1}{2} \quad \text{或} \quad K_r > 1$$

（3）**证明系统的闭环阻尼比不可能取值为 $\zeta = 0.7071$**。

下面用反证法。若存在 $\zeta = 0.7071$，则对应的闭环极点可设为
$$s_{1,2} = -\zeta\omega_n \pm \omega_n\sqrt{\zeta^2-1} = -a \pm ja$$

其中：$a > 0$。且这一对闭环极点应该位于圆 $u^2 + v^2 = 5$ 上，那么有

$$a = \sqrt{\frac{5}{2}} = 1.5811$$

s_1 的实部 $-a$ 介于 p_1 和 z_1 的实部之间，不在根轨迹上，因此系统的闭环阻尼比不可能取值为 $\zeta = 0.7071$。

【难点与易错点】
- 该题分析了正反馈系统圆形根轨迹图的性能。
- 该题采用规则七求解与虚轴的交点，实际上，也可以由圆的方程求解得到与虚轴的交点为 $\pm j\sqrt{5}$。
- 由 $0°$ 根轨迹绘制规则中实轴上根轨迹的判断规则可知，该系统**整个实轴均是根轨迹**。值得注意的是，这里实轴上正无穷远处和负无穷远处并**不是无限零点或无限极点**，而是当 $K_r = 1$ 时的无穷大闭环极点。

> ● 该题中,开环极点 p_1 对应的角度为 $\theta_1 = \arctan\frac{2}{1} = 63.4349°$,开环零点 z_1 对应的角度为 $\theta_2 = \arctan\frac{1}{2} = 26.5651°$,而阻尼比 $\zeta = 0.7071$ 对应的角度为 $\theta = \arccos 0.7071 = 45°$。由图 4.19 可知,该阻尼比对应的闭环极点不在根轨迹上。

【4-6】 已知某反馈控制系统的开环传递函数为 $G(s) = \dfrac{K_r(s-2)^2}{(s+2)(s-0.5)}$,

(1) 准确绘制 $K_r: 0 \to \infty$ 变化时的根轨迹图;
(2) 确定系统稳定且工作在欠阻尼状态时的 K_r 的范围;
(3) 求系统在单位阶跃输入作用下稳态误差绝对值的下界。

【解】 (1) **准确绘制根轨迹图。**
显然应使用 $180°$ 根轨迹绘制规则。
由规则一知,$m=2, n=2$,没有渐近线,$p_1 = -2, p_2 = 0.5, z_1 = z_2 = 2$。
由规则三知,实轴上的根轨迹为 $[-2, 0.5]$。
由规则五可得 z_1 的终止角为

$$\theta_{z_1} = \frac{1}{2}\left[(2k+1)\pi - \angle(z_1 - z_2) + \sum_{i=1}^{2}\angle(z_1 - p_i)\right] = \frac{1}{2}(2k+1)\pi$$

解得 $\theta_{z_1} = \dfrac{\pi}{2}, \theta_{z_2} = \dfrac{3\pi}{2}$。

由规则六知,分离点满足方程 $\left(G(s) = \dfrac{K_r(s^2 - 4s + 4)}{s^2 + 1.5s - 1}\right)$:

$$(d^2 + 1.5d - 1)(2d - 4) = (d^2 - 4d + 4)(2d + 1.5)$$

整理得 $11d^2 - 20d - 4 = 0$,解得 $d_{1,2} = \dfrac{10 \pm 12}{11} = 2, -0.1818$,其中 $d_2 = -\dfrac{2}{11} = -0.1818$ 为分离点,分离角为 $\dfrac{\pi}{2}$。

由规则七求与虚轴的交点。令 $s = j\omega$ 并代入特征方程 $(K_r + 1)s^2 + (1.5 - 4K_r)s + (4K_r - 1) = 0$,整理得实部与虚部方程为

$$4K_r - 1 - (K_r + 1)\omega^2 = 0$$
$$1.5 - 4K_r = 0$$

联立求解得 $K_r = 0.3750, \omega = \pm 0.6030$。

求复数部分的特殊形状:令 $s = u + jv$ 并代入开环传递函数,得 $G(s) = \dfrac{K_r(u^2 - v^2 + j2uv - 4u - j4v + 4)}{u^2 - v^2 + j2uv + 1.5u + j1.5v - 1}$。由相角条件得

$$\arctan\frac{2uv - 4v}{u^2 - v^2 - 4u + 4} - \arctan\frac{2uv + 1.5v}{u^2 - v^2 + 1.5u - 1} = (2k+1)\pi$$

两边取 $\tan$,整理得

$$\left(u - \frac{10}{11}\right)^2 + v^2 = \left(\frac{12}{11}\right)^2$$

这是一个以 $\left(\dfrac{10}{11}, j0\right)$ 为圆心、$\dfrac{12}{11}$ 为半径的圆。

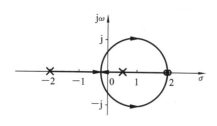

图 4.20 【4-6】的根轨迹图

根据上述分析绘制根轨迹图，如图 4.20 所示。

(2) 确定系统在欠阻尼工作状态时的 K_r 的范围。

当系统稳定时，特征根分布在左半平面，前面已求出与虚轴交点处的根轨迹增益，还需要求原点处的根轨迹增益。

当 $\omega = 0$ 时，由特征方程 $(K_r+1)s^2 + (1.5 - 4K_r)s + (4K_r - 1) = 0$ 得 $K_r = 0.25$。

因此，当系统稳定时，K_r 的范围为 $0.25 < K_r < 0.3750$。

当系统为欠阻尼工作状态时，特征根是复数根，因此需要求出分离点对应的 K_r。

由 $d_2 = \dfrac{-2}{11}$，得 $K_r = \dfrac{|s^2 + 1.5s - 1|}{|s^2 - 4s + 4|} = 0.2604$。因此，系统为稳定的欠阻尼工作状态时的 K_r 的范围为

$$0.2604 < K_r < 0.3750$$

(3) **求系统在单位阶跃输入作用下稳态误差绝对值的下界。**

该系统是 0 型系统，在单位阶跃输入作用下的稳态误差绝对值为

$$|e_{ss}| = \left|\dfrac{1}{1+K}\right|$$

由 $K = -4K_r$，系统稳定的参数范围 $0.25 < K_r < 0.3750$ 可得

$$0 > 1 + K = 1 - 4K_r > -0.5$$

因此 $|1+K| < 0.5$，单位阶跃输入作用下稳态误差绝对值的下界为

$$|e_{ss}| > 2$$

【难点与易错点】

- 该题分析了负反馈系统圆形根轨迹图的性能。
- 该题综合考查了系统稳定的范围、欠阻尼工作状态、稳态误差与根轨迹增益间的关系。
- 该题求解分离点对应的 K_r 时采用了幅值条件，也可以将分离点代入闭环特征方程来求对应的 K_r。由分离点 $d_2 = -\dfrac{2}{11}$ 满足特征方程，即

$$(K_r+1)\dfrac{4}{121} + (1.5 - 4K_r)\left(-\dfrac{2}{11}\right) + (4K_r - 1) = 0$$

解得 $K_r = \dfrac{150}{576} = 0.2604$。

4.3.2 三阶系统根轨迹与分析

【4-7】 已知某单位反馈控制系统的开环传递函数为 $G(s)H(s) = \dfrac{K_r}{s(s+a)(s+b)}$。其中：$K_r$ 为绘制根轨迹的可变参数，a 和 b 为已知正常数。

(1) 对于当 $K_r: 0 \to \infty$ 时的根轨迹图，试确定根轨迹的复数部分满足的曲线方程；

(2) 当 $a=1$、$b=2$ 时,概略绘制当 $K_r:0 \to \infty$ 时的根轨迹图,并根据根轨迹图判断此时系统稳定的参数 K_r 的范围;

(3) 当 $a=1$、$b=2$ 时,若系统的峰值时间 $t_p=3.1416\ \text{s}$,求系统的超调量和调整时间。

【解】 (1) 确定根轨迹的复数部分满足的曲线方程。

整理系统的开环传递函数,得 $G(s)H(s) = \dfrac{K_r}{s^3+(a+b)s^2+abs}$,将 $s=u+\text{j}v$ 代入根轨迹方程,整理得

$$\frac{K_r}{u^3-3uv^2+\text{j}(3u^2v-v^3)+(a+b)u^2-(a+b)v^2+\text{j}2(a+b)uv+abu+\text{j}abv}=-1$$

由 $180°$ 根轨迹的相角条件可知,要使相角为 $(2k+1)\pi$,需分母的虚部为 0,即 $3u^2v-v^3+2(a+b)uv+abv=0$,整理得

$$3u^2-v^2+2(a+b)u+ab=0$$

即

$$\left(\frac{3u+a+b}{\sqrt{a^2-ab+b^2}}\right)^2-\left(\frac{\sqrt{3}v}{\sqrt{a^2-ab+b^2}}\right)^2=1$$

由于 a 和 b 为已知正常数,$a^2+b^2>ab$ 显然成立,因此该系统根轨迹的复数部分满足双曲线方程。

(2) 当 $a=1$、$b=2$ 时绘制根轨迹图,并判断稳定的 K_r 的范围。

当 $a=1$、$b=2$ 时,$G(s)H(s)=\dfrac{K_r}{s(s+1)(s+2)}$。显然应按照 $180°$ 根轨迹绘制规则绘制根轨迹。

由**规则二**知,根轨迹有三个分支,起始于三个开环极点 $p_1=0$,$p_2=-1$,$p_3=-2$,三个分支均终止于无穷远。

由**规则三**知,实轴上的根轨迹为 $(-\infty,-2]$,$[-1,0]$。

由**规则四**知,渐近线与实轴交点 $\sigma_a=-\dfrac{3}{2}=-1$,倾角分别为 $\dfrac{\pi}{3}$,π,$\dfrac{5\pi}{3}$。

由**规则六**知,分离点的坐标满足分离点方程 $\left(G(s)H(s)=\dfrac{K_r}{s^3+3s^2+2s}\right)$:

$$\frac{1}{d}+\frac{1}{d+1}+\frac{1}{d+2}=0 \quad \text{或} \quad 3d^2+2(a+b)d+ab=0$$

整理得 $3d^2+6d+2=0$,解得 $d_{1,2}=-1.5774$、-0.4226,其中 -0.4226 为分离点,分离角为 $\dfrac{\pi}{2}$。

由**规则七**求与虚轴的交点:由曲线方程 $3u^2-v^2+2(a+b)u+ab=0$,$a=1$,$b=2$,再令 $u=0$,得 $v^2=ab=2$,即 $v=\pm\sqrt{2}$。

根据上面分析绘制根轨迹图,如图 4.21 所示。

由特征方程 $s^3+3s^2+2s+K_r=0$,令 $s=\pm\text{j}\sqrt{2}$ 并代入,得 $K_{rc}=6$。

因此系统稳定的 K_r 的范围是

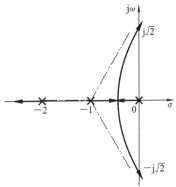

图 4.21 【题 4-7】的根轨迹图

$$0 < K_r < 6$$

(3) 求当 $a=1$、$b=2$ 且 $t_p = 3.1416$ s 时的超调量和调整时间。

若系统的峰值时间 $t_p = \dfrac{\pi}{\omega_d} = 3.1416$ s，则 $\omega_d = 1$。

设对应的闭环极点为

$$s_{1,2} = -\zeta\omega_n \pm j\omega_n\sqrt{1-\zeta^2} = -u \pm j\omega_d = -u \pm j$$

其中：$u < 1$ 为待定系数。因此可设闭环特征方程为

$$(s+u+j)(s+u-j)(s+c) = s^3 + (2u+c)s^2 + (2uc+u^2+1)s + (u^2+1)c$$
$$= s^3 + 3s^2 + 2s + K_r$$

由对应系数相等，得

$$\begin{cases} 2u+c = 3 \\ 2uc+u^2+1 = 2 \\ (u^2+1)c = K_r \end{cases}$$

联立上述方程组，解得 $u = 1 \pm \dfrac{\sqrt{6}}{3}$，其中 $1+\dfrac{\sqrt{6}}{3}$ 应舍去，因此

$$u = 1 - \frac{\sqrt{6}}{3} = 0.1835, \quad c = 1 + \frac{2\sqrt{6}}{3} = 2.6330$$

于是有 $\dfrac{\zeta}{\sqrt{1-\zeta^2}} = u = 1 - \dfrac{\sqrt{6}}{3}$，即阻尼比

$$\zeta = 0.1805$$

此时三个闭环极点为

$$s_{1,2} = -0.1835 \pm j1, \quad s_3 = -2.6330$$

显然，$s_{1,2}$ 满足主导极点的条件。

因为原系统为单位反馈控制系统，开环传递函数无零点，因此**闭环传递函数无零点**，可以将闭环传递函数近似为由主导极点构成的二阶系统传递函数来分析其动态性能。因此，系统的超调量为

$$\sigma_p = e^{\frac{-\pi\zeta}{\sqrt{1-\zeta^2}}} = 56.18\%$$

当 $\Delta = 2\%$ 时的调整时间为

$$t_s = \frac{4}{\zeta\omega_n} = \frac{4}{u} = 21.7984$$

【难点与易错点】
- 该题分析了根轨迹图中复数部分的根轨迹形状。
- 该题求阻尼比时，由于闭环极点 $s = -u \pm j$，因此也可以根据阻尼比 $\zeta = \cos\left(\arctan\left(\dfrac{1}{u}\right)\right) = 0.1805$ 求解得到。
- 注意峰值时间 $t_p = \dfrac{\pi}{\omega_d}$ 仅与特征根的虚部 ω_d 相关。
- **求解一定条件下闭环极点的方法包括相角条件、闭环特征方程、几何关系、特殊曲线方程。** 该题采用了闭环特征方程求解。若采用特殊曲线方程，则可设对应的闭环极点为

代入特殊曲线方程
$$3u^2 - v^2 + 2(a+b)u + ab = 3u^2 - 1 + 6u + 2 = 0$$
易得 $u = 1 \pm \dfrac{\sqrt{6}}{3}$。

【4-8】 已知某闭环控制系统的开环传递函数为 $G(s)H(s) = \dfrac{K_r}{s(s+1)^2}$，

(1) 试概略绘制当 $K_r: 0 \to \infty$ 时系统的根轨迹图；
(2) 若该系统稳定且存在重根，确定此时的特征根以及此时的 K_r 值；
(3) 确定使系统稳定的 K_r 的范围。

【解】 (1) **绘制根轨迹图。**

显然应按照 180° 根轨迹绘制规则绘制根轨迹。

由**规则二**知，根轨迹有三个分支，起始于三个开环极点 $p_1 = 0, p_2 = -1, p_3 = -1$，三个分支均终止于无穷远。

由**规则三**知，实轴上的根轨迹为 $(-\infty, -1], [-1, 0]$。

由**规则四**知，渐近线与实轴交点 $\sigma_a = \dfrac{\sum p_i - \sum z_j}{3} = \dfrac{-2}{3} = -0.6667$，倾角分别为 $\dfrac{\pi}{3}$，$\pi, \dfrac{5\pi}{3}$。

由**规则六**知，分离点的坐标满足分离点方程 $\dfrac{1}{d} + \dfrac{2}{d+1} = 0$，解得 $d = -\dfrac{1}{3}$，分离角为 $\dfrac{1}{l}(2k+1)\pi = \dfrac{\pi}{2}$。此时，
$$K_r = -(d^3 + 2d^2 + d) = \dfrac{4}{27} = 0.1481$$

由**规则七**求与虚轴的交点：由特征方程 $s^3 + 2s^2 + s + K_r = 0$，令 $s = j\omega$ 并代入，得
$$(K_r - 2\omega^2) + j(\omega - \omega^3) = 0$$

求解实部与虚部方程，可得
$$\omega_c = \pm 1, \quad K_{rc} = 2$$

即与虚轴相交于 $\pm j$。

根据上面的分析绘制根轨迹图，如图 4.22 所示。

(2) **确定系统稳定且存在重根时的特征根及 K_r 值。**

若该系统稳定且存在重根，则只可能是处于分离点 $-\dfrac{1}{3}$ 处，因此有两个特征根为
$$s_{1,2} = -\dfrac{1}{3}$$

根据规则八，三个特征根之和为 -2，因此第三个特征根是

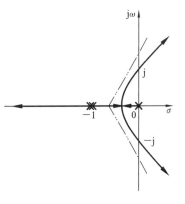

图 4.22 【4-8】的根轨迹图

$$s_3 = -2 + \frac{1}{3} + \frac{1}{3} = -\frac{4}{3}$$

此时的 K_r 值上面已求出，即 $K_r = 0.1481$。

(3) **确定使系统稳定的 K_r 的范围**。

根据上述分析，要使系统稳定，需

$$0 < K_r < K_{rc}^* = 2$$

【难点与易错点】

• 从 -1 出发的两条根轨迹会不会都趋于 $-\infty$ 呢？不会，因为有分离点存在，所以必有两个轨迹分支相交。

• 该题没有求解 $p_{2,3} = -1$ 的起始角，这是因为从 $p_{2,3}$ 出发的根轨迹分支可以根据规则三确定，起始角确定了，就不需要使用规则五。

• 分离点方程中，也可令 $A(s) = s(s+1)^2$，并令 $\dot{A}(s) = 0$，即 $3s^2 + 4s + 1 = 0$，此时解得 $s_1 = -1$，$s_2 = -\frac{1}{3}$。其中 s_1 对应 $K_r = 0$ 的情况。

【4-9】 已知某单位反馈控制系统的开环传递函数为 $G(s) = \dfrac{K_r}{s(s^2+4s+8)}$。

(1) 试概略绘制当 $K_r: 0 \to \infty$ 时该系统的根轨迹图；

(2) 根据根轨迹图判断该系统稳定的参数 K_r 的范围；

(3) 若该系统的超调量为 $\sigma_p = 50\%$，试分析能否借助二阶系统动态性能指标计算方法估算该系统的其他动态性能指标。如果可以，试估算此时该系统的峰值时间。

【解】 (1) **绘制根轨迹图**。

显然应按照 $180°$ 根轨迹绘制规则绘制根轨迹。

由**规则二**知，根轨迹有三个分支，起始于三个开环极点 $p_1 = 0$，$p_{2,3} = -2 \pm 2j$，三个分支均终止于无穷远。

由**规则三**知，实轴上的根轨迹为 $(-\infty, 0]$。

由**规则四**知，渐近线与实轴的交点为 $\sigma_a = \dfrac{-4}{3}$，倾角分别为 $\dfrac{\pi}{3}$，π，$\dfrac{5\pi}{3}$。

由**规则五**知，

$$\begin{aligned}\theta_{p_2} &= (2k+1)\pi + \sum_{j=1}^{m}\angle(p_l - z_j) - \sum_{i=1}^{n}\angle(p_2 - p_i) \\ &= (2k+1)\pi - \angle(p_2 - 0) - \angle(p_2 - p_3) \\ &= (2k+1)\pi - 135° - 90° = -45° \text{ 或 } 315°\end{aligned}$$

$$\theta_{p_3} = 45°$$

通过**规则七**求与虚轴的交点：由闭环特征方程 $s^3 + 4s^2 + 8s + K_r = 0$，将 $s = j\omega$ 代入闭环特征方程，得实部方程为 $K_r - 4\omega^2 = 0$，虚部方程为 $-\omega^3 + 8\omega = 0$。解得

$$\omega = \pm\sqrt{8}, \quad K_{rc} = 32$$

根据上面的分析结果绘制根轨迹图，如图 4.23 所示。

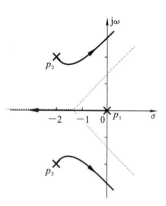

图 4.23 【4-9】的根轨迹图

(2) **判断系统稳定的 K_r 的范围。**

由上述求得的临界根轨迹增益值可知,系统稳定的 K_r 的范围是
$$0 < K_r < K_{rc} = 32$$

(3) **求当 $\sigma_p = 50\%$ 时的峰值时间。**

超调量 $\sigma_p = e^{\frac{-\pi\zeta}{\sqrt{1-\zeta^2}}} = 50\%$,则阻尼比 $\zeta = 0.2155$。

设其中两个闭环极点为 $s_{1,2} = a \pm ja\frac{\sqrt{1-\zeta^2}}{\zeta} = a \pm j4.5313a$,那么可以设闭环特征方程为

$$(s^2 - 2as + 21.5327a^2)(s+c) = s^3 + (c-2a)s^2 + (21.5327a^2 - 2ac)s + 21.5327a^2c$$
$$= s^3 + 4s^2 + 8s + K_r = 0$$

由对应系数相等,有
$$\begin{cases} c - 2a = 4 \\ 20.62a^2 - 2ac = 8 \\ 20.62a^2 c = K_r \end{cases}$$

解得 $a = -0.4848, 0.9411$,舍去 0.9411,得
$$a = -0.4848$$

此时 $c = 4 + 2a = 3.0304$,第三个特征根的实部是另外两个复数特征根实部的 6 倍多,因此符合主导极点的要求,可以近似为二阶系统来估算峰值时间,则峰值时间为

$$t_p = \frac{\pi}{\omega_d} = \frac{\pi}{|a|\frac{\sqrt{1-\zeta^2}}{\zeta}} = 1.4301$$

【难点与易错点】

● 从 p_2 和 p_3 出发的轨迹会不会穿过实轴呢?由对称性,如果穿过实轴,则必须在实轴上有分离点。但由于 $K(s) = s^3 + 4s^2 + 8s$,令 $\dot{K}(s) = 0$,得到分离点方程为 $3s^2 + 8s + 8 = 0$,解得 $s_{1,2} = \frac{-4 \pm 2\sqrt{2}j}{3}$,不是分离点。因此,实轴上没有分离点,从 p_2 和 p_3 出发的轨迹不会穿过实轴。

● 注意超调量 $\sigma_p = e^{\frac{-\pi\zeta}{\sqrt{1-\zeta^2}}}$ 仅与阻尼比 ζ 有关。此时,设其中两个闭环极点为 $s_{1,2} = a \pm ja\frac{\sqrt{1-\zeta^2}}{\zeta}$,与形如 $s_{1,2} = \zeta a \pm j\sqrt{1-\zeta^2}a$ 相比,求解起来计算量略小,更简便一些。

【4-10】 某反馈控制系统的开环传递函数为 $G(s)H(s) = \frac{3s+2}{s^2(Ts+1)}$,已知其前向通路传递函数为 $G(s) = \frac{1}{s^2(Ts+1)}$。

(1) 试概略绘制当 $T: 0 \to \infty$ 时的根轨迹图;

(2) 判断使系统稳定的参数 T 的取值范围;

(3) 若该系统具有阻尼比 $\zeta = 0.8$,试判断能否借助主导极点法(要求主导极点实部与其他极点实部相差 5 倍及以上)分析系统的动态性能。如果能,试估算该系统的调整

时间。

【解】 (1) 绘制根轨迹图。

该系统的等效开环传递函数为 $G'(s)=\dfrac{Ts^3}{(s+1)(s+2)}$,跟轨迹方程为 $G'(s)=-1$,显然应按照 $180°$ 根轨迹绘制规则绘制根轨迹。

由**规则二**知,根轨迹有三个分支,其中两个分支起始于两个开环极点 $p_1=-1$, $p_2=-2$,一个分支起始于无穷远。三个分支均终止于 $z_{1,2,3}=0$。

由**规则三**知,实轴上的根轨迹为 $(-\infty,-2]$ 和 $[-1,0]$。

由**规则五**知,$z_{1,2,3}=0$ 的入射角为

$$\theta_{z_{1,2,3}}=\frac{1}{3}((2k+1)\pi+\angle(z_1-p_1)+\angle(z_1-p_2))=\frac{1}{3}(2k+1)\pi=\frac{1}{3}\pi,\pi,\frac{5}{3}\pi$$

由**规则六**,分离点方程为

$$(2d+3)d^3=3d^2(d^2+3d+2)$$

化解得 $d^2+6d+6=0$,解得 $d_{1,2}=-3\pm\sqrt{3}=-4.732$ 和 -1.268,其中 $d_1=-4.732$ 为分离点,其分离角为 $\dfrac{\pi}{2}$,$d_2=-1.268$ 不是分离点。

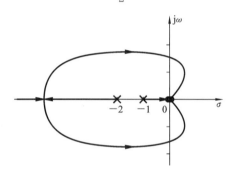

图 4.24 【4-10】的根轨迹图

通过**规则七**求与虚轴的交点:由于闭环特征方程为 $Ts^3+s^2+3s+2=0$,令 $s=j\omega$ 并代入,得 $-j\omega^3T-\omega^2+3\omega j+2=0$,于是实部方程和虚部方程分别为 $2-\omega^2=0$,$3\omega-\omega^3T=0$,解得

$$\omega=\pm\sqrt{2},T=\frac{3}{2}$$

即虚轴在 $T=\dfrac{3}{2}$ 时与虚轴相交于 $\pm\sqrt{2}j$。

根据上面分析结果绘制根轨迹图,如图 4.24 所示。

(2) 求系统稳定时 T 的范围。

通过上面的分析可知,使系统稳定的参数 T 的取值范围为

$$0<T<\frac{3}{2}$$

(3) 当 $\zeta=0.8$ 时,能否采用主导极点法。

若该系统具有阻尼比 $\zeta=0.8$,则该系统的闭环特征多项式中含有因式 $s^2+1.6as+a^2$,此时,这个因式所对应的两个特征根具有实部 $-0.8a$。

要判断能否借助主导极点法分析系统的动态性能,需知道三个闭环极点的实部之间的大小关系。设第三个极点为 $-c$,则该系统的闭环特征多项式形如

$$T(s^2+1.6as+a^2)(s+c)=Ts^3+T(1.6a+c)s^2+T(a^2+1.6ac)s+Ta^2c$$
$$=Ts^3+s^2+3s+2$$

由对应系数相等,得 $T(1.6a+c)=1$,$T(a^2+1.6ac)=3$,$Ta^2c=2$,有 $a^2-4.8a+3.12=0$,解得 $a=2.4\pm 2\sqrt{0.66}=4.0248$ 或 0.7752,$c=\dfrac{2a}{3a-3.2}=0.9071$ 或 -1.773,其

中-1.773 不在根轨迹上,应舍去。

由于特征根实部分别为$-0.8a=-3.2198$和$-c=0.9071$,二者相差不到4倍,不符合主导极点的要求,因此不能用主导极点法分析系统的动态性能。

> 【难点与易错点】
> ● 该题分析了根轨迹图中复数部分根轨迹的形状。
> ● 该题需要借助规则五求解 $z_{1,2,3}=0$ 的入射角,否则无法确定根轨迹分支的走向。
> ● 求解一定条件下的闭环极点方法包括相角条件、闭环特征方程、几何关系、特殊曲线方程。该题采用了闭环特征方程求解。
> ● 该题已知阻尼比 ζ,可以设闭环特征多项式中含有因式 $s^2+2a\zeta s+a^2$,做这样的假设是让求解更简便。此时,这个因式所对应的两个特征根具有实部 $-\zeta a$。
> ● 该题前向通路传递函数为 $G(s)=\dfrac{1}{s^2(Ts+1)}$,则闭环传递函数不含零点。但由于三个闭环特征根实部关系不符合主导极点的要求,因此不能用主导极点法分析系统的动态性能。
> ● 值得注意的是,如果该题所给系统的三个闭环特征根符合主导极点的要求,则该系统的主导极点将会是实根,而非共轭复数根,此时可将原系统近似成一阶系统来分析动态性能。

【4-11】 某控制系统的开环传递函数为 $G(s)H(s)=\dfrac{K(s+1)}{(s+3)^3}$。试采用根轨迹法分别判断在正反馈和负反馈时该系统是无条件稳定还是有条件稳定。如果是有条件稳定,求使系统稳定的参数 K 的取值范围。

【解】 系统有三个开环极点 $p_{1,2,3}=-3$,一个开环零点 $z_1=-1$。

(1) 如果系统是负反馈,则按照 180°根轨迹绘制规则绘制根轨迹。

由规则三知,实轴上的根轨迹为 $[-3,-1]$。

由规则四知,两条渐近线与实轴的交点为 $\sigma_a=-4$,倾角分别为 $\varphi_a=\dfrac{1}{2}\pi,\dfrac{3}{2}\pi$。

由规则五知,$p_{1,2,3}=0$ 的起始角求解如下:

$$\theta_{p_1}=\dfrac{1}{3}((2k+1)\pi-\angle(p_1-z_1))$$
$$=\dfrac{1}{3}(2k\pi)=0,\dfrac{2}{3}\pi,\dfrac{4}{3}\pi$$

根据上述分析绘制根轨迹图,如图 4.25 所示。

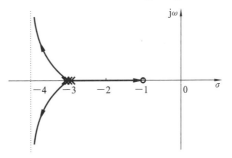

图 4.25 【4-11】负反馈时的根轨迹图

由图 4.25 可知,无论 K 取何值,闭环系统均稳定,即在负反馈时,系统是无条件稳定。

(2) 如果系统是正反馈,则按照 0°根轨迹绘制规则绘制根轨迹。

由 0°根轨迹规则三,实轴上的根轨迹为 $(-\infty,-3]$,$[-1,+\infty)$。显然,系统是有条件稳定。

由 $0°$ 根轨迹**规则四**,渐近线与实轴的交点为 $\sigma_a=-4$,倾角分别为 $\varphi_a=0,\pi$。
由 $0°$ 根轨迹**规则五**,$p_{1,2,3}=0$ 的起始角求解如下:
$$\theta_{p_{1,2,3}}=\frac{1}{3}(2k\pi-\angle(p_1-z_1))=\frac{1}{3}\pi,\pi,\frac{5}{3}\pi$$

由**规则六**,分离点方程为 $\dfrac{3}{d+3}=\dfrac{1}{d+1}$,解得 $d=0$,为分离点,其分离角为 $\dfrac{\pi}{2}$。

此时 $K^*=\dfrac{|d+3|^3}{|d+1|}=27$。

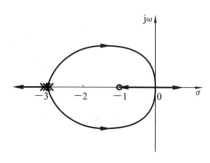

图 4.26 【4-11】正反馈时的根轨迹图

根据**规则七**判断与虚轴有无交点。
由于闭环特征方程为 $s^3+9s^2+27s+27-Ks-K=0$,令 $s=j\omega$ 并代入,得
$$\begin{cases}27-K=\omega^3\\27-K=9\omega^2\end{cases}$$
联立解得 $\omega=0$,因此与虚轴无交点。
根据上述分析绘制根轨迹图,如图 4.26 所示。
结合图 4.26 可知,正反馈时系统是有条件稳定,稳定的参数范围为
$$0<K<27$$

【难点与易错点】
- 该题考查了 $180°$ 根轨迹绘制规则和 $0°$ 根轨迹绘制规则。
- 该题作为正反馈系统时,规则四的应用不是必需的。
- 该题需要借助规则五来确定 $p_{1,2,3}=0$ 的起始角,否则无法确定不在实轴上的两个根轨迹分支的走向。
- 该题为正反馈时,通过求解与虚轴的交点来判断根轨迹是否会从第一、四象限进入原点。
- 该题也可以变换题设条件,例如,假设反馈符号未知。若已知该系统是无条件稳定或者有条件稳定,就可以判断出系统反馈的符号。

4.3.3 高阶系统根轨迹与分析

【4-12】 已知单位反馈系统的开环传递函数为 $G(s)=\dfrac{K_r}{(s+1)^2(s+4)^2}$,

(1) 试概略绘制当 $K_r:0\to\infty$ 时的闭环根轨迹图;
(2) 确定 K_r 为何值时系统的调节时间 t_s 约为 $10\text{ s}(\Delta=2\%)$。

【解】(1) 绘制闭环根轨迹图。
显然应按照 $180°$ 根轨迹绘制规则绘制根轨迹。
该系统开环传递函数分子和分母阶次分别为 $m=0,n=4$。四个开环极点为 $p_1=p_2=-1,p_{3,4}=-4$。四个根轨迹分支起点是四个开环极点,终点在无穷远处。
根据**规则三**,实轴上除起点外,没有根轨迹。
根据**规则四**,四条渐近线与实轴的交点为

$$\sigma_a = \frac{\sum_{i=1}^{n} p_i - \sum_{j=1}^{m} z_j}{n-m} = \frac{-10}{4} = -2.5$$

倾角分别为 $\varphi_a = \frac{\pi}{4}, \frac{3\pi}{4}, \frac{5\pi}{4}, \frac{7\pi}{4}$。

根据**规则五**,起始角分别为

$$\theta_{p_{1,2}} = \frac{1}{2}[(2k+1)\pi - 2\angle(p_1-p_3)] = \frac{\pi}{2}, \frac{3\pi}{2}$$

$$\theta_{p_{3,4}} = \frac{1}{2}[(2k+1)\pi - 2\angle(p_3-p_1)] = \frac{\pi}{2}, \frac{3\pi}{2}$$

根据**规则六**,分离点方程为

$$\frac{2}{d+1} + \frac{2}{d+4} = 0$$

于是得 $d+4 = -(d+1)$,即 $d = -2.5$,不是分离点。

根据**规则七**求与虚轴的交点。闭环特征方程为

$s^4 + 10s^3 + 33s^2 + 40s + 16 + K_r = 0$

令 $s = j\omega$ 并代入,得 $\omega^4 - j10\omega^3 - 33\omega^2 + j40\omega + 16 + K_r = 0$,得实部方程和虚部方程为

$$\begin{cases} \omega^4 - 33\omega^2 + 16 + K_r = 0 \\ -10\omega^3 + 40\omega = 0 \end{cases}$$

解得

$\omega = \pm 2, \quad K_{rc} = 100$

即与虚轴在 $K_{rc} = 100$ 时相交于 $\pm 2j$。

根据上面的分析绘制根轨迹图,如图 4.27 所示。

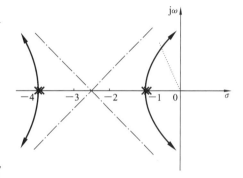

图 4.27 【4-12】的根轨迹图

(2) 求 $t_s = 10$ 时的 K_r。

由 $t_s = \frac{4}{\zeta\omega_n} = 10$,得 $\zeta\omega_n = 0.4$,即特征根的实部为 -0.4。

此时有相角条件

$$-2\angle(s-p_1) - 2\angle(s-p_3) = (2k+1)\pi$$

由于

$$\angle(s-p_1) = \arctan\frac{y}{1-0.4}, \quad \angle(s-p_3) = \arctan\frac{y}{4-0.4}$$

所以有

$$\arctan\frac{y}{0.6} + \arctan\frac{y}{3.6} = \arctan\frac{\frac{y}{0.6} + \frac{y}{3.6}}{1 - \frac{y}{0.6} \cdot \frac{y}{3.6}} = \frac{(2k+1)\pi}{2}$$

得 $\frac{y}{0.6} \cdot \frac{y}{3.6} = 1$,$y = 0.6\sqrt{6}$,即此时有两个特征根

$$s_{1,2} = -0.4 \pm j0.6\sqrt{6}$$

另外两个特征根必然也是复数,四个闭环极点之和为 -10,则另外两个闭环极点的

实部均为 $\frac{-10+0.4\times2}{2}=-4.6$,是 $s_{1,2}$ 的实部的 10 倍以上,**因此上述计算中按照主导极点法求调整时间是合理的。**

由幅值条件可得此时的根轨迹增益为

$$K_r = \frac{\prod_{i=1}^{n}|s-p_i|}{\prod_{j=1}^{m}|s-z_j|} = |s_1-p_1|^2 \times |s_1-p_3|^2 = 38.1024$$

> 【难点与易错点】
> - 该题考查了 180°根轨迹绘制规则。
> - 求解一定条件下的闭环极点方法包括相角条件、闭环特征方程、几何关系、**特殊曲线方程**。该题采用了相角条件求解,由于**开环极点为重根**,因此用相角条件求解较为简便。
>   如果采用闭环特征方程求解,则可设 $s_{1,2}=-0.4\pm jb$,由于闭环特征方程为四次方程,所以求解较为烦琐。

【4-13】 某单位反馈系统的开环传递函数为 $G(s)=\dfrac{K_r(s+a)}{s^2(s+10)(s+20)}$,其中两个参数满足 $K_r>0, a>0$。

(1) a 为何值(或何范围)时,系统关于 K_r 是无条件稳定、有条件稳定及无条件不稳定的;

(2) 若该系统在某参数下存在闭环极点为纯虚根 $\pm j$,试固定 a 值并概略绘制当 $K_r: 0\to\infty$ 时该系统的根轨迹图,并判断保证系统稳定的 K_r 的取值范围。

【解】 (1) 判断系统在不同稳定条件下的 a 的范围。

系统的闭环特征方程为

$$s^4+30s^3+200s^2+K_r s+K_r a=0$$

由劳斯判据,列写劳斯阵列如下:

s^4	1	200	$K_r a$
s^3	30	K_r	
s^2	$200-\dfrac{K_r}{30}$	$K_r a$	
s^1	$K_r - \dfrac{900 K_r a}{6000-K_r}$	0	
s^0	$K_r z$		

由系数 $200-\dfrac{K_r}{30}$ 可知,无论 a 为何值,该系统都不可能关于 K_r 无条件稳定。

令 $K_r-\dfrac{900 K_r a}{6000-K_r}>0$,得 $6000-900a>K_r$。

由 $6000-900a>0$,可得 $0<a<\dfrac{20}{3}$。因此,

- 无论 a 为何值,该系统都不可能关于 K_r 无条件稳定。

- 若 $0 < a < \dfrac{20}{3}$，则该系统关于 K_r 有条件稳定。
- 若 $a \geqslant \dfrac{20}{3}$，则该系统关于 K_r 无条件不稳定。

(2) 绘制系统有纯虚根 $\pm j$ 时关于 K_r 的根轨迹图，并判断其稳定性。

若该系统有纯虚根 $\pm j$，将 $s = j$ 代入 $s^4 + 30s^3 + 200s^2 + K_r s + K_r a = 0$，得
$$1 - 30j - 200 + K_r j + K_r a = 0$$

则 $K_{rc} = 30, a = \dfrac{199}{30}$。

此时开环传递函数为
$$G(s) = \dfrac{K_r \left(s + \dfrac{199}{30}\right)}{s^2 (s+10)(s+20)}$$

下面绘制根轨迹图。显然应按照 $180°$ 根轨迹绘制规则绘制根轨迹。

该系统开环传递函数分子和分母阶次分别为 $m=1, n=4$。一个开环零点 $z_1 = -\dfrac{199}{30} = -6.6333$，四个开环极点 $p_1 = p_2 = 0, p_3 = -10, p_4 = -20$。

四个根轨迹分支起点是四个开环极点，其中三个根轨迹分支终点在无穷远处；一个根轨迹分支终点在 z_1。

由**规则三**知，实轴上的根轨迹为 $(-\infty, -20]$，$\left[-10, -\dfrac{199}{30}\right]$。

由**规则四**知，三条渐近线与实轴的交点 $\sigma_a = \dfrac{-30 + \dfrac{199}{30}}{3} = \dfrac{-701}{90} = -7.7889$，倾角分别为 $\dfrac{\pi}{3}$，$\pi, \dfrac{5\pi}{3}$。

由**规则五**知，起始角 $\theta_{p_1} = \dfrac{1}{2}((2k+1)\pi - 0)$，$k = 1, 2$。$\theta_{p_1} = \dfrac{\pi}{2}, \theta_{p_2} = \dfrac{3\pi}{2}$。

题设已知与虚轴的交点为 $\pm j$，可以绘制根轨迹图，如图 4.28 所示。

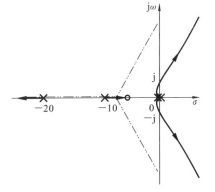

图 4.28 【4-13】的根轨迹图

因此系统稳定的 K_r 的范围是
$$0 < K_r < K_{rc} = 30$$

【难点与易错点】
- 该题有两个未知参数，而根轨迹法只能分析某一个参数变化时系统的特征根变化的情况。
- 该题第(1)问也可以**采用根轨迹法**，具体做法如下。

由于开环极点和开环零点均为实根，而实轴上最右边的开环零点和开环极点为原点处的重根，结合三条渐近线的趋势，可以判断该系统不可能无条件稳定。

而系统是否有条件稳定，则取决于根轨迹是否与虚轴相交。

根据规则七，令 $s=j\omega$ 并代入闭环特征方程
$$s^4+30s^3+200s^2+K_rs+K_ra=0$$
得到实部方程为
$$\omega^4-200\omega^2+K_ra=0$$
虚部方程为
$$30\omega^3=K_r\omega$$
联立解得 $\omega^2=200-30a$，如果要有解，则需 $a<\dfrac{20}{3}$。

与上述解答一致。

● 该题第(2)问中，由于根轨迹与虚轴交点为 $\pm j$，因此从原点出发的两个根轨迹分支将分别进入第二、三象限，再分别进入第一、四象限并趋向于无穷远。

【4-14】 某反馈控制系统的闭环特征方程为 $s^4+(K-10)s^2+4K+9=0$，试分析该系统的特征根随参数 $K:0\to\infty$ 变化的情况，并求使系统保持临界稳定的参数 K 的范围。

【解】 (1) 分析该系统特征根随参数 $K:0\to\infty$ 变化的情况。

可采用根轨迹法分析该系统特征根随参数 $K:0\to\infty$ 变化的情况。

整理特征方程，得
$$s^4-10s^2+9+K(s^2+4)=0$$
因此其等效开环传递函数为
$$G(s)=\frac{K(s^2+4)}{s^4-10s^2+9}=\frac{K(s^2+4)}{(s+1)(s+3)(s-1)(s-3)}$$
应按照 $180°$ 根轨迹绘制规则来绘制根轨迹。

该系统开环传递函数分子和分母阶次分别为 $m=1,n=4$。两个开环零点为 $z_{1,2}=\pm 2j$，四个开环极点为 $p_1=-1,p_2=-3,p_3=1,p_4=3$。

由规则三知，实轴上的根轨迹为 $[1,3],[-1,-3]$。

由规则四知，两条渐近线与实轴的交点 $\sigma_a=0$，倾角分别为 $\dfrac{\pi}{2},\dfrac{3\pi}{2}$。

由规则六求分离点。由 $\dfrac{1}{d+2j}+\dfrac{1}{d-2j}=\dfrac{1}{d+1}+\dfrac{1}{d+3}+\dfrac{1}{d-1}+\dfrac{1}{d-3}$ 得分离点方程为
$$d^4+8d^2-49=0$$
解得 $d^2=-4\pm\sqrt{65}$，即 $d_{1,2}=\pm 2.0155,d_{3,4}=\pm 3.4731j$，四个解均为分离点，其分离角均为 $\dfrac{\pi}{2}$。

下面判断复数部分是否是特殊曲线方程。

由相角条件 $\angle G(s)=(2k+1)\pi$，令 $s=u+jv$，代入 $G(s)$ 得
$$\frac{u^2-v^2+4+2uvj}{u^4+v^4-6u^2v^2-10u^2+10v^2+9+(4(u^2-v^2)uv-20uv)j}=(2k+1)\pi$$
即 $(u^2+v^2)^2+8u^2-8v^2=9$，不是圆的方程。

由相角条件 $\angle(s-z_i)-\angle(s-p_j)=(2k+1)\pi$ 知，虚轴上零点 z_1 往上及 z_2 往下

为根轨迹。

根据上述分析绘制根轨迹图,如图 4.29 所示。

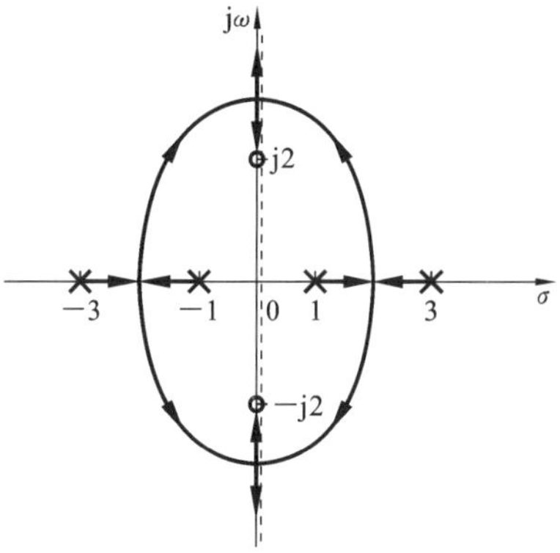

为了分析特征根的变化情况,需要求出分离点处的值。

将 $d^2=-4\pm\sqrt{65}$ 代入特征方程
$$s^4-10s^2+9+K(s^2+4)=0$$

当 $d^2=-4+\sqrt{65}$ 时,
$$K=-\frac{s^4-10s^2+9}{s^2+4}=-\frac{130-18\sqrt{65}}{\sqrt{65}}=1.8755$$

当 $d^2=-4-\sqrt{65}$ 时,
$$K=-\frac{s^4-10s^2+9}{s^2+4}=\frac{130+18\sqrt{65}}{\sqrt{65}}=34.1245$$

图 4.29 【4-14】的根轨迹图

由图 4.29 可知,

- 当 $0<K\leqslant 1.8755$ 时,系统四个特征根均为实数,其中两个为正。
- 当 $1.8755<K<34.1245$ 时,系统四个特征根均为复数,其中两个具有正的实部。
- 当 $34.1245\leqslant K$ 时,系统四个特征根均为纯虚根。

(2) 为了使系统保持临界稳定,即四个特征根均为纯虚根,则参数 K 的范围为
$$34.1245\leqslant K$$

【难点与易错点】
- 该题中,开环零点和极点分布非常对称,因此由相角条件可以很容易判断 $d_{3,4}=\pm 3.4731\mathrm{j}$ 为分离点。

【4-15】 某反馈控制系统的开环传递函数为 $G(s)=\dfrac{K_r(s+1)}{s(s-1)(s^2+4s+16)}$,试概略绘制该系统随参数 $K_r:0\to\infty$ 变化的根轨迹图,并求使系统稳定的参数 K_r 的范围。

【解】 (1) 绘制根轨迹图。

显然应按照 $180°$ 根轨迹绘制规则绘制根轨迹。

该系统开环传递函数分子和分母阶次分别为 $m=1,n=4$。一个开环零点为 $z_1=-1$,四个开环极点为 $p_1=0,p_2=1,p_{3,4}=-2\pm 2\sqrt{3}\mathrm{j}=-2\pm 3.46\mathrm{j}$。

由规则三知,实轴上的根轨迹为 $(-\infty,-1],[0,1]$。

由规则四知,三条渐近线与实轴交点的渐近线为 $\sigma_a=\dfrac{-3+1}{4-1}=\dfrac{-2}{3}$,倾角为 $\dfrac{1}{3}\pi,\pi,\dfrac{5}{3}\pi$。

由规则五求起始角:
$$\theta_{p_3}=(2k+1)\pi+106.1°-(90°+120°+130.9°)=305.1°$$

$$\theta_{p_4} = 54.9°$$

由**规则六**求分离点。由

$$\frac{1}{d+1} = \frac{1}{d} + \frac{1}{d-1} + \frac{1}{d+2-2\sqrt{3}j} + \frac{1}{d+2+2\sqrt{3}j}$$

得分离点方程为

$$3d^4 + 10d^3 + 21d^2 + 24d - 16 = 0$$

解得 $d_1 = 0.4483, d_2 = -2.2627, d_{3,4} = -0.7595 \pm 2.1637j$,其中 d_1 和 d_2 为分离点,其分离角均为 $\frac{\pi}{2}$。

由**规则七**求根轨迹与虚轴的交点。令 $s = j\omega$ 并代入闭环特征方程 $s^4 + 3s^3 + 12s^2 + (K_r - 16)s + K_r = 0$,得

$$(\omega^4 - 12\omega^2 + K_r) + j[-3\omega^3 + (K_r - 16)\omega] = 0$$

解得 $K_r = 12\omega^2 - \omega^4, \omega^2 = \frac{9 \pm \sqrt{17}}{2}$,则 $\omega_1 = \pm 1.5616$, $\omega_2 = \pm 2.5616$。

对应的根轨迹增益分别为 $K_{r1} = 23.3153, K_{r2} = 35.6847$。

根据上述分析绘制根轨迹图,如图 4.30 所示。

(2) 判断稳定的参数范围。

根据根轨迹图,系统稳定的 K_r 的范围为

$$23.3153 < K_r < 35.6847$$

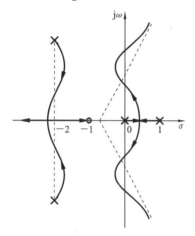

图 4.30 【4-15】的根轨迹图情况 1

【难点与易错点】
● 根据上述分析,该题可以绘制如图 4.31 所示的根轨迹图,对稳定性分析也没有影响。

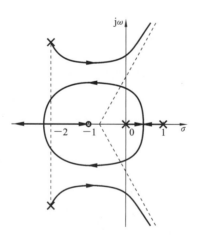

图 4.31 【4-15】的根轨迹图情况 2

但现有根轨迹规则无法区分图 4.30 和图 4.31 这两种情况。

【4-16】 某控制系统存在反馈通路,但该系统反馈通路的正负符号未知。已知该系统的开环传递函数为 $G(s)=\dfrac{K_r}{(1-s)(s+4)(s+5)^2}$,若该系统在 K_r 取某些值时稳定,试采用根轨迹法判断该系统稳定时参数 K_r 的范围。

【解】 系统有四个开环极点 $p_1=1, p_2=-4, p_{3,4}=-5$。

(1) **如果系统是负反馈**,则根轨迹方程为 $\dfrac{K_r}{(s-1)(s+4)(s+5)^2}=1$,应按照 $0°$ 根轨迹绘制规则绘制根轨迹。

由 $0°$ 根轨迹**规则三**,实轴上的根轨迹为 $(-\infty,-4],[1,+\infty)$。显然系统没办法实现有条件稳定。因此该系统不是负反馈。

为方便读者练习,下面继续绘制出此时系统的根轨迹图。

由 $0°$ 根轨迹**规则四**,渐近线与实轴的交点为 $\sigma_a=\dfrac{\sum p_i-\sum z_j}{4}=-\dfrac{13}{4}$,倾角分别为 $0,\dfrac{\pi}{2},\pi,\dfrac{3\pi}{2}$。

由**规则六**,有 $(s-1)(s+4)(s+5)^2=s^4+13s^3+51s^2+35s-100$,得分离点方程为
$$4s^3+39s^2+102s+35=(s+5)(4s^2+19s+7)=0$$

解得 $d_{1,2}=\dfrac{-19\pm\sqrt{249}}{8}=-4.3475,-0.4025$,其中 -0.4025 不是分离点。

根据上述分析绘制根轨迹图,如图 4.32 所示。

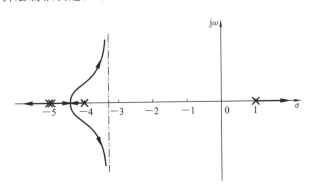

图 4.32 【4-16】负反馈时的根轨迹图

由根轨迹可知,如果系统是负反馈,无论 K_r 取何值,系统均不稳定。

(2) **如果系统是正反馈**,则根轨迹方程为 $\dfrac{K_r}{(s-1)(s+4)(s+5)^2}=-1$,应按照 $180°$ 根轨迹绘制规则绘制根轨迹。

由**规则三**,实轴上的根轨迹为 $[-4,1]$。

由**规则四**,渐近线与实轴的交点为 $\sigma_a=\dfrac{\sum p_i-\sum z_j}{4}=-\dfrac{13}{4}$,倾角分别为 $\dfrac{\pi}{4},\dfrac{3\pi}{4},\dfrac{5\pi}{4},\dfrac{7\pi}{4}$。

起始角为 $\theta_{p_{3,4}}=\dfrac{1}{2}\left[(2k+1)\pi-\angle(p_3-p_1)-\angle(p_3-p_2)\right]=\dfrac{\pi}{2},\dfrac{3\pi}{2}$。

由规则六,有$(s-1)(s+4)(s+5)^2=s^4+13s^3+51s^2+35s-100$,得分离点方程为
$$4s^3+39s^2+102s+35=(s+5)(4s^2+19s+7)=0$$

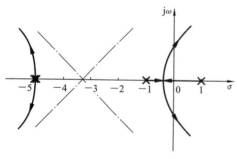

图 4.33 【4-16】正反馈时的根轨迹图

解得 $d_{1,2}=\dfrac{-19\pm\sqrt{249}}{8}=-4.3475,-0.4025$,其中$-4.3475$不是分离点,$-0.4025$是分离点,其分离角为$\dfrac{\pi}{2}$。

根据规则七求与虚轴的交点。

由闭环特征方程为$s^4+13s^3+51s^2+35s-100+K_r=0$,令$s=\mathrm{j}\omega$并代入,得
$$(\omega^4-51\omega^2-100+K_r)+\mathrm{j}(-13\omega^3+35\omega)=0$$

解得 $\omega_c=\pm\sqrt{\dfrac{35}{13}}$,$K_{rc}=230.0592$。

根据上述分析绘制根轨迹图,如图 4.33 所示。

综上,该系统是正反馈,稳定时参数 K_r 的范围为
$$0<K_r<K_{rc}=230.0592$$

【难点与易错点】
- 该题考查了非最小相位系统的根轨迹的绘制。
- 若采用 $\dot{A}(s)B(s)=A(s)\dot{B}(s)$ 来求该系统的分离点方程,则得到的解必然含有开环极点-5,因此含有因式$(s+5)$。若采用 $\sum\limits_{j=1}^{m}\dfrac{1}{d-z_j}=\sum\limits_{i=1}^{n}\dfrac{1}{d-p_i}$ 来求该系统的分离点方程,则方程阶次低一些,求解更容易一些。

【4-17】 设控制系统的开环传递函数为 $G(s)=\dfrac{K_r(s+1)}{s^3(s+2)(s+4)}$。试采用根轨迹法分别判断在正反馈和负反馈时该系统是无条件稳定还是有条件稳定。如果是有条件稳定,求出使系统稳定的参数 K_r 的取值范围。

【解】 系统有五个开环极点 $p_{1,2,3}=0,p_4=-2,p_5=-4$,一个开环零点 $z_1=-1$。

(1) **如果系统是负反馈**,则按照$180°$根轨迹绘制规则绘制根轨迹。

由规则三,实轴上的根轨迹为$(-\infty,-4]$,$[-2,-1]$。

由规则四,渐近线与实轴交点为 $\sigma_a=\dfrac{-6+1}{4}=-\dfrac{5}{4}$,倾角分别为$\dfrac{\pi}{4},\dfrac{3\pi}{4},\dfrac{5\pi}{4},\dfrac{7\pi}{4}$。

由规则五,$p_{1,2,3}$的起始角求解如下:
$$\theta_{p_{1,2,3}}=\dfrac{1}{3}((2k+1)\pi+\angle(p_1-z_1)-\angle(p_1-p_3)-\angle(p_1-p_4))$$
$$=\dfrac{1}{3}((2k+1)\pi+0°-0°-0°)=\dfrac{\pi}{3},\pi,\dfrac{5\pi}{3}$$

由规则六,分离点方程为
$$\dfrac{1}{d+1}=\dfrac{3}{d}+\dfrac{1}{d+2}+\dfrac{1}{d+4}$$

即

$$4d^3+23d^2+40d+24=0$$

解得 $d_1=-3.2278$,$d_{2,3}=-1.2611\pm j0.5182$,$d_1$ 是分离点,其分离角为 $\frac{\pi}{2}$。

根据规则七判断与虚轴有无交点。

由闭环特征方程为 $s^5+6s^4+8s^3+K_r s+K_r=0$,令 $s=j\omega$ 并代入,得

$$(6\omega^4+K_r)+j(\omega^5-8\omega^3+K_r\omega)=0$$
$$K_r=-6\omega^4=8\omega^2-\omega^4$$

无解。

根据上述分析绘制根轨迹图,如图 4.34 所示。

由图 4.34 可知,有两个根轨迹分支始终在右半平面,因此,负反馈时系统是无条件不稳定的。

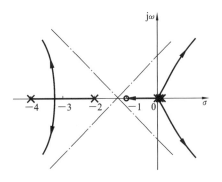

图 4.34 【4-17】负反馈时的根轨迹图

(2) **如果系统是正反馈**,此时需要按照 0°根轨迹绘制规则绘制根轨迹。

由 0°根轨迹**规则三**,实轴上 $[0,+\infty)$,$[-2,-1]$,$(-\infty,-4]$ 为根轨迹。因此,无论 K_r 为何值,系统均不稳定。

由 0°根轨迹**规则四**,渐近线与实轴的交点为 $\sigma_a=-\frac{5}{4}$,倾角分别为 $0,\frac{\pi}{2},\pi,\frac{3\pi}{2}$。

由 0°根轨迹**规则五**,$p_{1,2,3}$ 的起始角求解如下:

$$\theta_{p_{1,2,3}}=\frac{1}{3}(2k\pi+\angle(p_1-z_1)-\angle(p_1-p_3)-\angle(p_1-p_4))$$
$$=\frac{1}{3}(2k\pi+0°-0°-0°)=0,\frac{2\pi}{3},\frac{4\pi}{3}$$

由**规则六**,没有分离点。

根据规则七判断与虚轴有无交点。

由闭环特征方程为 $s^5+6s^4+8s^3-K_r s-K_r=0$,令 $s=j\omega$ 并代入,得

$$(6\omega^4-K_r)+j(\omega^5-8\omega^3-K_r\omega)=0$$
$$K_r=6\omega^4=\omega^4-8\omega^2$$

无解,与虚轴无交点。

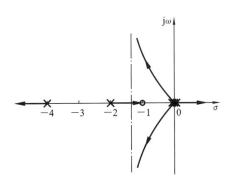

图 4.35 【4-17】正反馈时的根轨迹图

根据上述分析绘制根轨迹图,如图 4.35 所示。

由图 4.35 可知,正反馈时系统是无条件不稳定的。

【难点与易错点】

- 该题分析了 180°根轨迹绘制规则和 0°根轨迹绘制规则。
- 注意分离点方程中开环极点 $p_{1,2,3}=0$ 对应的项为 $\frac{3}{d}$。

5 线性系统的频域分析

频域分析法不仅是经典控制理论中常用的分析和设计方法,在现代控制理论中也频有应用。频域分析法基于开环传递函数,借助开环频率特性来分析闭环控制系统的稳定性。在一定条件下,由于开环频率特性可通过实验方法获得,因此频域分析法也适用于模型未知的情形。本章首先回顾频率分析法的基本概念、理论和分析方法,再对配套教材中的习题进行解答,最后给出一些典型练习题及其答案,并对其中的易错点和难点进行解析。

5.1 知识点回顾

5.1.1 频率特性的基本概念

称 $G(j\omega) = |G(j\omega)| e^{j\varphi(\omega)}$ 为传递函数 $G(s)$ 所描述的系统或环节的**频率特性**或频率传递函数。

- 若 $G(s)$ 为控制系统的开环传递函数,则称对应的频率特性为系统的**开环频率特性**。
- 若 $G(s)$ 为控制系统的闭环传递函数,则称对应的频率特性为系统的**闭环频率特性**。

1. 频率特性的解析表达方式

频率特性 $G(j\omega) = |G(j\omega)| e^{j\varphi(\omega)} = u(\omega) + jv(\omega)$,其中:

- $|G(j\omega)|$ 为**幅频特性**,$\varphi(\omega) = \angle G(j\omega) = \arctan \dfrac{\text{Im}\{G(j\omega)\}}{\text{Re}\{G(j\omega)\}}$ 为**相频特性**。
- $u(\omega)$ 为频率特性 $G(j\omega)$ 的**实频特性**,$v(\omega)$ 为频率特性 $G(j\omega)$ 的**虚频特性**。

2. 频率特性的图形表达方式

以角频率 ω 为自变量,当 $\omega:0 \to \infty$ 时,将频率特性变化的曲线绘制在复平面上,标出 $\omega=0$ 和 $\omega \to \infty$ 的位置,并用箭头标出 ω 的增大方向,所构成的曲线称为**幅相特性曲线**,简称幅相曲线,又称**极坐标图**(polar plot)。

极坐标图有时又称为**奈奎斯特曲线**(Nyquist diagram),简称**奈氏曲线**。事实上,奈氏曲线更多时候指的是在复数平面上绘制频率特性随 $\omega:-\infty \to \infty$ 变化的完整曲线。

以角频率 ω 为横坐标并采用对数分度(单位是 rad/s(弧度/秒)),以对数幅频特性 $L(\omega)=20\lg|G(j\omega)|$ 的函数值为纵坐标并采用线性分度(单位是 dB(分贝)),所绘制的 $L(\omega)$ 随 $\omega:0\to\infty$ 变化的曲线称为**对数幅频特性曲线**。

以角频率 ω 为横坐标并采用对数分度(单位是 rad/s),以相频特性 $\varphi(\omega)$ 的函数值为纵坐标并采用线性分度(单位是度),所绘制的 $\varphi(\omega)$ 随 $\omega:0\to\infty$ 变化的曲线称为**对数相频特性曲线**。

将对数幅频特性曲线画在上边、对数相频特性画在下边,且二者的横坐标保持一致,则二者联合构成的图称为**对数频率特性图**,又称**对数坐标图**、**伯德图**或 **Bode 图**(Bode diagram)。

3. 频率特性的性质

频率特性具有下面性质。

(1) 频率特性与传递函数之间的关系为 $G(j\omega)=G(s)|_{s=j\omega}$。

(2) 对于稳定的控制系统,其闭环幅频特性 $|G(j\omega)|$ 和相频特性 $\varphi(\omega)$ 分别是其在正弦输入信号作用下的**稳态输出幅值与相角相对于输入的变化量**。因此,**如果系统稳定**,可由幅频特性 $|G(j\omega)|$ 和相频特性 $\varphi(\omega)$ 直接求出系统**在正弦输入下的稳态输出响应**。即:设输入信号 $r(t)=A\sin\omega t$,则系统的稳态输出为

$$y_{ss}(t)=A|G(j\omega)|\sin(\omega t+\varphi(\omega))$$

(3) 多个环节串联的传递函数所对应的频率特性,其幅频特性相乘,相频特性相加;对数幅频特性曲线和对数相频特性曲线均是相加的关系。

(4) 幅频特性 $|G(j\omega)|=\sqrt{u^2(\omega)+v^2(\omega)}$ 是 ω 的**偶函数**,相频特性 $\varphi(\omega)=\arctan\dfrac{v(\omega)}{u(\omega)}$ 是 ω 的**奇函数**。

(5) 实频特性 $u(\omega)$ 是 ω 的**偶函数**,虚频特性 $v(\omega)$ 是 ω 的**奇函数**。

(6) 绘制出 $\omega:0\to\infty$ 变化的幅相曲线后,绘制其关于实轴对称的曲线,就可以得到频率特性随着 $\omega:-\infty\to\infty$ 变化的**奈氏曲线**。

【注】 如果某系统或环节不稳定,则无法根据幅频特性 $|G(j\omega)|$ 和相频特性 $\varphi(\omega)$ 直接求出其在正弦输入下的稳态输出响应。请看下例。

【例】 某控制系统的闭环传递函数为 $\varPhi(s)=\dfrac{2s+1}{s(s-1)}$,求在零初始条件下输入为 $r(t)=\sin\omega t$ 时系统的输出信号 $c(t)$。

【解】 输入信号的拉氏变换为 $R(s)=\dfrac{\omega}{s^2+\omega^2}$,则输出响应为

$$C(s)=\varPhi(s)R(s)=\dfrac{2s+1}{s(s-1)}\times\dfrac{\omega}{s^2+\omega^2}=\dfrac{a}{s}+\dfrac{b}{s-1}+\dfrac{cs}{s^2+\omega^2}+\dfrac{d\omega}{s^2+\omega^2}$$

其中:$a=-\dfrac{1}{\omega},b=\dfrac{3\omega}{\omega^2+1},c=\dfrac{-2\omega^2+1}{\omega(\omega^2+1)},d=\dfrac{-3}{\omega^2+1}$。

有

$$c(t)=a+be^t+c\cos\omega t+d\sin\omega t$$

显然,输出信号无法达到稳态。

5.1.2 典型环节的频率特性

控制系统的传递函数通常可以看成是多个环节的串联,而多个环节串联的传递函数,其幅频特性相乘,相频特性相加;其对数幅频特性曲线和对数相频特性曲线均是相加的关系。因此,掌握典型环节的频率特性,对于写出控制系统的幅频特性、相频特性表达式,以及绘制幅相曲线和 Bode 图,都很有帮助。下面回顾比例环节、积分环节、微分环节、惯性环节、比例-微分环节、振荡环节、二阶微分环节、延迟环节、不稳定环节的频率特性。

1. 比例环节

比例环节的传递函数为 $G(s)=k,k>0$。其频率特性为 $G(\mathrm{j}\omega)=k$,幅频特性为 $|G(\mathrm{j}\omega)|=k$,相频特性为 $\angle G(\mathrm{j}\omega)=0°$,对数幅频特性为 $L(\omega)=20\lg k$,对数相频特性为 $\varphi(\omega)=0°$。

比例环节的频率特性曲线如图 5.1 所示。

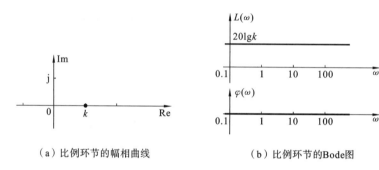

(a) 比例环节的幅相曲线　　(b) 比例环节的Bode图

图 5.1　比例环节的频率特性曲线

2. 积分环节

积分环节的传递函数为 $G(s)=\dfrac{1}{s}$,其频率特性为 $G(\mathrm{j}\omega)=\dfrac{1}{\mathrm{j}\omega}$,幅频特性为 $|G(\mathrm{j}\omega)|=\dfrac{1}{\omega}$,相频特性为 $\angle G(\mathrm{j}\omega)=-90°$,对数幅频特性为 $L(\omega)=20\lg\dfrac{1}{\omega}=-20\lg\omega$,对数相频特性为 $\varphi(\omega)=-90°$。

积分环节的频率特性曲线如图 5.2 所示。

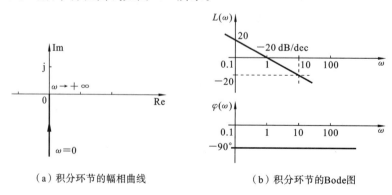

(a) 积分环节的幅相曲线　　(b) 积分环节的Bode图

图 5.2　积分环节的频率特性曲线

3. 微分环节

微分环节的传递函数为 $G(s)=Ts$, $T>0$, 其频率特性为 $G(j\omega)=j\omega T$, 其幅频特性为 $|G(j\omega)|=\omega T$, 相频特性为 $\angle G(j\omega)=90°$, 对数幅频特性为 $L(\omega)=20\lg\omega T$, 对数相频特性为 $\varphi(\omega)=90°$。

微分环节的频率特性曲线如图 5.3 所示。

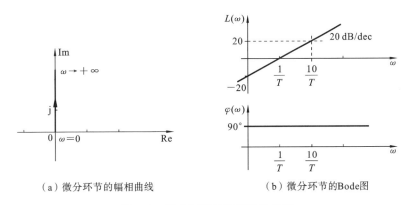

(a) 微分环节的幅相曲线　　　　(b) 微分环节的Bode图

图 5.3　微分环节的频率特性曲线

4. 惯性环节

惯性环节的传递函数为 $G(s)=\dfrac{1}{Ts+1}$, $T>0$。其频率特性为

$$G(j\omega)=\frac{1}{1+j\omega T}=\frac{1}{1+\omega^2 T^2}-j\frac{\omega T}{1+\omega^2 T^2}$$

其幅频特性为 $|G(j\omega)|=\dfrac{1}{\sqrt{1+\omega^2 T^2}}$, 相频特性为 $\angle G(j\omega)=-\arctan\omega T$, 对数幅频特性为 $L(\omega)=-20\lg\sqrt{\omega^2 T^2+1}$, 对数相频特性为 $\varphi(\omega)=-\arctan\omega T$。

在**低频段** $\left(\omega\ll\dfrac{1}{T}\right)$, 幅频特性近似为 $|G(j\omega)|\approx 1$, 对数幅频特性的**低频渐近线**为 $L(\omega)\approx 0$ dB。

在**高频段** $\left(\omega\gg\dfrac{1}{T}\right)$, 幅频特性近似为 $|G(j\omega)|\approx\dfrac{1}{\omega T}$, 对数幅频特性的**高频渐近线**为 $L(\omega)\approx -20\lg\omega T$。

在转折频率 $\omega=\dfrac{1}{T}$ 处, 惯性环节的渐近对数幅频特性**比真实值大** 3 dB。

惯性环节的频率特性曲线如图 5.4 所示。

惯性环节的对数相频特性曲线关于点 $\omega=\dfrac{1}{T}$、$\varphi(\omega)=-45°$ 斜对称。转折频率 $\dfrac{1}{T}$ 增大或减小时, 惯性环节的对数相频特性曲线相应地右移或左移, 但形状不变。且惯性环节的对数相频特性曲线在转折频率处负向增大的速度最快。

5. 比例-微分环节

比例-微分环节的传递函数为 $G(s)=Ts+1$, $T>0$, 其频率特性为 $G(j\omega)=j\omega T+1$。其幅频特性为 $|G(j\omega)|=\sqrt{1+\omega^2 T^2}$, 相频特性为 $\angle G(j\omega)=\arctan\omega T$, 对数幅频特

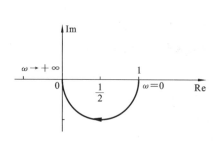
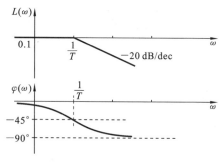

(a)惯性环节的幅相曲线　　　　　(b)惯性环节的Bode图

图 5.4　惯性环节的频率特性曲线

性为 $L(\omega)=20\lg\sqrt{\omega^2T^2+1}$,对数相频特性为 $\varphi(\omega)=\arctan\omega T$。

在低频段 $\left(\omega\ll\dfrac{1}{T}\right)$,幅频特性近似为 $|G(\mathrm{j}\omega)|\approx1$,对数幅频特性曲线的低频渐近线为 $L(\omega)=0$ dB。

在高频段 $\left(\omega\gg\dfrac{1}{T}\right)$,幅频特性近似为 $|G(\mathrm{j}\omega)|\approx\omega T$,对数幅频特性曲线的高频渐近线为 $L(\omega)=20\lg\omega T$。

在转折频率 $\omega=\dfrac{1}{T}$ 处,渐近对数幅频特性曲线误差的绝对值最大,比真实值小 3 dB。

比例-微分环节的频率特性曲线如图 5.5 所示。

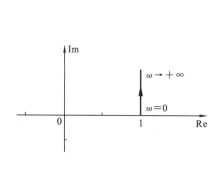
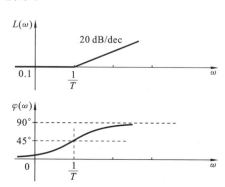

(a)比例-微分环节的幅相曲线　　　　　(b)比例-微分环节的Bode图

图 5.5　比例-微分环节的频率特性曲线

比例-微分环节的对数相频特性曲线关于点 $\omega=\dfrac{1}{T}$、$\varphi(\omega)=45°$ 斜对称。转折频率 $\dfrac{1}{T}$ 增大或减小时,比例-微分环节的对数相频特性曲线相应地右移或左移,但形状不变。且比例-微分环节的对数相频特性曲线在转折频率处增大的速度最快。

6. 振荡环节

振荡环节的传递函数为 $G(s)=\dfrac{1}{T^2s^2+2\zeta Ts+1}$,其中 $\zeta>0,T>0$,其频率特性为

$G(j\omega) = \dfrac{1}{1-\omega^2 T^2 + j2\zeta\omega T}$，幅频特性为 $|G(j\omega)| = \dfrac{1}{\sqrt{(1-\omega^2 T^2)^2 + 4\zeta^2\omega^2 T^2}}$，相频特性为

$$\angle G(j\omega) = \begin{cases} -\arctan\dfrac{2\zeta\omega T}{1-\omega^2 T^2}, & \omega T \leqslant 1 \\ -180° + \arctan\dfrac{2\zeta\omega T}{\omega^2 T^2 - 1}, & \omega T > 1 \end{cases}$$，对数幅频特性为 $L(\omega) = -20\lg[(1-\omega^2 T^2)^2 + 4\zeta^2\omega^2 T^2]^{\frac{1}{2}}$。

在**低频段** $\left(\omega \ll \dfrac{1}{T}\right)$，幅频特性近似为 $|G(j\omega)| \approx 1$，对数幅频特性曲线的**低频渐近线** $L(\omega) = 0$ dB。

在**高频段** $\left(\omega \gg \dfrac{1}{T}\right)$，幅频特性近似为 $|G(j\omega)| \approx \dfrac{1}{\omega^2 T^2}$，对数幅频特性曲线的**高频渐近线** $L(\omega) = -40\lg\omega T$。

在转折频率 $\omega = \dfrac{1}{T}$ 处，振荡环节渐近对数幅频特性曲线的**误差**为

$$e_L = -20\lg 2\zeta$$

即：若阻尼比为 $0<\zeta<0.5$，则渐近线比真实值小 $-20\lg 2\zeta$；若阻尼比为 $0.5<\zeta<1$，则渐近线比真实值大 $20\lg 2\zeta$。

振荡环节的频率特性曲线如图 5.6 所示。

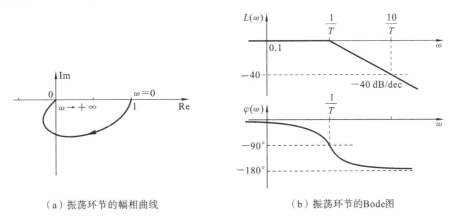

(a) 振荡环节的幅相曲线　　(b) 振荡环节的Bode图

图 5.6　振荡环节的频率特性曲线

若 $0 < \zeta < \dfrac{1}{\sqrt{2}}$，则振荡环节会发生**谐振**。谐振频率为

$$\omega_r = \dfrac{1}{T}\sqrt{1 - 2\zeta^2}$$

谐振峰值为

$$|G(j\omega_r)| = M_r = \dfrac{1}{2\zeta\sqrt{1-\zeta^2}} > 1$$

谐振相移为

$$\varphi_r = -\arctan\dfrac{\sqrt{1-2\zeta^2}}{\zeta}$$

值得注意的是，**谐振频率与该环节的放大系数无关**。

此外，两个惯性环节串联所形成的振荡环节，例如 $\dfrac{1}{T_1 s+1}$ 和 $\dfrac{1}{T_2 s+1}$ 串联得到 $\dfrac{1}{T_1 T_2 s^2+(T_1+T_2)s+1}$，其阻尼比为 $\zeta = \dfrac{T_1+T_2}{2\sqrt{T_1 T_2}} > 1$，必然不会发生谐振。另外，如果阻尼比为 $\zeta>1$，则振荡环节可分解成两个惯性环节的串联。

振荡环节的对数相频特性曲线关于点 $\omega=\dfrac{1}{T}$、$\varphi(\omega)=-90°$ 斜对称。若 ζ 固定不变，当转折频率 $\dfrac{1}{T}$ 增大或减小时，振荡环节的对数相频特性曲线相应地左移或右移，但形状不变。阻尼比 ζ 越小，曲线在转折频率 $\dfrac{1}{T}$ 处减小的速率越快，曲线越陡。

7. 二阶微分环节

二阶微分环节的传递函数为 $G(s)=T^2 s^2+2\zeta T s+1$，其中 $\zeta>0$，$T>0$，其频率特性为 $G(\mathrm{j}\omega)=1-\omega^2 T^2+\mathrm{j}2\zeta\omega T$，幅频特性为 $|G(\mathrm{j}\omega)|=\sqrt{(1-\omega^2 T^2)^2+4\zeta^2\omega^2 T^2}$，相频特性为 $\angle G(\mathrm{j}\omega)=\begin{cases}\arctan\dfrac{2\zeta\omega T}{1-\omega^2 T^2}, & \omega T\leqslant 1\\ 180°-\arctan\dfrac{2\zeta\omega T}{\omega^2 T^2-1}, & \omega T>1\end{cases}$，对数幅频特性为 $L(\omega)=20\lg[(1-\omega^2 T^2)^2+4\zeta^2\omega^2 T^2]^{\frac{1}{2}}$。

在**低频段** $\left(\omega\ll\dfrac{1}{T}\right)$，幅频特性近似为 $|G(\mathrm{j}\omega)|\approx 1$，对数幅频特性曲线的**低频渐近线** $L(\omega)=0\ \mathrm{dB}$。

在**高频段** $\left(\omega\gg\dfrac{1}{T}\right)$，幅频特性近似为 $|G(\mathrm{j}\omega)|\approx\omega^2 T^2$，对数幅频特性曲线的**高频渐近线** $L(\omega)=40\lg\omega T$。

在转折频率 $\omega=\dfrac{1}{T}$ 处，二阶微分环节的渐近对数幅频特性曲线的**误差**为

$$e_L=20\lg 2\zeta$$

二阶微分环节的频率特性曲线如图 5.7 所示。

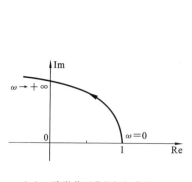

(a) 二阶微分环节的幅相曲线

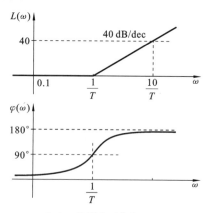

(b) 二阶微分环节的Bode图

图 5.7 二阶微分环节的频率特性曲线

8. 延迟环节

延迟环节的传递函数为 $G(s)=\mathrm{e}^{-\tau s}$,其中 $\tau>0$。其频率特性为 $G(\mathrm{j}\omega)=\mathrm{e}^{-\mathrm{j}\tau\omega}=\cos\omega\tau-\mathrm{j}\sin\omega\tau$,幅频特性为 $|G(\mathrm{j}\omega)|=1$,相频特性为 $\angle G(\mathrm{j}\omega)=-\omega\tau$,对数幅频特性为 $L(\omega)=0\ \mathrm{dB}$,对数相频特性为 $\varphi(\omega)=-\omega\tau(\mathrm{rad})=-57.3°\omega\tau$。

延迟环节的频率特性曲线如图 5.8 所示。

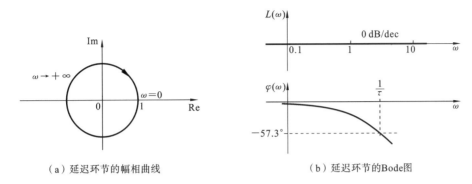

(a) 延迟环节的幅相曲线　　　　　(b) 延迟环节的Bode图

图 5.8　延迟环节的频率特性曲线

9. 不稳定环节

实际中,通常认为**单个环节的相频特性范围是**$[-180°,180°]$。典型不稳定环节的幅频特性与对应典型环节的幅频特性相同,其相频特性如表 5.1 所示。为方便对比,表 5.1 中同时汇总了所有典型环节的幅频特性和相频特性。

表 5.1　典型环节的相频特性

传递函数 $G(s)$	幅频特性 $|G(\mathrm{j}\omega)|$	相频特性 $\varphi(\omega)$
k	k	$0°$
$\dfrac{1}{s}$	$\dfrac{1}{\omega}$	$-90°$
s	ω	$90°$
$\dfrac{1}{Ts+1}$	$\dfrac{1}{\sqrt{1+\omega^2 T^2}}$	$-\arctan\omega T$
$Ts+1$	$\sqrt{1+\omega^2 T^2}$	$\arctan\omega T$
$\dfrac{1}{T^2 s^2+2\zeta Ts+1}$	$\dfrac{1}{\sqrt{(1-\omega^2 T^2)^2+4\zeta^2\omega^2 T^2}}$	$\begin{cases}-\arctan\dfrac{2\zeta\omega T}{1-\omega^2 T^2},&\omega T\leqslant 1\\ -180°+\arctan\dfrac{2\zeta\omega T}{\omega^2 T^2-1},&\omega T>1\end{cases}$
$T^2 s^2+2\zeta Ts+1$	$\sqrt{(1-\omega^2 T^2)^2+4\zeta^2\omega^2 T^2}$	$\begin{cases}\arctan\dfrac{2\zeta\omega T}{1-\omega^2 T^2},&\omega T\leqslant 1\\ 180°-\arctan\dfrac{2\zeta\omega T}{\omega^2 T^2-1},&\omega T>1\end{cases}$
$\mathrm{e}^{-\tau s}$	1	$-57.3°\omega\tau$
$\dfrac{1}{-Ts+1}$	$\dfrac{1}{\sqrt{1+\omega^2 T^2}}$	$\arctan\omega T$

续表

传递函数 $G(s)$	幅频特性 $|G(j\omega)|$	相频特性 $\varphi(\omega)$
$\dfrac{1}{Ts-1}$	$\dfrac{1}{\sqrt{1+\omega^2 T^2}}$	$-180°+\arctan\omega T$
$\dfrac{1}{T^2 s^2-2\zeta Ts+1}$	$\dfrac{1}{\sqrt{(1-\omega^2 T^2)^2+4\zeta^2\omega^2 T^2}}$	$\begin{cases}\arctan\dfrac{2\zeta\omega T}{1-\omega^2 T^2}, & \omega T\leqslant 1\\ 180°-\arctan\dfrac{2\zeta\omega T}{\omega^2 T^2-1}, & \omega T>1\end{cases}$
$-Ts+1$	$\sqrt{1+\omega^2 T^2}$	$-\arctan\omega T$
$Ts-1$	$\sqrt{1+\omega^2 T^2}$	$180°-\arctan\omega T$
$T^2 s^2-2\zeta Ts+1$	$\sqrt{(1-\omega^2 T^2)^2+4\zeta^2\omega^2 T^2}$	$\begin{cases}-\arctan\dfrac{2\zeta\omega T}{1-\omega^2 T^2}, & \omega T\leqslant 1\\ -180°+\arctan\dfrac{2\zeta\omega T}{\omega^2 T^2-1}, & \omega T>1\end{cases}$
-1	1	$-180°$

5.1.3 幅相特性曲线

通常我们绘制的幅相特性曲线是**闭环控制系统的开环幅相特性曲线**,从而便于分析控制系统的稳定性。下面回顾最小相位系统的幅相曲线的起点和终点的规律,并总结绘制幅相曲线的步骤。

1. 最小相位系统幅相曲线的规律

最小相位系统是指开环传递函数没有右半平面的零点和极点且不含延迟环节的反馈控制系统。设最小相位系统的开环传递函数中积分环节个数为 r,当开环放大系数 $K>0$ 时,**最小相位系统幅相曲线的起点**具有以下规律。

(1) 若 $r<0$,即有 $|r|$ 个微分环节,则**起始于原点**。

(2) 若 $r=0$,即没有积分环节或微分环节,则**起始于正实轴上某点**,且该点距原点的距离为**开环增益 K 值**。

(3) 若 $r>0$,即有 r 个积分环节,则**起始于无穷远处**,且相角为 $-r90°$。具体来说,若 $r=1$,则起始于负虚轴方向的无穷远处;若 $r=2$,则起始于负实轴方向的无穷远处;若 $r=3$,则起始于正虚轴方向的无穷远处。

设最小相位系统的开环传递函数的分母阶次为 n,分子阶次为 m,当开环放大系数 $K>0$ 时,**最小相位系统幅相曲线的终点**具有以下规律。

① 当 $n=m$ 时,曲线终止于**正实轴上某点**,且该点距原点的距离为**根轨迹增益 K_r 值**。

② 当 $n>m$ 时,终点在**原点**,且以 $-(n-m)90°$ 的角度进入原点。

③ 当 $n<m$ 时,终点在**无穷远处**,且其相频特性为 $(m-n)90°$。

当开环放大系数 $K<0$ 时,需先将幅相曲线绕原点旋转 $180°$,再根据上面结论判断起点和终点位置及其与积分环节个数的关系。

2. 绘制幅相曲线的步骤

绘制幅相曲线的步骤如下。

(1) 由频率特性写出幅频特性和相频特性。根据需要求出实频特性和虚频特性。

(2) 分析 $\omega:0\to\infty$ 变化时幅频特性和相频特性的变化趋势，根据需要分析实频特性和虚频特性的变化趋势。

(3) 求出幅相曲线与负实轴的交点，并标注在图上。

(4) 用箭头标出 $\omega:0\to\infty$ 变化的方向。

(5) 如果存在渐近线，则根据需要标出渐近线及其值。

(6) 如果系统的**开环传递函数有纯虚根**，则在 ω 的有限值处，幅频特性值会出现无穷大。此时需要分析对应 ω 的相频特性值，以便绘制幅相曲线。

上述步骤(3)中，**求幅相曲线与负实轴的交点**的方法有两种：一是令虚频特性 $v(\omega)=0$；二是令相频特性 $\varphi(\omega)=-180°$。对于不方便求虚频特性的高阶系统，在求相频特性表达式时，可以考查各个典型环节转折频率是否相差较大，如果各转折频率相差较大，则在转折频率附近的相角可以近似求解。例如，若系统含有 $\dfrac{1}{0.01s+1}$、$\dfrac{1}{s+1}$、$\dfrac{1}{100s+1}$ 三个环节，则在转折频率 $\omega_1=0.01$ 附近，$\dfrac{1}{0.01s+1}$ 和 $\dfrac{1}{s+1}$ 的相角可近似为 $0°$；在转折频率 $\omega_2=1$ 附近，$\dfrac{1}{100s+1}$ 的相角可近似为 $-90°$，$\dfrac{1}{0.01s+1}$ 的相角可近似为 $0°$；在转折频率 $\omega_3=100$ 附近，$\dfrac{1}{100s+1}$ 和 $\dfrac{1}{s+1}$ 的相角可近似为 $-90°$。

5.1.4 对数频率特性图(Bode 图)

控制系统的对数频率特性图可由典型环节叠加而成。

对数幅频特性曲线通常用典型环节的渐近线来绘制，称为**渐近对数幅频特性曲线**。设传递函数 $G(s)=\dfrac{KM(s)}{s^r N(s)}$，其中 $M(s)$ 和 $N(s)$ 是尾一多项式，r 为积分环节的个数，K 为开环放大系数。其**对数幅频特性曲线绘制步骤**如下。

(1) 分析传递函数的典型环节，写出对数幅频特性表达式。

(2) 确定各典型环节的转折频率并标注在横轴上。

(3) 过点 $(\omega=1, L(\omega)=20\lg K)$，以 $-r20$ dB/dec 为斜率，绘制渐近线起始段，向左延伸到低频段(直到 $\omega=0$)，向右延伸到最小的一个转折频率处为止；因此，点 $(\omega=1, L(\omega)=20\lg K)$ 不一定会在渐近对数幅频特性曲线上，只是作为绘制起始段的参考值。

(4) 从起始段出发，将 $L(\omega)$ 向右即向高频段延伸，每经过一个**转折频率**，渐近线的斜率就相应地改变 Δ_s：

- 经过一个一阶微分环节(或不稳定的一阶微分环节)的转折频率时，$\Delta_s=+20$ dB/dec；
- 经过一个二阶微分环节(或不稳定的二阶微分环节)的转折频率时，$\Delta_s=+40$ dB/dec；
- 经过一个惯性环节(或不稳定的惯性环节)的转折频率时，$\Delta_s=-20$ dB/dec；
- 经过一个振荡环节(或不稳定的振荡环节)的转折频率时，$\Delta_s=-40$ dB/dec。

若有多个典型环节具有相同的转折频率,则 Δ_s 是这多个典型环节对应 Δ_s 值的叠加。

(5) 标出剪切频率;**剪切频率**又称**幅值穿越频率**,记为 ω_c,是指开环对数幅频特性曲线过 0 分贝线的频率,即开环幅频特性值等于 1 的频率。求**剪切频率**有以下两种方法。

① 精确求解:令幅频特性 $|G(j\omega)|=1$ 或对数幅频特性 $L(\omega)=0$,得到的解就是 ω_c。

② 近似求解:首先判断剪切频率 ω_c 的范围,即位于哪两个转折频率之间,设为 $\omega_1 < \omega_c < \omega_2$;然后根据各个环节的高频段或低频段的近似式列写方程,即**所有转折频率低于 ω_1 的环节都采用其高频近似式**,而**所有转折频率高于 ω_2 的环节都采用其低频近似式**,列写方程 $L(\omega_c)=0$ 或者 $|G(j\omega_c)|=1$ 求解。

(6) 根据需要计算转折频率处的渐近对数幅频特性误差,绘制较为精确的曲线,惯性环节对应转折频率处的幅频值应修正为 -3 dB,一阶微分环节对应转折频率处的幅频值应修正为 $+3$ dB。振荡环节对应转折频率处的幅频值应修正为 $-20\lg 2\zeta$。

对数相频特性曲线绘制的步骤如下。

(1) 写出对数相频特性表达式。
(2) 绘制各典型环节的对数相频特性。
(3) 叠加。叠加时注意,典型环节转折频率处的相角变化速度相对较快。
(4) 根据对数相频特性表达式检查图形的起点和终点位置。

5.1.5 基于频率特性的系统辨识

当控制系统的数学模型未知时,可以通过实验的方法获得闭环频率特性曲线或者开环频率特性曲线,再借助频率特性曲线与典型环节的对应关系,得到控制系统的数学模型。

最小相位系统的幅频特性和相频特性一一对应,因此,幅频特性确定后,其对应的最小相位系统是唯一的。如果实验获得某最小相位系统的开环渐近对数幅频特性曲线,可以就此得到该系统的开环传递函数。

对于**非最小相位系统**,渐近对数幅频特性曲线与传递函数没有一一对应关系。但是,结合对数相频特性,有时也可以推断出系统的传递函数。

系统在开环状态下,如果实验方法测得在输入信号 $A\sin\omega_1 t$ 作用下**稳态输出信号的幅值与输入幅值相同**,也是 A,则**剪切频率**就是 ω_1。此外,剪切频率还对应**幅相曲线与单位圆的交点**,如果实验测得系统的幅相曲线,则可根据幅相曲线与单位圆的交点处的频率得到剪切频率。

5.1.6 奈奎斯特稳定性判据

1. 基于奈氏曲线的稳定性判据

奈奎斯特稳定性判据的原理是幅角原理。它基于闭环控制系统的开环传递函数的奈氏曲线来判断控制系统的稳定性。

开环传递函数的**奈氏曲线**可由开环幅相曲线对称得到。此外,若控制系统的开环传递函数包含**积分环节**(即开环极点有 0 根)或者**纯虚根的开环极点**,除了绘制 $\omega: -\infty$

→＋∞变化时完整的开环频率特性外,还需要增加原点处和虚轴上开环极点的**增补段的映射曲线**,才能得到完整的奈氏曲线。具体地,

- 原点处开环极点的增补段在 GH 平面的映射曲线是半径为无穷大的圆弧,且 $\omega:0^-\to 0^+$ 变化时顺时针绕原点转 $v\pi$ 度。
- 开环虚极点 jd 的增补段在 GH 平面的映射曲线是半径为无穷大的圆弧,且 $\omega:d^-\to d^+$ 变化时顺时针绕原点转 $v\pi$ 度。

基于开环传递函数的奈氏曲线,就可以根据奈氏判据判断闭环系统的稳定性。下面总结奈氏判据。

1) 奈氏曲线不穿过 $(-1,j0)$ 点时

奈奎斯特稳定性判据(Nyquist Criterion):对于反馈控制系统,设其开环传递函数为 $G(s)H(s)$,P 为位于 S 平面右半平面的 $G(s)H(s)$ 的极点数,N 为 $G(s)H(s)$ 的奈氏曲线(包括增补段的映射曲线)**逆时针方向包围**$(-1,j0)$点的次数。**若奈氏曲线不穿过**$(-1,j0)$**点**,则有下面结论。

(1) 闭环系统稳定的充分必要条件是 $P=N$。
(2) 若 $P-N>0$,则闭环系统**不稳定**,且右半平面的闭环极点的个数为 $Z=P-N$。

2) 奈氏曲线穿过 $(-1,j0)$ 点时

设反馈控制系统的开环传递函数为 $G(s)H(s)$,则当且仅当 $G(s)H(s)$ 对应的**奈氏曲线穿过**$(-1,j0)$**点**时,**闭环极点存在纯虚根或零根**。

$G(s)H(s)$ 对应的奈氏曲线穿过 $(-1,j0)$ 点时,要应用奈氏判据判断稳定性,需要**对奈氏曲线进行修正**,修正方法如下。

(1) 若开环幅相曲线的起点在 $(-1,j0)$ 点,则反馈控制系统有闭环极点位于原点处。设原点处的闭环极点重数为 v,则奈氏曲线修正为:当 $\omega:0^-\to 0^+$ 时,**以半径无穷小的圆弧逆时针绕**$(-1,j0)$**点转** $v\pi$ **度**。

(2) 若开环幅相曲线在除起点外的其他位置穿过 $(-1,j0)$ 点,则反馈控制系统有闭环极点位于虚轴上。设虚轴上闭环极点为 $\pm jd$,且重数为 v,则奈氏曲线修正如下。

① 当 $\omega:d^-\to d^+$ 时,闭环极点 jd 的增补段的映射曲线是**以半径无穷小的圆弧逆时针绕**$(-1,j0)$**点转** $v\pi$ **度**。

② 当 $\omega:-d^+\to -d^-$ 时,闭环极点 $-jd$ 的增补段的映射曲线是**以半径无穷小的圆弧逆时针绕**$(-1,j0)$**点转** $v\pi$ **度**。

修正的奈氏判据:若反馈控制系统开环传递函数所对应的奈氏曲线穿过 $(-1,j0)$ 点,则系统临界稳定或不稳定。此时,设修正的奈氏曲线逆时针方向包围 $(-1,j0)$ 点的次数为 N,而系统位于右半平面的开环极点个数为 P,则有下面结论。

- 闭环系统临界稳定的充分必要条件是 $P=N$ 且原点处或虚轴上的闭环极点为**单重根**。
- 若 $P=N$ 且原点处或虚轴上的闭环极点为**多重根**,或者若 $P-N>0$,则闭环系统**不稳定**。右半平面的闭环特征根的个数为 $Z=P-N$。

3) 正反馈系统的奈氏判据

若 $G(s)H(s)$ 是某正反馈系统的开环传递函数,由奈氏判据的证明过程可知,此时可将闭环特征方程写为 $1+(-G(s)H(s))=0$,即**等效于开环传递函数为** $-G(s)H(s)$ **的负反馈系统的开环传递函数**,由此绘制系统的奈氏曲线,进而应用前文总结的奈氏判

据判断闭环系统的稳定性。

注意:此时相当于增加了一个环节-1,相频特性增加了$-180°$。如果是最小相位系统,则需先将幅相曲线绕原点旋转$180°$,再来判断幅相曲线起点和终点位置及其积分环节的个数。

2. 基于幅相曲线的稳定性判据

奈氏判据是基于开环传递函数的$\omega:-\infty \to +\infty$时完整的奈氏曲线来判断闭环系统的稳定性。实际上,也可以直接根据$\omega:0 \to +\infty$时**包括增补段的幅相曲线**来判断闭环系统的稳定性。

当$\omega:0 \to +\infty$时,幅相曲线的**增补段**包括以下几个方面。

(1) 开环传递函数含有v个**积分环节**时,在开环幅相曲线上绘制增补段,该增补段从$\omega=0$的逆时针$v90°$处,以半径无穷大的圆弧顺时针绕原点转$v90°$至$\omega=0$处。

(2) 开环传递函数含有虚轴上的开环极点jd时,设其重数为v,则开环虚极点jd的增补段的映射曲线为,当$\omega:d^- \to d^+$时以半径无穷大的圆弧顺时针绕原点转$v\pi$度。

● 当ω增大时,开环幅相曲线由上而下穿过$(-\infty,-1)$段实轴,称之为**正穿越**。正穿越次数用N^+表示。此时对应奈氏曲线逆时针包围$(-1,j0)$点的情形。

● 当ω增大时,开环幅相曲线由下而上穿过$(-\infty,-1)$段实轴,称之为**负穿越**。负穿越次数用N^-表示。此时对应奈氏曲线顺时针包围$(-1,j0)$点的情形。

● 开环幅相曲线起点在$(-1,j0)$左边实轴时,记**半次穿越**。

幅相曲线上的奈氏判据:设P为位于S平面右半平面的开环传递函数极点数,N^+和N^-分别为含增补段的开环幅相曲线正负穿越的次数:

● 若幅相曲线不穿过$(-1,j0)$点,则闭环系统稳定的**充分必要条件**是$P=2(N^+-N^-)$。

● 若幅相曲线不穿过$(-1,j0)$点,且$P>2(N^+-N^-)$,则闭环系统不稳定,右半平面的闭环极点的个数为$Z=P-2(N^+-N^-)$。

● 若幅相曲线起点在$(-1,j0)$点上或穿过$(-1,j0)$点,闭环系统稳定性的判断需要在修正的幅相曲线(修正方法类似于奈氏曲线的修正)上进行。此时,若$P=2(N^+-N^-)$且原点处或虚轴上的闭环极点为**单重根**,则闭环系统临界稳定;若$P>2(N^+-N^-)$,且原点处或虚轴上的闭环极点为**多重根**,则闭环系统不稳定,右半平面的闭环极点的个数为$Z=P-2(N^+-N^-)$。

3. 基于Bode图的稳定性判据

根据Bode图与幅相曲线的对应关系,也可以将奈氏判据应用于开环传递函数的Bode图来判断闭环系统的稳定性。

如果开环传递函数有**原点处的开环极点**,则需要绘制**增补段**,即设对数相频特性曲线的起始角度为φ_0,增补段为**相频特性起始点**φ_0与$\varphi_0+v90°$的连线。

在对数幅值大于0 dB的频段内,对数相频特性曲线由上至下穿越$-\pi$线,此时相角减少,是**负穿越**;在对数幅值大于0 dB的频段内,对数相频特性曲线由下至上穿越$-\pi$线,此时相角增加,是**正穿越**;当对数相频特性的起始角度为$-180°$时,应记**半次穿越**。注意,此时由于横坐标对数分度,在Bode图中无法展示起始角度。

在对数幅频特性大于0 dB的频段内,记正穿越次数为N^+、负穿越次数为N^-。如果 Bode 图不存在 ω_1 使得 $L(\omega_1)=0$ dB 且 $\varphi(\omega_1)=-180°$ 的情形,则闭环系统稳定的**充分必要条件**是 $P=2(N^+-N^-)$。若 $P>2(N^+-N^-)$,则闭环系统**不稳定**,右半平面的闭环极点的个数为 $Z=P-2(N^+-N^-)$。

若 Bode 图中存在 ω_1 使得 $L(\omega_1)=0$ dB 且 $\varphi(\omega_1)=-180°$,则对应的是奈氏曲线穿过 $(-1,j0)$ 点的情形,此时借助 Bode 图来分析闭环系统稳定性较为烦琐,在此不展开讨论。

4. 零极点相消时的稳定性

由于奈氏判据是基于开环传递函数进行稳定性的判断,因此,当已知系统的结构图时,可能会遇到零极点相消的情况。类似于根轨迹分析方法,如果存在前向通路传递函数 $G(s)$ 中的极点和反馈通路传递函数 $H(s)$ 中的零点相消,则会影响稳定性的判断。

5.1.7 控制系统的相对稳定性

1. 相对稳定性的定义

衡量稳定裕度的指标包括相角裕度和幅值裕度。

剪切频率又称**幅值穿越频率**,是指开环对数幅频特性曲线过 0 分贝线的频率,即开环幅频特性值等于 1 的频率,记为 ω_c。

相角裕度 γ 是剪切频率 ω_c 所对应的相角与 $-180°$ 角的差值,即

$$\gamma = \varphi(\omega_c) - (-180°) = 180° + \varphi(\omega_c)$$

相位穿越频率是开环幅相曲线与负实轴的交点对应的频率,即开环相角等于 $-180°$ 的频率,记为 ω_g。

幅值裕度 K_g 是相位穿越频率所对应的开环频率特性的倒数,即

$$K_g = \frac{1}{|G(j\omega_g)H(j\omega_g)|}$$

幅值裕度也可以用分贝数来表示,即

$$K_g(\text{dB}) = -20\lg|G(j\omega_g)H(j\omega_g)| = -L(\omega_g) \ (\text{dB})$$

对于最小相位系统,相角裕度 γ 和幅值裕度 K_g 越大,相对稳定性越好。此外,对于**最小相位系统**,相对稳定性与稳定性之间存在下面关系。

(1) 若 $\gamma<0°$ 或 $K_g<1$,则闭环系统不稳定。

(2) 若 $\gamma=0°$ 或 $K_g=1$,则奈氏曲线穿过 $(-1,j0)$ 点。

(3) 若 $\gamma>0°$ 且 $K_g>1$,则闭环系统稳定。

2. 相对稳定性的求解方法

求解闭环控制系统的稳定裕度有以下三种方法。

(1) 解析法:根据定义,由开环频率特性的解析表达式直接求解。

(2) 极坐标图法:在开环频率特性的幅相曲线上作单位圆,得到单位圆与幅相曲线的交点,将其与坐标原点连线,该连线与负实轴的夹角即为**相角裕度**,顺时针旋转到达负实轴为正;反之为负。幅相曲线与负实轴交点的幅值的倒数即为**幅值裕度**。

(3) Bode 图法:根据对数幅频特性与 0 dB 线的交点频率 ω_c,可求出对应的开环对数相频特性与 $-180°$ 线之间的距离,即**相角裕度**。若对应的相频特性在 $-180°$ 线上方,则 $\gamma>0°$;若在下方,则 $\gamma<0°$。根据对数相频特性与 $-180°$ 线的交点频率 ω_g,可求出对

应的开环对数幅频特性与 0 dB 线的差值，即**分贝值的幅值裕度**。若对应的幅频特性在 0 dB 线下方，则 $K_g > 0$ dB；若在上方，则 $K_g < 0$ dB。

5.1.8 闭环频率特性及性能指标

1. 闭环频率特性

对于单位反馈系统，可以根据开环幅相曲线，由等 M 圆逐点得到闭环幅频特性。方法是：绘制精确的开环幅相曲线，将相同比例的等 M 圆叠加上去，从二者的交点读出 M 和对应的开环幅频值 $|G(j\omega)|$，M 值就是闭环幅频特性值 $M(\omega)$，而对应的 ω 值可以从提前列出的 $|G(j\omega)|$ 与 ω 关系表中查到。其中，与 $G(j\omega)$ 幅相曲线相切的等 M 圆的 M 值即为闭环幅频特性的最大值，若 $M > 1$，则该值就是谐振峰值 M_r。

对于单位反馈系统，可以根据开环幅相曲线，由等 N 圆逐点得到闭环相频特性。方法是：绘制精确的开环幅相曲线，将相同比例的等 N 圆叠加上去，从二者的交点读出闭环相频特性 $\theta(\omega)$ 和对应的 ω 值，就可以绘制出系统的闭环相频特性曲线。

根据尼科尔斯图，可由**单位反馈系统**的开环频率特性求出闭环频率特性。方法是：将系统的开环对数幅频特性 $20\lg A$ 和相频特性 φ 画在以 $20\lg A$ 为纵坐标、φ 为横坐标的平面上，然后叠加在相同比例的尼科尔斯图上，就可得到开环对数幅相频率特性曲线与尼科尔斯图的交点，进一步可作出闭环系统的对数幅频特性和相频特性。类似于等 M 圆，如果系统的开环对数幅频特性与尼科尔斯图的某等 M 圆相切，则 M 值就是闭环幅频特性的最大值，若 $M > 1$，则 M 就是谐振峰值 M_r，对应的频率就是谐振频率 ω_r。

2. 闭环频率特性的性能指标

在频域性能分析中，除了剪切频率、相角裕度、幅值裕度等**开环频率特性指标**外，还有一些常用的**闭环频率特性指标**，包括谐振频率与谐振峰值、带宽频率与系统带宽等。

零频值 $M(0)$：指闭环幅频特性在频率为 0 时的值。

谐振频率 ω_r 和**谐振峰值** M_r：在一定条件下，闭环系统的幅值会产生最大值 $M_{max} > M(0)$，此时称系统发生了谐振，对应的频率为**谐振频率** ω_r。**谐振峰值**定义为 $M_r = M_{max}$。

带宽频率 ω_b 和**系统带宽**：闭环幅值下降到零频值 $M(0)$ 的 70%（常用 $0.707M(0)$）时的频率，称为**带宽频率** ω_b，$0 \sim \omega_b$ 之间的频率范围称为**系统带宽**。

频域性能指标及其与时域性能指标之间的关系如下。

1）典型二阶系统

对于典型单位反馈二阶系统，闭环传递函数为 $\Phi(s) = \dfrac{\omega_n^2}{s^2 + 2\zeta\omega_n s + \omega_n^2}$，其对应的开环传递函数为 $G(s) = \dfrac{\omega_n^2}{s(s + 2\zeta\omega_n)}$。常用的**频域性能指标公式**如下。

若 $0 < \zeta < \dfrac{1}{\sqrt{2}}$，则闭环系统发生**谐振**，谐振频率为

$$\omega_r = \frac{1}{T}\sqrt{1 - 2\zeta^2}$$

其中：$T = \dfrac{1}{\omega_n}$，对应的**谐振峰值**为

$$M_r = \frac{1}{2\zeta\sqrt{1-\zeta^2}}$$

相角裕度 γ(单位为度)与阻尼比 ζ 的关系为 $\gamma = \arctan\dfrac{2\zeta}{\sqrt{\sqrt{4\zeta^4+1}-2\zeta^2}}$,当 $\zeta \leqslant 0.7$ 时,二者关系可近似为 $\zeta \approx 0.01\gamma$。

剪切频率 ω_c 与阻尼比 ζ、无阻尼自振频率 ω_n 的关系为 $\omega_c = \omega_n\sqrt{\sqrt{4\zeta^4+1}-2\zeta^2}$。

剪切频率 ω_c 与调整时间 t_s(5%)的关系为 $t_s\omega_c \approx \dfrac{3\times\sqrt{\sqrt{4\zeta^4+1}-2\zeta^2}}{\zeta} = \dfrac{6}{\tan\gamma}$。

谐振峰值 M_r 与超调量 σ_p 的关系为 $\sigma_p = e^{-\pi\sqrt{\frac{M_r-\sqrt{M_r^2-1}}{M_r+\sqrt{M_r^2-1}}}} \times 100\%$,$M_r > 1$。

谐振频率 ω_r 与峰值时间 t_p 的关系为 $\omega_r t_p = \pi\sqrt{\dfrac{1-2\zeta^2}{1-\zeta^2}}$,$0 < \zeta < \dfrac{1}{\sqrt{2}}$。

谐振频率 ω_r 与调整时间 t_s 的关系为 $\omega_r t_s = \dfrac{\sqrt{1-2\zeta^2}}{\zeta}\ln\dfrac{1}{\Delta\sqrt{1-\zeta^2}}$,$0 < \zeta < \dfrac{1}{\sqrt{2}}$。

系统带宽 ω_b 与峰值时间 t_p 的关系为 $\omega_b t_p = \pi\sqrt{\dfrac{1-2\zeta^2+\sqrt{2-4\zeta^2+4\zeta^4}}{1-\zeta^2}}$。

系统带宽 ω_b 与调整时间 t_s 的关系为 $\omega_b t_s = \dfrac{1}{\zeta}\sqrt{1-2\zeta^2+\sqrt{2-4\zeta^2+4\zeta^4}}\ln\dfrac{1}{\Delta\sqrt{1-\zeta^2}}$。

【注】 若二阶系统的闭环传递函数为 $\Phi(s) = \dfrac{K_B\omega_n^2}{s^2+2\zeta\omega_n s+\omega_n^2}$,即闭环放大系数为 K_B,则**谐振频率**表达式不变,**谐振峰值**为
$$M_r = \frac{K_B}{2\zeta\sqrt{1-\zeta^2}}$$

若该系统是单位反馈系统,则对应的开环传递函数不可能形如 $\dfrac{\omega_n^2}{s(s+2\zeta\omega_n)}$,则上述开环频率特性 ω_c 和 γ 的对应关系式不成立。

2)高阶系统

对于高阶系统,常用的**频域性能指标转换公式**如下。

谐振峰值 M_r 与相角裕度 γ 的关系近似为 $M_r \approx \dfrac{1}{\sin\gamma}$,该近似关系仅对**单位反馈系统**成立。

超调量 σ_p 与相角裕度 γ 的关系近似为
$$\sigma_p = 0.16 + 0.4\left(\frac{1}{\sin\gamma}-1\right), \quad 35° \leqslant \gamma \leqslant 90°$$

调整时间 t_s 和相角裕度 γ、剪切频率 ω_c 之间的关系近似为
$$t_s = \frac{K_0\pi}{\omega_c}$$

其中:$K_0 = 2+1.5\left(\dfrac{1}{\sin\gamma}-1\right)+2.5\left(\dfrac{1}{\sin\gamma}-1\right)^2$,$35° \leqslant \gamma \leqslant 90°$。

5.2 课后习题答案与解析

【习题 5-1】 已知单位反馈系统的开环传递函数为 $G(s) = \dfrac{10}{s+1}$，试分别求该系统在下面输入信号作用下的稳态输出。

(1) $r_1(t) = \sin(t + 30°)$；

(2) $r_2(t) = 2\cos(2t - 45°)$。

【解】 由开环传递函数可得闭环传递函数为 $\Phi(s) = \dfrac{10}{s+11}$，显然闭环系统稳定，因此可以借助频率特性求稳态输出。

首先求闭环频率特性，为

$$\Phi(j\omega) = \dfrac{10}{j\omega + 11}$$

则闭环幅频特性 $M(\omega)$ 和相频特性 $\varphi(\omega)$ 分别为

$$M(\omega) = \dfrac{10}{\sqrt{\omega^2 + 11^2}}, \quad \varphi(\omega) = -\arctan\dfrac{\omega}{11}$$

(1) 当 $r_1(t) = \sin(t + 30°)$ 时，由于输入信号频率 $\omega = 1$，所以

$$M(1) = \dfrac{10}{\sqrt{1 + 121}} = 0.905$$

$$\varphi(1) = -\arctan\dfrac{1}{11} = -5.19°$$

因此稳态输出为

$$c_1(t) = 0.905\sin(t + 30° - 5.19°) = 0.905\sin(t + 24.81°)$$

(2) 当 $r_2(t) = 2\cos(2t - 45°)$ 时，因为

$$r_2(t) = 2\cos(2t - 45°) = 2\sin(2t + 45°)$$

输入信号频率 $\omega = 2$，所以

$$M(2) = \dfrac{10}{\sqrt{2^2 + 121}} = 0.89$$

$$\varphi(2) = -\arctan\dfrac{2}{11} = -10.3°$$

因此稳态输出为

$$c_2(t) = 0.894 \times 2\sin(2t + 45° - 10.3°) = 1.788\sin(2t + 34.7°)$$

【难点与易错点】
- 该题考查频率特性与正弦输入信号作用下稳态输出之间的关系。
- 只有对于稳定的系统才能求出正弦输入信号作用下的稳态输出，此时其幅值与相角变化量分别由**闭环**幅频特性和相频特性决定。因此，在采用闭环频率特性求稳态输出时，应先判断系统的稳定性。
- 该题第(2)问也可以直接由 cos 函数得到结论，而无须转换成 sin 函数。

【习题 5-2】 已知 $R-L-C$ 电路如图 5.9 所示，假设作用在输入端的电压为 $u_r(t)$

$=A\sin(\omega t)$，试求通过电阻 R 的稳态电流 $i(t)$。

【解】 由于输入信号是正弦信号，因此，如果闭环系统稳定，则可以借助闭环频率特性直接得到稳态输出。

下面先确定系统的闭环频率特性。

根据基尔霍夫定律，系统的微分方程式为

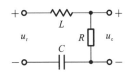

图 5.9 【习题 5-2】的 $R-L-C$ 电路图

$$\frac{L}{R}\frac{d^2 u_c(t)}{dt^2} + \frac{du_c(t)}{dt} + \frac{1}{CR}u_c(t) = \frac{du_r(t)}{dt}$$

则系统的闭环传递函数为

$$\Phi(s) = \frac{U_c(s)}{U_r(s)} = \frac{RCs}{LCs^2 + RCs + 1}$$

上式中，分母系数都大于 0，显然闭环系统稳定。

由系统的闭环传递函数可得系统的闭环频率特性为

$$\Phi(j\omega) = \frac{j\omega RC}{LC(j\omega)^2 + RC(j\omega) + 1}$$

则系统的闭环幅频特性和相频特性分别为

$$|\Phi(j\omega)| = \frac{RC\omega}{\sqrt{(1-LC\omega^2)^2 + (RC\omega)^2}}$$

$$\varphi(\omega) = \begin{cases} 90° - \arctan\dfrac{RC\omega}{1-LC\omega^2}, & \omega \leqslant \dfrac{1}{\sqrt{LC}} \\ -90° + \arctan\dfrac{RC\omega}{LC\omega^2-1}, & \omega > \dfrac{1}{\sqrt{LC}} \end{cases}$$

对于给定的输入量 $u_r(t) = A\sin(\omega t)$，其稳态解为

$$u_c(t) = A|G(j\omega)|\sin(\omega t + \varphi(\omega))$$

因此，通过电阻 R 的稳态电流为

$$i(t) = \frac{u_c(t)}{R} = \frac{AC\omega}{\sqrt{(1-LC\omega^2)^2 + (RC\omega)^2}}\sin(\omega t + \varphi(\omega))$$

$$= \begin{cases} \dfrac{AC\omega}{\sqrt{(1-LC\omega^2)^2 + (RC\omega)^2}}\sin\left(\omega t + 90° - \arctan\dfrac{RC\omega}{1-LC\omega^2}\right), & \omega \leqslant \dfrac{1}{\sqrt{LC}} \\ \dfrac{AC\omega}{\sqrt{(1-LC\omega^2)^2 + (RC\omega)^2}}\sin\left(\omega t - 90° + \arctan\dfrac{RC\omega}{LC\omega^2-1}\right), & \omega > \dfrac{1}{\sqrt{LC}} \end{cases}$$

其中：当 $\omega = \dfrac{1}{\sqrt{LC}}$ 时，$i(t) = \dfrac{A}{R}\sin(\omega t)$。

【难点与易错点】
- 该题考查频率特性与正弦输入信号作用下稳态输出之间的关系。
- 只有对于稳定的系统才能求出正弦输入信号作用下的稳态输出，此时其幅值与相角变化量分别由闭环幅频特性和相频特性决定。
- 该题采用复阻抗求解闭环传递函数更为简便，即 $\dfrac{U_c(s)}{U_r(s)} = \dfrac{R}{Ls + R + \dfrac{1}{Cs}}$，整理即得闭环传递函数。

【习题 5-3】 已知某控制系统的开环传递函数为 $G(s)=\dfrac{500}{s(s^2+s+100)}$,绘制其开环幅相特性曲线和对数频率特性曲线。

【解】 将系统的开环传递函数整理成时间常数形式,即

$$G(s)=\frac{5}{s(0.01s^2+0.01s+1)}$$

所以 $n=3, m=0$,开环放大系数 $K=5$,积分环节的个数 $r=1$。

(1) 绘制开环幅相特性曲线。

首先写出开环传递函数对应的频率特性、幅频特性、相频特性、实频特性、虚频特性的表达式,分别如下:

$$G(\mathrm{j}\omega)=\frac{5}{\mathrm{j}\omega(-0.01\omega^2+\mathrm{j}0.01\omega+1)}$$

$$|G|=\frac{5}{\omega\sqrt{(1-0.01\omega^2)^2+(0.01\omega)^2}}$$

$$\angle G=\begin{cases}-90°-\arctan\dfrac{0.01\omega}{1-0.01\omega^2}, & \omega\leqslant 10 \\ -270°+\arctan\dfrac{0.01\omega}{0.01\omega^2-1}, & \omega>10\end{cases}$$

$$u(\omega)=-\frac{500}{[(100-\omega^2)^2+\omega^2]}$$

$$v(\omega)=-\frac{500(100-\omega^2)}{\omega[(100-\omega^2)^2+\omega^2]}$$

其次根据上述表达式分析幅相曲线的变化趋势。当 $\omega:0\to\infty$ 时,

$|G|:\infty\to 0$;

$\angle G:-90°\to -270°$;

$u(\omega):-0.05\to 0$;

$v(\omega):-\infty\to 0\to 正\to 0$。

其中:当 $\omega=10$ 时,$v(10)=0$,$u(10)=-5$,这是与负实轴的交点。

根据上述分析,绘制开环幅相特性曲线,如图 5.10 所示。

(2) 绘制对数频率特性。

系统的对数幅频特性和对数相频特性分别为

$$L(\omega)=20\lg 5-20\lg\omega-20\lg\sqrt{[1-(0.1\omega)^2]^2+(0.01\omega)^2}$$

$$\varphi(\omega)=\begin{cases}-90°-\arctan\dfrac{0.01\omega}{1-0.01\omega^2}, & \omega\leqslant 10 \\ -270°+\arctan\dfrac{0.01\omega}{0.01\omega^2-1}, & \omega>10\end{cases}$$

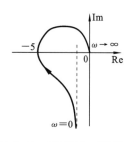

图 5.10 【习题 5-3】的开环幅相特性曲线

开环传递函数包括一个积分环节和一个振荡环节,转折频率为 $\omega_1=10$。

首先确定起始段:当 $\omega=1$ 时,$L(\omega)=20\lg 5=14$ dB,斜率为 -20 dB/dec 的直线,向右延伸到 $\omega_1=10$ 处。

当起始段向右延伸到 $\omega_1=10$ 处时,对应的是振荡环节的转折频率,因此斜率变化 $\Delta_\mathrm{s}=-40$ dB/dec,变成了 -60 dB/dec。

其次求剪切频率。由 $20\lg 5-20\lg\dfrac{\omega_c}{1}=0$ 或 $\dfrac{5}{\omega_c\times 1}=1$ 近似得剪切频率 $\omega_c=5$。

分析对数相频特性曲线。当 $\omega:0\to\infty$ 变化时，$\varphi(\omega):-90°\to -270°$，且变化过程是单调的。因此，绘制的对数频率特性曲线如图 5.11 所示。

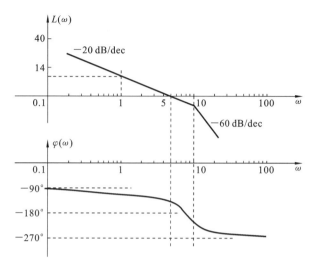

图 5.11 【习题 5-3】的对数频率特性曲线

【难点与易错点】
- 该题考查幅相曲线和 Bode 图的绘制。
- 该题在绘制幅相曲线时，如果不求解实频特性，则很难判断幅相曲线的起点渐近线；如果不求解虚频特性，则在求解与负实轴的交点时，可令 $\angle G=-180°$ 求出交点频率，再由幅频特性得到交点坐标。

【习题 5-4】 已知最小相位系统开环对数幅频特性曲线如图 5.12 所示，ω_2 处的对数频率特性真实值为 $L(\omega_2)=6$ dB，写出其开环传递函数，并概略绘制开环对数相频特性曲线。

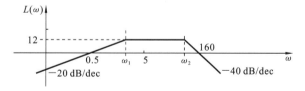

图 5.12 某最小相位系统开环对数幅频特性曲线

【解】（1）求开环传递函数。

由起始段斜率可知，开环传递函数包含一个微分环节；由斜率变化可知，开环传递函数包含一个转折频率为 ω_1 的惯性环节；由 ω_2 处的对数频率特性值实为 $L(\omega_2)=6$ dB 可知，开环传递函数包含两个转折频率为 ω_2 的惯性环节。因此可以将开环传递函数设为如下结构：

$$G(s)=\dfrac{Ks}{(T_1 s+1)(T_2 s+1)^2}$$

当 $\omega=0.5$ 时,由 $L(\omega_{c1})\approx 20\lg K+20\lg \omega_c=0$,得 $K=2$。

由 $20\lg K+20\lg \omega_1=12$,得 $\omega_1=\frac{1}{2}\times 10^{\frac{12}{20}}\approx 2$,因此 $T_1=\frac{1}{\omega_1}=0.5$。

同理,由 $12-40\lg\frac{160}{\omega_2}=0$,得 $\omega_2=80$,因此 $T_2=\frac{1}{\omega_2}=0.0125$。

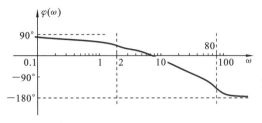

图 5.13 【习题 5-4】的对数相频特性曲线

系统的开环传递函数为
$$G(s)=\frac{2s}{(0.5s+1)(0.0125s+1)^2}$$

(2) 概略绘制开环对数相频特性曲线。

对数相频特性为
$$\varphi(\omega)=90°-\arctan 0.5\omega-2\arctan 0.0125\omega$$

当 $\omega:0\to\infty$ 变化时,$\varphi(\omega):90°\to-180°$,相应的对数相频特性曲线的绘制大致如图 5.13 所示。

【难点与易错点】

- 该题考查基于频率特性的最小相位系统的辨识。
- 根据开环对数幅频特性曲线,可以得到最小相位系统所包含的典型环节,进而得到系统的开环传递函数。
- 由于该题给出的开环对数幅频特性曲线是渐近线,因此在列写幅值表达式时,应采用渐近线近似式,而不能采用精确表达式。
- 如果设转折频率 ω_2 所对应的环节为振荡环节,则开环传递函数可设为
$$G(s)=\frac{Ks}{(T_1s+1)(T_2^2s^2+2\zeta T_2s+1)}$$
则 $T_2=\frac{1}{\omega_2}$,且 $-20\lg 2\zeta=12-6$,即 $\zeta\approx 1$,与直接设开环传递函数包含两个转折频率为 ω_2 的惯性环节的结论一致。
- 该题 $\omega_1=2,\omega_2=80$,二者相距较远,因此在考查 ω_2 处的对数频率特性的真实值 $L(\omega_2)=6$ dB 时,没有考虑环节 $\frac{1}{(0.5s+1)}$ 对 ω_2 处真实值的影响。若二者相距较近,则真实值 $L(\omega_2)$ 还需考虑环节 $\frac{1}{(0.5s+1)}$ 带来的误差。

【习题 5-5】 图 5.14 所示中带箭头的曲线为单位反馈系统的开环幅相特性曲线,图中的虚线圆为等 M 圆,$M_r=1.6$ 为等 M 圆的 M 值,$\omega_r=3$ 为开环幅相特性曲线与等 M 圆相切处的频率。求该系统的阻尼比 ζ 和自然振荡角频率 ω_n。

【解】 根据开环幅相特性曲线,起点在正实轴上 1.2 处,因此开环传递函数没有积分或微分环节,且开环放大系数为 1.2。

由于开环传递函数的角度变化范围是从 $0°$ 到 $-180°$ 单调递减,且**闭环频率特性发生谐振**,因此,开环传递函数为振荡环节和比例环节的串联。可将系统的开环传递函数设为如下形式:
$$G(s)=\frac{K\omega_1^2}{s^2+2\zeta_1\omega_1s+\omega_1^2}$$

由图 5.14 中的起点可知,开环放大系数 $K=1.2$,则闭环传递函数为

$$\Phi(s) = \frac{G(s)}{1+G(s)} = \frac{K\omega_1^2}{s^2 + 2\zeta_1\omega_1 s + (1+K)\omega_1^2}$$

由图 5.14 可知,闭环谐振峰值为 $M_r = 1.6$,谐振频率为 $\omega_r = 3$。

由标准二阶系统可知,$\omega_n = \sqrt{1+K}\omega_1$,$\zeta = \dfrac{\zeta_1}{\sqrt{1+K}}$。

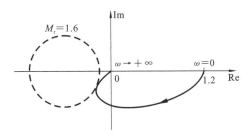

图 5.14 某单位反馈系统的开环幅相特性曲线

由振荡环节的频率特性可知,当 $0 < \zeta < \dfrac{1}{\sqrt{2}}$ 时,振荡环节发生谐振。由振荡环节的谐振频率公式可得

$$\omega_r = \omega_n \sqrt{1-2\zeta^2} = 3$$

由闭环传递函数可知,**系统的闭环放大系数不是 1**,而是 $K_B = \dfrac{K}{1+K} = \dfrac{1.2}{2.2} = \dfrac{6}{11}$,因此谐振峰值的计算公式为

$$M_r = \frac{K_B}{2\zeta\sqrt{1-\zeta^2}} = 1.6$$

解得该系统的阻尼比为

$$\zeta = 0.1731$$

将 ζ 代入 ω_r 表达式,可得该系统的自然振荡角频率为

$$\omega_n = 3.0941$$

【难点与易错点】
- 该题考查开环频率特性、闭环性能指标的谐振峰值与谐振频率。
- 该题由最小相位系统开环幅相曲线起点位置确定开环放大系数,由角度变化范围确定开环传递函数所包含的典型环节。
- 注意谐振峰值是闭环频率特性的性能指标,应与开环频率特性区分开来。
- 注意开环传递函数是 0 型二阶环节,这可能导致闭环传递函数的闭环放大系数不是 1。根据谐振峰值的定义,其计算公式应修正为

$$M_r = \frac{K_B}{2\zeta\sqrt{1-\zeta^2}}$$

- 由该题可知,如果二阶系统的闭环放大系数小于 1,当系统发生谐振时,闭环幅频特性达到的最大值可能出现小于 1 的情形。

【习题 5-6】 已知某单位反馈系统的开环传递函数为 $G(s) = \dfrac{2(s+1)^2}{s^3}$,试概略绘制系统的开环幅相特性曲线,并用奈奎斯特稳定判据判断系统的稳定性。

【解】 首先写出开环传递函数对应的频率特性、幅频特性、相频特性、实频特性、虚频特性的表达式,如下:

$$G(j\omega) = \frac{2(j\omega+1)^2}{(j\omega)^3} = \frac{-2(2\omega + j(\omega^2-1))}{\omega^3}$$

$$|G| = \frac{2(\omega^2+1)}{\omega^3}$$

$$\angle G = -270° + 2\arctan\omega$$

$$u(\omega) = \frac{-4}{\omega^2}$$

$$v(\omega) = \frac{-2(\omega^2-1)}{\omega^3}$$

其次根据上述表达式分析幅相曲线的变化趋势。当 $\omega:0\to\infty$ 时，

$|G|:\infty\to 0$；

$\angle G:-270°\to -90°$；

$u(\omega):-\infty\to 0$；

$v(\omega):+\infty\to 0\to$ 负 $\to 0$。

其中：当 $\omega=1$ 时，$v(1)=0$，$u(10)=-4$，这是与负实轴的交点。

根据上述分析，系统的开环幅相曲线从第二象限到第三象限变化，如图 5.15(a) 所示。

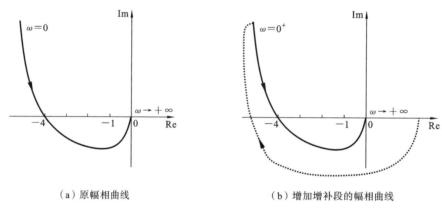

(a) 原幅相曲线　　　　　(b) 增加增补段的幅相曲线

图 5.15 【习题 5-6】的开环幅相曲线

由于系统为Ⅲ型系统，即 $v=3$，所以需要添加增补段，从 $\omega=0$ 的逆时针 $v90°$ 处以半径无穷大的圆弧顺时针绕原点转 $v90°$ 至 $\omega=0$ 处，如图 5.15(b) 所示。

由于 $G(s)$ 在 S 右半平面的闭环极点数 $P=0$，且由开环幅相曲线知，正穿越和负穿越各一次，$N^+=N^-=1$，故系统在 S 右半平面的闭环极点数为 $Z=P-2(N^+-N^-)=0$，闭环系统稳定。

【难点与易错点】

● 该题考查奈氏判据。

● 该题在绘制幅相曲线时，根据实频特性和虚频特性来求与负实轴的交点较为方便。如果不求实频特性和虚频特性，由相频特性 $\angle G=180°$ 亦可求得与负实轴的交点频率，再由幅频特性即可求得与负实轴的交点坐标值。

● 在将奈氏判据应用于幅相曲线时，要注意增补段的绘制。

【习题 5-7】 已知某控制系统的结构图如图 5.16(a) 所示，其中 $K>0$，被控对象传递函数 $G_p(s)$ 的渐近对数幅频特性曲线和对数相频特性曲线如图 5.16(b) 所示。请写出传递函数 $G_p(s)$ 的表达式，并采用奈奎斯特稳定判据确定使闭环系统稳定的 K 的取

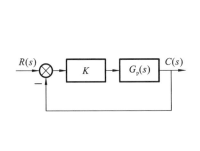
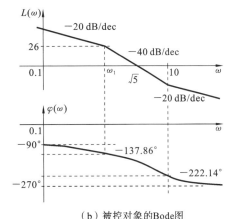

（a）控制系统的结构图　　　　　　（b）被控对象的Bode图

图 5.16　某反馈控制系统的结构图与被控对象的 Bode 图

值范围。

【解】（1）求传递函数 $G_p(s)$ 的表达式。

由渐近对数幅频特性曲线可知，$G_p(s)$ 包含一个积分环节、一个（稳定或不稳定）惯性环节、一个（稳定或不稳定）一阶微分环节。

由 $\varphi(\infty) = -270°$ 可知，该系统是非最小相位系统，可能是不稳定的惯性环节、不稳定的一阶微分环节或者 -1 环节。下面用排除法分析 $G_p(s)$ 所包含的典型环节。

- 如果是不稳定惯性环节，则相角无法达到 $-270°$；
- 如果是不稳定的一阶微分环节，则符合题设；
- 如果是 -1 环节，则起始相角不可能是 $-90°$，而会是 $-270°$。

因此 $G_p(s)$ 包含的典型环节有 $\dfrac{1}{s}$、$\dfrac{1}{1+T_1 s}$、$1-T_2 s$，设其表达式为

$$G_p(s) = \frac{K(1-T_2 s)}{s(1+T_1 s)}$$

由转折频率 10 可得 $T_2 = 0.1$。

由 $-40\lg \dfrac{\omega_1}{\sqrt{5}} = 26$，可得 $\omega_1 = \sqrt{5} \times 10^{-0.65} = 0.5$，则 $T_1 = 2$。

由 $20\lg K - 20\lg \dfrac{\omega_1}{1} = 26$，可得 $K = 10$。

所以，$G_p(s)$ 的表达式为

$$G_p(s) = \frac{10(1-0.1s)}{s(1+2s)}$$

（2）**判断稳定性**。

由结构图易得系统的开环传递函数为 $G(s) = \dfrac{10K(1-0.1s)}{s(1+2s)}$，写出开环传递函数对应的频率特性、幅频特性、相频特性、实频特性、虚频特性的表达式，分别如下：

$$G(s) = \frac{10K(1-0.1j\omega)}{j\omega(1+2j\omega)} = \frac{-21K\omega + jK(2\omega^2 - 10)}{4\omega^3 + \omega}$$

$$|G| = \frac{10K}{\omega} \frac{\sqrt{1+0.01\omega^2}}{\sqrt{1+4\omega^2}}$$

$$\angle G = -90° - \arctan 2\omega - \arctan 0.1\omega$$

$$u(\omega) = \frac{-21K}{4\omega^2 + 1}$$

$$v(\omega) = \frac{K(2\omega^2 - 10)}{4\omega^3 + \omega}$$

其次根据上述表达式分析幅相曲线的变化趋势。当 $\omega: 0 \to \infty$ 时，

$|G|: \infty \to 0$；

$\angle G: -90° \to -270°$；

$u(\omega): -21K \to 0$；

$v(\omega): -\infty \to 0 \to$ 正 $\to 0$。

其中：当 $\omega = \sqrt{5}$ 时，$v(\sqrt{5}) = 0$，$u(\sqrt{5}) = -K$，这是与负实轴的交点。

根据上述分析绘制幅相特性曲线，如图 5.17(a)所示。

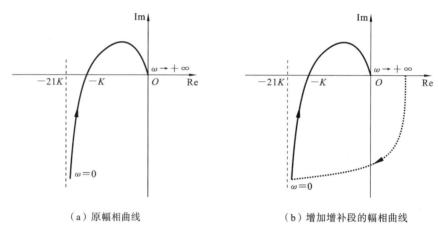

（a）原幅相曲线　　　　　　（b）增加增补段的幅相曲线

图 5.17 【习题 5-7】的开环幅相曲线

由于系统为 Ⅰ 型系统，即 $v=1$，所以需要添加增补段，从 $\omega=0$ 的逆时针 90°处以半径无穷大的圆弧顺时针绕原点转 90°至 $\omega=0$ 处，如图 5.17(b)所示。

由于 $G(s)$ 在 S 右半平面的闭环极点数 $P=0$，要使闭环系统稳定，需使辐相曲线不发生穿越，即 $N^+ = N^- = 0$，故使闭环系统稳定的 K 的取值范围为

$$0 < K < 1$$

【难点与易错点】

● 该题考查非最小相位系统的辨识以及奈氏判据。对于非最小相位系统，需要结合对数幅频特性曲线和对数相频特性曲线才能实现系统辨识。

● 该题根据相频特性的变化范围 $-90° \to -270°$，通过排除法确定各个环节。

● 在将奈氏判据应用于幅相曲线时，要注意增补段的绘制。

● 读者可自行尝试由幅相曲线实现非最小相位系统的辨识。

● 读者可考虑当 $K<0$ 时幅相曲线的绘制以及稳定性的判断。注意此时相频特性表达式为 $\angle G = -270° - \arctan 2\omega - \arctan 0.1\omega$。

【习题 5-8】 系统开环传递函数为 $G(s)=\dfrac{10}{s(-0.2s^2-0.8s+1)}$，试用奈奎斯特稳定性判据判断闭环系统的稳定性。如果不稳定，请给出右半平面的闭环特征根的个数。

【解】 将传递函数按典型环节分解，可得
$$G(s)=\dfrac{10}{s(0.2s+1)(-s+1)}$$
则开环频率特性、幅频特性、相频特性、实频特性和虚频特性的表达式分别如下：
$$G(j\omega)=\dfrac{10}{j\omega(0.2j\omega+1)(-j\omega+1)}=\dfrac{10[0.8\omega-j(1+0.2\omega^2)]}{\omega(1+0.04\omega^2)(1+\omega^2)}$$
$$|G(j\omega)|=\dfrac{10}{\omega\sqrt{0.04\omega^2+1}\sqrt{\omega^2+1}}$$
$$\angle G(j\omega)=-90°-\arctan 0.2\omega+\arctan\omega$$
$$u(\omega)=\dfrac{8}{(1+0.04\omega^2)(1+\omega^2)}$$
$$v(\omega)=\dfrac{-(10+2\omega^2)}{\omega(1+0.04\omega^2)(1+\omega^2)}$$

其次根据上述表达式分析幅相曲线的变化趋势。当 $\omega:0\to\infty$ 时，
$|G|:\infty\to 0$；
$\angle G:-90°\to-90°$；
$u(\omega):8\to 0$；
$v(\omega):-\infty\to 0$。

观察相频特性，由于在低频段 $\arctan\omega>\arctan 0.2\omega$，相角会先增大再减小，因此幅频特性曲线大致如图 5.18(a)所示。

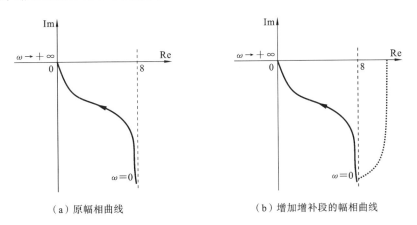

（a）原幅相曲线　　　　（b）增加增补段的幅相曲线

图 5.18 【习题 5-8】的开环幅相曲线

由于 $v=1$，所以需要添加增补段。从 $\omega=0$ 的逆时针 $90°$ 处以半径无穷大的圆弧顺时针绕原点转 $90°$ 至 $\omega=0$ 处，如图 5.18(b)所示。

由于 $G(s)$ 在 S 右半平面的闭环极点数 $P=1$，而幅相曲线不发生穿越，也就是 $N^+=N^-=0$，故 $Z=P-2(N^+-N^-)=1$，闭环系统不稳定，有一个右半平面的闭环极点。

【难点与易错点】

● 该题的开环传递函数包含$\dfrac{1}{-0.2s^2-0.8s+1}$,如果按照振荡环节来分析,也可以得到相同的结论。

● 该题幅相曲线中的相角变化趋势不影响稳定性的判断。

● 该题如果不对分母中的二次项进行因式分解,也可以得到相同的结论,只是振荡环节的频率特性分析相对比较烦琐。

【习题 5-9】 已知某单位反馈系统是最小相位系统,其开环幅相特性曲线如图 5.19 所示。

(1) 求目前该系统的无差度 v 及开环放大系数 K;

(2) 判断目前该系统的稳定性;

(3) 确定能够使系统稳定的开环放大系数 K 的取值范围。

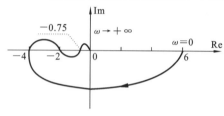

图 5.19 某单位反馈系统的开环幅相特性曲线

【解】 (1) 由于幅相曲线起点在实轴上 6 处,因此开环传递函数没有积分环节或微分环节,$v=0$,且开环放大系数 $K=6$。

(2) 由题意知系统为最小相位系统,所以 $P=0$。

ω 从 0 到 ∞ 时幅相曲线有一次正穿越、一次负穿越,因此有 $N^+=N^-=1$,故 $Z=P-2(N^+-N^-)=0$,此时系统稳定。

(3) 设 $G(s)=KG_0(s)$,其中 $G_0(s)$ 的开环放大系数为 1。

设幅相曲线与负实轴的交点从左到右的频率依次为 ω_1、ω_2、ω_3。

由目前幅相曲线知,$|6G_0(j\omega_1)|=4$,$|6G_0(j\omega_2)|=2$,$|6G_0(j\omega_3)|=0.75$,则 $|G_0(j\omega_1)|=\dfrac{2}{3}$,$|G_0(j\omega_2)|=\dfrac{1}{3}$,$|G_0(j\omega_3)|=\dfrac{1}{8}$,要使系统稳定,需保持 $N^+=N^-$,因此需

$$|KG_0(j\omega_1)|<1 \text{ 或 } |KG_0(j\omega_2)|<1<|KG_0(j\omega_3)|$$

所以,闭环系统稳定时 K 的取值范围为

$$3<K<8 \text{ 或 } 0<K<1.5$$

【难点与易错点】

● 该题考查最小相位系统幅相特性曲线和奈氏判据。

● 该题由最小相位系统开环幅相曲线起点位置确定是否包含积分环节或微分环节,并确定开环放大系数。

● 各环节乘积的频率特性中,相频特性相加,幅频特性相乘。基于该结论,当**改变开环放大系数时,变化的只有幅值,而相频特性不变**。因此,改变开环放大系数时,与负实轴交点的频率不变,从左到右的频率仍然是 ω_1、ω_2、ω_3。基于此结论,可以确定使系统稳定的开环放大系数的范围。

【习题 5-10】 已知控制系统的开环传递函数为 $G(s) = \dfrac{6}{s(0.25s+1)(0.06s+1)}$，试绘制 Bode 图，求相角裕度和幅值裕度，并判断闭环系统的稳定性。

【解】 首先写出系统的频率特性、对数幅频特性和对数相频特性的表达式，如下：

$$G(\mathrm{j}\omega) = \dfrac{6}{\mathrm{j}\omega(\mathrm{j}0.25\omega+1)(\mathrm{j}0.06\omega+1)}$$

$$L(\omega) = 20\lg 6 - 20\lg\omega - 20\lg\sqrt{(0.25\omega)^2+1} - 20\lg\sqrt{(0.06\omega)^2+1}$$

$$\varphi(\omega) = -90° - \arctan 0.25\omega - \arctan 0.06\omega$$

其次确定起始段。当 $\omega = 1$ 时，$L(\omega) = 20\lg K \approx 15.6$。

两个惯性环节的转折频率分别为 $\omega_1 = 4, \omega_2 = 16.7$。

下面确定剪切频率。通过判断可知 $\omega_1 < \omega_c < \omega_2$，因此有

$$\dfrac{6}{\omega_c \times 0.25\omega_c \times 1} = 1$$

解得

$$\omega_c = \sqrt{24} \approx 4.9$$

相频特性变化范围是 $-90° \to -270°$，且变化过程是单调递减的。

根据上述分析，绘制相应的 Bode 图，如图 5.20 所示。

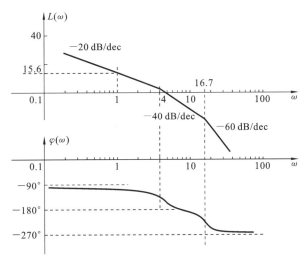

图 5.20 【习题 5-10】的开环对数频率特性曲线

下面求相角裕度。由 $\omega_c = 4.9$ 得相角裕度为

$$\gamma = 180° + \varphi(\omega_c) = 22.85°$$

再求幅值裕度。由 $\varphi(\omega) = -90° - \arctan 0.25\omega - \arctan 0.06\omega = -180°$ 解得相位穿越频率 $\omega_g = 8.1650$。

因此幅值裕度为

$$K_g = \dfrac{1}{|G(\mathrm{j}\omega_g)H(\mathrm{j}\omega_g)|} = \dfrac{(1+0.25^2\omega^2)(1+0.06^2\omega^2)}{1.86}\bigg|_{\omega=\omega_g} = 3.4445$$

或者

$$K_g(\mathrm{dB}) = -20\lg|G(\mathrm{j}\omega_g)H(\mathrm{j}\omega_g)| = 10.7425 \text{ dB}$$

由于原系统是最小相位系统,由计算结果可知,$\gamma>0°$,$K_g>1$,所以闭环系统是稳定的。

【难点与易错点】
- 该题考查 Bode 图的绘制以及相对稳定性性能指标的求解。
- 在求剪切频率时,该题借助了渐近线近似式。
- 对于最小相位系统,若 $\gamma>0°$,$K_g>1$,则闭环系统稳定。
- 求相位穿越频率时,既可以根据相频特性求解,也可以根据虚频特性求解。该题可根据开环频率特性求出实频特性和虚频特性,如下:

$$u(\omega)=-\frac{1.86}{(1+0.25^2\omega^2)(1+0.06^2\omega^2)}$$

$$v(\omega)=\frac{6(0.015\omega^2-1)}{\omega(1+0.25^2\omega^2)(1+0.06^2\omega^2)}$$

由 $v(\omega)=0$ 解得 $\omega_g=8.1650$。

【习题 5-11】 某单位反馈最小相位系统的闭环对数幅频特性如图 5.21 所示。试判断开环放大系数在什么范围内变化时,才能使系统具有至少 30°的相角裕度。

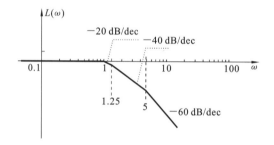

图 5.21 某单位反馈最小相位系统的闭环对数幅频特性曲线

【解】 由闭环对数幅频特性曲线可得系统闭环传递函数为

$$\Phi(s)=\frac{1}{(s+1)\left(\frac{1}{1.25}s+1\right)\left(\frac{1}{5}s+1\right)}=\frac{6.25}{(s+1)(s+1.25)(s+5)}$$

因此系统开环传递函数为

$$G(s)=\frac{\Phi(s)}{1-\Phi(s)}=\frac{6.25}{s^3+7.25s^2+12.5s}=\frac{6.25}{s(s^2+7.25s+12.5)}$$

相角裕度为

$$\gamma=180°-90°+\begin{cases}-\arctan\dfrac{7.25\omega}{12.5-\omega^2}, & \omega^2\leqslant 12.5 \\ -180°+\arctan\dfrac{7.25\omega}{\omega^2-12.5}, & \omega^2>12.5\end{cases}$$

要求 $\gamma\geqslant 30°$,可解得

$$\omega_c\leqslant 2.0157$$

设开环放大系数需增大 K_a 倍,振荡环节的转折频率为 $\sqrt{12.5}=3.5355$,则不同频段的开环对数幅频特性渐近近似式为

$$|G(\mathrm{j}\omega)| = \begin{cases} \dfrac{6.25K_\mathrm{a}}{\omega}, & \omega \leqslant 3.5355 \\ \dfrac{6.25K_\mathrm{a}}{\omega^3}, & \omega > 3.5355 \end{cases}$$

因为 $\omega_\mathrm{c} \leqslant 2.0157$，所以由

$$|G(\mathrm{j}\omega_\mathrm{c})| = \frac{0.5K_\mathrm{a}}{\omega_\mathrm{c}} = 1$$

解得开环放大系数增大的倍数为

$$K_\mathrm{a} \leqslant 4.0314$$

由于开环放大系数为

$$K = \frac{6.25K_\mathrm{a}}{12.5}$$

因此，要使系统具有至少 $30°$ 的相角裕度，则开环放大系数不能超过原值的 4.0314 倍，即开环放大系数 K 在 $(0, 2.0157]$ 范围内变化。

【难点与易错点】

● 该题给出的是闭环对数幅频特性曲线，因此需要先求出闭环传递函数，再根据单位反馈系统的特征求出开环传递函数。

● 该题的相角裕度采用了定义来求解。也可以根据相角裕度的几何意义来求解，则其实频特性与虚频特性应满足下面条件：

$$\frac{-v(\omega)}{-u(\omega)} \geqslant \tan 30°$$

由 $G(\mathrm{j}\omega) = \dfrac{6.25}{\mathrm{j}\omega(12.5 - \omega^2 + \mathrm{j}7.25\omega)}$ 可得

$$u(\omega) = \frac{-6.25 \times 7.25\omega}{\omega[(12.5 - \omega^2)^2 + (7.25\omega)^2]}$$

$$v(\omega) = \frac{-6.25(12.5 - \omega^2)}{\omega[(12.5 - \omega^2)^2 + (7.25\omega)^2]}$$

则应在 $\omega^2 \leqslant 12.5$ 时满足：

$$\frac{12.5 - \omega^2}{7.25\omega} \geqslant \tan 30°$$

解得 $\omega_\mathrm{c} \leqslant 2.0157$。与该题给出的求解方法所得到的结果一致。

● 该题在求开环放大系数的范围时，采用了渐近近似式，会存在误差。如果采用精确计算，则可设开环传递函数为

$$G(s) = \frac{6.25K_\mathrm{a}}{s(s^2 + 7.25s + 12.5)}$$

由

$$|G(\mathrm{j}\omega_\mathrm{c})| = \frac{6.25K_\mathrm{a}}{\omega_\mathrm{c}\sqrt{(12.5 - \omega_\mathrm{c}^2)^2 + (7.25\omega_\mathrm{c})^2}} = 1$$

将 $\omega_\mathrm{c} \leqslant 2.0157$ 代入，得

$$K_\mathrm{a} \leqslant 5.4422$$

则开环放大系数

$$K = \frac{6.25K_a}{12.5} \leqslant 2.7211$$

【习题 5-12】 某反馈控制系统的结构图如图 5.22 所示,其中 τ、T_a、K_s、T_i 为大于 0 的已知参数,且 $\tau > T_a$。求系统具有最大相角裕度时对应的幅值穿越频率 ω_c 以及对应的参数 K_c。

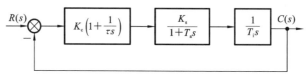

图 5.22 某反馈控制系统的结构图

【解】 由图 5.22 可以写出系统的开环传递函数为
$$G(s) = \frac{K_c K_s (\tau s + 1)}{\tau T_i s^2 (T_a s + 1)}$$

由开环传递函数可以得到系统的开环频率特性为
$$G(j\omega) = \frac{K_c K_s (\tau j\omega + 1)}{-\tau T_i \omega^2 (T_a j\omega + 1)}$$

幅频特性为
$$|G(j\omega)| = \frac{K_c K_s}{\tau T_i \omega^2} \frac{\sqrt{\tau^2 \omega^2 + 1}}{\sqrt{T_a^2 \omega^2 + 1}}$$

相频特性为
$$\angle G(j\omega) = -180° + \arctan \tau\omega - \arctan T_a \omega$$

则该系统的相角裕度为
$$\gamma = 180° + \angle G(j\omega_c) = \arctan \tau\omega_c - \arctan T_a \omega_c = \arctan \frac{(\tau - T_a)\omega_c}{1 + \tau T_a \omega_c^2} = \arctan \frac{(\tau - T_a)}{\frac{1}{\omega_c} + \tau T_a \omega_c}$$

对于正数,满足 $a + b \geqslant 2\sqrt{ab}$,因此,当 $\tau > T_a$、$\frac{1}{\omega_c} = \tau T_a \omega_c$ 时达到最大相角裕度,即
$$\omega_c = \frac{1}{\sqrt{T_a \tau}}$$

将对应的 ω_c 代入幅值条件 $|G(j\omega_c)| = 1$,得
$$\frac{K_c K_s \sqrt{\tau^2 \frac{1}{T_a \tau} + 1}}{\tau T_i \frac{1}{T_a \tau} \sqrt{T_a^2 \frac{1}{T_a \tau} + 1}} = 1$$

解得
$$K_c = \frac{T_i}{K_s} \frac{1}{\sqrt{T_a \tau}}$$

【难点与易错点】
● 该题考查相角裕度的求解。

> - 该题相角裕度表达式的分子为常数，因此当其达到最大时，分母最小。或者也可以求导得到，即对相角裕度的表达式求导并令该导数等于0，即
> $$\frac{\mathrm{d}\gamma}{\mathrm{d}\omega_c} = \frac{\tau}{1+\tau^2\omega_c^2} - \frac{T_a}{1+T_a^2\omega_c^2} = 0$$
> 当相角裕度取最大值时，对应的幅值穿越频率为 $\omega_c = \dfrac{1}{\sqrt{T_a\tau}}$。

【习题 5-13】 某反馈控制系统的开环传递函数为 $G(s)H(s) = \dfrac{K}{s(T_1s+1)(T_2s+1)}$，其中 $T_1=1, T_2=0.5, K=10$，试求系统的稳定裕量。

【解】 （1）求幅值裕度。

首先求相位穿越频率 ω_g。
$$\phi(\omega_g) = -90° - \arctan\omega_g T_1 - \arctan\omega_g T_2 = -180°$$

化简得
$$\arctan\omega_g T_1 + \arctan\omega_g T_2 = 90°$$

由 $\dfrac{\omega_g T_1 + \omega_g T_2}{1-\omega_g^2 T_1 T_2} = \infty$ 解得

$$\omega_g = \frac{1}{\sqrt{T_1 T_2}}$$

因此，将相位穿越频率代入开环幅频特性，可得
$$|G(j\omega_g)H(j\omega_g)| = \frac{K\sqrt{T_1 T_2}}{\sqrt{1+T_2/T_1}\sqrt{1+T_1/T_2}} = \frac{KT_1 T_2}{T_1+T_2}$$

则幅值裕度为
$$K_g = \frac{1}{|G(j\omega_g)H(j\omega_g)|} = \frac{T_1+T_2}{KT_1 T_2} = 0.3$$

（2）求相角裕度。

下面求剪切频率。写出开环幅频特性的渐近近似式，即

$$|G(j\omega)H(j\omega)| \approx \begin{cases} \dfrac{10}{\omega}, & \omega \leq 1 \\ \dfrac{10}{\omega \times \omega}, & 1 < \omega \leq 2 \\ \dfrac{10}{\omega \times \omega \times 0.5\omega}, & 2 < \omega \end{cases}$$

令 $|G(j\omega)H(j\omega)| = 1$，解得
$$\omega_c = 2.7144 \text{ (rad/s)}$$

则相角裕度为
$$\gamma = \phi(\omega_c) + 180° = -90° - \arctan\omega_c - \arctan\omega_c 0.5 + 180° = -33.3927°$$

> **【难点与易错点】**
> - 该题考查幅值裕度和相角裕度的求解。
> - 该题的系统是最小相位系统，由于 $K_g < 1, \gamma < 0$，所以系统不稳定。

> ● 该题在求剪切频率时,采用了幅频特性的渐近近似式,会导致误差。如果精确求解,则由
> $$|G(j\omega_c)H(j\omega_c)| = \frac{10}{\omega_c\sqrt{1+\omega_c^2}\sqrt{1+\omega_c^2 0.5^2}} = 1$$
> 得 $\omega_c^2(1+\omega_c^2)(1+0.25\omega_c^2)=100$,解得 $\omega_c=2.4253$,则相角裕度 $\gamma=-28.0823°$。

5.3 加时练习题与解析

5.3.1 教材中"想一想"问题的解答

【5-1】 当幅相曲线与负实轴有多个交点时,采用哪个交点来求解幅值裕度?

【解】 由于稳定裕度是衡量系统相对稳定性的,幅值裕度体现的是幅值放大或缩小的倍数,因此,**如果幅相曲线与负实轴有多个交点,则应取 $|K_g|$(dB)值较小者**(即 $|\lg|G(j\omega_g)H(j\omega_g)||$ 的较小值)所对应的交点来求幅值裕度。

类似地,如果幅相曲线与单位圆有多个交点,则应采用相角裕度值中相对稳定性最差的值作为相角裕度。

5.3.2 正弦输入信号下的稳态输出

【5-2】 已知某系统的单位阶跃响应为 $c(t)=1-e^{-2t}$,求系统在输入信号为 $r(t)=2\sin 2t$ 时系统的稳态输出。

【解】 首先求系统的闭环传递函数。

由传递函数的定义,根据单位阶跃响应可得闭环传递函数为

$$\Phi(s) = \frac{\frac{1}{s}-\frac{1}{s-2}}{\frac{1}{s}} = \frac{1}{0.5s+1}$$

显然闭环系统稳定。因此可以由幅频特性和相频特性直接求出系统在正弦输入信号下的稳态输出。

系统的闭环频率特性为 $\Phi(j\omega)=\dfrac{1}{0.5j\omega+1}$,则幅频特性和相频特性分别为

$$|\Phi(j\omega)| = \frac{1}{\sqrt{0.25\omega^2+1}}$$

$$\angle\Phi = -\arctan 0.5\omega$$

由于输入信号频率为 2,因此

$$|\Phi(j2)| = \frac{1}{\sqrt{2}}, \quad \angle\Phi(j2) = -\arctan 1 = -45°$$

当 $r(t)=2\sin 2t$ 时,系统的稳态输出为

$$c(t) = 2\times\frac{1}{\sqrt{2}}\sin(2t-45°) = \sqrt{2}\sin(2t-45°)$$

【难点与易错点】
● 该题考查频率特性与正弦输入信号作用下稳态输出之间的关系。
● 只有**稳定的**系统才能求出正弦输入信号作用下的稳态输出,此时其幅值与相角变化量分别由幅频特性和相频特性决定。因此,求解时需要先判断稳定性。
● 对于稳定的系统,非零初始条件所产生的零输入响应是衰减的,因此在初始条件非零的情况下,正弦输入信号作用下稳态输出的求解方法与该题相同。

【5-3】 已知某单位反馈控制系统的开环传递函数为 $G(s)=\dfrac{1}{s(T^2s+4)}$,求系统在输入信号为 $r(t)=A\sin\omega t$ 时系统的稳态输出 $c(t)$。

【解】 首先求系统的闭环传递函数。由单位反馈可得系统的闭环传递函数为

$$\Phi(s)=\frac{G(s)}{1+G(s)}=\frac{1}{T^2s^2+4s+1}$$

显然闭环系统稳定。因此,可以由幅频特性和相频特性直接求出系统的稳态输出。

系统的**闭环频率特性**为 $\Phi(\mathrm{j}\omega)=\dfrac{1}{1-T^2\omega^2+4\mathrm{j}\omega}$,则幅频特性和相频特性分别为

$$|\Phi(\mathrm{j}\omega)|=\frac{1}{\sqrt{(1-T^2\omega^2)^2+16\omega^2}}$$

$$\angle\Phi=\begin{cases}-\arctan\dfrac{4\omega}{1-\omega^2T^2}, & \omega\leqslant\dfrac{1}{T}\\ -180°+\arctan\dfrac{4\omega}{\omega^2T^2-1}, & \omega>\dfrac{1}{T}\end{cases}$$

当 $r(t)=A\sin\omega t$ 时,系统的稳态输出为

$$c(t)=|\Phi(\mathrm{j}\omega)|A\sin(\omega t+\angle\Phi)$$
$$=\begin{cases}\dfrac{A}{\sqrt{(1-T^2\omega^2)^2+16\omega^2}}\sin\left(\omega t-\arctan\dfrac{4\omega}{1-\omega^2T^2}\right), & \omega\leqslant\dfrac{1}{T}\\ \dfrac{A}{\sqrt{(1-T^2\omega^2)^2+16\omega^2}}\sin\left(\omega t-180°+\arctan\dfrac{4\omega}{\omega^2T^2-1}\right), & \omega>\dfrac{1}{T}\end{cases}$$

【难点与易错点】
● 该题考查频率特性与正弦输入信号作用下稳态输出之间的关系。
● 该题已知开环传递函数,要求一定输入作用下的稳态输出,则需先求出闭环传递函数。
● 只有稳定的系统才能求出正弦输入信号作用下的稳态输出,此时其幅值与相角变化量分别由闭环幅频特性和相频特性决定。因此必须先判断稳定性。

【5-4】 已知某单位反馈二阶系统的开环传递函数为 $G(s)=\dfrac{\omega_\mathrm{n}^2}{s(s+2\zeta\omega_\mathrm{n})}$。在闭环状态下,测得在输入信号为 $r(t)=2\sin t$ 时系统的稳态输出为 $c(t)=4\sin(t-45°)$。求系统在单位斜坡输入 $r(t)=t$ 下的稳态误差。

【解】 首先求出系统的闭环传递函数。由单位反馈控制系统,得系统的闭环传递函数为

$$\Phi(s) = \frac{G(s)}{1+G(s)} = \frac{\omega_n^2}{s^2+2\zeta\omega_n s+\omega_n^2}$$

则系统的闭环幅频特性和相频特性分别为

$$|\Phi| = \frac{\omega_n^2}{\sqrt{(\omega_n^2-\omega^2)^2+(2\zeta\omega_n\omega)^2}}$$

$$\angle\Phi = \begin{cases} -\arctan\dfrac{2\zeta\omega_n\omega}{\omega_n^2-\omega^2}, & \omega \leqslant \omega_n \\ -180°+\arctan\dfrac{2\zeta\omega_n\omega}{\omega^2-\omega_n^2}, & \omega > \omega_n \end{cases}$$

由题意知,输入频率 $\omega=1$ 时稳态输出,因此

$$c(t) = 4\sin(t-45°) = 2|\Phi|\sin\left(t-\arctan\frac{2\zeta\omega_n\omega}{\omega_n^2-\omega^2}\right)$$

由相角特性与相频特性可知,**此时要求** $\omega=1 \leqslant \omega_n$。因此

$$|\Phi(\text{j}1)| = \frac{\omega_n^2}{\sqrt{(\omega_n^2-1)^2+(2\zeta\omega_n)^2}} = 2$$

$$\angle\Phi(\text{j}1) = -\arctan\frac{2\zeta\omega_n}{\omega_n^2-1} = -45°$$

由第二个方程得 $\zeta = \dfrac{\omega_n^2-1}{2\omega_n}$,代入第一个方程,得

$$8\omega_n^4 - 17\omega_n^2 + 8 = 0$$

解得 $\omega_n = 1.1923$ 或 0.8387,显然 $\omega_n = 0.8387$ 不符合 $1 \leqslant \omega_n$ 的要求,舍去。因此

$$\omega_n = 1.1923$$

$$\zeta = \frac{\omega_n^2-1}{2\omega_n} = 0.2966$$

则系统在单位斜坡输入下的稳态误差为

$$e_{ss} = \frac{1}{K} = \frac{2\zeta\omega_n}{\omega_n^2} = 0.4975$$

【难点与易错点】
- 该题考查频率特性与正弦输入信号作用下稳态输出之间的关系。
- 由于稳态输出的相角与输入相角相比,产生了 $-45°$ 的滞后,因此要求满足 $1 \leqslant \omega_n$ 的条件。

5.3.3 正负反馈系统的奈氏判据与参数范围

【5-5】 某反馈控制系统是最小相位系统,当开环放大系数取某值时的开环幅相曲线如图 5.23 所示。

(1) 判断此时闭环系统的稳定性,如果不稳定,试给出右半平面闭环极点的个数;
(2) 求使该系统闭环稳定的开环根轨迹增益的取值范围。

【解】 (1) 判断闭环系统的稳定性。

绘制原系统开环幅相曲线的对称曲线。由开环幅相曲线的起点角度可知,开环传递函数有一个积分环节。因此绘制增补段,得到系统的奈氏曲线如图 5.24 所示。

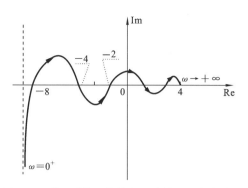
图 5.23 【5-5】某反馈控制系统的开环幅相曲线

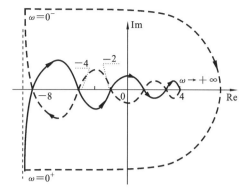
图 5.24 【5-5】某反馈控制系统的奈氏曲线

显然,奈氏曲线顺时针绕(-1,j0)点 2 周,最小相位系统没有右半平面的开环极点,因此闭环系统不稳定,且有 2 个具有正实部的闭环极点。

(2) **求系统稳定的开环根轨迹增益的取值范围。**

设原系统的开环传递函数为
$$G(s)=K_r G_0(s)$$
其中:$G_0(s)$ 的分子和分母均为首一多项式,K_r 为根轨迹增益。

由终点位置可知,**开环传递函数的分子和分母阶次相同**,即
$$\lim_{\omega\to\infty}|G_0(j\omega)|=1, \quad \lim_{\omega\to\infty}|G(j\omega)|=K_r$$

由图 5.24 知,此时根轨迹增益 K_r 为
$$K_r=4$$

设幅相曲线与负实轴交点处的频率从左至右依次为 ω_1、ω_2、ω_3,则
$$|K_r G_0(j\omega_1)|=|4G_0(j\omega_1)|=8$$
$$|K_r G_0(j\omega_2)|=|4G_0(j\omega_2)|=4$$
$$|K_r G_0(j\omega_3)|=|4G_0(j\omega_3)|=2$$

于是得
$$|G_0(j\omega_1)|=2, \quad |G_0(j\omega_2)|=1, \quad |G_0(j\omega_3)|=0.5$$

由于系统是最小相位系统,若要闭环系统稳定,则幅相曲线不包围(-1,j0)点,即需
$$|K_r G_0(j\omega_1)|<1 \quad 或 \quad |K_r G_0(j\omega_3)|<1<|K_r G_0(j\omega_2)|$$

因此使该系统闭环稳定的开环根轨迹增益的取值范围为
$$K_r<0.5 \quad 或 \quad 1<K_r<2$$

【难点与易错点】

● 该题考查最小相位系统幅相曲线特性和奈氏判据。

● 该题可由最小相位系统开环幅相曲线起点位置确定该系统包含积分环节的个数。

● 该题可由终点位置确定开环根轨迹增益的值。

● 各环节乘积的频率特性中,相频特性相加,幅频特性相乘。基于该结论,当**改变开环放大系数时,变化的只有幅值,相频特性不变。因此,当改变开环放大系数时,与负实轴交点的频率不变,从左到右的频率仍然是** ω_1、ω_2、ω_3。基于此结论,可以确定使系统稳定的开环放大系数的范围。

【5-6】 某正反馈控制系统是最小相位系统，当开环放大系数取某值时的开环幅相曲线如图 5.25 所示。

(1) 判断此时闭环系统的稳定性，如果不稳定，试给出右半平面闭环极点的个数；

(2) 求使该系统闭环稳定的开环根轨迹增益的取值范围。

【解】 (1) 判断此时系统的稳定性。

由开环幅相曲线的起点角度可知，开环传递函数有一个积分环节，$v=1$。

如果要根据奈氏判据判断正反馈控制系统的稳定性，需绘制 $-G(s)$ 的幅相曲线，因此，将图 5.25 所示的开环幅相曲线绕原点旋转 $180°$，得到图 5.26。再在图 5.26 上绘制增补段，即从 $\omega=0$ 的逆时针 $v90°$ 处以半径无穷大的圆弧顺时针绕原点转 $v90°$ 至 $\omega=0$ 处，如图 5.26 中的点线所示。

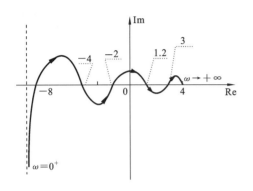

图 5.25 【5-6】正反馈控制系统的开环幅相曲线

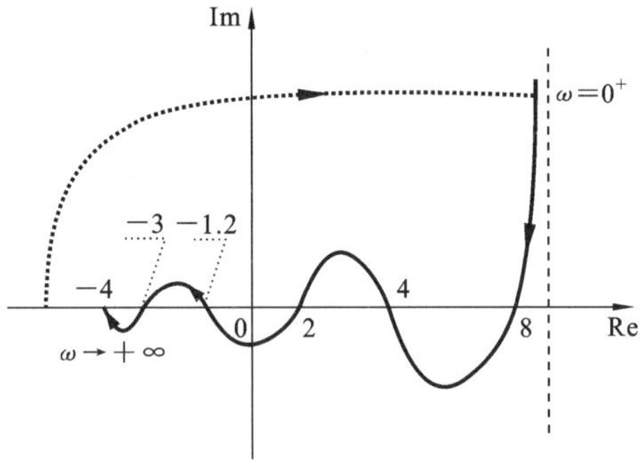

图 5.26 【5-6】的 $-G(s)$ 的幅相曲线

由上述可知，幅相曲线正穿越次数 $N^+ = \dfrac{1}{2} + \dfrac{1}{2} + 1$，负穿越次数 $N^- = 1$，而最小相位系统右半平面开环极点个数 $P=0$，即 $P=2(N^+ - N^-)=2$，因此闭环系统不稳定。此时右半平面闭环极点有 2 个。

(2) 求使系统稳定的开环放大系数的范围。

设原系统的开环传递函数为
$$G(s) = K_r G_0(s)$$

其中：$G_0(s)$ 的分子和分母均为首一多项式，K_r 为根轨迹增益。

由图 5.25 终点位置可知，开环传递函数的分子和分母阶次相同，则
$$\lim_{\omega\to\infty}|G_0(j\omega)|=1, \quad \lim_{\omega\to\infty}|G(j\omega)|=K_r$$

由图 5.25 知，此时根轨迹增益 K_r 为
$$K_r = 4$$

设图 5.26 关于 $-G(s)$ 的幅相曲线与负实轴交点处的频率从左至右依次为 ω_1、ω_2（终点除外），即
$$|-K_r G_0(j\omega_1)| = |4G_0(j\omega_1)| = 3$$
$$|-K_r G_0(j\omega_2)| = |4G_0(j\omega_2)| = 1.2$$

则
$$|G_0(j\omega_1)| = \dfrac{3}{4}, \quad |G_0(j\omega_2)| = 0.3$$

由于系统是最小相位系统,若要使闭环系统稳定,则幅相曲线不包围$(-1,j0)$点,由图 5.26 可知,即需
$$|-K_r G_0(j\omega_1)|<1<|-K_r G_0(j\omega_2)|$$
此时幅相曲线正穿越次数$N^+=\frac{1}{2}+\frac{1}{2}$,负穿越次数$N^-=1$,而最小相位系统右半平面开环极点个数$P=0$,即$P=2(N^+-N^-)=0$。因此,使该系统闭环稳定的开环根轨迹增益的取值范围为
$$\frac{10}{3}<K_r<\frac{4}{3}$$

【难点与易错点】
● 该题考查内容与上一题的类似。但是,对于正反馈控制系统,如果要根据奈氏判据判断正反馈控制系统的稳定性,需绘制$-G(s)$的幅相曲线。
● 读者可以对比该题与【5-5】题对幅相曲线所给交点条件的不同。

【5-7】 某反馈控制系统是最小相位系统,当开环增益$K=a$时的幅相特性曲线如图 5.27 所示,其中$a>0$为已知参数。试用奈氏判据判断此时系统的稳定性。如果不稳定,请给出右半平面的闭环极点个数,并分析系统稳定时K的取值范围。

【解】 (1)判断此时系统的稳定性。
由开环幅相曲线的起点角度可知,开环传递函数包含 2 个积分环节,即$v=2$。因此绘制增补段,从$\omega=0$的逆时针$v90°$处以半径无穷大的圆弧顺时针绕原点转$v90°$至$\omega=0$处,如图 5.28 中的点线所示。

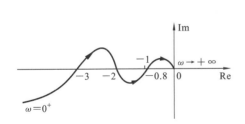
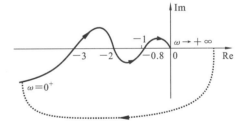

图 5.27 【5-7】某反馈控制系统的开环幅相曲线　　图 5.28 【5-6】增加增补段的幅相曲线

此时幅相曲线正穿越次数$N^+=1$,负穿越次数$N^-=1$,而最小相位系统右半平面开环极点个数$P=0$,即$P=2(N^+-N^-)=0$,因此闭环系统稳定。

(2)求使系统稳定的开环放大系数的范围。
由终点在原点,且以$-(n-m)90°=-270°$的角度进入原点,则$n-m=3$,设原系统的开环传递函数为
$$G(s)=KG_0(s)$$
其中:$G_0(s)$的分子和分母均为尾一多项式,K为开环增益。
设当$K=a$时,幅相曲线与负实轴的交点处的频率从左至右依次为ω_1、ω_2、ω_3,即
$$|aG_0(j\omega_1)|=3$$
$$|aG_0(j\omega_2)|=2$$
$$|K_1 G_0(j\omega_3)|=0.8$$

则

$$|G_0(j\omega_1)| = \frac{3}{a}, \quad |G_0(j\omega_2)| = \frac{2}{a}, \quad |G_0(j\omega_3)| = \frac{0.8}{a}$$

由于系统是最小相位系统,若要使闭环系统稳定,则幅相曲线不包围$(-1,j0)$点,即需

$$|KG_0(j\omega_1)| < 1 \quad \text{或} \quad |KG_0(j\omega_3)| < 1 < |KG_0(j\omega_2)|$$

则闭环系统稳定时K的取值范围为

$$K < \frac{a}{3} \quad \text{或} \quad \frac{a}{2} < K < \frac{5a}{4}$$

【难点与易错点】
- 该题考查内容与上一题的类似。
- 该题无法根据幅相曲线确定a的具体值。
- 读者可以对比该题与【5-5】题对开环传递函数的不同假设。

【5-8】 某正反馈控制系统是最小相位系统,其开环传递函数为$G(s)$。为判断其稳定性,现绘制了当原系统开环增益$K=a$时$-G(s)$的幅相特性曲线,如图5.29所示。其中,$a>0$为已知参数。试用奈氏判据判断此时系统的稳定性。如果不稳定,请给出右半平面的闭环极点个数,并分析系统稳定时K的取值范围。

【解】 (1) 判断此时系统的稳定性。

由于图5.29所示的幅相特性曲线是通过原系统开环传递函数乘以-1得到的,所以相频特性增加了$-180°$。如果要判断开环传递函数所包含的积分环节个数,需将图5.29所示的幅相特性曲线绕原点旋转$180°$,从而得到图5.30所示的幅相曲线。由图5.30及最小相位系统起点规律可知,原系统开环传递函数包含4个积分环节。

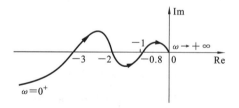

图5.29 【5-8】某正反馈控制系统$-G(s)$的幅相曲线

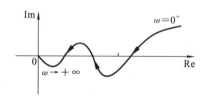

图5.30 【5-8】某正反馈控制系统$G(s)$的幅相曲线

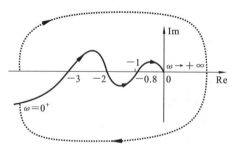

图5.31 【5-7】某正反馈控制系统$-G(s)$增加增补段的幅相曲线

开环传递函数包含$v=4$个积分环节。因此,增补段为从$\omega=0$的逆时针$v90°$处以半径无穷大的圆弧顺时针绕原点转$v90°$至$\omega=0$处,如图5.31中的点线所示。

此时幅相曲线的正穿越次数$N^+=1+\frac{1}{2}$,负穿越次数$N^-=1$,而最小相位系统右半平面的开环极点个数$P=0$,即$P=2(N^+-N^-)=1$,因此闭环系统不稳定。此时右

半平面闭环极点有 1 个。

(2) 求使系统稳定的开环放大系数的范围。

观察图 5.31,无论开环放大系数如何变化,均无法使闭环系统稳定。因此不存在使闭环系统稳定的开环放大系数。

> 【难点与易错点】
> ● 该题考查内容与上一题的类似。但是,对于**正反馈系统**,图 5.29 中给出的 $-G(s)$ **的幅相曲线**所对应的相频特性与原系统相比增加了 $-180°$。因此,如果要判断开环传递函数所包含的积分环节个数,需将图 5.29 所示的幅相特性曲线**绕原点旋转** $180°$。
> ● 读者可以对比该题与【5-7】题对幅相曲线的不同假设。

5.3.4 正负反馈最小相位系统的幅相曲线与奈氏判据

【5-9】 已知某反馈控制系统的开环传递函数为 $G(s)H(s)=\dfrac{K}{s(s+1)(Ts+1)}$,其中,参数 K、$T>0$。绘制该系统的幅相频率特性曲线,并利用奈氏判据判断使系统稳定的参数 K、T 应满足的条件。

【解】 (1) 绘制系统的开环幅相曲线。

首先写出系统的开环频率特性、幅频特性、相频特性、实频特性和虚频特性的表达式,如下:

$$G(j\omega)H(j\omega)=\frac{K}{j\omega(j\omega+1)(j\omega T+1)}$$

$$|GH|=\frac{K}{\omega\sqrt{\omega^2+1}\sqrt{(\omega T)^2+1}}$$

$$\angle GH = -90°-\arctan\omega-\arctan\omega T$$

$$u(\omega)=\frac{-K(T+1)}{(1+\omega^2)(1+\omega^2 T^2)}$$

$$v(\omega)=\frac{K(T\omega^2-1)}{\omega(1+\omega^2)(1+\omega^2 T^2)}$$

其次根据上述表达式分析幅相曲线的变化趋势。当 $\omega:0\to\infty$ 时,

$|GH|:\infty\to 0$;

$\angle GH:-90°\to-270°$;

$u(\omega):-K(T+1)\to 0$;

$v(\omega):-\infty\to 0\to$ 正 $\to 0$。

其中:当 $\omega=\dfrac{1}{\sqrt{T}}$ 时,$v(\omega)=0$,$u(\omega)=\dfrac{-KT}{T+1}$。

根据上述分析,绘制系统的开环幅相曲线,如图 5.32 所示。

(2) 判断闭环系统的稳定性。

由于系统为 I 型系统,即 $v=1$,所以需要添加增补段,从 $\omega=0$ 的逆时针 $90°$ 处,以半径无穷大的圆弧

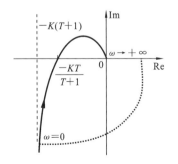

图 5.32 【5-9】的开环幅相曲线

顺时针绕原点转90°至$\omega=0$处,如图5.32中的点线所示。

系统开环传递函数不包含右半平面的开环极点,$P=0$。

由开环幅相曲线知,要使闭环系统稳定,只有无正负穿越,即$N^+=N^-=0$,此时$Z=P-2(N^+-N^-)=0$成立。所以,要使闭环系统稳定,需使参数K、T满足如下条件:

$$\frac{KT}{T+1}<1$$

【难点与易错点】
- 该题考查幅相曲线的绘制和奈氏判据的应用。
- 该题也可以不求实频特性和虚频特性曲线,而**根据相频特性来判断幅相曲线所经过的象限**。由该题的相频特性表达式可知,相频特性从$-90°$单调减小到$-270°$,因此幅相曲线从第三象限出发,经第二象限进入原点。此时,求与负实轴交点坐标的方法是,令相频特性$\angle GH=-180°$,解得相位穿越频率,再代入幅频特性求得交点坐标。
- 绘制幅相曲线时,根据实频特性和虚频特性容易求出起始位置以及与负实轴的交点坐标。
- 将奈氏判据应用到幅相曲线时,需要绘制增补段。

【5-10】 已知某反馈控制系统的开环传递函数为$G(s)H(s)=\dfrac{K}{s(s+1)(2s+1)(5s+1)}$,其中参数$K>0$。绘制该系统的幅相频率特性曲线,并利用奈氏判据分析参数K对系统稳定性的影响。对于系统不稳定的情形,请给出右半平面的闭环特征根的个数。

【解】 (1) 绘制系统的开环幅相曲线。

首先写出系统的开环频率特性、幅频特性、相频特性、实频特性和虚频特性的表达式,如下:

$$G(j\omega)H(j\omega)=\frac{K}{j\omega(j\omega+1)(j2\omega+1)(j5\omega+1)}$$

$$|GH|=\frac{K}{\omega\sqrt{\omega^2+1}\sqrt{(2\omega)^2+1}\sqrt{(5\omega)^2+1}}$$

$$\angle GH=-90°-\arctan\omega-\arctan2\omega-\arctan5\omega$$

$$u(\omega)=\frac{K(10\omega^2-8)}{(1+\omega^2)(1+4\omega^2)(1+25\omega^2)}$$

$$v(\omega)=\frac{K(17\omega^2-1)}{\omega(1+\omega^2)(1+4\omega^2)(1+25\omega^2)}$$

其次根据上述表达式分析幅相曲线的变化趋势。当$\omega:0\to\infty$时,

$|GH|:\infty\to0$

$\angle GH:-90°\to-360°$

$u(\omega):-8K\to0\to$正$\to0$

$v(\omega):-\infty\to$负$\to0\to$正$\to0$

其中:当$\omega=\sqrt{\dfrac{4}{5}}$时,$u(\omega)=0$,$v(\omega)=\dfrac{K5\sqrt{5}}{126}$(该交点的具体值可以不求);当$\omega=\sqrt{\dfrac{1}{17}}$时,$v(\omega)=0$,$u(\omega)=\dfrac{-K289}{126}$。

这意味着幅相曲线先与负实轴相交,再与正虚轴相交,幅相曲线先后经过第三、二、一象限。

根据上述分析,绘制系统的开环幅相曲线,如图5.33所示。

(2) 判断闭环系统的稳定性。

由于系统为Ⅰ型系统,即$v=1$,所以需要添加增补段,从$\omega=0$的逆时针90°处,以半径无穷大的圆弧顺时针绕原点转90°至$\omega=0$处,如图5.33中的点线所示。

系统开环传递函数不包含右半平面的开环极点,即$P=0$。

① 当$K>\dfrac{126}{289}$时,即$\dfrac{K289}{126}>1$,幅相曲线有一次负穿越,$N^-=1$,没有正穿越,$N^+=0$,因此$Z=P-2(N^+-N^-)=2$,所以,闭环系统不稳定,且有两个右半平面的闭环极点。

② 当$K=\dfrac{126}{289}$时,幅相曲线穿过$(-1,j0)$点,当$\omega:\sqrt{\dfrac{1}{17}}^- \to \sqrt{\dfrac{1}{17}}^+$时,闭环极点$j\sqrt{\dfrac{1}{17}}$的增补段的映射曲线为以半径无穷小的圆弧逆时针绕$(-1,j0)$点转$v\pi$度(此处$v=1$),如图5.34所示。幅相曲线没有正负穿越,$N^+=N^-=0$,而$P=0$,所以,闭环系统临界稳定。

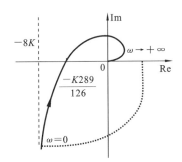

图5.33 【5-10】的开环幅相曲线

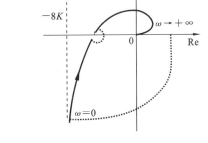

图5.34 【5-10】幅相曲线穿过$(-1,j0)$点的情形

③ 当$K<\dfrac{126}{289}$时,即$\dfrac{K289}{126}<1$,幅相曲线没有正负穿越,$N^+=N^-=0$,而$P=0$,所以,闭环系统稳定。

【难点与易错点】
- 该题考查幅相曲线的绘制和奈氏判据的应用。
- 绘制幅相曲线时,由相频特性可知,相角负向增加,因此幅相曲线从第三象限经过第二象限到达第一象限。或者由该题解题过程中所述,根据实频特性和虚频特性来判断。但起始位置只能由实频特性求解得到,而无法根据幅频特性和相频特性得到。
- 将奈氏判据应用到幅相曲线时,需要绘制增补段。此外,幅相曲线穿过$(-1,j0)$点时,需借助修正后的奈氏判据来判断是临界稳定还是临界不稳定。

【5-11】 已知某反馈控制系统的开环传递函数为$G(s)H(s)=\dfrac{K}{s^2(s+1)(2s+1)}$,

其中参数 $K>0$。绘制该系统的幅相频率特性曲线,并利用奈氏判据分析参数 K 对系统稳定性的影响。对于系统不稳定的情形,请给出右半平面闭环特征根的个数。

【解】 (1) 绘制系统的开环幅相曲线。

首先写出系统的开环频率特性、幅频特性、相频特性、实频特性和虚频特性的表达式,如下:

$$G(j\omega)H(j\omega) = \frac{-K}{\omega^2(j\omega+1)(j2\omega+1)}$$

$$|GH| = \frac{K}{\omega^2\sqrt{\omega^2+1}\sqrt{(2\omega)^2+1}}$$

$$\angle GH = -180° - \arctan\omega - \arctan2\omega$$

$$u(\omega) = \frac{K(2\omega^2-1)}{\omega^2(1+\omega^2)(1+4\omega^2)}$$

$$v(\omega) = \frac{3K}{\omega(1+\omega^2)(1+4\omega^2)}$$

然后根据上述表达式分析幅相曲线的变化趋势。当 $\omega:0\to\infty$ 时,

$|GH|:\infty\to 0$;

$\angle GH:-180°\to -360°$;

$u(\omega):-\infty\to 0\to$ 正 $\to 0$;

$v(\omega):+\infty\to$ 正 $\to 0$。

其中:当 $\omega=\sqrt{\frac{1}{2}}$ 时,$u(\omega)=0$,$v(\omega)=\frac{K2\sqrt{2}}{3}$。这意味着幅相曲线先后经过第二、一象限。

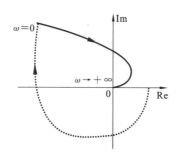

图 5.35 【5-11】的开环幅相曲线

根据上述分析,绘制系统的开环幅相曲线,如图 5.35 所示。

(2) 判断闭环系统的稳定性。

由于系统为 Ⅱ 型系统,即 $v=2$,因此需要添加增补段,从 $\omega=0$ 的逆时针 $v90°$ 处,以半径无穷大的圆弧顺时针绕原点转 $v90°$ 至 $\omega=0$ 处,如图 5.35 中的点线所示。

系统开环传递函数不含右半平面的开环极点,即 $P=0$。

无论 K 为何值,幅相曲线有一次负穿越,$N^-=1$,没有正穿越,$N^+=0$,因此 $Z=P-2(N^+-N^-)=2$,所以闭环系统不稳定,且有两个右半平面的闭环极点。

【难点与易错点】

● 该题考查幅相曲线的绘制和奈氏判据的应用。

● 该题幅相曲线的起始点 $u(\omega)\to-\infty$,$v(\omega)\to+\infty$,且 $\angle GH=-180°$,而不是 $-215°$。这是因为实频特性趋于无穷远的阶次比虚频特性趋于无穷远的阶次高,即实频特性更快地趋于无穷远。

● 当绘制幅相曲线时,如果不求实频特性和虚频特性,**仅根据相频特性也可以判断出幅相曲线所经过的象限**。由相频特性表达式可知,相频特性从 $-180°$ 单调减小到 $-360°$,因此幅相曲线从第二象限经过第一象限,后进入原点。

● 将奈氏判据应用到幅相曲线时,需要绘制增补段。

【5-12】 已知某反馈控制系统的开环传递函数为 $G(s)H(s)=\dfrac{K(5s+1)}{s^2(4s^2+0.8s+1)}$，其中参数 $K>0$。绘制该系统的幅相频率特性曲线，并利用奈氏判据分析参数 K 对系统稳定性的影响。对于系统不稳定的情形，请给出右半平面闭环特征根的个数。

【解】 （1）绘制系统的开环幅相曲线。

首先写出系统的开环频率特性、幅频特性、相频特性、实频特性和虚频特性的表达式，如下：

$$G(j\omega)H(j\omega)=\dfrac{-K(5j\omega+1)}{\omega^2(1-4\omega^2+0.8j\omega)}$$

$$|GH|=\dfrac{K\sqrt{(5\omega)^2+1}}{\omega^2\sqrt{(1-4\omega^2)^2+(0.8\omega)^2}}$$

$$\angle GH=-180°+\arctan 5\omega-\begin{cases}\arctan\dfrac{0.8\omega}{1-4\omega^2}, & \omega\leqslant\dfrac{1}{2}\\ 180°-\arctan\dfrac{0.8\omega}{4\omega^2-1}, & \omega>\dfrac{1}{2}\end{cases}$$

$$u(\omega)=\dfrac{-K}{\omega^2((1-4\omega^2)^2+(0.8\omega)^2)}$$

$$v(\omega)=\dfrac{K(20\omega^2-4.2)}{\omega((1-4\omega^2)^2+(0.8\omega)^2)}$$

其次根据上述表达式分析幅相曲线的变化趋势。当 $\omega:0\to\infty$ 时，

$|GH|:\infty\to 0$；

$\angle GH:-180°\to-270°$；

$u(\omega):-\infty\to 0$；

$v(\omega):-\infty\to 0\to$ 正 $\to 0$。

其中：当 $\omega=\dfrac{\sqrt{21}}{10}$ 时，$v(\omega)=0$，$u(\omega)=-\dfrac{K625}{21}$。这意味着幅相曲线先后经过第三、二象限。

根据上述分析，绘制系统的开环幅相曲线，如图 5.36 所示。

（2）判断闭环系统的稳定性。

由于系统为Ⅱ型系统，即 $v=2$，因此需要添加增补段，从 $\omega=0$ 的逆时针 $v90°$ 处，以半径无穷大的圆弧顺时针绕原点转 $v90°$ 至 $\omega=0$ 处，如图 5.36 中的点线所示。

系统开环传递函数不含右半平面的开环极点，即 $P=0$。

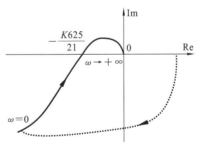

图 5.36 【5-12】的开环幅相曲线

① 当 $K>\dfrac{21}{625}$ 时，即 $\dfrac{K625}{21}>1$，幅相曲线有一次负穿越，$N^-=1$，没有正穿越，$N^+=0$，因此 $Z=P-2(N^+-N^-)=2$，所以闭环系统不稳定，且有两个右半平面的闭环极点。

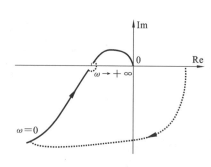

图 5.37 【5-12】的幅相曲线穿过
$(-1,j0)$ 点的情形

② 当 $K=\dfrac{21}{625}$ 时,幅相曲线穿过 $(-1,j0)$ 点,当 $\omega:\dfrac{\sqrt{21}}{10}^{-}\to\dfrac{\sqrt{21}}{10}^{+}$ 时,闭环极点 $j\dfrac{\sqrt{21}}{10}$ 的增补段的映射曲线为以半径无穷小的圆弧逆时针绕 $(-1,j0)$ 点转 $v\pi$ 度(此处 $v=1$),如图 5.37 所示。幅相曲线没有正负穿越,$N^{+}=N^{-}=0$,而 $P=0$,所以,闭环系统临界稳定。

③ 当 $K<\dfrac{21}{625}$ 时,即 $\dfrac{K625}{21}<1$,幅相曲线没有正负穿越,$N^{+}=N^{-}=0$,而 $P=0$,所以,闭环系统稳定。

【难点与易错点】
● 该题考查幅相曲线的绘制和奈氏判据的应用。
● 该题幅相曲线的起始点 $u(\omega)\to-\infty$,$v(\omega)\to-\infty$,且 $\angle GH\to-180°$,而不是 $-135°$。这是因为实频特性趋于无穷远的阶次比虚频特性趋于无穷远的阶次高,即实频特性更快地趋于无穷远。
● 将奈氏判据应用到幅相曲线时,需要绘制增补段。此外,当幅相曲线穿过 $(-1,j0)$ 点时,需要借助修正的奈氏判据来判断系统是临界稳定还是临界不稳定。
● 绘制幅相曲线时,如果不求实频特性和虚频特性,**根据相频特性也可以大致判断出幅相曲线所经过的象限,方法是比较各环节的转折频率,结合各环节在转折频率处相角的变化速率进行估算。此外,也可以结合 Bode 图来绘制幅相曲线。**

例如该题中,$(5s+1)$ 的转折频率为 0.2,$\dfrac{1}{4s^2+0.8s+1}$ 的转折频率为 0.5,相频特性从起始角 $-180°$ 开始先增大(但不会增大到 $-90°$)再减小到 $-270°$,因此幅相曲线先经过第三象限,再进入第二象限。

如果系统的开环传递函数为 $G(s)H(s)=\dfrac{K(0.2s+1)}{s^2(4s^2+0.8s+1)}$,而 $(0.2s+1)$ 的转折频率为 5,$\dfrac{1}{4s^2+0.8s+1}$ 的转折频率为 0.5,则相频特性从起始角 $-180°$ 开始先减小(会减小到 $-270°$ 以下,但不会减小到 $-360°$)再增大到 $-270°$。因此幅相曲线先经过第二象限,再进入第一象限。

如果上述不求实频特性和虚频特性,那么根据相频特性以及转折频率的估算方法可能很难得到准确结果。读者可以绘制并对比开环传递函数 $\dfrac{K(0.9s+1)}{s^2(4s^2+0.8s+1)}$ 和 $\dfrac{K(0.8s+1)}{s^2(4s^2+0.8s+1)}$ 的幅相曲线。

【5-13】 已知某反馈控制系统的开环传递函数为 $G(s)H(s)=\dfrac{K(s+1)^2}{(100s+1)^3(0.01s+1)^2}$,其中参数 $K>0$。绘制该系统的幅相频率特性曲线,利用奈氏判据分析参数 K 对系统稳定性的影响。对于系统不稳定的情形,请给出右半平面的闭

环特征根的个数。

【解】 （1）**绘制系统的开环幅相曲线。**

首先写出系统的开环频率特性、幅频特性、相频特性的表达式，如下：

$$G(j\omega)H(j\omega) = \frac{K(j\omega+1)^2}{(100j\omega+1)^3(0.01j\omega+1)^2}$$

$$|GH| = \frac{K(\omega^2+1)}{\sqrt{(100\omega)^2+1}^3(0.0001\omega^2+1)}$$

$$\varphi(\omega) = \angle GH = 2\arctan\omega - 3\arctan100\omega - 2\arctan0.01\omega$$

然后根据上述表达式分析幅相曲线的变化趋势。

该系统有 3 个转折频率，各自相距 2 个十倍频程，因此，在转折频率附近的相频特性可以近似计算。根据此思路，从相频特性 $\varphi(\omega) = -180°$ 出发来估算幅相曲线与横轴的交点值。

当 ω 在转折频率 $\omega_1 = 0.01$ 附近时，令 $\varphi(\omega) \approx -3\arctan100\omega = -180°$，解得 $\omega_{g1} = 0.0173$，该值在 $\omega_1 = 0.01$ 附近，因此上面的近似计算基本可行，$|GH| = 0.1254K$。

当 ω 在转折频率 $\omega_2 = 1$ 附近时，令 $\varphi(\omega) \approx 2\arctan\omega - 270° = -180°$，解得 $\omega_{g2} = 1$，该值在 $\omega_2 = 1$ 附近，因此上面的近似计算基本可行，$|GH| = 2 \times 10^{-6} K$。

当 ω 在转折频率 $\omega_3 = 100$ 附近时，令 $\varphi(\omega) \approx -90° - 2\arctan0.01\omega = -180°$，解得 $\omega_{g3} = 100$，该值在 $\omega_3 = 100$ 附近，因此上面的近似计算基本可行，$|GH| = 5 \times 10^{-9} K$。

由上述分析可知，当 $\omega:0 \to \infty$ 时，

$$|GH|:K \to 0$$

$\varphi(\omega):0° \to -180° \to 小 \to -180° \to 大 \to -180° \to 小 \to -270°$

因此可概略绘制福相曲线，如图 5.38 所示。

（2）**判断闭环系统的稳定性。**

由于开环传递函数没有右半平面的开环极点，因此 $P=0$。根据图 5.33，

① 当 $0.1254K<1$ 或者 $2\times10^{-6}K>1>5\times10^{-9}K$ 时，即 $0<K<7.9745$ 或 $5\times10^5<K<2\times10^8$，幅相曲线没有正负穿越，$N^+ = N^- = 0$，或者正负穿越各一次，$N^+ = N^- = 1$，因此闭环系统稳定。

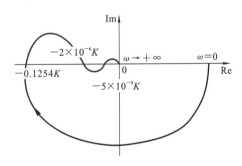

图 5.38 【5-13】中当 $K>0$ 时的开环幅相曲线

② 当 $0.1254K>1>2\times10^{-6}K$ 时，即

$$7.9745<K<5\times10^5$$

幅相曲线有一次负穿越，$N^- = 1$，因此 $Z = P - 2(N^+ - N^-) = 2$，闭环系统不稳定，且有两个右半平面的闭环极点。

③ 当 $5\times10^{-9}K>1$ 时，即

$$K>2\times10^8$$

幅相曲线有一次正穿越，$N^+ = 1$，两次负穿越，$N^- = 2$，因此 $Z = P - 2(N^+ - N^-) = 2$，闭环系统不稳定，且有两个右半平面的闭环极点。

④ 当 $2\times10^{-6}K = 1$ 时，即

$$K = 7.9745$$

幅相曲线穿过$(-1,j0)$点,说明系统闭环极点有纯虚根。此时幅相曲线修正的方法是:当$\omega:d^-\to d^+$时,以半径无穷小的圆弧逆时针绕$(-1,j0)$点转$v\pi$度(这里$v=1$),如图5.39中的点线所示。

修正后的幅相曲线没有正负穿越,闭环系统临界稳定。

⑤ 当$0.1254K=1$时,即
$$K=5\times10^5$$

幅相曲线穿过$(-1,j0)$点,说明系统闭环极点有纯虚根。此时幅相曲线修正的方法是:当$\omega:d^-\to d^+$时,以半径无穷小的圆弧逆时针绕$(-1,j0)$点转$v\pi$度(这里$v=1$),如图5.40中的点线所示。

修正后的幅相曲线正负穿越各一次,$N^+=N^-=1$,因此$Z=P-2(N^+-N^-)=0$,闭环系统临界稳定。

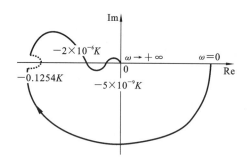

图5.39 【5-13】中当$K=7.9745$时修正后的开环幅相曲线

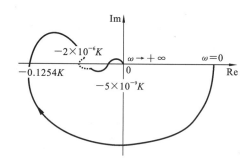

图5.40 【5-13】中当$K=5\times10^5$时修正后的开环幅相曲线

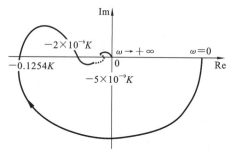

图5.41 【5-13】中当$K=2\times10^8$时修正后的开环幅相曲线

⑥ 当$5\times10^{-9}K=1$时,即
$$K=2\times10^8$$

幅相曲线穿过$(-1,j0)$点,说明系统闭环极点有纯虚根。此时幅相曲线修正的方法是:当$\omega:d^-\to d^+$时,以半径无穷小的圆弧逆时针绕$(-1,j0)$点转$v\pi$度(这里$v=1$),如图5.41中的点线所示。

修正后的幅相曲线正负穿越各一次,$N^+=N^-=1$,因此$Z=P-2(N^+-N^-)=0$,闭环系统临界稳定。

【难点与易错点】

● 该题求实频特性和虚频特性的计算量过大,因此,可通过分析相频特性的值来判断幅相曲线的变化趋势。此外,由于Bode图的绘制相对较简单,**也可以结合Bode图来绘制幅相曲线。**

● 该题的开环频率特性表达式为$G(s)H(s)=\dfrac{K(s+1)^2}{(100s+1)^3(0.01s+1)^2}$,若$K<0$,则

$$\varphi(\omega) = -180° + 2\arctan\omega - 3\arctan 100\omega - 2\arctan 0.01\omega$$

当 $\omega:0\to\infty$ 时，$|GH|:K\to 0$，而

$$\varphi(\omega): -180° \to -360° \to \text{小} \to -360° \to \text{大} \to -360° \to \text{小} \to -450°$$

因此系统的开环幅相曲线如图 5.42 所示。当 $-1<K<0$ 时，系统稳定；当 $K=-1$ 时，闭环系统临界稳定；当 $K<-1$ 时，闭环系统不稳定，且有一个右半平面的闭环极点。

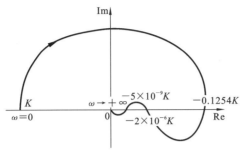

图 5.42 【5-13】中当 $K<0$ 时的开环幅相曲线

值得注意的是，当 $K<0$ 时，对应的是正反馈的情形。

5.3.5 正负反馈非最小相位系统的幅相曲线与奈氏判据

【5-14】 已知某反馈控制系统的开环传递函数为 $G(s)=\dfrac{1}{s-a}$，其中常数 a 符号未知。绘制该系统的幅相特性曲线，并利用奈氏判据判断使系统稳定的参数 a 的范围。

【解】 该系统的开环频率特性为

$$G(j\omega)=\frac{1}{j\omega-a}=-\frac{a}{\omega^2+a^2}-j\frac{\omega}{\omega^2+a^2}$$

则其幅频特性为 $|G(j\omega)|=\dfrac{1}{\sqrt{\omega^2+a^2}}$，相频特性有以下几种情况。

- 当 $a>0$ 时，$\varphi(j\omega)=-180°+\arctan\dfrac{\omega}{a}$。
- 当 $a<0$ 时，$\varphi(j\omega)=-\arctan\dfrac{\omega}{|a|}$。
- 当 $a=0$ 时，$\varphi(j\omega)=-90°$。

实频特性和虚频特性分别为

$$u(\omega)=-\frac{a}{\omega^2+a^2}$$

$$v(\omega)=-\frac{\omega}{\omega^2+a^2}$$

观察实频特性和虚频特性表达式，发现它们满足方程 $u^2+v^2=\dfrac{1}{|a|}u$，即 $\left(u-\dfrac{1}{2a}\right)^2+v^2=\left(\dfrac{1}{2a}\right)^2$，因此开环幅相曲线是圆的一部分。

下面分析变化趋势。当 $\omega:0\to\infty$ 时，

$|G(j\omega)|:\dfrac{1}{|a|} \to 0$；

$u:-\dfrac{1}{a} \to 0$；

$v:0\to 0$。

当 $a>0$ 时，$\varphi(j\omega):-180°\to -90°$。

当 $a<0$ 时，$\varphi(j\omega):0°\to -90°$。

当 $a=0$ 时，$\varphi(j\omega)=-90°$。

根据上述分析结果，下面分情况绘制幅相曲线，并分析其稳定性。

(1) 当 $a>0$ 时，系统的开环幅相曲线如图 5.43 所示。

由于开环传递函数有右半平面的开环极点，因此 $P=1$。幅相曲线起点在负实轴上，在 $(-1,j0)$ 点左侧时，$N^{+}=\dfrac{1}{2}$，$Z=P-2(N^{+}-N^{-})=0$，即当 $0<a<1$ 时系统才稳定。

(2) 当 $a<0$ 时，系统的开环幅相曲线如图 5.44 所示。

图 5.43　【5-14】中当 $a>0$ 时的开环幅相曲线　　图 5.44　【5-14】中当 $a<0$ 时的开环幅相曲线

由于开环传递函数没有右半平面的开环极点，因此 $P=0$。由图 5.39 可知没有正负穿越，因此闭环系统稳定。

(3) 当 $a=0$ 时，系统的开环幅相曲线如图 5.45(a)所示。此时系统含有一个积分环节，增加增补段后如图 5.45(b)所示。

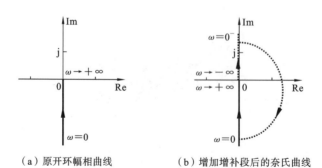

(a) 原开环幅相曲线　　(b) 增加增补段后的奈氏曲线

图 5.45　【5-14】中当 $a=0$ 时的开环幅相曲线

由于开环传递函数有右半平面的开环极点，因此 $P=0$。由图 5.45 可知没有正负穿越，因此闭环系统稳定。

综合上面三种情况，使闭环系统稳定的参数 a 的范围为

$$a<1$$

> 【难点与易错点】
> ● 该题考查幅相曲线的绘制和奈氏判据的应用。
> ● 由于该题参数 a 的符号未知,因此需要分情况讨论。其中,当 $a=0$ 时,开环传递函数含有一个积分环节,需要绘制增补段。

【5-15】 已知某反馈控制系统的开环传递函数为 $G(s)=\dfrac{K(s+3)}{s-1}$,若要使系统的闭环特征根实部都小于 -1,试利用奈氏判据判断参数 K 的范围。

【解】 要使系统的闭环特征根实部都小于 -1,可令 $s=z-1$,将开环传递函数变换为关于 z 的函数 $G(z)=\dfrac{K(z+2)}{z-2}$,由开环传递函数 $G(z)$ 所表示的闭环系统稳定,原系统闭环特征根实部都小于 -1。

首先绘制 $G(z)$ 的幅相曲线。$G(z)$ 的频率特性、幅频特性、实频特性和虚频特性的表达式如下:

$$G(j\omega)=\dfrac{K(j\omega+2)}{j\omega-2}$$
$$|G|=|K|$$
$$u(\omega)=\dfrac{K(\omega^2-4)}{\omega^2+4}$$
$$v(\omega)=\dfrac{-4K\omega}{\omega^2+4}$$

其次根据上述表达式分析幅相曲线的变化趋势。

(1) 当 $K>0$ 时,$G(z)$ 的相频特性为

$$\angle GH=-180°+2\arctan\dfrac{\omega}{2}$$

当 $\omega:0\to\infty$ 时,
$|G|:K$,说明幅相曲线是圆的一部分。
$\angle G:-180°\to 180°$。
$u(\omega):-K\to 0\to K$。
$v(\omega):0\to$ 负 $\to 0$。

其中:当 $\omega=2$ 时,$u(\omega)=0$,$v(\omega)=-K$。由此绘制的开环幅相曲线如图 5.46 所示。

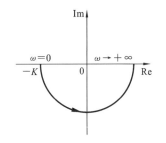

图 5.46 【5-15】中当 $K>0$ 时的开环幅相曲线

由于 $G(z)$ 有一个右半平面开环极点,$P=1$。要使关于 $G(z)$ 的闭环系统稳定,需 $P=2(N^+-N^-)$,则需 $N^+=\dfrac{1}{2}$。由于幅相曲线起点在负实轴上,在 $(-1,j0)$ 点左侧时,$N^+=\dfrac{1}{2}$,因此,当 $K>1$ 时满足要求。

(2) 当 $K<0$ 时,$G(z)$ 的相频特性为

$$\angle GH=-360°+2\arctan\dfrac{\omega}{2}$$

当 $\omega:0\to\infty$ 时,$|G|:|K|$,说明幅相曲线是圆的一部分。
$\angle G:-360°\to -180°$。

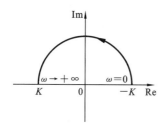

图 5.47 【5-15】中当 $K<0$ 时的幅相曲线

$u(\omega): -K \to 0 \to K$。

$v(\omega): 0 \to 负 \to 0$。

其中：当 $\omega=2$ 时，$u(\omega)=0$，$v(\omega)=-K$。由此绘制的幅相曲线如图 5.47 所示。

由于 $G(z)$ 有一个右半平面开环极点，$P=1$。要使关于 $G(z)$ 的闭环系统稳定，需要 $P=2(N^+ - N^-)$，则有 $N^+ = \dfrac{1}{2}$。由于幅相曲线终点在负实轴上，在 $(-1, j0)$ 点左侧时 $N^+ = \dfrac{1}{2}$，因此，当 $K<-1$ 时满足要求。

（3）当 $K=0$ 时，系统的开环传递函数为 0，没有意义。

综上所述，要使原系统的闭环特征根实部都小于 -1，需满足条件：

$$K>1 \quad 或 \quad K<-1$$

【难点与易错点】

- 该题应用奈氏判据判断相对稳定性。要使系统的闭环特征根实部小于 -1，可令 $s=z-1$，得到新的开环传递函数，再基于新的开环传递函数，采用奈氏判据判断稳定性即可。
- 该题由幅频特性表达式易知幅相曲线是圆的一部分。
- 该题题干中未说明 K 的正负符号，因此需要分情况讨论。当 $K>0$ 时，对应系统为负反馈；当 $K<0$ 时，对应系统为正反馈。

【5-16】 已知某反馈控制系统的开环传递函数为 $G(s)H(s) = \dfrac{100(\tau s+1)}{s(s-1)}$，其中参数 $\tau > 0$。试用奈氏判据判断闭环系统的稳定性。对于不稳定的情形，请给出右半平面的闭环特征根的个数。

【解】 （1）绘制系统的开环幅相曲线。

首先写出系统的开环频率特性、幅频特性、相频特性、实频特性和虚频特性的表达式，如下：

$$G(j\omega)H(j\omega) = \dfrac{100(\tau j\omega+1)}{j\omega(j\omega-1)}$$

$$|GH| = \dfrac{100\sqrt{(\tau\omega)^2+1}}{\omega\sqrt{\omega^2+1}}$$

$$\angle GH = -270° + \arctan\tau\omega + \arctan\omega$$

$$u(\omega) = \dfrac{-100(1+\tau)}{\omega^2+1}$$

$$v(\omega) = \dfrac{100(1-\tau\omega^2)}{\omega(\omega^2+1)}$$

其次根据上述表达式分析幅相曲线的变化趋势。

当 $\omega: 0 \to \infty$ 时，

$|G|: \infty \to 0$。

$\angle G: -270° \to -90°$。

$u(\omega): -100(1+\tau) \to 0$。

$v(\omega): +\infty \to 0 \to 负 \to 0$。

其中:当 $\omega = \dfrac{1}{\sqrt{\tau}}$ 时,$v\left(\dfrac{1}{\sqrt{\tau}}\right) = 0$,$u\left(\dfrac{1}{\sqrt{\tau}}\right) = -100\tau$,这是与负实轴的交点。

由此绘制的开环幅相曲线如图 5.48(a)所示。

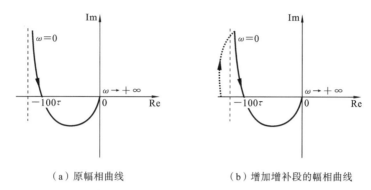

(a) 原幅相曲线　　　　(b) 增加增补段的幅相曲线

图 5.48 【5-16】的开环幅相曲线

(2) 判断闭环系统的稳定性。

由于系统为 I 型系统,即 $v=1$,因此需要添加增补段,从 $\omega=0$ 的逆时针 90°处,以半径无穷大的圆弧顺时针绕原点转 90°至 $\omega=0$ 处,如图 5.48(b)所示。

系统开环传递函数含一个右半平面开环极点,$P=1$。

① 若 $100\tau>1$,由开环幅相曲线知,正穿越 $N^+=1$,负穿越 $N^-=\dfrac{1}{2}$,故系统在 S 右半平面的闭环极点数为 $Z=P-2(N^+-N^-)=0$,所以 $\tau>\dfrac{1}{100}$ 时闭环系统稳定。

② 若 $100\tau<1$,由开环幅相曲线知,正穿越 $N^+=0$,负穿越 $N^-=\dfrac{1}{2}$,故系统在 S 右半平面的闭环极点数为 $Z=P-2(N^+-N^-)=2$,所以 $\tau<\dfrac{1}{100}$ 时闭环系统不稳定,有两个右半平面的根。

③ 若 $100\tau=1$,则开环幅相曲线穿过 $(-1,j0)$ 点,反馈控制系统有闭环极点位于虚轴上。当虚轴上闭环极点为 $\pm j\dfrac{1}{10}$,且重数为 1 时,$d=\dfrac{1}{10}$,幅相曲线修正如下。

● 当 $\omega: d^- \to d^+$ 时,闭环极点 jd 的增补段的映射曲线为以半径无穷小的圆弧逆时针绕 $(-1,j0)$ 点转 π 度,如图 5.49 所示。

● 原点处开环极点的增补段是从 $\omega=0$ 的逆时针 90°处,以半径无穷大的圆弧顺时针绕原点转 90°至 $\omega=0$ 处,如图 5.49 中的点线所示。

显然,修正后的幅相曲线正穿越 $N^+=1$,负穿越 $N^-=\dfrac{1}{2}$,故系统在 S 右半平面的闭环极点数为 $Z=P-2(N^+-N^-)=0$。由于开环幅相曲线穿过

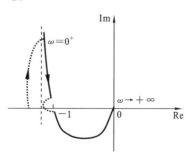

图 5.49 【5-16】中开环幅相曲线穿过 $(-1,j0)$ 点的情形

$(-1,j0)$点,因此,当$\tau=\dfrac{1}{100}$时,闭环系统临界稳定。

> **【难点与易错点】**
> - 该题考查幅相曲线的绘制和奈氏判据的应用。由实频特性和虚频特性易知,起始位置以及与负实轴的交点。
> - 该题不求解实频特性和虚频特性亦可,虽然这样做很难得到起点的渐近线,但不影响稳定性判断。此时,由系统的开环相频特性$-270°+\arctan\tau\omega+\arctan\omega$随频率$\omega$单调变化,即从$-270°$单调递增到$-90°$,易得幅相曲线的变化趋势,且与负实轴的交点频率可由$-270°+\arctan\tau\omega+\arctan\omega=-180°$解得,代入幅频特性即可得交点坐标。
> - 应用奈氏判据时,开环幅相曲线穿过$(-1,j0)$点时需要应用修正后的奈氏判据。

【5-17】 已知某反馈控制系统的开环传递函数为$G(s)=\dfrac{K(T_1s-1)}{s(T_1s+1)(T_2s-1)}$,其中参数$T_1$、$T_2$、$K$均为正。试采用奈奎斯特稳定判据分析该控制系统参数对稳定性的影响。对于不稳定的情形,请给出右半平面的闭环特征根的个数。

【解】 首先写出开环频率特性、幅频特性、相频特性、实频特性和虚频特性的表达式,如下:

$$G(j\omega)=\dfrac{K(j\omega T_1-1)}{j\omega(j\omega T_1+1)(j\omega T_2-1)}$$

$$|G(j\omega)|=\dfrac{K}{\omega\sqrt{(T_2\omega)^2+1}}$$

$$\angle G(j\omega)=(180°-\arctan T_1\omega)-90°-\arctan T_1\omega+(-180°+\arctan T_2\omega)$$
$$=-90°-2\arctan T_1\omega+\arctan T_2\omega$$

$$u(\omega)=\dfrac{K(T_2-2T_1-\omega^2 T_1^2 T_2)}{(1+(T_1\omega)^2)(1+(T_2\omega)^2)}$$

$$v(\omega)=\dfrac{K(\omega^2 T_1(T_1-2T_2)-1)}{\omega(1+(T_1\omega)^2)(1+(T_2\omega)^2)}$$

其次根据上述表达式分析幅相曲线的变化趋势。

(1) 当$T_1>2T_2$时,$T_2-2T_1<0$,$u(\omega)<0$。

当$\omega:0\to\infty$时,

$|G|:\infty\to 0$;

$\angle G:-90°\to -180°$;

$u(\omega):K(T_2-2T_1)\to 0$;

$v(\omega):-\infty\to 0\to$正$\to 0$。

其中:当$\omega=\dfrac{1}{\sqrt{T_1(T_1-2T_2)}}$时,$v(\omega)=0$,$u(\omega)=-\dfrac{KT_1(T_1-2T_2)^2}{T_1-T_2}$,这是与负实轴的交点。

由此绘制的开环幅相曲线如图5.50所示。

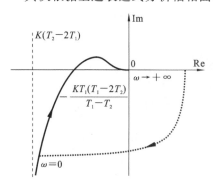

图5.50 【5-17】中当$T_1>2T_2$时的开环幅相曲线

由于系统为Ⅰ型系统,即 $v=1$,所以需要添加增补段,从 $\omega=0$ 的逆时针 $90°$ 处以半径无穷大的圆弧顺时针绕原点转 $90°$ 至 $\omega=0$ 处,如图 5.50 中的点线所示。

系统有一个右半平面的开环极点,$P=1$。

要使系统稳定,需使 $Z=P-2(N^+-N^-)=0$,即需使 $N^+-N^-=\frac{1}{2}$,由图 5.50 可知,系统无论如何也不存在正穿越,因此,当 $T_1>2T_2$ 时,无论参数取何值,闭环系统均不稳定。

当 $\frac{KT_1(T_1-2T_2)^2}{T_1-T_2}>1$ 时,系统有一次负穿越而没有正穿越,即 $N^-=1,N^+=0$。此时右半平面的闭环特征根的个数为 $Z=P-2(N^+-N^-)=3$。

当 $\frac{KT_1(T_1-2T_2)^2}{T_1-T_2}<1$ 时,系统没有正负穿越,$N^+=N^-=0$,此时右半平面的闭环特征根的个数为 $Z=P-2(N^+-N^-)=1$。

当 $\frac{KT_1(T_1-2T_2)^2}{T_1-T_2}=1$ 时,对图 5.50 作修正曲线,当 $\omega:d^-\to d^+$ 时,闭环极点 jd 的增补段的映射曲线为以半径无穷小的圆弧逆时针绕 $(-1,j0)$ 点转 π 度。这里省略修正后的幅相曲线。系统没有正负穿越,$N^+=N^-=0$,此时右半平面的闭环特征根的个数为 $Z=P-2(N^+-N^-)=1$。

(2) 当 $T_2>2T_1$ 时,$T_1-2T_2<0$,$v(\omega)<0$。当 $\omega:0\to\infty$ 时,

$|G|:\infty\to 0$;

$\angle G:-90°\to -180°$;

$u(\omega):K(T_2-2T_1)\to 0\to 负\to 0$;

$v(\omega):-\infty\to 0$。

其中:当 $\omega=\sqrt{\frac{T_2-2T_1}{T_1^2T_2}}$ 时,$u(\omega)=0$,此时与负虚轴相交。由于与负虚轴的交点不影响稳定性分析,因此此处不再给出交点的值。由此绘制的幅相曲线如图 5.51 所示。

由于系统为Ⅰ型系统,即 $v=1$,需要添加增补段,从 $\omega=0$ 的逆时针 $90°$ 处以半径无穷大的圆弧顺时针绕原点转 $90°$ 至 $\omega=0$ 处,如图 5.51 中的点线所示。

系统有一个右半平面的开环极点,$P=1$。显然,无论与负虚轴的交点位置在何处,$N^+=N^-=0$,

因此,当 $T_2>2T_1$ 时,无论参数取何值,系统都不稳定。右半平面的闭环特征根的个数为 $Z=P-2(N^+-N^-)=1$。

(3) 当 $\frac{1}{2}T_2\leqslant T_1\leqslant 2T_2$ 时,当 $\omega:0\to\infty$ 时,

$|G|:\infty\to 0$;

$\angle G:-90°\to -180°$;

$u(\omega):K(T_2-2T_1)\to 负\to 0$;

$v(\omega):-\infty\to 负\to 0$。

由此绘制的幅相曲线如图 5.52 所示。

由于系统为Ⅰ型系统,即 $v=1$,所以需要添加增补段,从 $\omega=0$ 的逆时针 $90°$ 处以半径无穷大的圆弧顺时针绕原点转 $90°$ 至 $\omega=0$ 处,如图 5.52 中的点线所示。

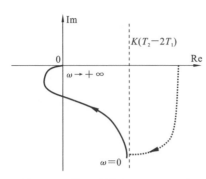

图 5.51 【5-17】中当 $T_2 > 2T_1$ 时的开环幅相曲线

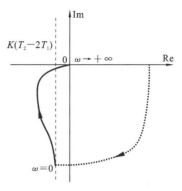

图 5.52 【5-17】中当 $\frac{1}{2}T_2 \leq T_1 \leq 2T_2$ 时的开环幅相曲线

系统有一个右半平面的开环极点，$P=1$。显然，$N^+ = N^- = 0$。

因此，当 $\frac{1}{2}T_2 \leq T_1 \leq 2T_2$ 时，无论参数取何值，系统都不稳定。右半平面的闭环特征根的个数为 $Z = P - 2(N^+ - N^-) = 1$。

综上所述，无论参数取何值，系统都不稳定。右半平面的闭环特征根的个数则根据参数的不同而有所不同。

【难点与易错点】
- 该题考查幅相曲线的绘制和奈氏判据的应用。
- 该题分情况讨论时，通过实频特性和虚频特性的正负符号来分类，这样便于分析幅相曲线。
- 该题如果不求解实频特性和虚频特性，则采用相频特性来分析幅相曲线的变化趋势，相对较为烦琐。由 $\angle G(j\omega) = -90° - 2\arctan T_1\omega + \arctan T_2\omega$，再合并反正切函数 $2\arctan T_1\omega$ 时，由于反正切函数的值域为 $[-90°, 90°]$，所以需分情况讨论。读者可自行尝试这种求解方法，并与求解实频特性和虚频特性的方法进行对比。
- 该题系统的闭环特征方程为 $T_1 T_2 s^3 + (T_1 + T_2)s^2 + (KT_1 - 1)s - K = 0$，根据劳斯判据，对于正参数 K，显然闭环系统始终不稳定。

【5-18】 已知某控制系统的开环传递函数为 $G(s) = \dfrac{10}{(s-5)(s+1)(s+2)}$，试采用奈奎斯特稳定判据判断该控制系统的稳定性。如果不稳定，请给出右半平面的闭环特征根的个数。

【解】 首先写出开环频率特性、幅频特性、相频特性、实频特性和虚频特性的表达式，如下：

$$G(j\omega) = \frac{10[(2\omega^2 - 10) + j\omega(\omega^2 + 13)]}{(\omega^2 + 1)(\omega^2 + 4)(\omega^2 + 25)}$$

$$|G(j\omega)| = \frac{10}{\sqrt{\omega^2+1}\sqrt{\omega^2+4}\sqrt{\omega^2+25}}$$

$$\angle G(j\omega) = -\arctan\omega - \arctan\frac{\omega}{2} - 180° + \arctan\frac{\omega}{5}$$

$$u(\omega)=\frac{10(2\omega^2-10)}{(\omega^2+1)(\omega^2+4)(\omega^2+25)}$$

$$v(\omega)=\frac{10\omega(\omega^2+13)}{(\omega^2+1)(\omega^2+4)(\omega^2+25)}$$

其次根据上述表达式分析幅相曲线的变化趋势,分析结果如表 5.2 所示。

表 5.2 幅相曲线的变化趋势

ω	0	→增大→$\sqrt{5}$	→∞
$\|G(j\omega)\|$	1	→减小	→0
$\angle G(j\omega)$	$-180°$	→	→$-270°$
$u(\omega)$	-1	→负→增大→0→正	→0
$v(\omega)$	0	→正→$\frac{\sqrt{5}}{9}$→正	→0

根据表 5.2 绘制开环幅相曲线,如图 5.53(a)所示。注意,当 $\omega=\sqrt{5}$ 时,$u(\omega)=0$,$v(\omega)=\frac{\sqrt{5}}{9}$,穿过纵轴。

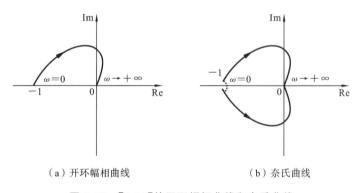

(a) 开环幅相曲线　　　　(b) 奈氏曲线

图 5.53 【5-18】的开环幅相曲线和奈氏曲线

继续绘制幅相曲线关于横轴对称的曲线,得到奈氏曲线。

由于开环幅相曲线的起点在$(-1,j0)$点,所以反馈控制系统有闭环极点位于原点处。原点处的闭环极点重数为 1,则奈氏曲线修正为:当 $\omega:0^-\to0^+$ 时,以半径无穷小的圆弧逆时针绕$(-1,j0)$点转 π 度,如图 5.53(b)所示。

系统有一个右半平面的开环极点,$P=1$,奈氏曲线不包围$(-1,j0)$点,因此 $N=0$,系统不稳定,右半平面的闭环特征根的个数为 $Z=P-N=1$,有一个右半平面的根。

【难点与易错点】
- 该题考查幅相曲线的绘制和奈氏判据的应用。
- 该题的开环幅相曲线的起点在$(-1,j0)$点,因此需要用修正的奈氏判据来判断是临界稳定还是临界不稳定,以及右半平面的闭环特征根的个数。
- 该题的相频特性为 $\angle G(j\omega)=-\arctan\omega-\arctan\frac{\omega}{2}-180°+\arctan\frac{\omega}{5}$,其中 $-\arctan\omega-\arctan\frac{\omega}{2}$ 对应的转折频率分别为 1 和 2,$\arctan\frac{\omega}{5}$ 对应的转折频率为 5,

因此可以判断,相频特性从 $-180°$ 出发先减小,进入第二象限,但很难判断减小到何值时相角增大并是否穿越负实轴,需要进一步利用三角函数才能判断是否与负实轴有交点。因此,该题如果不求解实频特性和虚频特性,而根据相频特性来判断幅相曲线所经过的象限就较为烦琐。

如果三个环节的转折频率相差较大,根据相频特性也能很方便地判断幅相曲线所经过的象限。

● 该题可对照【5-19】来练习。

● 该题若采用劳斯判据,由开环传递函数可得闭环特征方程为 $s^3-2s^2-13s=0$,显然三个闭环特征根包括 $s_1=0$ 以及一个右半平面的根。

【5-19】 已知某控制系统的开环传递函数为 $G(s)=\dfrac{K}{(s-1)(s+2)(s+5)}$,

(1) 采用奈奎斯特稳定判据判断该控制系统稳定时 K 的取值范围;

(2) 求该系统稳定时幅值裕度的取值范围。

【解】 (1) 判断闭环系统的稳定性。

首先写出开环频率特性、幅频特性、相频特性、实频特性和虚频特性的表达式,如下:

$$G(j\omega)=\frac{K[(2\omega^2-10)+j\omega(\omega^2+13)]}{(\omega^2+1)(\omega^2+4)(\omega^2+25)}$$

$$|G(j\omega)|=\frac{K}{\sqrt{\omega^2+1}\sqrt{\omega^2+4}\sqrt{\omega^2+25}}$$

$$\angle G(j\omega)=-180°+\arctan\omega-\arctan\frac{\omega}{2}-\arctan\frac{\omega}{5}$$

$$u(\omega)=\frac{-K(6\omega^2+10)}{(\omega^2+1)(\omega^2+4)(\omega^2+25)}$$

$$v(\omega)=\frac{K\omega(\omega^2-3)}{(\omega^2+1)(\omega^2+4)(\omega^2+25)}$$

其次根据上述表达式分析幅相曲线的变化趋势。当 $\omega:0\to\infty$ 时,

$|G|:\dfrac{K}{10}\to 0$;

$\angle G:-180°\to -270°$;

$u(\omega):-\dfrac{K}{10}\to 0$;

$v(\omega):0\to$ 负 $\to 0 \to$ 正 $\to 0$。

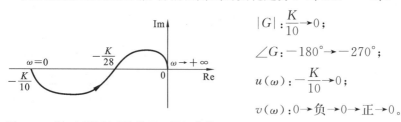

图 5.54 【5-19】控制系统的开环幅相曲线

其中:当 $\omega=\sqrt{3}$ 时, $v(\sqrt{3})=0$, $u(\sqrt{3})=-\dfrac{K}{28}$,这是与负实轴的交点。由此绘制控制系统的开环幅相曲线,如图 5.54 所示。

由于系统开环传递函数包含一个右半平面开环极点,因此 $P=1$,要使系统稳定,需 $P=2(N^+-N^-)$,即 $N^+-N^-=\dfrac{1}{2}$,则需 $-\dfrac{K}{10}<-1<-\dfrac{K}{28}$,整理得该控制系统稳定时 K 的取值范围为

$$10<K<28$$

（2）求幅值裕度的范围。

由开环幅相曲线绘制过程可知，有两个相位穿越频率，$\omega_{g1}=0$，$\omega_{g2}=\sqrt{3}$，则 $|G(j\omega_{g1})H(j\omega_{g1})|=\dfrac{K}{10}$，$|G(j\omega_{g2})H(j\omega_{g2})|=\dfrac{K}{28}$。需要判断以哪个值作为系统的幅值裕度。

下面先判断两个幅值裕度的分贝值$|K_g|$(dB)何时相等。 由

$$\dfrac{\frac{K}{10}}{1}=\dfrac{1}{\frac{K}{28}}$$

得当 $K_c=\sqrt{280}$ 时，两个相位穿越频率所对应的$|K_g|$(dB)值相等。那么当 $10<K\leqslant\sqrt{280}$ 时，系统的幅值裕度由 ω_{g1} 决定，因此幅值裕度的范围为

$$K_g=\dfrac{1}{|G(j\omega_{g1})H(j\omega_{g1})|}=\dfrac{10}{K}\in\left(\dfrac{\sqrt{280}}{28},1\right)$$

当 $\sqrt{280}<K<28$ 时，系统的幅值裕度由 ω_{g2} 决定，因此幅值裕度的范围为

$$K_g=\dfrac{1}{|G(j\omega_{g2})H(j\omega_{g2})|}=\dfrac{28}{K}\in\left(1,\dfrac{\sqrt{280}}{10}\right)$$

【难点与易错点】

- 该题考查奈氏判据和相对稳定性。
- 该题可对照【5-17】来综合练习。
- 由于该题所述的系统不是最小相位系统，因此，当系统稳定时，幅值裕度不一定大于1。
- 该题在绘制幅相曲线时，求解了实频特性和虚频特性。根据相频特性，由 $\angle G(j\omega)=-180°+\arctan\omega-\arctan\dfrac{\omega}{2}-\arctan\dfrac{\omega}{5}$，其中 $\arctan\omega$ 对应的转折频率为 1，$-\arctan\dfrac{\omega}{2}-\arctan\dfrac{\omega}{5}$ 对应的转折频率分别为 2 和 5，因此可以判断，相频特性从 $-180°$ 出发先增大，进入第三象限，但难以求解增大到何值时相角会减小并穿越负实轴，需要进一步合并三角函数才能判断是否与负实轴有交点。因此，该题如果不求解实频特性和虚频特性，则由相频特性判断幅相曲线所经过的象限较为烦琐。

   如果三个环节的转折频率相差较大，根据相频特性也能很方便地判断幅相曲线所经过的象限。

- 该题幅相曲线与负实轴有两个交点，即有两个相位穿越频率，$\omega_{g1}=0$，$\omega_{g2}=\sqrt{3}$，因此需要先确定采用哪个相位穿越频率来求幅值裕度。

   由于稳定裕度是衡量系统相对稳定性的，幅值裕度体现的是幅值放大或缩小的倍数，因此，**如果幅相曲线与负实轴有多个交点，则应取$|K_g|$(dB)值较小者（即$|\lg|G(j\omega_g)H(j\omega_g)||$的较小值）所对应的交点来求幅值裕度。**

- 该题如果要求稳定时相角裕度的范围，观察图 5.54，稳定时相角裕度 $>0°$，但其最大值需要对 $\angle G(j\omega)$ 求导得到。

- 当 $K=10$ 时,幅相曲线起点在 $(-1,j0)$ 点,说明系统有闭环极点位于原点。此时对应奈氏曲线修正的方法是,当 $\omega:0^-\to0^+$ 时,以半径无穷小的圆弧逆时针绕 $(-1,j0)$ 点转 $v\pi$ 度,而对于幅相曲线则只修正一半,如图 5.55 中的点线所示。因此,修正后的幅相曲线有半次正穿越,即 $Z=P-2(N^+-N^-)=1-2\times\dfrac{1}{2}=0$,闭环系统临界稳定。

- 当 $K=28$ 时,幅相曲线穿过 $(-1,j0)$ 点,说明闭环极点有纯虚根。此时幅相曲线修正的方法是,当 $\omega:d^-\to d^+$ 时,以半径无穷小的圆弧逆时针绕 $(-1,j0)$ 点转 $v\pi$ 度,如图 5.56 中的点线所示。因此,修正后的幅相曲线有半次正穿越,即 $Z=P-2(N^+-N^-)=1-2\times\dfrac{1}{2}=0$,闭环系统临界稳定。

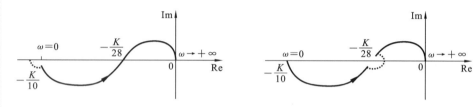

图 5.55 【5-19】当 $K=10$ 时的开环幅相曲线　　图 5.56 【5-19】当 $K=28$ 时的开环幅相曲线

【5-20】 已知某控制系统的开环传递函数为 $G(s)=\dfrac{K(s^2-2s+5)}{(s+2)(s-0.5)}$,其中 $K>0$。采用奈奎斯特稳定判据判断该控制系统稳定时 K 的取值范围。

【解】 首先写出开环频率特性、幅频特性、相频特性、实频特性和虚频特性的表达式,如下:

$$G(j\omega)=\dfrac{K(5-\omega^2-j2\omega)}{(j\omega+2)(j\omega-0.5)}$$

$$|G(j\omega)|=\dfrac{K\sqrt{4\omega^2+(5-\omega^2)^2}}{\sqrt{\omega^2+4}\sqrt{\omega^2+0.25}}$$

$$\angle G(j\omega)=-\arctan\dfrac{\omega}{2}-180°+\arctan\dfrac{\omega}{0.5}+\begin{cases}-\arctan\dfrac{2\omega}{5-\omega^2}, & \omega\leqslant\sqrt{5}\\ -180°+\arctan\dfrac{2\omega}{\omega^2-5}, & \omega>\sqrt{5}\end{cases}$$

$$u(\omega)=\dfrac{K(\omega^4-7\omega^2-5)}{(\omega^2+4)(\omega^2+0.25)}$$

$$v(\omega)=\dfrac{K\omega(3.5\omega^2-5.5)}{(\omega^2+4)(\omega^2+0.25)}$$

其次根据上述表达式分析幅相曲线的变化趋势。当 $\omega:0\to\infty$ 时,

$u(\omega):-5K\to$负$\to 0\to$正$\to K$;

$v(\omega):0\to$负$\to 0\to$正$\to 0$。

当 $\omega=\sqrt{\dfrac{11}{7}}$ 时,$v(\omega)=0$,$u(\omega)=-\dfrac{4K}{3}<0$。

当 $\omega=\sqrt{\dfrac{7+\sqrt{69}}{2}}>\sqrt{\dfrac{11}{7}}$ 时，$u(\omega)=0$，$v(\omega)>0$。

根据上述分析，绘制幅相曲线，如图 5.57 所示。

由于系统开环传递函数包含一个右半平面开环极点，因此 $P=1$。要使系统稳定，需 $P=2(N^+-N^-)$，即 $N^+-N^-=\dfrac{1}{2}$，则当 $5K>1>\dfrac{4K}{3}$ 时，该控制系统稳定时 K 的取值范围为

$$\dfrac{1}{5}<K<\dfrac{3}{4}$$

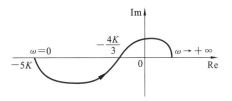

图 5.57 【5-20】控制系统的开环幅相曲线

【难点与易错点】
- 该题考查幅相曲线的绘制和奈氏判据。
- 在分析幅相曲线的变化趋势时，由于相频特性的表达式比较复杂，因此该题分析实频特性和虚频特性较为方便，而没有分析相频特性的变化趋势。
- 该题可对照【5-21】的相频特性，比较二者幅相曲线的变化趋势。
- 该题中，当 $K=5$ 或 $\dfrac{4}{3}$ 时，可以类似于【5-19】的分析，得到闭环系统临界稳定的结论，$K=5$ 或 $\dfrac{4}{3}$ 分别对应存在原点处或虚轴上闭环极点的两种情况。

【5-21】 已知某控制系统的开环传递函数为 $G(s)=\dfrac{K(s+1)(0.2s+1)}{(s-1)(5s+1)}$，其中 $K>0$。采用奈奎斯特稳定判据判断该控制系统稳定时 K 的取值范围。

【解】 首先写出开环频率特性、幅频特性、相频特性、实频特性和虚频特性的表达式，如下：

$$G(\mathrm{j}\omega)=\dfrac{K(\mathrm{j}\omega+1)(\mathrm{j}0.2\omega+1)}{(\mathrm{j}\omega-1)(\mathrm{j}5\omega+1)}$$

$$|G(\mathrm{j}\omega)|=\dfrac{K\sqrt{0.04\omega^2+1}}{\sqrt{25\omega^2+1}}$$

$$\angle G(\mathrm{j}\omega)=\arctan\omega+\arctan 0.2\omega-180°-\arctan\omega-\arctan 5\omega$$

$$u(\omega)=\dfrac{K(\omega^4-9.6\omega^2-1)}{(\omega^2+1)(25\omega^2+1)}$$

$$v(\omega)=\dfrac{4K\omega(0.7-1.7\omega^2)}{(\omega^2+1)(25\omega^2+1)}$$

其次根据上述表达式分析幅相曲线的变化趋势。当 $\omega:0\to\infty$ 时，

$u(\omega):-K\to$ 负 $\to 0\to$ 正 $\to\dfrac{K}{25}$；

$v(\omega):0\to$ 正 $\to 0\to$ 负 $\to 0$。

当 $\omega=\sqrt{\dfrac{7}{17}}$ 时，$v(\omega)=0$，$u(\omega)=-\dfrac{3K}{10}<0$。

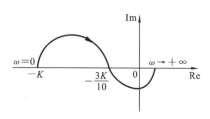

图 5.58 【5-21】控制系统的开环幅相曲线

当 $\omega=\sqrt{4.8+\sqrt{24.04}}>\sqrt{\dfrac{7}{17}}$ 时，$u(\omega)=0$，$v(\omega)<0$。

根据上述分析，绘制幅相曲线，如图 5.58 所示。

由于系统开环传递函数包含一个右半平面开环极点，因此 $P=1$。要使系统稳定，需 $P=2(N^+-N^-)$，即 $N^+-N^-=\dfrac{1}{2}$，则

$$\dfrac{3K}{10}>1$$

此时正穿越一次，负穿越半次，即该控制系统稳定时 K 的取值范围为

$$K>\dfrac{10}{3}$$

【难点与易错点】

- 该题考查幅相曲线的绘制和奈氏判据。
- 在分析幅相曲线的变化趋势时，该题没有分析相频特性的变化趋势，这是由于相频特性的表达式比较复杂，而该题分析实频特性和虚频特性较为方便。
- 该题可对照【5-20】的相频特性，比较二者幅相曲线的变化趋势。
- 对于开环传递函数 $G(s)=\dfrac{K(s+1)(0.2s+1)}{(s-1)(5s+1)}$，当 $K=1$ 时，幅相曲线起点在 $(-1,j0)$ 点，说明系统有闭环极点位于原点。

此时对应奈氏曲线修正的方法是，当 $\omega:0^-\to 0^+$ 时，以半径无穷小的圆弧逆时针绕 $(-1,j0)$ 点转 π 度，而对于幅相曲线则只修正一半，如图 5.59 中的点线所示。因此，修正后的幅相曲线没有正负穿越。由于系统开环传递函数包含一个右半平面开环极点，因此 $P=1$，即 $Z=P-2(N^+-N^-)=1$，闭环系统不稳定，系统有一个右半平面的闭环极点。

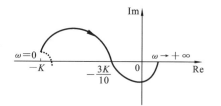

图 5.59 【5-21】当 $K=1$ 时的开环幅相曲线

- 对于开环传递函数 $G(s)=\dfrac{K(s+1)(0.2s+1)}{(s-1)(5s+1)}$，当 $K=\dfrac{10}{3}$ 时，幅相曲线穿过 $(-1,j0)$ 点，说明系统闭环极点有纯虚根。

此时幅相曲线修正的方法是，当 $\omega:d^-\to d^+$ 时，以半径无穷小的圆弧逆时针绕 $(-1,j0)$ 点转 $v\pi$ 度，如图 5.60 中的点线所示。因此，修正后的幅相曲线有一次正穿越，$N^+=1$，半次负穿越，$N^-=\dfrac{1}{2}$。由于系统开环传递函数含有一个右半平面开环极点，因此 $P=1$，即 $Z=P-2(N^+-N^-)=0$，闭环系统临界稳定。

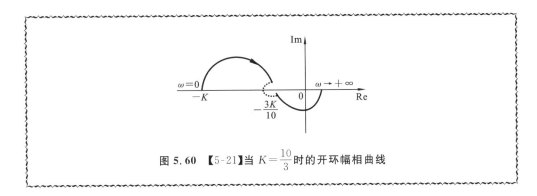

图 5.60 【5-21】当 $K=\dfrac{10}{3}$ 时的开环幅相曲线

5.3.6 Bode 图的绘制与稳定裕度

【5-22】已知某反馈控制系统的开环传递函数为 $G(s)=\dfrac{700}{s(s^2+10s+70)}$,

(1) 绘制该系统的开环对数频率特性曲线;
(2) 若要使系统的相角裕度为 $\gamma=30°$,则分子系数 700 应换成何值?

【解】(1) 绘制系统的 Bode 图。
系统的开环频率特性及其对数相频特性分别为

$$G(j\omega)=\dfrac{700}{j\omega(70-\omega^2+j10\omega)}$$

$$\varphi(\omega)=-90°+\begin{cases}-\arctan\dfrac{10\omega}{70-\omega^2},&\omega\leqslant\sqrt{70}\\-180°+\arctan\dfrac{10\omega}{\omega^2-70},&\omega>\sqrt{70}\end{cases}$$

首先分析渐近对数幅频特性曲线。

起始段过 $(\omega=1,L(\omega)=20\lg\dfrac{700}{70}=20\text{ dB})$ 这一点,斜率为 -20 dB/dec。

一个转折频率为 $\omega_1=\sqrt{70}=8.3666$,斜率变化 $\Delta_s=-40\text{ dB/dec}$。由

$$20\lg 10-20\lg\dfrac{\sqrt{70}}{1}-60\lg\dfrac{\omega_c}{\sqrt{70}}=0 \quad\text{或}\quad \dfrac{700}{\omega_c\times\omega_c^2}=1$$

求出剪切频率为 $\omega_c=8.8790$,因此可以绘制渐近对数幅频特性曲线,如图 5.61 中的上半部分所示。

其次分析对数相频特性曲线。

当 $\omega:0\to\infty$ 变化时,$\varphi(\omega):-90°\to-270°$。概略绘制对数相频特性曲线,如图 5.61 中的下半部分所示。

(2) 求使 $\gamma=30°$ 的分子系数。
由于相角裕度

$$\gamma=180°+\varphi(\omega)=\begin{cases}90°-\arctan\dfrac{10\omega}{70-\omega^2},&\omega\leqslant\sqrt{70}\\-90°+\arctan\dfrac{10\omega}{\omega^2-70},&\omega>\sqrt{70}\end{cases}$$

只有当 $\omega\leqslant\sqrt{70},\gamma=30°$ 时才有解,此时有

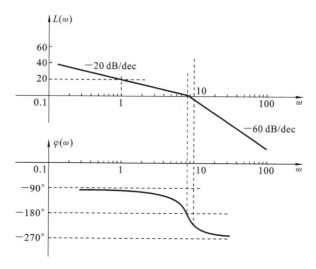

图 5.61 【5-22】控制系统的渐近对数频率特性曲线

$$\arctan\frac{10\omega}{70-\omega^2}=60°$$

解得 $\omega_c=5.9639$。由 $\dfrac{K}{\omega_c\times 70}=1$ 解得

$$K=417.4730$$

要使系统的相角裕度 $\gamma=30°$,分子系数 700 应换成 417.4730。

【难点与易错点】
- 该题考查 Bode 图的绘制和相对稳定性。

【5-23】 已知某反馈控制系统的开环传递函数为 $G(s)=\dfrac{20(s+6)}{s(s^2+4s+20)}$,

(1) 绘制该系统的开环对数频率特性曲线;
(2) 求系统的相角裕度和幅值裕度;
(3) 判断系统的稳定性。如果不稳定,请给出右半平面的闭环极点的个数。

【解】 (1) 绘制系统的 Bode 图。
系统的开环频率特性及其对数相频特性分别为

$$G(j\omega)=\frac{20(j\omega+6)}{j\omega(20-\omega^2+j4\omega)}$$

$$\varphi(\omega)=-90°+\arctan\frac{\omega}{6}+\begin{cases}-\arctan\dfrac{4\omega}{20-\omega^2}, & \omega\leqslant 2\sqrt{5}\\ -180°+\arctan\dfrac{4\omega}{\omega^2-20}, & \omega>2\sqrt{5}\end{cases}$$

首先分析渐近对数幅频特性曲线。

起始段过($\omega=1, L(\omega)=20\lg\dfrac{20\times 6}{20}=15.5630$ dB)这一点,斜率为 -20 dB/dec。

两个转折频率分别为 $\omega_1=2\sqrt{5}=4.4721, \omega_2=6$,斜率依次为 $\Delta_s=-40$ dB/dec、

+20 dB/dec。由

$$20\lg 6 - 20\lg \frac{2\sqrt{5}}{1} - 60\lg \frac{\omega_c}{2\sqrt{5}} = 0 \quad \text{或} \quad \frac{20 \times 6}{\omega_c \times \omega_c^2} = 1$$

求出剪切频率为 $\omega_c = 4.9324$，因此可以绘制渐近对数幅频特性曲线，如图 5.62 中的上半部分所示。

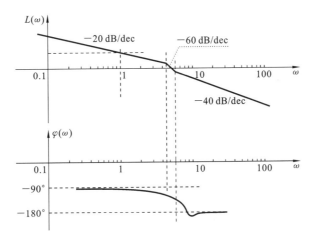

图 5.62 【5-23】控制系统的渐近对数频率特性曲线

其次分析对数相频特性曲线。

当 $\omega : 0 \to \infty$ 变化时，$\varphi(\omega): -90° \to -180°$。

确定起始值： 当 $\omega \to 0$ 时，$\varphi(\omega) = -90° + \arctan \frac{\omega}{6} - \arctan \frac{4\omega}{20 - \omega^2}$，由于 $\omega \to 0$ 时，$\frac{\omega}{6} < \frac{4\omega}{20 - \omega^2}$，因此当 ω 很小时，角度 $\varphi < -90°$。

确定终止值： 当 $\omega \to \infty$ 时，

$$\varphi(\omega) = -270° + \arctan \frac{\omega}{6} + \arctan \frac{4\omega}{\omega^2 - 20}$$

由于 $\omega \to \infty$ 时，$1 - \frac{\omega}{6} \times \frac{4\omega}{20 - \omega^2} > 0$，$\arctan \frac{\omega}{6} + \arctan \frac{4\omega}{\omega^2 - 20} < 90°$，因此当 ω 很大时，角度 $\varphi < -180°$。

根据上述分析，概略绘制对数相频特性曲线，如图 5.62 中的下半部分所示。

(2) 求相角裕度和幅值裕度。

由 $\omega_c = 4.9324$，得相角裕度为

$$\gamma = 180° + \varphi(\omega_c) = -90° + \arctan \frac{\omega_c}{6} + \arctan \frac{4\omega_c}{\omega_c^2 - 20} = 27.0481°$$

由

$$\varphi(\omega) = -270° + \arctan \frac{\omega}{6} + \arctan \frac{4\omega}{\omega^2 - 20} = -180°$$

解得相位穿越频率 $\omega_g = 7.7460$，则幅值裕度为

$$K_g = \frac{1}{|G(j\omega_g)H(j\omega_g)|} \approx \frac{\omega_g \times \omega_g^2}{20 \times \omega_g} = 3$$

(3) 判断稳定性。

由于系统是最小相位系统,所以 $\gamma>0°$,$K_g>1$,显然,闭环系统稳定。

【难点与易错点】
- 该题考查 Bode 图的绘制和相对稳定性。对于最小相位系统,当 $\gamma>0°$ 且 $K_g>1$ 时,闭环系统稳定。
- 在绘制对数相频特性曲线时,需要确定起始值和终止值的大致位置。
- 该题含有振荡环节,采用渐近线近似式计算幅值裕度会产生较大误差。如果精确计算,可以得到 $K_g=2$。

【5-24】 已知某反馈控制系统的开环传递函数为 $G(s)=\dfrac{5(-0.1s+1)}{s(0.1s+1)(-0.2s+1)}$,

(1) 绘制该系统的开环对数频率特性曲线;
(2) 求系统的相角裕度和幅值裕度;
(3) 判断系统的稳定性。如果不稳定,请给出右半平面的闭环极点的个数。

【解】 (1) 绘制系统的 Bode 图。

系统的开环频率特性及其对数相频特性分别为

$$G(j\omega)=\dfrac{5(-j\omega 0.1+1)}{j\omega(j\omega 0.1+1)(-j\omega 0.2+1)}$$

$$\varphi(\omega)=-90°-2\arctan 0.1\omega+\arctan 0.2\omega$$

首先分析渐近对数幅频特性曲线。

起始段过 ($\omega=1$,$L(\omega)=20\lg 5=13.9794$ dB) 这一点,斜率为 -20 dB/dec。

三个转折频率分别为 $\omega_1=5$,$\omega_2=\omega_3=10$,斜率依次为 $\Delta_s=-20$ dB/dec、-20 dB/dec、$+20$ dB/dec。由

$$20\lg 5-20\lg \dfrac{\omega_c}{1}=0 \quad \text{或} \quad \dfrac{5}{\omega_c}=1$$

求出剪切频率 $\omega_c=5$,因此可以绘制渐近对数幅频特性曲线,如图 5.63 中的上半部分所示。

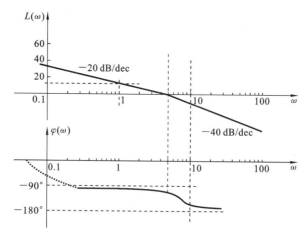

图 5.63 【5-24】控制系统的渐近对数频率特性曲线

其次分析对数相频特性曲线。

当 $\omega:0\to\infty$ 变化时，$\varphi(\omega):-90°\to-180°$。

确定起始值：当 $\omega\to 0$ 时，

$$\varphi(\omega)=-90°-2\arctan 0.1\omega+\arctan 0.2\omega=-90°-\arctan\frac{0.2\omega}{1-0.01\omega^2}+\arctan 0.2\omega$$

由于 $\omega\to 0$ 时，$\dfrac{0.2\omega}{1-0.01\omega^2}>0.2\omega$，因此起始角度 $\varphi<-90°$。

确定终止值：当 $\omega\to\infty$ 时，由于 $0.01\omega^2>1$，且 $\dfrac{0.2\omega\times 0.2\omega}{0.01\omega^2-1}>1$，所以

$$\varphi(\omega)=-90°-2\arctan 0.1\omega+\arctan 0.2\omega$$

$$=-90°-180°+\arctan\frac{0.2\omega}{0.01\omega^2-1}+\arctan 0.2\omega$$

$$=-90°-180°+180°-\arctan\frac{\dfrac{0.2\omega}{0.01\omega^2-1}+0.2\omega}{\dfrac{0.2\omega\times 0.2\omega}{0.01\omega^2-1}-1}$$

$$=-90°-\arctan\frac{\dfrac{0.2\omega}{0.01\omega^2-1}+0.2\omega}{\dfrac{0.2\omega\times 0.2\omega}{0.01\omega^2-1}-1}$$

因此当 ω 很大时，角度 $\varphi>-180°$。

根据上述分析，概略绘制对数相频特性曲线，如图 5.63 中的下半部分所示。

(2) 求相角裕度和幅值裕度。

由 $\omega_c=5$，得相角裕度为

$$\gamma=180°+\varphi(\omega_c)=90°-2\arctan 0.1\omega+\arctan 0.2\omega=81.8699°$$

由于相角在 ω 无穷大时达到 $-180°$，因此幅值裕度为

$$K_g=\infty$$

(3) 判断闭环系统的稳定性。

由于系统不是最小相位系统，因此，不能由稳定裕度判断稳定性。

系统包含积分环节，因此在对数相频特性曲线上绘制增补段，即起始点 $-90°$ 与 $-90°+v90°$ 的连线，如图 5.63 中的点线所示。

在对数幅值大于 0 dB 的频段内，对数相频特性曲线没有穿越 $-\pi$ 线，即 $N^+-N^-=0$，而开环传递函数包含一个右半平面的开环极点，即 $P=1$，因此闭环系统不稳定，右半平面的闭环极点的个数为 $Z=P-2(N^+-N^-)=1$。

> **【难点与易错点】**
> ● 该题考查 Bode 图的绘制和相对稳定性。由于不是最小相位系统，所以不能根据稳定裕度判断闭环系统的稳定性。
> ● 在绘制对数相频特性曲线时，需要确定起始值和终止值的大致位置。
> ● 将奈氏判据应用于 Bode 图来判断闭环系统的稳定性时，要注意增补段的绘制。此外，有时可能需要精确求解对数相频特性曲线穿越 $-\pi$ 线的频率值。

- 该题判断稳定性时没有要求方法,因此也可以采用劳斯判据,由 $1+\dfrac{5(-0.1s+1)}{s(0.1s+1)(-0.2s+1)}=0$ 得闭环特征方程为 $0.02s^3+0.1s^2-0.5s-5=0$,易得闭环系统不稳定,且有一个正实部的根。

5.3.7 存在开环纯虚根时的奈氏判据

【5-25】 已知某控制系统的开环传递函数为 $G(s)=\dfrac{s+4}{s^2+16}$,试用奈奎斯特稳定判据判断该控制系统的稳定性。如果不稳定,请给出右半平面的闭环极点的个数。

【解】 首先写出开环频率特性、幅频特性、相频特性、实频特性和虚频特性的表达式,如下:

$$G(j\omega)=\dfrac{4+j\omega}{16-\omega^2}$$

$$|G(j\omega)|=\dfrac{\sqrt{\omega^2+16}}{|16-\omega^2|}$$

$$\angle G(j\omega)=\arctan\dfrac{\omega}{4}+\begin{cases}0°, & \omega\leqslant 4\\ -180°, & \omega>4\end{cases}$$

$$u(\omega)=\dfrac{4}{16-\omega^2}$$

$$v(\omega)=\dfrac{\omega}{16-\omega^2}$$

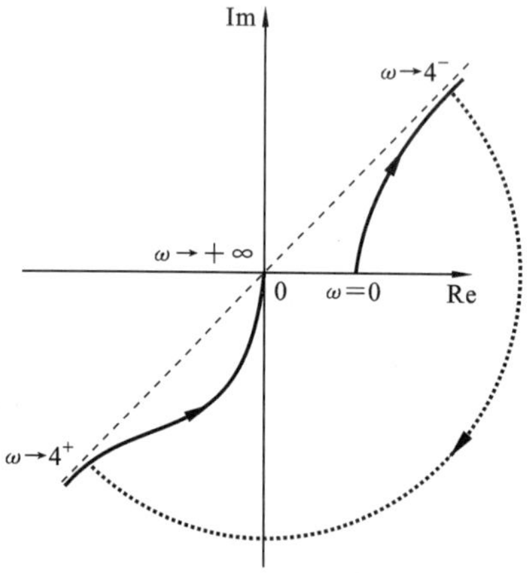

其次根据上述表达式分析幅相曲线的变化趋势,当 $\omega:0\to 4^-\to 4^+\to\infty$ 时,

$|G|:\dfrac{1}{4}\to +\infty\to -\infty\to 0$;

$\angle G:0°\to 45°\to -135°\to -90°$;

$u(\omega):\dfrac{1}{4}\to$ 单调递增 $+\infty\to -\infty\to$ 单调递增 0;

$v(\omega):0\to$ 单调递增 $+\infty\to -\infty\to$ 单调递增 0。

开环虚极点 j4 的增补段在 GH 平面的映射曲线为半径无穷大的圆弧,且当 $\omega:4^-\to 4^+$ 时顺时针绕原点转 $v\pi$ 度。据此绘制幅相曲线,如图 5.64 所示。

图 5.64 【5-25】控制系统的开环幅相曲线

由于系统的开环传递函数不含右半平面开环极点,因此 $P=0$,而开环幅相曲线没有正负穿越,即 $N^+=N^-=0$,则 $P=2(N^+-N^-)$,闭环系统稳定。

【难点与易错点】
- 该题考查开环传递函数包含纯虚根时幅相曲线的绘制。应注意开环虚极点的增补段。

● 该题中，当 $\omega=4$ 时，由 $u(\omega)=\dfrac{4}{16-\omega^2}$、$v(\omega)=\dfrac{\omega}{16-\omega^2}$ 可得渐近线斜率 $\dfrac{v}{u}=\dfrac{\omega}{4}\Big|_{\omega=4}=1$，且由于 $u-v=\dfrac{1}{4+\omega}\Big|_{\omega=4}=\dfrac{1}{8}$，因此，当 $\omega=4$ 时的渐近线方程为 $v=u-\dfrac{1}{8}$。该渐近线所对应的角度与上题求解中求出的角度是一致的。注意，在无穷远处，$-\dfrac{1}{8}$ 的横向偏移量可以忽略不计。

【5-26】 已知某控制系统的开环传递函数为 $G(s)=\dfrac{10}{s(s^2+12)}$，试用奈奎斯特稳定判据判断该控制系统的稳定性。如果不稳定，请给出右半平面的闭环极点的个数。

【解】 首先写出开环频率特性、幅频特性、相频特性、实频特性和虚频特性的表达式，如下：

$$G(\mathrm{j}\omega)=\dfrac{10}{\mathrm{j}\omega(12-\omega^2)}$$

$$|G(\mathrm{j}\omega)|=\dfrac{10}{\omega|12-\omega^2|}$$

$$\angle G(\mathrm{j}\omega)=-90°-\begin{cases}0°, & \omega\leqslant 2\sqrt{3}\\ 180°, & \omega>2\sqrt{3}\end{cases}$$

$$u(\omega)=0$$

$$v(\omega)=\dfrac{10}{\omega(\omega^2-12)}$$

其次根据上述表达式分析幅相曲线的变化趋势，当 $\omega:0\to 2\sqrt{3}^-\to 2\sqrt{3}^+\to\infty$ 时，

$|G|:+\infty\to\dfrac{5}{8}\to+\infty\to 0$；

$\angle G:-90°\to-270°$；

$u(\omega):0$；

$v(\omega):-\infty\to-\dfrac{5}{8}\to-\infty\to+\infty\to$ 单调递减至 0。

由此可知，幅相曲线在虚轴上，如图 5.60 所示。注意，当 $\omega:2\sqrt{3}^-\to 2\sqrt{3}^+$ 时，相频特性 $\angle G(\mathrm{j}\omega)$：$-90°\to-270°$，此时，需绘制增补段的映射曲线，即 $\omega:d^-\to d^+$ 时以无穷大半径的圆顺时针绕原点转 π 度，如图 5.65 中的点划线所示。

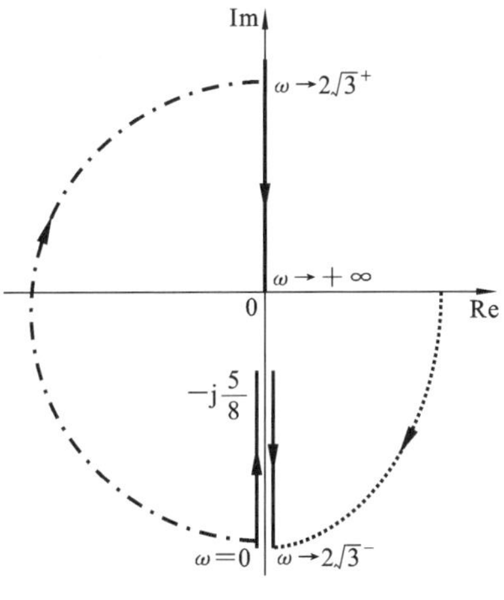

由于系统为 Ⅰ 型系统，即 $v=1$，所以需要添加增补段，从 $\omega=0$ 的逆时针 $90°$ 处，以半径无穷大的圆顺时针绕原点转 $90°$ 至 $\omega=0$ 处，如图 5.65 中的点线所示。

图 5.65 【5-26】控制系统的开环幅相曲线

由于系统开环传递函数不包含右半平面开环极点,因此 $P=0$,而开环幅相曲线没有正穿越,即 $N^+=0$,有一次负穿越,即 $N^-=1$,则 $Z=P-2(N^+-N^-)=2$,因此闭环系统不稳定,有两个右半平面闭环极点。

> 【难点与易错点】
> - 该题考查开环传递函数含有纯虚根时幅相曲线的绘制。应注意开环虚极点的增补段及积分环节的增补段。
> - 该题中,当 $\omega:0 \to 2\sqrt{3}$ 变化时,$v(\omega)$ 从 $-\infty$ 出发先增后减,因此存在极值点,易得当 $\omega=2$ 时达到极值点,即 $v(\omega)=-\dfrac{5}{8}$。

【5-27】 已知某控制系统的开环传递函数为 $G(s)=\dfrac{10}{s(s^2+1)(s+2)}$,试用奈奎斯特稳定判据判断该控制系统的稳定性。如果不稳定,请给出右半平面的闭环极点的个数。

【解】 首先写出开环频率特性、幅频特性、相频特性、实频特性和虚频特性的表达式,如下:

$$G(\mathrm{j}\omega)=\frac{10}{(\omega^2-1)(\omega^2+4)}+\frac{20}{\omega(\omega^2-1)(\omega^2+4)}\mathrm{j}$$

$$|G(\mathrm{j}\omega)|=\frac{10}{\omega\sqrt{\omega^2+4}|1-\omega^2|}$$

$$\angle G(\mathrm{j}\omega)=-90°-\arctan\frac{\omega}{2}-\begin{cases}0°, & \omega\leqslant 1\\ 180°, & \omega>1\end{cases}$$

$$u(\omega)=\frac{10}{(\omega^2-1)(\omega^2+4)}$$

$$v(\omega)=\frac{20}{\omega(\omega^2-1)(\omega^2+4)}$$

其次根据上述表达式分析幅相曲线的变化趋势,分析结果如表 5.3 所示。

表 5.3 幅相曲线的变化趋势

ω	0	$\to 1^-$	$\to 1^+$	$\to$增大	$\to \infty$
$\|G(\mathrm{j}\omega)\|$	∞	$\to$先减后增$\to \infty$	$\to \infty$	$\to$减小	$\to 0$
$\angle G(\mathrm{j}\omega)$	$-90°$	$\to -116.6°$	$\to -296.6°$		$\to -360°$
$u(\omega)$	-2.5	$\to -\infty$	$\to +\infty$	$\to$减小	$\to 0$
$v(\omega)$	$-\infty$	$\to$先增后减$\to -\infty$	$\to +\infty$	$\to$减小	$\to 0$

据此绘制幅相曲线,如图 5.66(a)所示。注意,当 $\omega:1^- \to 1^+$ 时,相频特性 $\angle G(\mathrm{j}\omega):-116.6° \to -296.6°$,此时,需绘制增补段的映射曲线,即 $\omega:d^- \to d^+$ 时以无穷大半径的圆顺时针绕原点转 π 度,如图 5.66(a)中的点划线所示。

进而绘制关于横轴对称的幅相曲线。由于系统包含一个积分环节,因此,当 $\omega:0^- \to 0^+$ 时以无穷大半径的圆顺时针绕原点转 π 度,如图 5.66(b)所示。

系统的开环传递函数不包含右半平面开环极点,即 $P=0$。而奈氏曲线顺时针绕

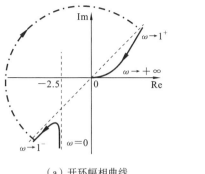
（a）开环幅相曲线

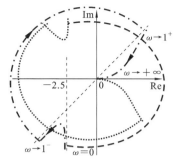
（b）奈氏曲线

图 5.66 【5-27】控制系统的开环幅相曲线和奈氏曲线

$(-1,j0)$ 点两周，即 $N=-2$，因此系统不稳定，右半平面的闭环特征根的个数 $Z=P-N=2$，右半平面有两个闭环极点。

【难点与易错点】

● 该题考查开环传递函数含有纯虚根时幅相曲线的绘制。应注意开环虚极点的增补段及积分环节的增补段。

● 该题中，当 $\omega:0\to 1^-$ 变化时，$v(\omega)$ 从 $-\infty$ 出发先增后减，因此存在极值点，易得当 $\omega=2$ 时达到极值点，即 $v(\omega)=-\dfrac{5}{8}$。

● 该题中，当 $\omega=1$ 时，由 $u(\omega)=\dfrac{10}{(\omega^2-1)(\omega^2+4)}$、$v(\omega)=\dfrac{20}{\omega(\omega^2-1)(\omega^2+4)}$ 可得渐近线斜率 $\left.\dfrac{v}{u}=\dfrac{2}{\omega}\right|_{\omega=1}=2$，且由于 $2u-v=\left.\dfrac{20}{\omega(\omega+1)(\omega^2+4)}\right|_{\omega=1}=2$，因此，$\omega=1$ 时的渐近线方程为 $v=2u-2$。该渐近线所对应的角度与上题中求出 $\omega=1^-$，1^+ 时对应的角度是一致的。

● 该题绘制奈氏曲线显得较为复杂，事实上，也可以将奈氏判据直接应用于幅相曲线。绘制积分环节的增补段，即从 $\omega=0$ 的逆时针 $90°$ 处，以半径无穷大的圆弧顺时针绕原点转 $90°$ 至 $\omega=0$ 处，如图 5.67 中的点线所示。由于系统的开环传递函数不包含右半平面开环极点，因此 $P=0$。而开环幅相曲线没有正穿越，即 $N^+=0$，有一次负穿越，即 $N^-=1$，则 $Z=P-2(N^+-N^-)=2$，因此闭环系统不稳定，有两个右半平面闭环极点。

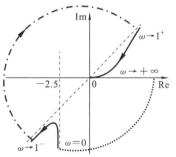

图 5.67 【5-27】增加增补段的开环幅相曲线

5.3.8 最小相位系统的系统辨识

1. 基于对数幅频特性曲线的系统辨识

【5-28】 某单位反馈控制系统是最小相位系统。其开环渐近对数幅频特性曲线如

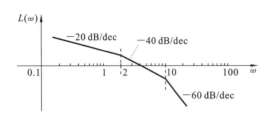

图 5.68 【5-28】的开环渐近对数幅频特性曲线

图 5.68 所示。当输入为 $\sin(4t)$ 时,测得开环状态下输出信号的振荡幅值与输入信号的振荡幅值大致相同,如图 5.68 所示。试求该系统的相角裕度。

【解】 由渐近对数幅频特性曲线起始段斜率可知,开环传递函数包含一个积分环节。由两处转折频率处斜率均变化 $-20\ \text{dB/dec}$ 可知包含两个惯性环节,从而可设系统的开环传递函数为

$$G(s) = \frac{K}{s(0.1s+1)(0.5s+1)}$$

由题意知,当 $\omega = 4$ 时,$|G(\text{j}4)| = 1$,即

$$\frac{K}{4 \times 1 \times 2} = 1$$

解得 $K = 8$,因此开环传递函数为

$$G(s) = \frac{8}{s(0.1s+1)(0.5s+1)}$$

由 $\omega_c = 4$,得相角裕度为

$$\gamma = 180° - 90° - \arctan 0.1\omega_c - \arctan 0.5\omega_c = -4.7636°$$

【难点与易错点】
● 该题考查最小相位系统渐近对数幅频特性曲线的特征与稳定裕度。
● 值得注意的是,根据近似式求出的剪切频率偏大,因为惯性环节的渐近对数幅频特性曲线值大于真实值,因此所得到的相角裕度偏小。
● 该题中,用 $\dfrac{K}{4\sqrt{(0.4)^2+1}\sqrt{(2)^2+1}} = 1$ 求 K 不合适,因为 Bode 图中给的是渐近线。

【5-29】 某最小相位系统在某个开环放大系数下的开环渐近对数幅频特性曲线如图 5.69 所示。

(1) 若要该系统的相角裕度 $\gamma > 45°$,求系统开环放大系数 K 的取值范围;

(2) 若要该系统的幅值裕度 $k_g > 6$ dB,求系统开环放大系数 K 的取值范围。

【解】 由系统的开环渐近对数幅频特性曲线可知,该系统的开环传递函数形如

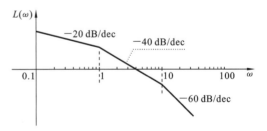

图 5.69 【5-29】的开环渐近对数幅频特性曲线

$$G(s) = \frac{K}{s(0.1s+1)(s+1)}$$

(1) 求相角裕度 $\gamma > 45°$。

由相角裕度 $\gamma = 180° - 90° - \arctan 0.1\omega_c - \arctan \omega_c > 45°$，得

$$0° < \arctan \frac{\omega_c + 0.1\omega_c}{1 - 0.1\omega_c^2} < 45°$$

因此 $0 < \omega_c < 0.8443$。

注意，此时对数幅频特性曲线不再如图 5.62 所示。根据 ω_c 的范围可以列写下面方程：

$$0 - 20\lg \frac{1}{\omega_c} = 20\lg K$$

解得 $K = \omega_c$。因此，若要该系统的相角裕度 $\gamma > 45°$，则开环放大系数的范围为

$$0 < K < 0.8443$$

(2) 求幅值裕度 $k_g > 6$ dB。

首先求幅值剪切频率，由

$$-90° - \arctan 0.1\omega_g - \arctan \omega_g = -180°$$

得

$$\arctan \frac{\omega_g + 0.1\omega_g}{1 - 0.1\omega_g^2} = 90°$$

因此 $0.1\omega_g^2 = 1$，有 $\omega_g = 3.1623$，则

$$k_g = -20\lg \frac{K}{\omega_g \times \omega_g} > 6$$

若要求该系统的幅值裕度 $k_g > 6$ dB，则开环放大系数的范围应为

$$0 < K < 5.0119$$

【难点与易错点】
- 该题考查最小相位系统渐近对数幅频特性曲线的特征与稳定裕度。
- 该题中，要注意相角裕度 $\gamma > 45°$ 时对应的对数幅频特性曲线不再如题图所示，需根据 ω_c 所在范围列写方程来求解 K 的范围，而不能根据题图得到 $K = \omega_c^2$。

【5-30】 某最小相位系统的开环渐近对数幅频特性曲线如图 5.70 所示。图中的点线部分是局部的真实对数幅频特性曲线。

(1) 求系统的开环传递函数；
(2) 求系统的相角裕度和幅值裕度，并由此判断闭环系统的稳定性。

【解】 (1) 求系统的开环传递函数。

由系统的开环渐近对数幅频特性曲线可知，系统有一个积分环节、一个一阶微分环节和一个振荡环节。后面两个环节的转折频率分别是 1 和 10，则时间常数分别为 $T_1 = 1, T_2 = 0.1$，因此该系统的开环传递函数形如

$$G(s) = \frac{K(s+1)}{s(0.01s^2 + 0.2\zeta s + 1)}$$

由于两个系统的转折频率相距十倍频程，在转折频率 $\omega = 10$ 处的误差近似

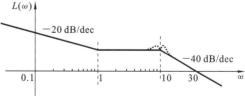

图 5.70 【5-30】的开环渐近对数幅频特性曲线

认为是由振荡环节产生的,而振荡环节渐近对数幅频特性曲线的误差为

$$e_L = -20\lg 2\zeta = 0$$

解得 $\zeta=0.5$。根据剪切频率,列写如下方程:

$$\frac{K\times 30}{30\times 0.01\times 30^2}=1$$

解得 $K=9$。因此该系统的开环传递函数为

$$G(s)=\frac{9(s+1)}{s(0.01s^2+0.1s+1)}$$

(2) 求稳定裕度并判断其稳定性。

系统的相角为

$$\varphi(\omega)=-90°+\arctan\omega+\begin{cases}-\arctan\dfrac{0.1\omega}{1-0.01\omega^2}, & \omega\leqslant 10\\ -\left(180°-\arctan\dfrac{0.1\omega}{0.01\omega^2-1}\right), & \omega>10\end{cases}$$

由 $\omega_c=30$,得系统的相角裕度为

$$\gamma=180°+\varphi(\omega_c)=-90°+\arctan\omega_c+\arctan\frac{0.1\omega_c}{0.01\omega_c^2-1}=18.6469°$$

由 $\varphi(\omega_g)=-180°$,可得

$$\arctan\omega+\arctan\frac{2\zeta\omega T}{\omega^2 T^2-1}=90°$$

即

$$1-\frac{0.1\omega^2}{0.01\omega^2-1}=0$$

则 $\omega_g=\infty$,系统的幅值裕度为

$$k_g=\infty$$

由于是最小相位系统,$\gamma>0°$,$k_g>1$,因此闭环系统稳定。

【难点与易错点】
● 该题考查振荡环节的渐近对数幅频特性曲线在转折频率处的误差特性。

2. 基于幅相曲线的最小相位系统辨识

【5-31】 有一个单位反馈二阶最小相位控制系统,在开环状态下,通过输入一系列不同频率的正弦信号进行检测,测得其幅相曲线大致如图 5.71 所示。此外,在检测过程中发现,当 $\omega=\dfrac{1}{\sqrt{2}}$ 时,稳态输出的相角刚好滞后了 $-90°$,且在 $\omega=0.5$ 时输出发生了谐振。之后为了调节该系统的性能进行了校正,给该系统的前向通路串联了积分环节。求校正后单位阶跃输入下系统的稳态误差为 0 时开环放大系数的取值范围。

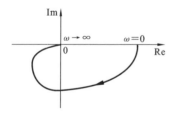

图 5.71 【5-31】的开环幅相特性曲线

【解】 (1)判断原系统的开环传递函数。

根据最小相位控制系统开环幅相曲线的规律,起点为实轴上某点,系统不包含积分或微分环节。

由终点在原点且以 $-(n-m)90°=-180°$ 进入原点知,$n-m=2$。

由于原系统是二阶系统,相角始终负向减小,因此分子中不包含 s 多项式,且系统发生谐振,则可设原系统的开环传递函数为

$$G_0(s)=\frac{K}{T^2s^2+2\zeta Ts+1}$$

原系统的实频特性和虚频特性为

$$u(\omega)=\frac{K(1-\omega^2 T^2)}{(1-\omega^2 T^2)^2+4\zeta^2\omega^2 T^2}$$

$$v(\omega)=-\frac{2K\zeta\omega T}{(1-\omega^2 T^2)^2+4\zeta^2\omega^2 T^2}$$

当 $\omega=\frac{1}{\sqrt{2}}$ 时,稳态输出的相角刚好滞后了 $-90°$,此时幅相曲线与虚轴负半轴相交,$u\left(\frac{1}{\sqrt{2}}\right)=0$,$\omega=\frac{1}{T}=\frac{1}{\sqrt{2}}$,解得

$$T=\sqrt{2}$$

谐振是在开环下通过测量得到的。由振荡环节的谐振频率 $\omega_r=\frac{1}{T}\sqrt{1-2\zeta^2}=0.5$,解得 $\zeta=\frac{1}{2}$,即原系统的开环传递函数为

$$G_0(s)=\frac{K}{2s^2+\sqrt{2}s+1}$$

(2)**考查串联积分环节之后系统的稳态误差及参数范围。**

给该系统前向通路串联了积分环节之后,校正后系统的开环传递函数为

$$G(s)=\frac{K}{s(2s^2+\sqrt{2}s+1)}$$

显然系统是 Ⅰ 型系统,只要系统稳定,单位阶跃输入下系统稳态误差就为 0。下面判断系统稳定的参数范围。由闭环特征方程

$$2s^3+\sqrt{2}s^2+s+K=0$$

要使系统稳定,需 $\sqrt{2}>2K$,即 $0<K<\frac{1}{\sqrt{2}}$。

综上,校正后单位阶跃输入下系统的稳态误差为 0 时,开环放大系数的取值范围为

$$0<K<\frac{1}{\sqrt{2}}$$

【难点与易错点】
- 该题考查振荡环节发生谐振时的谐振频率,并考查稳态输出的相角滞后 $-90°$ 的物理含义。
- 判断系统稳态性能时,必须考查系统稳定性。

【5-32】 某单位反馈二阶控制系统是最小相位系统。其开环幅相曲线如图 5.72 所示,其中,幅相曲线与单位圆交点处的频率 $\omega=4$。求该系统的相角裕度。

【解】 由渐近对数幅频特性曲线起始段斜率可知,开环传递函数包含一个积分环节。

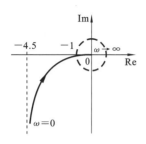

图 5.72 【5-32】的开环幅相曲线

由相角单调从 $-90°$ 减小至 $-180°$ 且系统是二阶最小相位系统,可知包含一个惯性环节。从而可设系统的开环传递函数为

$$G(s) = \frac{K}{s\left(\dfrac{1}{\omega_1}s+1\right)}$$

由此可得系统的开环频率特性为

$$G(j\omega) = \frac{K}{j\omega\left(\dfrac{1}{\omega_1}j\omega+1\right)} = \frac{-Kj\left(1-\dfrac{\omega}{\omega_1}j\right)}{\omega\left(\dfrac{\omega^2}{\omega_1^2}+1\right)}$$

$$= \frac{-K\dfrac{1}{\omega_1}}{\left(\dfrac{\omega^2}{\omega_1^2}+1\right)} + j\frac{-K}{\omega\left(\dfrac{\omega^2}{\omega_1^2}+1\right)}$$

由于幅相曲线与单位圆交点处的频率 $\omega=4$,即当 $\omega=4$ 时,$|G(j4)|=1$,则

$$\frac{K}{4\sqrt{\left(\dfrac{4}{\omega_1}\right)^2+1}} = 1$$

根据幅相曲线的渐近线,当 $\omega=0$ 时,$u(\omega)=-4.5$,即

$$-K\frac{1}{\omega_1} = -4.5$$

对以上方程联立求解,得 $\omega_1^2 = 3.9725$,$\omega_1=1.9931$,$K=4.5\omega_1=8.9690$,有 $\dfrac{1}{\omega_1}=0.5017$,则开环传递函数为

$$G(s) = \frac{8.9690}{s(0.5017s+1)}$$

由题意知 $\omega_c=4$,得相角裕度为

$$\gamma = 180°-90°-\arctan 0.5017\omega_c = 26.4873°$$

【难点与易错点】
● 该题考查基于幅相曲线的系统辨识,还考查了幅相曲线与单位圆交点的物理含义。
● 该题中,如果不知道系统的阶次、不知道系统是否为最小相位系统,则无法辨识出该系统的开环传递函数。

【5-33】 已知某二阶最小相位系统的开环幅相曲线如图 5.73 中的实线所示,图中的幅相曲线与虚线交点 A 处的频率为 $\omega=2.5$。已知该系统在单位斜坡输入下的稳态误差 $e_{ss}=0.1$。

(1) 求系统的开环传递函数;
(2) 用奈氏判据判断闭环系统的稳定性。如果不稳定,请给出右半平面的闭环极点的个数。

【解】 (1) 求系统的开环传递函数。
由最小相位系统开环幅相曲线的规律,起点在无穷远处,且相角为 $-90°$,则系统包

含一个积分环节。幅相曲线终点在原点处，且以 $-90°$ 进入原点，则 $n-m=1$。因此可设系统的开环传递函数形如

$$G(s)=\frac{K(T_2s+1)}{s(T_1s+1)}$$

首先写出系统的开环频率特性、幅频特性、相频特性、实频特性和虚频特性的表达式，如下：

$$G(\mathrm{j}\omega)=\frac{K(\mathrm{j}\omega T_2+1)}{\mathrm{j}\omega(\mathrm{j}\omega T_1+1)}$$

$$|G(\mathrm{j}\omega)|=\frac{K}{\omega}\frac{\sqrt{1+(\omega T_2)^2}}{\sqrt{1+(\omega T_1)^2}}$$

$$\angle G(\mathrm{j}\omega)=-90°-\arctan\omega T_1+\arctan\omega T_2$$

$$u(\omega)=-\frac{K(T_1-T_2)}{1+(\omega T_1)^2}$$

$$v(\omega)=-\frac{K(1+T_1T_2\omega^2)}{\omega(1+(\omega T_1)^2)}$$

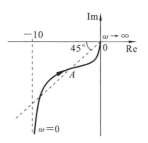

图 5.73 【5-33】控制系统的开环幅相曲线

在单位斜坡输入下的稳态误差 $e_{ss}=0.1$，则 $K=10$。再根据起始位置的渐近线，得

$$u(0)=-K(T_1-T_2)=-10$$

有 $T_1-T_2=1$。

当 $\omega=2.5$ 时，

$$\angle G(\mathrm{j}\omega)=-90°-\arctan\omega T_1+\arctan\omega T_2=-135°$$

根据三角公式，合并可得

$$\frac{\omega(T_1-T_2)}{1+T_1T_2\omega^2}=1$$

则 $T_1T_2\omega^2-\omega+1=1$，因此 $\omega=\dfrac{1\pm\sqrt{1-4T_1T_2}}{2T_1T_2}$。

由图 5.73 可知交点频率是较大的那个频率，因此有

$$\frac{1+\sqrt{1-4T_1T_2}}{2T_1T_2}=2.5$$

则 $T_1T_2=\dfrac{6}{25}$，与 $T_1-T_2=1$ 联立求解，可得

$$T_1=\frac{6}{5},\quad T_2=\frac{1}{5}$$

因此系统的开环传递函数为

$$G(s)=\frac{10(0.2s+1)}{s(1.2s+1)}$$

（2）用奈氏判据判断闭环系统的稳定性。

由于系统包含一个积分环节，所以需绘制增补段。从 $\omega=0$ 的逆时针 $v90°$ 处，以半径无穷大的圆弧顺时针绕原点转 $v90°$ 至 $\omega=0$ 处，如图 5.74 中的点线所示。

开环传递函数没有右半平面开环极点，幅相曲线没有正负穿越，因此闭环系统稳定。

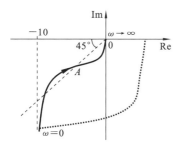

图 5.74 【5-33】增加增补段后的开环幅相曲线

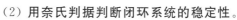

【**难点与易错点**】
● 该题考查基于幅相曲线的系统辨识,也考查了幅相曲线与-135°线交点的物理含义。
● 该题在利用45°角的条件时,采用了相频特性。除此之外,还采用了几何的思路。由于45°角非常特殊,此时实部和虚部相等,因此可得

$$u(\omega) = -\frac{K(T_1 - T_2)}{1 + (\omega T_1)^2} = v(\omega) = -\frac{K(1 + T_1 T_2 \omega^2)}{\omega(1 + (\omega T_1)^2)}$$

即
$$\omega(T_1 - T_2) = 1 + T_1 T_2 \omega^2$$

该方程与该题上面根据相频特性得到的方程一致。

【**5-34**】 已知某三阶最小相位系统的开环幅相曲线如图 5.75 所示,其中幅相曲线与负实轴交点 A 处的频率 $\omega=1$,且图中的 $a=1$。

(1) 求系统的开环传递函数;

(2) 用奈氏判据判断闭环系统的稳定性。如果不稳定,请给出右半平面的闭环极点的个数。

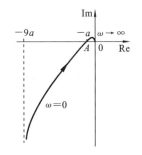

图 5.75 【5-34】最小相位系统的开环幅相曲线

【**解**】 (1) 求系统的开环传递函数。

由最小相位系统幅相特性曲线特征知,起始于无穷远处且相角为 $-90°$,则包含一个积分环节。

由终点在原点且以 $-(n-m)90° = -270°$ 进入原点知,$n-m=3$。

由幅相曲线可知,相频特性单调递减,因此最小相位系统不包含开环零点。

所以可设该系统的开环传递函数为

$$G(s) = \frac{K}{s(T_1 s + 1)(T_2 s + 1)}$$

开环频率特性、实频特性和虚频特性的表达式分别如下:

$$G(j\omega) = \frac{K}{j\omega(j\omega T_1 + 1)(j\omega T_2 + 1)}$$

$$u(\omega) = -\frac{K(T_1 + T_2)}{(1 + T_1^2 \omega^2)(1 + T_2^2 \omega^2)}$$

$$v(\omega) = \frac{K[T_1 T_2 \omega^2 - 1]}{\omega(1 + T_1^2 \omega^2)(1 + T_2^2 \omega^2)}$$

由开环幅相曲线渐近线的位置知
$$-K(T_1 + T_2) = -9a$$

当 $\omega = \sqrt{\dfrac{1}{T_1 T_2}} = 1$ 时,$v(\omega) = 0$,实频特性为

$$u(\omega) = -\frac{K(T_1 + T_2)}{\left(1 + \dfrac{T_1}{T_2}\right)\left(1 + \dfrac{T_2}{T_1}\right)} = -\frac{K T_1 T_2}{T_1 + T_2} = -a$$

因此可得
$$T_1 T_2 = 1$$

$$\frac{K}{T_1+T_2}=a$$

再由 $K(T_1+T_2)=9a$，相乘得 $K^2=9a^2$，则 $K=3a=3$，二者相除得 $(T_1+T_2)^2=9$，有 $T_1+T_2=3$，再由 $T_1T_2=1$，得

$$T_1=\frac{3-\sqrt{5}}{2},\quad T_2=\frac{3+\sqrt{5}}{2} \quad \text{或} \quad T_1=\frac{3+\sqrt{5}}{2},\quad T_2=\frac{3-\sqrt{5}}{2}$$

这两组解等价。因此系统的开环传递函数为

$$G(s)=\frac{3}{s\left(\frac{3+\sqrt{5}}{2}s+1\right)\left(\frac{3-\sqrt{5}}{2}s+1\right)}=\frac{3}{s(s^2+3s+1)}$$

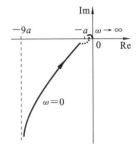

图 5.76 【5-34】修正后的开环幅相曲线

（2）**判断闭环系统的稳定性**。

由于系统是最小相位系统，因此，$P=0$。

由 $a=1$，幅相曲线穿过 $(-1,j0)$ 点，说明系统的闭环极点有纯虚根。此时幅相曲线修正的方法是，当 $\omega:d^-\to d^+$ 时，以半径无穷小的圆弧逆时针绕 $(-1,j0)$ 点转 π 度，如图 5.76 中的点线所示。

修正后的幅相曲线没有正负穿越，因此闭环系统临界稳定。

【难点与易错点】

● 该题考查基于幅相曲线的系统辨识，也考查了幅相曲线与负实轴交点的物理含义。

● 因为开环传递函数包含原点处的极点，因此该题无法根据一定正弦信号输入下的稳态输出来代替与实轴交点处的条件。

● 该题也可以将系统开环传递函数辨识为形如 $G(s)=\frac{K}{s(Ts^2+bs+1)}$，因此开环频率特性、实频特性和虚频特性的表达式分别如下：

$$G(j\omega)=\frac{K}{j\omega(1-T\omega^2+jb\omega)}=\frac{-jK(1-T\omega^2-jb\omega)}{\omega[(1-T\omega^2)^2+(b\omega)^2]}$$

$$u(\omega)=\frac{-Kb}{[(1-T\omega^2)^2+(b\omega)^2]}$$

$$v(\omega)=\frac{K(T\omega^2-1)}{\omega[(1-T\omega^2)^2+(b\omega)^2]}$$

于是可得到以下三个方程：

$$\begin{cases} -Kb=-9 \\ \sqrt{\dfrac{1}{T}}=1 \\ \dfrac{-Kb}{(1-T)^2+b^2}=-T \end{cases}$$

联立求解得 $T=1$，$b=3$，$K=3$，因此系统的开环传递函数为

$$G(s)=\frac{3}{s(s^2+3s+1)}$$

这与该题设两个惯性环节得到的结论一致。

【5-35】 已知某三阶最小相位系统的开环幅相曲线如图 5.77 所示,其中幅相曲线与负实轴交点 A 处的频率 $\omega=1$,且图中的 $a=2$。已知系统的开环放大系数为 0.5。

(1) 求系统的开环传递函数;

(2) 用奈氏判据判断闭环系统的稳定性。如果不稳定,请给出右半平面的闭环极点的个数。

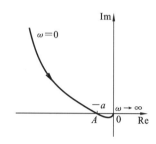

图 5.77 【5-35】控制系统的开环幅相曲线

【解】 (1) **求系统的开环传递函数。**

由最小相位系统开环幅相曲线的规律,起点在无穷远处,且相角为 $-270°$,系统包含三个积分环节。幅相曲线终点在原点处,且以 $-90°$ 角进入原点,则 $n-m=1$。

因此系统的开环传递函数可设为

$$G(s)=\frac{K(T_1s+1)(T_2s+1)}{s^3}$$

系统的开环频率特性、幅频特性、相频特性、实频特性和虚频特性的表达式分别如下:

$$G(j\omega)=\frac{K(j\omega T_1+1)(j\omega T_2+1)}{-j\omega^3}$$

$$|G(j\omega)|=\frac{K\sqrt{1+(\omega T_1)^2}\sqrt{1+(\omega T_2)^2}}{\omega^3}$$

$$\angle G(j\omega)=-270°+\arctan\omega T_1+\arctan\omega T_2$$

$$u(\omega)=-\frac{K(T_1+T_2)}{\omega^2}$$

$$v(\omega)=\frac{K(1-T_1T_2\omega^2)}{\omega^3}$$

则 $v\left(\sqrt{\dfrac{1}{T_1T_2}}\right)=0$,$u\left(\sqrt{\dfrac{1}{T_1T_2}}\right)=-KT_1T_2(T_1+T_2)$。

由开环幅相曲线中的交点信息可知,

$$\frac{1}{T_1T_2}=1, \quad KT_1T_2(T_1+T_2)=2$$

由于 $K=0.5$,所以 $T_2=2\pm\sqrt{3}$,$T_1=2\mp\sqrt{3}$,系统的开环传递函数形如

$$G(s)=\frac{0.5((2+\sqrt{3})s+1)((2-\sqrt{3})s+1)}{s^3}$$

(2) **用奈氏判据判断闭环系统的稳定性。**

由于系统包含三个积分环节,$v=3$,所以需绘制增补段。从 $\omega=0^-$ 逆时针 $v90°$ 处,以半径无穷大的圆弧顺时针绕原点转 $v90°$ 至 $\omega=0^+$ 处,如图 5.78 中的点线所示。

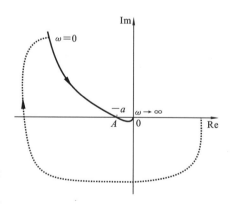

图 5.78 【5-35】增加增补段的开环幅相曲线

显然,包含增补段的幅相曲线正穿越一次,$N^+=1$,负穿越一次,$N^-=1$,开环传递函数不包含右半平面的开环极点,$P=0$,因此 $Z=P-2(N^+-N^-)=0$,闭环系统稳定。

【难点与易错点】
- 该题考查最小相位系统开环幅相曲线的规律。
- 该题中,开环幅相曲线的起始段不存在渐近线。
- 该题的开环传递函数可设为

$$G(s)=\frac{K(Ts^2+bs+1)}{s^3}$$

则有

$$G(j\omega)=\frac{K(1-T\omega^2+jb\omega)}{-j\omega^3}=\frac{jK(1-T\omega^2+jb\omega)}{\omega^3}$$

$$|G(j\omega)|=\frac{K\sqrt{(1-T\omega^2)^2+(b\omega)^2}}{\omega^3}$$

$$u(\omega)=-\frac{Kb}{\omega^2}$$

$$v(\omega)=\frac{K(1-T\omega^2)}{\omega^3}$$

于是可得到以下方程:

$$\begin{cases}\sqrt{\dfrac{1}{T}}=1\\Kb=2\end{cases}$$

由 $K=0.5$ 得 $T=1,b=4$,因此开环传递函数为

$$G(s)=\frac{0.5(s^2+4s+1)}{s^3}$$

与该题上述求解得到的开环传递函数相同。

5.3.9 非最小相位系统的系统辨识

1. 基于 Bode 图的系统辨识

【5-36】 某反馈控制系统的开环 Bode 图如图 5.79 所示,其中 ω_1、ω_2、ω_c 为已知常数。

(1) 求系统的开环传递函数;
(2) 绘制系统的开环幅相曲线;
(3) 根据奈氏判据判断闭环系统的稳定性,对于不稳定的情形,请给出右半平面闭环极点的个数。

【解】 (1) 求系统的开环传递函数。

由渐近对数幅频特性曲线起始段斜率可知,开环传递函数包含两个积分环节。由两处转折频率处斜率的变化可知包含一个(稳定或不稳定的)惯性环节和一个(稳定或不稳定的)一阶微分环节,从而可设系统的开环传递函数为

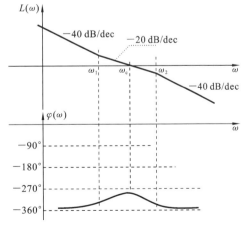

图 5.79 【5-36】反馈控制系统的开环 Bode 图

$$G(s) = \frac{K\left(\pm\dfrac{1}{\omega_1}s \pm 1\right)}{s^2\left(\pm\dfrac{1}{\omega_2}s \pm 1\right)}$$

根据剪切频率处对数幅频特性为 0,可列写如下方程:

$$\frac{K \times \dfrac{1}{\omega_1}\omega_c}{\omega_c^2 \times 1} = 1$$

得 $K = \omega_1 \omega_c$。

下面判断(稳定或不稳定的)惯性环节和(稳定或不稳定的)一阶微分环节的符号。

由于 $\omega_1 < \omega_2$,即 $\dfrac{1}{\omega_1} > \dfrac{1}{\omega_2}$,因此 $\arctan\dfrac{1}{\omega_1}\omega > \arctan\dfrac{1}{\omega_2}\omega$。

由于相角先正向增大再负向减小,因此,系统的相频特性表达式中包含 $+\arctan\dfrac{1}{\omega_1}\omega - \arctan\dfrac{1}{\omega_2}\omega$。根据表 5.4,排除 $-Ts+1$、$\dfrac{1}{-Ts+1}$、$\dfrac{1}{Ts-1}$、$Ts-1$ 的可能性,只剩下 $\dfrac{1}{Ts+1}$、$Ts+1$ 和 -1 的可能性。

表 5.4 (稳定或不稳定的)惯性环节和(稳定或不稳定的)一阶微分环节相频特性表达式及对数相频特性曲线

传递函数	相频特性表达式	对数相频特性曲线
$\dfrac{1}{Ts+1}$ $-Ts+1$	$-\arctan\omega T$	
$\dfrac{1}{-Ts+1}$ $Ts+1$	$\arctan\omega T$	
$\dfrac{1}{Ts-1}$	$-180° + \arctan\omega T$	
$Ts-1$	$180° - \arctan\omega T$	
-1	$-180°$	

由于 $\varphi(0)=\varphi(\infty)=-360°$，$\dfrac{1}{s^2}$ 对应的相角为 $-180°$，根据表 5.4，上述可能性符合题设。因此系统的开环传递函数为

$$G(s)=-\frac{\omega_1\omega_c\left(\dfrac{1}{\omega_1}s+1\right)}{s^2\left(\dfrac{1}{\omega_2}s+1\right)}$$

（2）绘制开环幅相曲线。

系统的开环频率特性为

$$G(j\omega)=\frac{\omega_1\omega_c\left(\dfrac{1}{\omega_1}j\omega+1\right)}{\omega^2\left(\dfrac{1}{\omega_2}j\omega+1\right)}=\frac{\omega_1\omega_c\left(1+\dfrac{\omega^2}{\omega_1\omega_2}+j\omega\left(\dfrac{1}{\omega_1}-\dfrac{1}{\omega_2}\right)\right)}{\omega^2\left(\left(\dfrac{\omega}{\omega_2}\right)^2+1\right)}$$

其幅频特性、相频特性、实频特性、虚频特性的表达式分别如下：

$$|G(j\omega)|=\frac{\omega_1\omega_c\sqrt{\left(\dfrac{\omega}{\omega_1}\right)^2+1}}{\omega^2\sqrt{\left(\dfrac{\omega}{\omega_2}\right)^2+1}}$$

$$\angle G(j\omega)=-360°+\arctan\dfrac{1}{\omega_1}\omega-\arctan\dfrac{1}{\omega_2}\omega$$

$$u(\omega)=\frac{\omega_1\omega_c\left(1+\dfrac{\omega^2}{\omega_1\omega_2}\right)}{\omega^2\left(1+\left(\dfrac{\omega}{\omega_2}\right)^2\right)}$$

$$v(\omega)=\frac{\omega_1\omega_c\left(\dfrac{1}{\omega_1}-\dfrac{1}{\omega_2}\right)}{\omega\left(1+\left(\dfrac{\omega}{\omega_2}\right)^2\right)}$$

其中：$\dfrac{1}{\omega_1}>\dfrac{1}{\omega_2}$。

当 $\omega:0\to\infty$ 时，

$|G(j\omega)|:\infty\to 0$；

$u:+\infty\to 0$；

$v:+\infty\to 0$ 单调递减；

$\varphi(j\omega):-360°\to-360°$。

因此概略绘制该系统的幅相曲线，如图 5.80(a)所示。

（3）根据奈氏判据判断系统的稳定性。

基于幅相曲线来判断，需绘制增补段。从 $\omega=0$ 的逆时针 $v90°$ 处，以半径无穷大的圆弧顺时针绕原点转 $v90°$ 至 $\omega=0$ 处，如图 5.80(b)中的点线所示。

显然，包含增补段的幅相曲线负穿越半次，$N^-=\dfrac{1}{2}$，开环传递函数不包含右半平面开环极点，$P=0$，因此闭环系统不稳定，右半平面的闭环极点的个数为 $Z=P-2(N^+-N^-)=1$。

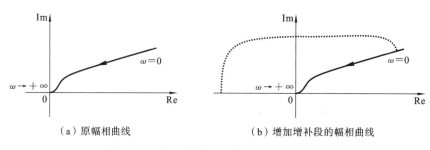

(a) 原幅相曲线　　　　(b) 增加增补段的幅相曲线

图 5.80　【5-36】控制系统的开环幅相曲线

【难点与易错点】

● 该题考查非最小相位系统的辨识、幅相曲线的绘制及奈氏判据。对于非最小相位系统，由渐近对数幅频特性曲线决定每个环节的结构，由对数相频特性曲线决定每个环节的符号。

● 该题中，幅相曲线也可以直接根据对数幅频特性曲线和对数相频特性曲线来绘制。

● 该题求解开环传递函数时采用了**排除法**，较为烦琐。事实上，**基于 Bode 图的系统辨识也可以直接根据相频特性变化趋势确定所包含的环节**。该题中，

（1）由于转折频率 ω_1 对应的是（稳定的或不稳定的）一阶微分环节，而此处相频特性递增，因此，由表 5.4 中的对数相频特性曲线可知，只可能对应 $Ts+1$。

（2）由于转折频率 ω_2 对应的是（稳定的或不稳定的）惯性环节，而此处相频特性递减，因此，由表 5.4 中的对数相频特性曲线可知，只可能对应 $\dfrac{1}{Ts+1}$。

（3）由于图 5.74 中的对数相频特性曲线的起始角度和终止角度均为 $-360°$，所以需包含 -1 环节，产生 $-180°$ 相角。

● 除了上述思路外，图 5.79 中对数相频特性曲线先增后减，而对数相频特性曲线是各环节相频特性的叠加，因此，系统所包含的两个环节的对数相频特性曲线也应该是一增一减，而不可能都增或都减。根据此特性，结合表 5.4，也可以帮助我们确定系统所包含的环节。

【5-37】　某反馈控制系统的开环 Bode 图如图 5.81 所示，其中 ω_1、ω_2、ω_c 为已知常数。

（1）求系统的开环传递函数；

（2）绘制系统的开环幅相曲线；

（3）根据奈氏判据判断闭环系统的稳定性，如果不稳定，请给出右半平面闭环极点的个数。

【解】　（1）求系统的开环传递函数。

由渐近对数幅频特性曲线起始段斜率可知，开环传递函数包含两个积分环节。根据两处转折频率处斜率的变化，可知包含一个（稳定的或不稳定的）惯性环节和一个（稳定的或不稳定的）一阶微分环节，从而可设系统的开环传递函数为

$$G(s) = \frac{K\left(\pm\frac{1}{\omega_1}s \pm 1\right)}{s^2\left(\pm\frac{1}{\omega_2}s \pm 1\right)}$$

根据剪切频率处对数幅频特性为 0 可列出如下方程：

$$\frac{K \times \frac{1}{\omega_1}\omega_c}{\omega_c^2 \times 1} = 1$$

解得 $K = \omega_1 \omega_c$。

下面判断（稳定的或不稳定的）惯性环节和（稳定的或不稳定的）一阶微分环节的符号。

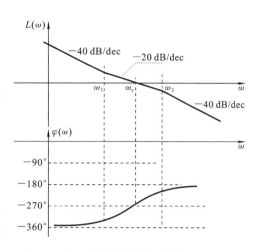

图 5.81 【5-37】反馈控制系统的开环 Bode 图

由于相角始终正向增大，因此，系统的相频特性表达式中包含 $+\arctan\frac{1}{\omega_1}\omega + \arctan\frac{1}{\omega_2}\omega$。根据表 5.4，剩下 $\frac{1}{-Ts+1}$、$Ts+1$、$\frac{1}{Ts-1}$ 和 -1 的可能性。

由于 $\varphi(\infty) = -180°$，$\frac{1}{s^2}$ 对应的相角为 $-180°$，根据表 5.4，排除 -1 的可能性。

由于 $\varphi(0) = -360°$，排除 $\frac{1}{-Ts+1}$ 的可能性。

因此系统的开环传递函数为

$$G(s) = \frac{\omega_1 \omega_c \left(\frac{1}{\omega_1}s+1\right)}{s^2\left(\frac{1}{\omega_2}s-1\right)}$$

（2）绘制其开环幅相曲线。

系统的开环频率特性为

$$G(j\omega) = -\frac{\omega_1\omega_c\left(\frac{1}{\omega_1}j\omega+1\right)}{\omega^2\left(\frac{1}{\omega_2}j\omega-1\right)} = \frac{\omega_1\omega_c\left(1 - \frac{\omega^2}{\omega_1\omega_2} + j\omega\left(\frac{1}{\omega_1}+\frac{1}{\omega_2}\right)\right)}{\omega^2\left(\left(\frac{\omega}{\omega_2}\right)^2+1\right)}$$

其幅频特性、相频特性、实频特性、虚频特性分别如下：

$$|G(j\omega)| = \frac{\omega_1\omega_c\sqrt{\left(\frac{\omega}{\omega_1}\right)^2+1}}{\omega^2\sqrt{\left(\frac{\omega}{\omega_2}\right)^2+1}}$$

$$\angle G(j\omega) = -360° + \arctan\frac{1}{\omega_1}\omega + \arctan\frac{1}{\omega_2}\omega$$

$$u(\omega) = \frac{\omega_1\omega_c\left(1-\frac{\omega^2}{\omega_1\omega_2}\right)}{\omega^2\left(1+\left(\frac{\omega}{\omega_2}\right)^2\right)}$$

$$v(\omega)=\frac{\omega_1\omega_c\left(\dfrac{1}{\omega_1}+\dfrac{1}{\omega_2}\right)}{\omega\left(1+\left(\dfrac{\omega}{\omega_2}\right)^2\right)}$$

当 $\omega:0\to\infty$ 时，

$|G(j\omega)|:\infty\to 0$；

$u:+\infty\to 0\to$ 负 $\to 0$；

$v:+\infty\to 0$；

$\varphi(j\omega):-360°\to -180°$。

当 $\omega=\sqrt{\omega_1\omega_2}$ 时，$u(\omega)=0$，$v(\omega)=\omega_c\sqrt{\dfrac{\omega_1}{\omega_2}}$，此时穿越虚轴。

概略绘制该系统的幅相曲线，如图 5.82(a)所示。

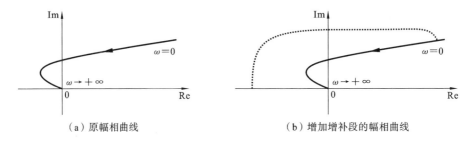

（a）原幅相曲线　　　　　　　（b）增加增补段的幅相曲线

图 5.82 【5-37】控制系统的开环幅相曲线

(3) 根据奈氏判据判断系统的稳定性。

通过幅相曲线来判断，需绘制增补段。$v=2$，从 $\omega=0$ 的逆时针 $v90°$ 处，以半径无穷大的圆弧顺时针绕原点转 $v90°$ 至 $\omega=0$ 处，如图 5.82(b)中的点线所示。

显然，包含增补段的幅相曲线负穿越半次，$N^-=\dfrac{1}{2}$，开环传递函数包含一个右半平面开环极点，$P=1$，因此闭环系统不稳定，右半平面的闭环极点的个数为 $Z=P-2(N^+-N^-)=2$。

【难点与易错点】

● 该题考查非最小相位系统的辨识、幅相曲线的绘制及奈氏判据。对于非最小相位系统，由渐近对数幅频特性曲线决定每个环节的结构，由对数相频特性曲线决定每个环节的符号。

● 该题幅相曲线也可以直接根据对数幅频特性曲线和对数相频特性曲线来绘制。

● 将奈氏判据应用于幅相曲线时，该题幅相曲线起点处的角度为 $-360°$，因此 $-180°$ 增补段的绘制一直要延伸到负实轴。包含增补段的幅相曲线起点在负实轴，负穿越半次。

● 该题求解开环传递函数时采用了**排除法**。事实上，**基于 Bode 图的系统辨识也可以直接根据相频特性变化趋势确定所包含的环节**。该题中，

（1）由于转折频率 ω_1 对应的是(稳定的或不稳定的)一阶微分环节，而此处相频

特性递增，因此，由表 5.4 中的对数相频特性曲线可知，只可能对应 $Ts+1$。

(2) 由于转折频率 ω_2 对应的是（稳定的或不稳定的）惯性环节，而此处相频特性递增，因此，由表 5.4 中的对数相频特性曲线可知，只可能对应 $\dfrac{1}{-Ts+1}$ 或 $\dfrac{1}{Ts-1}$。

(3) 由于起始角度为 $-360°$，终止角度为 $-180°$，因此排除 $\dfrac{1}{-Ts+1}$ 和 -1。

● 除了上述思路外，该题图 5.81 中对数相频特性曲线单调递增，而对数相频特性曲线是各环节相频特性的叠加，因此，系统所包含的两个环节的对数相频特性曲线也应该是单调递增的，而不可能出现一增一减。根据此特性，结合表 5.4，也可以帮助确定系统所包含的环节。

【5-38】 某反馈控制系统的开环 Bode 图如图 5.83 所示，其中 ω_1、ω_2、ω_c 为已知常数。

(1) 求系统的开环传递函数；
(2) 绘制系统的开环幅相曲线；
(3) 根据奈氏判据判断闭环系统的稳定性，如果不稳定，请给出右半平面闭环极点的个数。

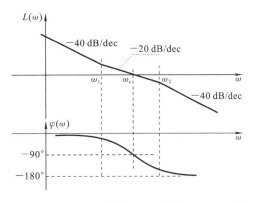

图 5.83 【5-38】反馈控制系统的开环 Bode 图

【解】 (1) 求系统的开环传递函数。

由渐近对数幅频特性曲线起始段斜率可知，开环传递函数包含两个积分环节。根据两处转折频率处斜率的变化，可知包含一个（稳定的或不稳定的）惯性环节和一个（稳定的或不稳定的）一阶微分环节，从而可设系统的开环传递函数为

$$G(s)=\dfrac{K\left(\pm\dfrac{1}{\omega_1}s\pm 1\right)}{s^2\left(\pm\dfrac{1}{\omega_2}s\pm 1\right)}$$

由剪切频率处对数幅频特性为 0，可列写如下方程：

$$\dfrac{K\times\dfrac{1}{\omega_1}\omega_c}{\omega_c^2\times 1}=1$$

得 $K=\omega_1\omega_c$。

下面判断（稳定的或不稳定的）惯性环节和（稳定的或不稳定的）一阶微分环节的符号。

由于相角始终负向减小，因此，系统的相频特性表达式中包含 $-\arctan\dfrac{1}{\omega_1}\omega -\arctan\dfrac{1}{\omega_2}\omega$。根据表 5.4，剩下 $\dfrac{1}{Ts+1}$、$-Ts+1$、$Ts-1$ 和 -1 的可能性。

由于 $\varphi(0)=0°$，排除 -1 和 $-Ts+1$ 的可能性。

由于 $\varphi(\infty) = -180°$，$\dfrac{1}{s^2}$ 对应的相角为 $-180°$，根据表 5.4，只可能是 $\dfrac{1}{Ts+1}$ 和 $Ts-1$。

因此系统的开环传递函数为

$$G(s) = \dfrac{\omega_1 \omega_c \left(\dfrac{1}{\omega_1} s - 1\right)}{s^2 \left(\dfrac{1}{\omega_2} s + 1\right)}$$

(2) 绘制开环幅相曲线。

系统的开环频率特性为

$$G(j\omega) = -\dfrac{\omega_1 \omega_c \left(\dfrac{1}{\omega_1} j\omega - 1\right)}{\omega^2 \left(\dfrac{1}{\omega_2} j\omega + 1\right)} = \dfrac{\omega_1 \omega_c \left(1 - \dfrac{\omega^2}{\omega_1 \omega_2} - j\omega\left(\dfrac{1}{\omega_1} + \dfrac{1}{\omega_2}\right)\right)}{\omega^2 \left(\left(\dfrac{\omega}{\omega_2}\right)^2 + 1\right)}$$

其幅频特性、相频特性、实频特性、虚频特性的表达式分别如下：

$$|G(j\omega)| = \dfrac{\omega_1 \omega_c \sqrt{\left(\dfrac{\omega}{\omega_1}\right)^2 + 1}}{\omega^2 \sqrt{\left(\dfrac{\omega}{\omega_2}\right)^2 + 1}}$$

$$\angle G(j\omega) = -\arctan \dfrac{1}{\omega_1}\omega - \arctan \dfrac{1}{\omega_2}\omega$$

$$u(\omega) = \dfrac{\omega_1 \omega_c \left(1 - \dfrac{\omega^2}{\omega_1 \omega_2}\right)}{\omega^2 \left(1 + \left(\dfrac{\omega}{\omega_2}\right)^2\right)}$$

$$v(\omega) = -\dfrac{\omega_1 \omega_c \left(\dfrac{1}{\omega_1} + \dfrac{1}{\omega_2}\right)}{\omega \left(1 + \left(\dfrac{\omega}{\omega_2}\right)^2\right)}$$

当 $\omega : 0 \to \infty$ 时，

$|G(j\omega)| : \infty \to 0$；

$u : +\infty \to 0 \to $ 负 $\to 0$；

$v : -\infty \to 0$；

$\varphi(j\omega) : 0° \to -180°$。

当 $\omega = \sqrt{\omega_1 \omega_2}$ 时，$u(\omega) = 0$，$v(\omega) = -\omega_c \sqrt{\dfrac{\omega_1}{\omega_2}}$，此时穿越虚轴。

因此，概略绘制该系统的幅相曲线，如图 5.84(a) 所示。

(3) 根据奈氏判据判断系统的稳定性。

基于幅相曲线来判断，需绘制增补段。$v = 2$，从 $\omega = 0$ 的逆时针 $v90°$ 处，以半径无穷大的圆弧顺时针绕原点转 $v90°$ 至 $\omega = 0$ 处，如图 5.84(b) 中的点线所示。

显然，含增补段的幅相曲线负穿越半次，$N^- = \dfrac{1}{2}$，开环传递函数不包含右半平面的开环极点，$P = 0$，因此闭环系统不稳定，右半平面的闭环极点的个数为 $Z = P - 2(N^+ - N^-) = 1$。

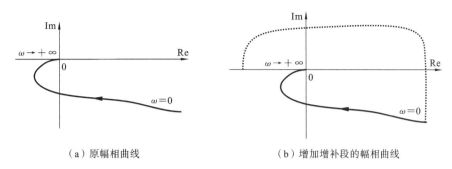

(a) 原幅相曲线　　　　　　　　(b) 增加增补段的幅相曲线

图 5.84　【5-38】控制系统的开环幅相曲线

【难点与易错点】

● 该题考查非最小相位系统的辨识、幅相曲线的绘制及奈氏判据。对于非最小相位系统，由渐近对数幅频特性曲线决定每个环节的结构，由对数相频特性曲线决定每个环节的符号。

● 该题中，幅相曲线也可以直接根据对数幅频特性曲线和对数相频特性曲线来绘制。

● 将奈氏判据应用于幅相曲线时，注意增补段的绘制。该题中，幅相曲线起点处的角度为 $0°$，因此 $-180°$ 增补段的绘制一直要延伸到负实轴。若包含增补段的幅相曲线起点在负实轴，则负穿越半次。

● 该题求解开环传递函数时采用了排除法。事实上，**基于 Bode 图的系统辨识也可以直接根据相频特性变化趋势所包含的环节确定**。该题中，

(1) 由于转折频率 ω_1 对应的是（稳定的或不稳定的）一阶微分环节，而此处的相频特性递减，因此，由表 5.4 中的对数相频特性曲线可知，只可能对应 $-Ts+1$ 或者 $Ts-1$。

(2) 由于转折频率 ω_2 对应的是（稳定的或不稳定的）惯性环节，而此处的相频特性递减，因此，由表 5.4 中的对数相频特性曲线可知，只可能对应 $\frac{1}{Ts+1}$。

(3) 由于起始角度为 $0°$，终止角度为 $-180°$，因此排除 $-Ts+1$ 和 -1。

● 除了上述思路外，图 5.83 中的对数相频特性曲线单调递减，而对数相频特性曲线是各环节相频特性的叠加，因此，系统所包含的两个环节的对数相频特性曲线也应该是单调递减的，而不可能出现一增一减。根据此特性，结合表 5.4，也可以帮助我们确定系统所包含的环节。

---

2. 基于幅相曲线的非最小相位系统辨识

【5-39】 已知某二阶单位反馈控制系统处于临界阻尼工作状态。通过输入一系列不同频率的正弦信号，测得其闭环幅相特性曲线如图 5.85(a) 所示。其中，幅相曲线起点处的坐标为 $(2,j0)$。测试过程中，一组正弦输入信号与稳态时的输出信号关系如图 5.85(b) 所示。

(1) 求该系统的传递函数；

(2) 判断该系统是否是最小相位系统；

(3) 判断该系统的稳定性,如果不稳定,请给出右半平面的闭环极点的个数。

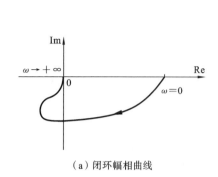
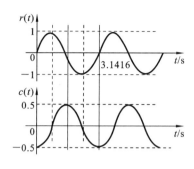

(a) 闭环幅相曲线　　　　　　　(b) 输入/输出信号曲线

图 5.85　【5-39】控制系统的相关测试曲线

【解】（1）求系统的传递函数。

幅相特性曲线是闭环情况下测得的。

由于二阶单位反馈控制系统处于临界阻尼工作状态,因此闭环极点是两个负的重实数,闭环传递函数包含两个相同的惯性环节,相频特性包含 $-2\arctan\omega T_1$ 项。

观察幅相曲线,相角负向减小到一定程度后,又正向增大,说明相频特性包含 $+\arctan\omega T_2$ 项。因此闭环传递函数不包含右半平面零点,闭环幅相曲线的起点值 2 就是闭环放大系数,$K=2$。

因此可设闭环传递函数为

$$\Phi(s) = \frac{K(T_2 s + 1)}{(T_1 s + 1)^2}$$

系统的闭环频率特性、幅频特性、相频特性、实频特性和虚频特性的表达式分别如下：

$$\Phi(j\omega) = \frac{K(j\omega T_2 + 1)}{(j\omega T_1 + 1)(j\omega T_1 + 1)}$$

$$|\Phi(j\omega)| = \frac{K\sqrt{1 + (\omega T_2)^2}}{1 + (\omega T_1)^2}$$

$$\angle \Phi(j\omega) = -2\arctan\omega T_1 + \arctan\omega T_2$$

$$u(\omega) = \frac{K(1 - (T_1^2 - 2T_1 T_2)\omega^2)}{(1 + (\omega T_1)^2)^2}$$

$$v(\omega) = \frac{K\omega(T_2 - 2T_1 - T_1^2 T_2 \omega^2)}{(1 + (\omega T_1)^2)^2}$$

根据输入/输出信号曲线,$T=3.1416$,即当 $\omega = \frac{2\pi}{T} = 2$、$r(t) = \sin 2t$ 时,稳态输出 $c(t) = 0.5\sin(2t - 90°)$,与虚轴交点处的幅值为 $|\Phi(j\omega)| = 0.5$。当 $\omega = \frac{1}{\sqrt{T_1^2 - 2T_1 T_2}} = 2$ 时,$u(\omega) = 0$,$v(\omega) = -\frac{K}{2}\sqrt{\frac{T_1 - 2T_2}{T_1}} = -0.5$。联立求解可得 $T_1 = 1$,$T_2 = \frac{3}{8}$。

因此闭环传递函数为

$$\Phi(s) = \frac{2\left(\frac{3}{8}s + 1\right)}{(s+1)^2}$$

(2) 判断是否是最小相位系统。

为判断该系统是否是最小相位系统,可求出该系统的开环传递函数,即

$$G(s) = \frac{\Phi(s)}{1-\Phi(s)} = \frac{2\left(\frac{3}{8}s+1\right)}{(s+1)^2 - \left(\frac{3}{4}s+2\right)} = \frac{2\left(\frac{3}{8}s+1\right)}{s^2 + \frac{5}{4}s - 1}$$

根据劳斯判据,分母显然有右半平面的根,因此,该系统不是最小相位系统。

(3) 判断闭环系统的稳定性。

由闭环特征方程 $(s+1)^2 = 0$ 知,闭环系统稳定。

【难点与易错点】
- 该题中,幅相特性曲线是在闭环情况下测得的。根据输入/输出信号曲线关系,可以得到参数值。
- 系统是否是最小相位系统,是根据开环传递函数来判断的,因此,在得到闭环传递函数后,要先写出开环传递函数。
- 该题中,二阶单位反馈控制系统处于临界阻尼工作状态,因此,闭环传递函数不可能包含不稳定的振荡环节。

【5-40】 已知某二阶控制系统的开环幅相曲线如图 5.86 所示,其中幅相曲线与负实轴的交点 A 处的频率 $\omega = 1$,且图中的 $a = 2$。

(1) 求系统的开环传递函数;

(2) 用奈氏判据判断闭环系统的稳定性。如果不稳定,请给出右半平面闭环极点的个数。

【解】 (1) 求系统的开环传递函数。

首先判断系统是否是最小相位系统。

如果系统是最小相位系统,则由最小相位系统开环幅相曲线的规律知,起点在无穷远处,系统包含积分环节;若相角为 $-270°$,则系统包含三个积分环节,系统至少是三阶系统,而非二阶系统。因此,该系统是非最小相位系统。

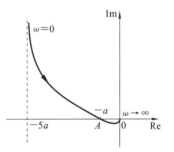

图 5.86 【5-40】控制系统的开环幅相曲线

由于系统是二阶系统,所以**幅相曲线终点在原点处,必然有分母阶次高于分子阶次。起点在无穷远处,必然有至少一个积分环节**。因此开环传递函数可能的形式是 $\frac{K}{s(\pm T_1 s \pm 1)}$、$\frac{K(\pm T_2 s \pm 1)}{s(\pm T_1 s \pm 1)}$、$\frac{K(\pm T_2 s \pm 1)}{s^2}$。

下面通过相角的变化趋势来判断上述哪种形式是正确的。

由于系统相角的变化范围为 $\angle G(j\omega): -270° \rightarrow -90°$,且相角增大 $180°$ 的过程是单调的,因此相频特性表达式中包含两个正的 arctan 项,可以排除 $\frac{K(\pm T_2 s \pm 1)}{s^2}$ 和 $\frac{K}{s(\pm T_1 s \pm 1)}$。事实上,如果形如 $\frac{K(\pm T_2 s \pm 1)}{s^2}$ 的形式,有两个积分环节,则起始角度无法凑成 $-270°$,因此不可能。如果形如 $\frac{K}{s(\pm T_1 s \pm 1)}$ 的形式,则终止角度无法凑成

$-90°$,因此不可能。

下面分析 $\dfrac{K(\pm T_2 s \pm 1)}{s(\pm T_1 s \pm 1)}$。根据相角起始角度 $-270°$,知系统所包含的不稳定环节只可能是 $\dfrac{1}{T_1 s - 1}$ 或 -1,但根据终止角度为 $-90°$,排除 -1 的可能性。

因此,设系统的开环传递函数为

$$G(s) = \frac{K(T_2 s + 1)}{s(T_1 s - 1)}$$

系统的开环频率特性、幅频特性、相频特性、实频特性和虚频特性的表达式分别如下:

$$G(j\omega) = \frac{K(j\omega T_2 + 1)}{j\omega(j\omega T_1 - 1)}$$

$$|G(j\omega)| = \frac{K}{\omega} \frac{\sqrt{1+(\omega T_2)^2}}{\sqrt{1+(\omega T_1)^2}}$$

$$\angle G(j\omega) = \arctan \omega T_2 - 90° - (180° - \arctan \omega T_1) = -270° + \arctan \omega T_1 + \arctan \omega T_2$$

$$u(\omega) = \frac{-K(T_1 + T_2)}{(1+(\omega T_1)^2)}$$

$$v(\omega) = \frac{K(1 - T_1 T_2 \omega^2)}{\omega(1+(\omega T_1)^2)}$$

有 $u(0) = -K(T_1 + T_2)$,$v\left(\sqrt{\dfrac{1}{T_1 T_2}}\right) = 0$,$u\left(\sqrt{\dfrac{1}{T_1 T_2}}\right) = -KT_2$。

由幅相曲线中的信息可知,

$$\sqrt{\frac{1}{T_1 T_2}} = 1, \quad KT_2 = a = 2, \quad K(T_1 + T_2) = 5a = 10$$

联立求解得 $T_2 = 0.5, T_1 = 2, K = 4$,即系统的开环传递函数为

$$G(s) = \frac{4(0.5s + 1)}{s(2s - 1)}$$

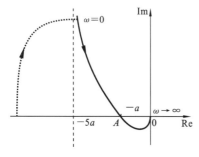

图 5.87 【5-40】增加增补段之后的开环幅相曲线

(2) **用奈氏判据判断闭环系统的稳定性。**

由于系统包含一个积分环节,$v = 1$,因此需绘制增补段。从 $\omega = 0$ 的逆时针 $v90°$ 处,以半径无穷大的圆弧顺时针绕原点转 $v90°$ 至 $\omega = 0$ 处,如图 5.87 中的点线所示。

显然,包含增补段的幅相曲线正穿越一次,$N^+ = 1$,负穿越半次,$N^- = \dfrac{1}{2}$,开环传递函数包含一个右半平面开环极点,$P = 1$,因此 $Z = P - 2(N^+ - N^-) = 0$,闭环系统稳定。

【难点与易错点】

● 该题考查基于幅相曲线的系统辨识。该题结合系统阶次,判断系统是否是最小相位系统;结合系统幅相曲线起点和终点位置以及相角范围,判断系统的结构和符号。

- 该题中,开环传递函数不可能是 $\dfrac{-K(T_1s+1)(T_2s+1)}{s}$,这可以通过幅相曲线终点在原点处排除。事实上,通过 $\dfrac{-K(T_1s+1)(T_2s+1)}{s}$ 的频率特性可得 $-K(T_1+T_2)+\mathrm{j}\dfrac{(1-T_1T_2\omega^2)}{\omega}$,实频特性为恒值。
- 该题可与【5-35】对照练习。【5-35】中的实频特性不存在渐近线,而该题中的实频特性存在渐近线。

【5-41】 已知某二阶控制系统的开环幅相曲线如图 5.88 所示,其中幅相曲线与实轴的交点 A 处的频率 $\omega=1$,且图中的 $a=2$。

(1) 求系统的开环传递函数;
(2) 用奈氏判据判断闭环系统的稳定性。如果不稳定,试给出右半平面闭环极点的个数。

【解】 (1) **求系统的开环传递函数**。
首先判断系统是否是最小相位系统。

如果系统是最小相位系统,则由最小相位系统开环幅相曲线的规律知,起点在无穷远处,因此系统包含积分环节;若相角为 $-270°$(或 $+90°$),则系统包含三个积分环节,系统至少是三阶系统,而非二阶系统。因此,该系统是非最小相位系统。

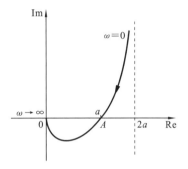

图 5.88 【5-41】控制系统的开环幅相曲线

由于系统是二阶系统,所以**幅相曲线终点在原点处,必然有分母阶次高于分子阶次。起点在无穷远处,必然有至少一个积分环节**。因此开环传递函数可能的形式是 $\dfrac{K}{s(\pm T_1s\pm 1)}$、$\dfrac{K(\pm T_2s\pm 1)}{s(\pm T_1s\pm 1)}$、$\dfrac{K(\pm T_2s\pm 1)}{s^2}$。

由于系统相角的变化范围为 $\angle G(\mathrm{j}\omega):+90°\rightarrow -90°$(注意此处不能写成 $-270°\rightarrow -90°$,因为相角的变化是连续变化的),若要保证终点角度为 $-90°$,则可以排除 $\dfrac{K}{s(\pm T_1s\pm 1)}$、$\dfrac{K(\pm T_2s\pm 1)}{s^2}$。

相角变化趋势始终是减小的,因此相频特性中只可能出现 $-\arctan\omega T_1-\arctan\omega T_2$。而分子是 T_2s-1 或 $-T_2s+1$,再结合起始角度为 $-270°$(或 $+90°$),可以排除 $-T_2s+1$。

因此系统的开环传递函数为
$$G(s)=\dfrac{K(T_2s-1)}{s(T_1s+1)}$$
系统的开环频率特性、幅频特性、相频特性、实频特性和虚频特性的表达式分别如下:
$$G(\mathrm{j}\omega)=\dfrac{K(\mathrm{j}\omega T_2-1)}{\mathrm{j}\omega(\mathrm{j}\omega T_1+1)}$$
$$|G(\mathrm{j}\omega)|=\dfrac{K}{\omega}\dfrac{\sqrt{1+(\omega T_2)^2}}{\sqrt{1+(\omega T_1)^2}}$$
$$\angle G(\mathrm{j}\omega)=180°-\arctan\omega T_2-90°-\arctan\omega T_1=90°-\arctan\omega T_1-\arctan\omega T_2$$

$$u(\omega) = \frac{K(T_1 + T_2)}{1 + (\omega T_1)^2}$$

$$v(\omega) = \frac{K(1 - T_1 T_2 \omega^2)}{\omega(1 + (\omega T_1)^2)}$$

有 $u(0) = K(T_1 + T_2) = 4$。

当 $\omega = \frac{1}{\sqrt{T_1 T_2}} = 1$ 时，$v(\omega) = 0$，$u(\omega) = KT_2 = 2$。

联立解得 $T_1 = T_2 = 1$，$K = 2$。

因此系统的开环传递函数为

$$G(s) = \frac{2(s-1)}{s(s+1)}$$

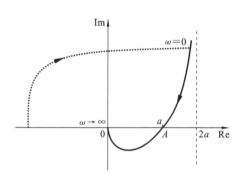

图 5.89 【5-41】增加增补段的开环幅相曲线

(2) **用奈氏判据判断闭环系统的稳定性**。

由于系统包含一个积分环节，因此需绘制增补段。$v = 1$，从 $\omega = 0$ 的逆时针 $v90°$ 处，以半径无穷大的圆弧顺时针绕原点转 $v90°$ 至 $\omega = 0$ 处，如图 5.89 中的点线所示。

此时开环传递函数不包含右半平面开环极点，$P = 0$，显然，包含增补段的幅相曲线没有正穿越，$N^+ = 0$，负穿越半次，$N^- = \frac{1}{2}$，因此 $Z = P - 2(N^+ - N^-) = 1$。闭环系统不稳定，右半平面的闭环极点有一个。

【难点与易错点】

- 该题考查基于幅相曲线的系统辨识。该题结合系统阶次，判断系统是否是最小相位系统。结合系统幅相曲线起点和终点位置、相角范围来判断系统的结构和符号。

- 该题中，开环传递函数不可能是 $\dfrac{Ks}{Ts^2 + bs + 1}$，这可以根据幅相曲线起点在无穷远处来排除。而对于 $\dfrac{Ks}{Ts^2 + bs + 1}$，其幅相曲线起点在原点处。

5.3.10 稳定裕度的求解

【5-42】 某控制系统的开环传递函数为 $G(s) = \dfrac{K(T_2 s + 1)}{s(T_1 s + 1)}$，其中 K、T_1、T_2 为大于 0 的三个常数，且 $T_2 > T_1$。试求当这三个常数满足什么条件时，该系统具有最大的相角裕度，并求出最大相角裕度的表达式。

【解】 该系统的频率特性为

$$G(j\omega) = \frac{K(j\omega T_2 + 1)}{j\omega(j\omega T_1 + 1)}$$

相频特性为

$$\varphi(\omega) = -90° - \arctan\omega T_1 + \arctan\omega T_2$$

设剪切频率为 ω_c，则

$$\gamma = 180° + \varphi(\omega_c) = 90° - \arctan\omega_c T_1 + \arctan\omega_c T_2$$

若要使相角裕度达到最大值，则需 $-\arctan\omega_c T_1 + \arctan\omega_c T_2$ 达到最大值，即求 $\arctan\dfrac{\omega(T_2-T_1)}{1+T_1T_2\omega^2}$ 的最大值。

由于 $T_2 > T_1$，有

$$\frac{\omega(T_2-T_1)}{1+T_1T_2\omega^2} = \frac{(T_2-T_1)}{\frac{1}{\omega}+T_1T_2\omega} \leqslant \frac{(T_2-T_1)}{2\sqrt{\frac{1}{\omega}T_1T_2\omega}} = \frac{(T_2-T_1)}{2\sqrt{T_1T_2}}$$

当 $\omega_c = \dfrac{1}{\sqrt{T_1T_2}}$ 时，等号成立，$\arctan\dfrac{\omega(T_2-T_1)}{1+T_1T_2\omega^2}$ 达到最大值。

要使 $\omega_c = \dfrac{1}{\sqrt{T_1T_2}}$，由 $\dfrac{K \times 1}{\omega_c \times \omega_c T_1} = 1$，可得 $K = \dfrac{1}{T_2}$ 时该系统达到最大的相角裕度，最大相角裕度为

$$\gamma = 90° + \arctan\frac{(T_2-T_1)}{2\sqrt{T_1T_2}}$$

【难点与易错点】
● 该题考查相角裕度的最大值的求解。

【5-43】 某单位反馈控制系统的结构图如图 5.90 所示。已知该系统在 $K=10$、$T=0.1$ 时剪切频率的精确值为 $\omega_c=5$。能否通过调节 K 和 T 的值，使系统的剪切频率保持不变，而相角裕度提高 $45°$？如果可以，试求 K 和 T 的值。

【解】 该系统的开环传递函数为

$$G(s) = \frac{K(Ts+1)}{s+1}G_0(s)$$

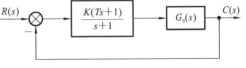

图 5.90 【5-43】某单位反馈控制系统的结构图

当 $K=10$、$T=0.1$ 时，剪切频率为 $\omega_c=5$，即

$$\frac{K\sqrt{1+(T\omega_c)^2}}{\sqrt{1+\omega_c^2}}|G_0(j\omega_c)| = \frac{10\sqrt{1.25}}{\sqrt{26}}|G_0(j\omega_c)| = 1$$

得 $|G_0(j5)| = \dfrac{\sqrt{26}}{5\sqrt{5}}$。

相角裕度为 $\gamma_0 = 180° + \arctan 0.1\omega_c - \arctan\omega_c + \angle G_0(j\omega_c)$。

参数调节后，要求系统的剪切频率保持不变，即

$$\frac{K\sqrt{1+(5T)^2}}{\sqrt{26}}|G_0(j\omega_c)| = \frac{K\sqrt{1+(5T)^2}}{5\sqrt{5}} = 1$$

相角裕度为 $\gamma = 180° + \arctan T\omega_c - \arctan\omega_c + \angle G_0(j\omega_c)$。

联立上式解得

$$\gamma - \gamma_0 = \arctan T\omega_c - \arctan 0.1\omega_c = 45°$$

即

$$\frac{5(T-0.1)}{1+2.5T}=1$$

解得 $T=\frac{3}{5}$,则 $K=\frac{5\sqrt{5}}{\sqrt{1+(5T)^2}}=\frac{5\sqrt{2}}{2}$。

因此可以通过调节 $K=\frac{5\sqrt{2}}{2}$ 和 $T=\frac{3}{5}$,使系统达到期望的性能。

【难点与易错点】
- 该题考查相角裕度的求解。

【5-44】 某单位反馈控制系统是最小相位系统,其开环幅相特性曲线形如图 5.91 所示。已知当开环放大系数 $K=0.5$ 时,该系统的幅值裕度为 $K_g=1$,剪切频率为 $\omega_c=1$。此外,已知该系统所有环节的转折频率相同。

若改变系统的开环放大系数,使该系统的幅值裕度为 $K_g=5$,试求此时在输入为 $r(t)=t^2+5\sin t$ 作用下系统的稳态误差。

【解】 (1) **求系统的开环传递函数。**

首先确定开环放大系数 $K=0.5$ 时系统的开环传递函数。因为最小相位系统开环幅相特性曲线的起点角度为 $-270°$,所以系统包含三个积分环节。

因为相角是单调增大的,所以系统除原点外无其他开环极点。

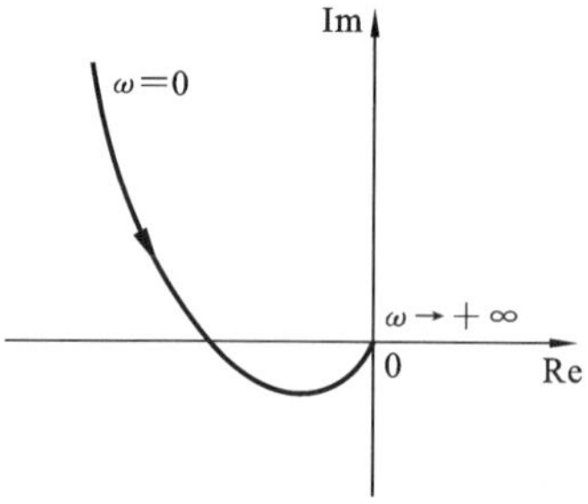

图 5.91 【5-44】控制系统的开环幅相曲线

因为终点角度为 $-90°$,所以系统包含两个一阶微分环节。

综上所述,由于该系统所有环节的转折频率相同,因此可设系统的开环传递函数为

$$G(s)=\frac{K(Ts+1)^2}{s^3}$$

则有

$$G(j\omega)=\frac{K(j\omega T+1)^2}{-j\omega^3}=\frac{-2K\omega T+jK(1-\omega^2 T^2)}{\omega^3}$$

由于当开环放大系数 $K=0.5$ 时幅值裕度为 $K_g=1$,即幅相曲线与负实轴交点的坐标值为 -1,因此该点也刚好是与单位圆的交点。
由于剪切频率为 $\omega_c=1$,因此系统的相位穿越频率是 $\omega_g=\omega_c=1$。于是有

$$u(\omega_g)=\frac{-2K\omega_g T}{\omega_g^3}=-1$$

$$v(\omega_g)=\frac{K(1-\omega_g^2)T^2}{\omega_g^3}=0$$

得 $T=1$。因此系统的开环传递函数为

$$G(s)=\frac{K(s+1)^2}{s^3}$$

(2) **确定系统的幅值裕度为 $K_g=5$ 时系统的开环放大系数。**

若该系统的幅值裕度为 $K_g=5$,由于开环放大系数 K 的变化不会影响相频特性,

因此相位穿越频率仍然是 $\omega_g=1$,则

$$K_g=\frac{1}{|G(j\omega_g)|}=\frac{\omega_g^3}{K(1+T^2\omega_g^2)}=\frac{1}{2K}=5$$

此时 $K=\frac{1}{10}$。因此系统的开环传递函数为

$$G(s)=\frac{(s+1)^2}{10s^3}$$

(3) 求 $r(t)=t^2+5\sin t$ 作用下系统的稳态误差。

由于线性系统满足叠加原理,因此可以分别求解。

对于 $r_1(t)=t^2$,由于系统是Ⅲ型系统,稳态误差

$$e_{ss}=\frac{2}{K_a}=\frac{2}{\lim_{s\to 0}s^2 G(s)H(s)}=0$$

对于 $r_2(t)=5\sin t$,需根据稳态误差的定义来求。由于系统是单位反馈系统,所以稳态误差为

$$e_{ss}=e(\infty)=\lim_{t\to\infty}e(t)=\lim_{t\to\infty}[r(t)-b(t)]=\lim_{t\to\infty}[r(t)-c(t)]$$

需要求出 $c(\infty)$。

首先求出系统的闭环传递函数,根据单位反馈的特点,可得闭环传递函数为

$$\Phi(s)=\frac{G(s)}{1+G(s)}=\frac{(s+1)^2}{10s^3+(s+1)^2}=\frac{(s+1)^2}{10s^3+s^2+2s+1}$$

则闭环频率特性为

$$\Phi(j\omega)=\frac{(j\omega+1)^2}{-j10\omega^3-\omega^2+j2\omega+1}=\frac{(j\omega+1)^2}{1-\omega^2+j(2\omega-10\omega^3)}$$

当输入 $r_2(t)=5\sin t$ 时,频率为 1,则

$$\Phi(j1)=\frac{(j1+1)^2}{-j8}$$

有

$$|\Phi(j1)|=\frac{2}{8}=0.25$$

$$\angle\Phi(j1)=2\arctan 1-270°=90°-270°=-180°$$

因此在输入 $r_2(t)=5\sin t$ 作用下输出的稳态值为

$$c(\infty)=0.25\times 5\sin(t-180°)=1.25\sin(t-180°)$$

总的稳态误差为

$$e_{ss}=\lim_{t\to\infty}[r(t)-c(t)]=5\sin t-1.25\sin(t-180°)=6.25\sin t$$

【难点与易错点】

● 该题综合考查基于频率特性的系统辨识和稳态误差的求解。

● 开环放大系数的变化不会改变相频特性,因此相位穿越频率不变,但剪切频率会发生变化。

● 当输入为正弦信号时,稳态误差只能借助定义求来。此时需要注意的是,只有求出**闭环频率特性**,才能求出输出的稳态值。

● 在求闭环频率特性的相频特性时,应注意实际系统一般具有相角滞后作用。

6 线性系统的校正

控制系统的校正是根据系统原性能与期望性能之间的差距来确定校正装置的结构、参数和连接方式的过程。本章的校正方法主要是基于频域分析方法,设计合适的校正装置来满足控制系统对稳定性、相对稳定性、快速性与平稳性等特性的设计需求,其本质是通过改变闭环系统的零极点分布,达到改善系统性能的目的。本章首先回顾系统校正的基本概念、理论和设计方法,再对配套教材中的习题进行解答,最后给出一些典型练习题和配套的答案,并辅以习题的难点和易错点解析。

6.1 知识点回顾

下面首先回顾本章的基本概念、理论和设计方法,主要包括常用的校正装置及其特性、串联超前校正、串联滞后校正、串联滞后-超前校正、期望频率特性校正、反馈校正、PID 控制等,下面分别介绍。

根据校正装置的连接方式,可将校正方式分为**串联校正、反馈校正和顺馈校正**,如图 6.1 所示。图中,$G_c(s)$ 是校正装置传递函数,$G(s)$、$G_1(s)$ 和 $G_2(s)$ 是原系统前向通路中的传递函数,$H(s)$ 是原系统的反馈通路传递函数。

6.1.1 常用校正装置及其特性

控制系统常用的校正装置包括无源**超前校正网络**、无源**滞后校正网络**、无源**滞后-超前校正网络**、有源校正网络。

1. 无源超前校正网络

常见的无源超前校正网络的电路图如图 6.2 所示。

串联一个系数为 $a = \dfrac{R_1 + R_2}{R_2}$ 的比例放大器之后,无源超前校正网络的传递函数为

$$G(s) = \frac{aTs + 1}{Ts + 1}$$

其中:$T = \dfrac{R_1 R_2 C}{R_1 + R_2}$,显然,$a > 1$、$T > 0$ 为常数。无源超前校正网络的 Bode 图如图 6.3 所示。

当频率为 $\omega_m = \dfrac{1}{T\sqrt{a}}$ 时,无源超前校正网络达到最大超前相角 $\varphi_m = \arcsin \dfrac{a-1}{a+1}$,即

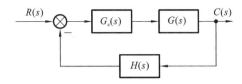

（a）串联校正的连接方式

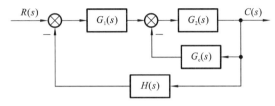

（b）反馈校正的连接方式

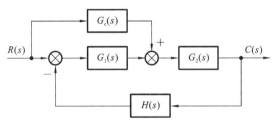

（c）顺馈校正的连接方式

图 6.1　校正装置的连接方式示意图

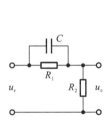

图 6.2　无源超前校正网络的电路图

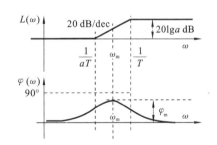

图 6.3　无源超前校正网络的 Bode 图

$$a = \frac{1+\sin\varphi_m}{1-\sin\varphi_m}$$

最大超前相角对应的对数幅频特性为

$$L(\omega_m) = 10\lg a$$

一级超前校正网络的最大超前相角通常不超过 $60°$，a 值一般选在 $5 \sim 20$ 之间。

2. 无源滞后校正网络

常见的无源滞后校正网络的电路图如图 6.4 所示。

无源滞后校正网络的传递函数为

$$G(s) = \frac{bTs+1}{Ts+1}$$

其中：$T=(R_1+R_2)C, b=\dfrac{R_2}{R_1+R_2}$。显然，$T>0$、$0<b<1$ 为常数。无源滞后校正网络的 Bode 图如图 6.5 所示。

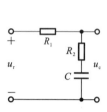

图 6.4 无源滞后校正网络的电路图

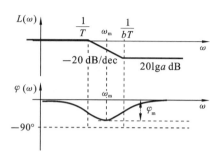

图 6.5 无源滞后校正网络的 Bode 图

无源滞后校正网络的最大幅值衰减是 $20\lg b$ dB，**最大幅值衰减的频率范围是** $\omega>\dfrac{1}{Tb}$。无源滞后校正网络的第二个转折频率 $\dfrac{1}{Tb}$ 的 10 倍频程即 $\omega=\dfrac{10}{Tb}$ 处的相位滞后 $\varphi(\omega)$ 不超过 $6°$。

无源串联滞后校正装置在频率 $\omega_m=\dfrac{1}{T\sqrt{b}}$ 处达到最大滞后相角，即 $\varphi_m=\arcsin\dfrac{b-1}{b+1}$，此时的幅值为 $10\lg b$。

3. 无源滞后-超前校正网络

常见的无源滞后-超前校正网络的电路图如图 6.6 所示。

无源滞后-超前校正网络的传递函数可以写成以下形式：

$$G(s)=\dfrac{bT_b s+1}{T_b s+1}\cdot\dfrac{aT_a s+1}{T_a s+1}$$

其中：$a>1, 0<b<1, T_a、T_b>0$ 且四个均为常数。当 $bT_b>aT_a$ 时，无源滞后-超前校正网络的 Bode 图如图 6.7 所示。

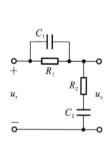

图 6.6 无源滞后-超前校正网络的电路图

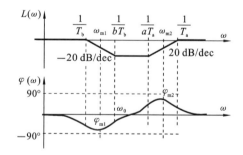

图 6.7 无源滞后-超前校正网络的 Bode 图

如果满足 $bT_b>10aT_a$，则滞后校正作用和超前校正作用之间几乎不受影响。

4. 有源校正网络

有源校正网络由运算放大器和阻容网络构成，根据连接方式的不同，可分为 P（比例）调节器、PI（比例-积分）调节器、PD（比例-微分）调节器和 PID（比例-积分-微分）调节器等。

典型的有源校正网络的电路图如图 6.8 所示。

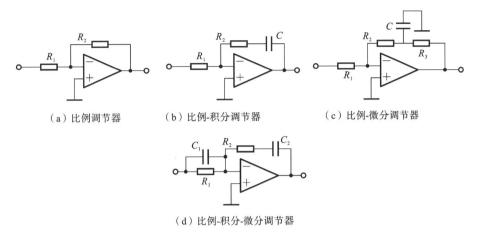

图 6.8 典型的有源校正网络的电路图

6.1.2 串联超前校正

由于超前校正装置可以产生超前相角,因此,通过串联超前校正装置,可以使得原系统的相角向正方向移动,从而改善系统的稳定性或相对稳定性。为了最大化利用超前校正的作用,尽量利用最大超前相角 φ_m 实现校正。而最大超前相角所对应的对数幅频特性值为 $10\lg a$,因此应将最大超前相角叠加在原系统对数幅值 $L_0(\omega)=-10\lg a$ 处。

一般而言,**串联超前校正的设计步骤**如下。

(1) 根据稳态性能指标要求,确定开环放大系数。

(2) 绘制原系统 $G_0(s)$ 的渐近对数幅频特性曲线,计算相角裕度 γ_0,并估计在剪切频率处相角变化速率的大小,结合经验确定相角补偿量 $\Delta\varphi$。

(3) 根据性能指标要求确定期望相角裕度 γ^*,由 $\varphi_m=\gamma^*-\gamma_0+\Delta\varphi$ 选定最大超前相角 φ_m,则超前校正网络的参数 $a=\dfrac{1+\sin\varphi_m}{1-\sin\varphi_m}$。

(4) 计算原系统对数幅频 $L_0(\omega)=-10\lg a$ 处的频率 ω_1,令最大超前相角对应的频率为 $\omega_m=\omega_1$,根据 $\omega_m=\dfrac{1}{T\sqrt{a}}$ 计算得到参数 T,从而得到**串联连接系数为 a 的比例放大器**之后的超前校正网络的传递函数 $G_c(s)=\dfrac{aTs+1}{Ts+1}$。

(5) 验算。校正后系统的开环传递函数为 $G_K(s)=G_c(s)G_0(s)$,验算校正后的系统是否满足性能指标要求。

上述步骤中,第(4)步用于确定叠加**最大超前相角**的频率位置。如果系统性能指标中给定了期望剪切频率 ω_c^* 的具体值,则**可考虑直接选择该频率位置为期望剪切频率**,即令 $\omega_m=\omega_c^*$ 来进行设计。但是,由于期望剪切频率 ω_c^* 处原系统的对数幅频特性值决定了 $-10\lg a$,即 a 值,也就决定了校正装置所能提供的最大超前相角 $\varphi_m=\arcsin\dfrac{a-1}{a+1}$,

因此，**基于期望剪切频率的超前校正设计并不总是可行的**。

串联超前校正的作用包括：增大了开环频率特性在剪切频率附近的正相角，从而增大了系统的相角裕度；减小了对数幅频特性在剪切频率上的负斜率，改善了系统的稳定性；增大了剪切频率和系统的频带宽度，从而可提升系统的响应速度。一般情况下，a 值选在 5～20 之间。

不适宜采用串联超前校正的场合如下。

(1) 原系统不稳定或稳定裕度很小，且开环相频特性曲线在剪切频率附近有较大的负斜率时，不宜采用串联超前校正。

(2) 若需要提供的最大超前相角 $\varphi_m > 60°$，则不适宜采用一级串联超前校正。

6.1.3 串联滞后校正

串联滞后校正是通过减小系统的剪切频率来改善系统的稳定性和相对稳定性。为了减小系统的剪切频率，需要减小系统的幅频特性值，也就是利用串联滞后校正幅值衰减的作用。因此，在校正时要尽量利用滞后校正网络的最大幅值衰减。

滞后校正网络的最大幅值衰减是 $20\lg b$ dB，最大幅值衰减的频率范围是 $\omega > \dfrac{1}{Tb}$。但滞后校正网络会带来滞后相角，为使这种负面影响尽量小，且考虑到 $\omega = \dfrac{10}{Tb}$ 处的相位滞后 $\varphi(\omega)$ 不超过 6°，因此在校正时要尽量利用 $\dfrac{10}{Tb}$ 处的幅值实现幅值衰减。

串联滞后校正具有相角滞后作用，但实际中很少利用相角滞后作用来实现校正。

串联滞后校正的设计步骤如下。

(1) 根据稳态性能指标要求，确定开环放大系数。

(2) 绘制原系统 $G_0(s)$ 的渐近对数幅频特性曲线，计算相角裕度 γ_0。

(3) 选择相角补偿量 $\Delta\varphi$（通常取 6°），计算原系统相角 $\varphi(\omega) = -180° + \gamma^* + \Delta\varphi$ 处的频率 ω_1，令 $20\lg b + L(\omega_1) = 0$，得到参数 b。

(4) 令 $\dfrac{10}{Tb} = \omega_1$，得到参数 T，则串联滞后校正网络的传递函数就可以设计为 $G_c(s) = \dfrac{bTs+1}{Ts+1}$。

(5) 验算。校正后系统的开环传递函数 $G_K(s) = G_c(s)G_0(s)$，验算校正后的系统是否满足性能指标要求。

上述步骤中，第(4)步是用于确定叠加**最大幅值衰减**的频率位置。如果系统性能指标中给定了期望剪切频率 ω_c^* 的具体值，则可考虑**直接选择该频率位置为期望剪切频率**，即令 $\dfrac{10}{Tb} = \omega_1 = \omega_c^*$ 来进行设计。但是，期望剪切频率 ω_c^* 确定后，原系统在这个位置的相角值就确定了，则校正后所能达到的相角裕度也就确定了，因此，**基于期望剪切频率的滞后校正设计并不总是可行**。

串联滞后校正的作用包括：通过减小剪切频率、增大相角裕度来提高系统的相对稳定性。但校正后系统的**剪切频率下降，带宽变窄，系统响应的快速性变差**，系统的抗干扰能力提高。

串联超前校正不适合用于期望剪切频率大于原剪切频率的情形,也不适合用于要求增大频带宽度、提升快速性的场合。

6.1.4 串联滞后-超前校正

串联滞后-超前校正设计,实际上是利用超前校正来调节相角,利用滞后校正来调节幅值。一般而言,**串联滞后-超前校正的设计步骤如下。**

(1) 根据稳态性能要求,确定开环放大系数。

(2) 绘制原系统的渐近对数幅频特性曲线,计算剪切频率 ω_{c0} 和相角裕度 γ_0。

(3) 令最大超前相角为 $\varphi_m = 60°$,则超前校正网络的参数 $a = \dfrac{1+\sin\varphi_m}{1-\sin\varphi_m}$。值得注意的是,这一步关于 φ_m 即 a 的设计并不是必需的,可以结合步骤(4)期望剪切频率 ω_c^* 处的相角和期望相角裕度来综合设计 φ_m 以及参数 a。

(4) 计算原系统对数幅频为 $L_0(\omega) = -10\lg a$ 处的频率 ω_1,令最大超前相角处的频率 $\omega_m = \omega_1$。值得注意的是,这里关于 ω_m 的设计并不是唯一选择。由于接下来的滞后校正会改变剪切频率,因此并不一定要选择 $\omega_m = \omega_1$,也可以选择 $\omega_m = \omega_c^*$(ω_c^* 为期望剪切频率)。

(5) 根据 $\omega_m = \dfrac{1}{T_a\sqrt{a}}$ 计算出参数 T_a,从而得到串联连接系数为 a 的比例放大器之后的超前校正网络的传递函数 $G_{c1}(s) = \dfrac{aT_a s + 1}{T_a s + 1}$,以及校正后系统的开环传递函数 $G_{K1}(s) = G_{c1}(s)G_0(s)$。

(6) 选择补偿量 $\Delta\varphi$(通常取 $6°$),计算 $G_{K1}(s)$ 的相角 $\varphi_{K1}(\omega) = -180° + \gamma^* + \Delta\varphi$ 处的频率 ω_2;若超前校正以 $\omega_m = \omega_c^*$ 为设计目标,则此处也可以直接令 $\omega_2 = \omega_c^*$ 继续设计。

(7) 令 $20\lg b + 20\lg|G_{K1}(j\omega_2)| = 0$,得到参数 b。令 $\dfrac{10}{T_b b} = \omega_2$,得到参数 T_b,则串联滞后校正网络的传递函数就可以设计为 $G_{c2}(s) = \dfrac{bT_b s + 1}{T_b s + 1}$。

(8) 验算。校正后系统的开环传递函数 $G_K(s) = G_{c2}(s)G_{c1}(s)G_0(s)$,验算校正后的系统是否满足性能指标要求。

由于串联滞后-超前校正装置比单纯的串联滞后校正装置或串联超前校正装置更加复杂,因此,**如果单独采用一级串联滞后校正装置或串联超前校正装置能够实现校正目标,则不会选择串联滞后-超前校正装置。**另外,串联滞后-超前校正装置的校正能力更强,可以满足更加复杂的性能指标要求或更精准的性能指标要求。

6.1.5 期望频率特性法校正

期望频率特性法校正的思想是,将性能指标的要求转化为期望的对数幅频特性,与原系统的频率特性进行比较并求差,从而得出校正装置的结构和参数。因此,**期望频率特性法仅对最小相位系统有效。**

期望频率特性法校正的步骤如下。

(1) 根据系统稳态误差的要求,确定系统的开环增益 K,也就是**起始段**的期望频率特性。

(2) 根据系统性能指标的要求，确定期望剪切频率 ω_c^*、期望相角裕度 γ^*、期望谐振峰值 M_r。通常利用近似式 $M_r \approx \dfrac{1}{\sin\gamma}$ 来求期望谐振峰值。

(3) 根据 ω_c^* 和 M_r 确定**中频段左右两个转折频率** ω_2、ω_3，二者应满足下面条件：

$$\omega_2 \leqslant \omega_c^* \frac{M_r - 1}{M_r}, \quad \omega_3 \geqslant \omega_c^* \frac{M_r + 1}{M_r}$$

由此绘制期望频率特性的中频段，中频段斜率为 -20 dB/dec，以保证系统有足够的相角裕度；此时，可以根据中频段的宽度 H 来估算校正后的相角裕度 $\gamma' = \arcsin \dfrac{H-1}{H+1}$。

(4) 将中频段向左延伸，尝试与起始段连接。若中频段的对数幅频特性曲线不能与起始段的期望频率特性相连，则增加一条连接中低频段的直线，直线的斜率可以为 -40 dB/dec 或 -60 dB/dec，且为了简化校正装置，应使直线的斜率尽量接近相邻线段的斜率；**为了满足稳态性能要求，低频段要与原系统重合**。

(5) 将**中频段向右延伸**，按照对幅值裕度及高频段抗干扰能力的要求，确定期望频率特性的高频段。同样，为了使校正装置简单，通常**高频段的斜率与原系统高频段的斜率应保持一致**，或者使高频段与原系统的高频段完全重合。

(6) 将期望对数幅频特性减去原系统的对数幅频特性，易得串联校正装置的对数幅频特性及其传递函数。

(7) 验算。根据性能指标绘制期望对数幅频特性时，由于应用了多个近似关系，因此需要进行验算，校验设计的有效性。

上面设计步骤中，先给定了期望剪切频率 ω_c^*，再来选取中频段的左右两个转折频率。事实上，如果要**使校正装置尽量简单**，应尽量选择**期望频率特性与原系统特性的交点频率**作为中频段左边的转折频率 ω_2（从而设计低频段与原系统重叠），或者选取原系统中**大于期望剪切频率的第一个转折频率**为中频段右边的转折频率 ω_3（从而设计高频段斜率与原系统的相同）。为达到这一目的，可以以 ω_c^* 为待定参数，设定满足 ω_2 的约束条件的交点值，列写交点方程，再解得期望剪切频率 ω_c^*。如果有解，则可以选择交点值为 ω_2。类似可以寻找满足 ω_3 的约束条件的 ω_c^* 值。

期望频率特性法仅适合于最小相位系统的校正。此外，期望频率特性设计时，未考虑校正装置的物理限制，因此，校正装置的可行性通常也需要进一步检验。

6.1.6 反馈校正

反馈校正不仅可以提升系统的性能，还可抑制反馈环内不利因素对系统的影响。常用的**反馈校正设计思路**有两种：基于内回路大幅值近似关系的反馈校正设计与固定结构的反馈校正设计。

1. 基于内回路大幅值近似关系的反馈校正设计

采用反馈校正的控制系统结构如图 6.9 所示。

那么内回路的闭环传递函数为

$$G_{IB}(s) = \frac{G_2(s)G_3(s)}{1 + G_{IK}(s)}$$

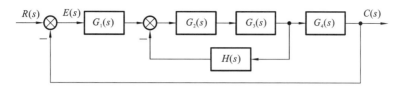

图 6.9 采用反馈校正的控制系统结构

其中:$G_{1K}(s)=G_2(s)G_3(s)H(s)$ 为内回路的开环传递函数。若内回路幅值增益充分大,则当 $|G_{1K}(j\omega)|\gg 1$ 时,

$$|G_K(j\omega)|=\frac{G_0(j\omega)}{1+G_{1K}(j\omega)}\approx\frac{|G_0(j\omega)|}{|G_{1K}(j\omega)|}$$

其中:$G_0(s)=G_1(s)G_2(s)G_3(s)G_4(s)$ 为原系统的开环传递函数。对于最小相位系统,若内回路稳定,即 $1+G_{1K}(s)$ 的极点都在 S 平面的左半平面,则 $G_K(s)$ 的零极点除原点外都在 S 平面的左半平面,因此可以采用期望频率特性校正思路设计得到校正装置的传递函数 $H(s)$。

反馈校正装置的设计步骤如下。

(1) 绘制原系统的对数幅频特性曲线,即 $20\lg|G_0(j\omega)|$ 的渐近线。

(2) 按期望性能指标绘制期望幅频特性曲线,即 $20\lg|G_K(j\omega)|$ 的渐近线;与串联期望频率特性法校正的不同之处在于,此处绘制的期望幅频特性曲线不需要迁就原系统的对数幅频特性曲线。

(3) 由 $20\lg|G_0(j\omega)|-20\lg|G_K(j\omega)|$ 得到 $20\lg|G_{1K}(j\omega)|$ 以及对应的 $G_{1K}(s)$,并校验内回路的稳定性。

(4) 根据 $G_{1K}(s)=G_2(s)G_3(s)H(s)$ 和 $20\lg|G_{1K}(j\omega)|$ 求得 $20\lg|H(j\omega)|$,从而得到反馈校正装置的传递函数 $H(s)$。

(5) 校验所设计的校正装置的有效性。由于上述设计过程中的第(3)步采用了近似处理,因此需要校验校正后系统的性能是否满足要求。

上述设计步骤中,需要获得期望幅频特性曲线,因此采用这种设计思路来设计反馈校正,仅适合于最小相位系统。**如果在 $G_K(j\omega)$ 的剪切频率附近,$|G_{1K}(j\omega)|\gg 1$ 成立**,上述设计步骤中的近似误差较小,那么得到有效校正装置的可能性更大。

2. 固定结构的反馈校正设计

如果固定反馈校正装置的结构,则反馈校正的设计将更简便。例如对于图 6.10 所示的典型二阶系统,可以采用测速-相角超前反馈校正装置来进行反馈校正。此时的反馈校正设计任务转变成了校正参数 T_c、K_c 的设计。

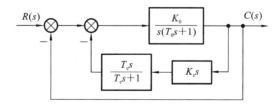

图 6.10 测速-相角超前反馈校正结构图

对于图 6.10,校正后系统的开环传递函数为

$$G_K(s) = \frac{K_0(T_c s + 1)}{s[T_0 T_c s^2 + (T_0 + T_c + K_0 T_c K_c)s + 1]}$$

设 T_1 和 T_2 满足

$$T_1 T_2 = T_0 T_c, \quad T_1 + T_2 = T_0 + T_c + K_0 T_c K_c$$

那么 $G_K(s) = \dfrac{K_0(T_c s + 1)}{s(T_1 s + 1)(T_2 s + 1)}$。有以下两种思路来实现校正装置的设计。

(1) 等效串联滞后校正。

若 $T_1 < T_0$,可以先选定 $\dfrac{T_c}{T_2} < 1$,从而得到 $T_1 = T_0 \dfrac{T_c}{T_2}$;再假设被控对象为 $G_1(s) = \dfrac{K_0}{s(T_1 s + 1)}$,进行等效串联滞后校正装置 $\dfrac{T_c s + 1}{T_2 s + 1}$ 的设计,得到 T_2;最后根据 T_1、T_2 与 T_c、K_c 的关系,得到两个校正参数 T_c、K_c,实现原校正装置的设计。

(2) 等效串联滞后-超前校正。

若 $T_1 < T_0$,则 $T_2 > T_c$;若 $T_1 > T_0$,则 $T_2 < T_c$。因此,对原被控对象的校正等效于串联滞后-超前校正。等效串联滞后-超前校正网络的传递函数为

$$G_c(s) = \frac{T_c s + 1}{T_2 s + 1} \cdot \frac{T_0 s + 1}{T_1 s + 1} = \frac{\dfrac{T_1}{T_0} T_2 s + 1}{T_2 s + 1} \cdot \frac{T_0 s + 1}{T_1 s + 1}$$

或者

$$G_c(s) = \frac{T_c s + 1}{T_2 s + 1} \cdot \frac{T_0 s + 1}{\dfrac{T_c}{T_2} s + 1}$$

则可以借助串联滞后-超前校正方法设计出 T_1 和 T_2(或设计出 T_c 和 T_2),再根据 T_1、T_2 与 T_c、K_c 的关系,得到两个校正参数 T_c、K_c,实现原校正装置的设计。值得注意的是,此处**等效串联滞后-超前校正网络的自由设计参数只有两个**,而不像串联滞后-超前校正的设计中,可以自由设计的参数有四个,因此其调节能力有限。

6.1.7 PID 控制器及其校正

PID 控制器由**比例(P)、积分(I)、微分(D)**三种控制作用组合而成,它们各自具有不同的控制作用。PID 控制器在控制系统中的接入方式通常是串联连接在前向通路中,如图 6.11 所示。

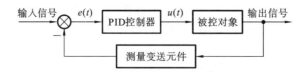

图 6.11 PID 控制器的接入方式

PID 控制器的输出控制信号与输入误差信号之间的微分方程模型为

$$u(t) = K_p \left[e(t) + \frac{1}{T_i} \int_0^t e(\tau) d\tau + T_d \frac{de(t)}{dt} \right]$$

PID 控制器的传递函数为

$$G_c(s) = \frac{U(s)}{E(s)} = K_p \left[1 + \frac{1}{T_i s} + T_d s \right] = K_p \frac{T_i T_d s^2 + T_i s + 1}{T_i s}$$

其中：K_p 为可调比例增益，T_i 为可调积分时间常数，T_d 为可调微分时间常数。三种控制作用如下。

- 比例控制。比例控制可以提高控制精度，改善系统的稳态性，但降低了系统的相对稳定性。
- 积分控制。积分控制提高了控制系统的型别，改善了系统的稳态性，但是，积分作用产生了 90° 的滞后相角，对稳定性不利。
- 微分作用。微分作用改善了系统的动态性能，增强了系统的超前作用，也增强了系统的相对稳定性，但对高频噪声会起到放大作用。

PID 控制器的设计方法包括频率法设计方法、齐格勒-尼柯尔斯法则设计方法、时域分析设计方法。

1. 频率法设计方法

如果 $T_i \gg T_d$，例如，选取 $T_i = (20 \sim 30) T_d$，则 PID 控制器可近似为

$$G_c(s) \approx K_p \frac{T_i T_d s^2 + (T_i + T_d) s + 1}{T_i s} = K_p \frac{(T_i s + 1)(T_d s + 1)}{T_i s}$$

在设计中，可根据系统对相角裕度的要求，选择参数 T_d，以提供足够的超前相角；结合剪切频率的要求，选择增益 K_p，以调节幅频特性的大小。

2. 齐格勒-尼柯尔斯法则设计方法

齐格勒-尼柯尔斯法则设计方法包括**动态响应法**和**临界增益法**两种。

1) 动态响应法

动态响应法要求**被控对象的单位阶跃响应曲线呈 S 形**，如图 6.12 所示。

那么被控对象的传递函数就可以用一阶惯性环节和延滞环节近似建模为

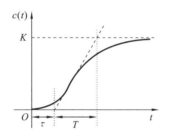

图 6.12　S 形单位阶跃响应曲线

$$\frac{C(s)}{U(s)} = \frac{K e^{-\tau s}}{T s + 1}$$

通过查表 6.1 得到 PID 参数，即 $G_c(t) = K_p \left[1 + \frac{1}{T_i s} + T_d s \right]$。

表 6.1　动态响应法的调整法则表

控制器类型	K_p	T_i	T_d
P	$\dfrac{T}{\tau}$	∞	0
PI	$0.9 \dfrac{T}{\tau}$	3.3τ	0
PID	$1.2 \dfrac{T}{\tau}$	2τ	0.5τ

2) 临界增益法

临界增益法的设计步骤是：**在闭环状态**下采用**比例控制器**，即设 $T_i = \infty$，$T_d = 0$，对

被控对象施加控制；调节比例控制器增益 K_p 从 0 逐渐增大，直到系统的单位阶跃响应**首次出现等幅振荡**，记此时的增益 K_p 为**临界增益** K_{ps}，**振荡周期为** T_s。最后查表 6.2，确定 PID 三种控制作用的控制参数，即 $G_c(t) = K_p \left[1 + \dfrac{1}{T_i s} + T_d s \right]$。

表 6.2 临界增益法的 PID 控制参数表

控制器类型	K_p	T_i	T_d
P	$0.5 K_{ps}$	∞	0
PI	$0.45 K_{ps}$	$0.83 T_s$	0
PID	$0.6 K_{ps}$	$0.5 T_s$	$0.125 T_s$

临界增益法需要原被控对象在比例控制器的作用下产生等幅振荡。如果 K_p 的增大无法使系统产生等幅振荡，则不能用临界增益法确定 PID 控制参数。

3. 时域分析设计方法

采用时域分析设计方法来设计 PID 控制器的思路是：首先根据性能指标要求确定**主导极点**的位置，再根据主导极点的要求给出**其他极点**的位置，从而得到 PID 控制器的参数。

6.2 课后习题答案与解析

【**习题 6-1**】 设单位反馈系统的开环传递函数为 $G(s) = \dfrac{K}{s(s+1)}$，试设计合适的串联校正装置，使闭环系统特性满足下面要求：

(1) 单位斜坡输入 $r(t) = t$ 时的稳态误差 $e_{ss} \leqslant 0.1$；

(2) 开环系统剪切频率 $\omega_c^* \geqslant 4.4$ rad/s；

(3) 相角裕度 $\gamma^* \geqslant 45°$，幅值裕度 $k_g^* \geqslant 4.4$ dB。

【**解**】 (1) 确定开环放大系数，求原系统的相角裕度。

首先根据 e_{ss} 确定开环增益。系统为 Ⅰ 型系统，$r(t) = t$，$e_{ss} = 1/K \leqslant 0.1$，$K \geqslant 10$，这里取 $K = 10$。

其次利用已确定的开环增益计算未校正系统的相角裕度。采用渐近线近似式来求解剪切频率，由

$$L(\omega) = \begin{cases} 20\lg \dfrac{10}{\omega}, & \omega < 1 \\ 20\lg \dfrac{10}{\omega^2}, & \omega \geqslant 1 \end{cases}$$

令 $L(\omega) = 0$，得到 $\omega_{c0} = 3.1623$ rad/s，则**原系统的相角裕度**

$$\gamma_0 = 180° - 90° - \arctan(\omega_{c0}) = 17.5483°$$

绘制原控制系统的开环 Bode 图，如图 6.13 所示。

(2) **串联滞后校正的尝试。**

由于 $\omega_c^* > \omega_{c0}$，所以串联滞后校正不适用。

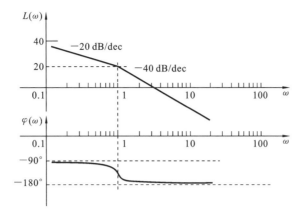

图 6.13 【习题 6-1】原控制系统的开环 Bode 图

（3）串联超前校正的设计。

方法 1：从期望剪切频率出发进行设计。

选择 $\omega_c^* = \omega_m = 4.4 \text{ rad/s}$，则令

$$L(\omega_m) = 20\lg\frac{10}{\omega^2} = -10\lg a$$

求得

$$a = 3.7481$$

由 $\omega_m = \dfrac{1}{T\sqrt{a}}$ 得

$$T = \frac{1}{\omega_m \sqrt{a}} = 0.1174$$

则进行幅值补偿后，超前校正装置的传递函数为

$$G_c(s) = \frac{aTs+1}{Ts+1} = \frac{0.4400s+1}{0.1174s+1}$$

校正后系统的开环传递函数为

$$G_K(s) = G_c(s)G(s) = \frac{10(0.4400s+1)}{s(s+1)(0.1174s+1)}$$

验算：由 $\dfrac{10 \times 0.4400\omega}{\omega \times \omega} = 1$ 得剪切频率为 $\omega_{c1} = 4.4000 \text{ rad/s}$，则相角裕度 $\gamma_1 = 48.1675° > 45°$，而 $\omega_g \to \infty, k_g \to \infty$，满足设计要求。

方法 2：从相角裕度出发设计。

选取补偿相角 $\Delta\varphi = 10.5483°$，则 $\varphi_m = \gamma^* - \gamma_0 + \Delta\varphi = 38°$。

由 $a = \dfrac{1+\sin\varphi_m}{1-\sin\varphi_m}$ 得校正装置参数 $a = 4.2037$。

由原系统的对数幅频特性，列写方程如下：

$$20\lg\frac{K}{\omega \times \omega} = -10\lg a$$

解得 $\omega_m = 4.5280 \text{ rad/s}$。

由 $\omega_m = \dfrac{1}{T\sqrt{a}}$ 得 $T = \dfrac{1}{\omega_m \sqrt{a}} = 0.1077$。

因此,进行幅值补偿后,超前校正装置的传递函数为

$$G_c(s) = \frac{aTs+1}{Ts+1} = \frac{0.4527s+1}{0.1077s+1}$$

验算:验证校正后系统的性能。

校正后系统的开环传递函数为

$$G_K(s) = G_c(s)G(s) = \frac{10(0.4527s+1)}{s(s+1)(0.1077s+1)}$$

由 $\frac{10 \times 0.4527\omega}{\omega \times \omega} = 1$ 得剪切频率为 $\omega_{c1} = 4.5270 \text{ rad/s}$,则相角裕度 $\gamma_1 = 50.4543° > 45°$,而 $\omega_g \to \infty$, $k_g \to \infty$,满足设计要求。

(4) **用期望频率特性法校正实现设计**。

由 $M_r \approx \frac{1}{\sin\gamma}$ 近似得到期望谐振峰值为 $M_r^* \leqslant 1.4142$,取 $M_r^* = 1.4$。

首先确定期望剪切频率。为了使校正装置结构简单,由 $\omega_2 \leqslant \omega_c^* \frac{M_r - 1}{M_r} = 0.2929\omega_c^*$,取 $\omega_2 = 0.29\omega_c^*$。下面检查是否存在 ω_c^*,使 ω_2 是**期望频率特性中频段与原系统的交点**。由

$$20\lg K - 40\lg \frac{0.29\omega_c^*}{1} = 0 - 20\lg \frac{0.29\omega_c^*}{\omega_c^*}$$

求得 $\omega_c^* = 5.8722$,此时期望频率特性中频段与原系统的交点频率为

$$\omega_2 = 1.7029$$

则 $\omega_3 \geqslant \omega_c^* \frac{M_r+1}{M_r} = 10.0245$。为了保持中频段足够的宽度,取 $\omega_3 = 17$。

根据上述设计,**期望频率特性中频段**是过 ω_c^* 的斜率为 -20 dB/dec 的线段,**向左延伸至** ω_2 处,再向左的低频段则**与原系统重叠**。向右延伸至 ω_3 处,再以 -40 dB/dec 的斜率向右延伸,**与原系统平行**,如图 6.14 中的点线所示。

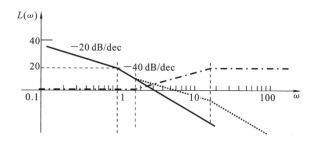

图 6.14 【习题 6-1】原控制系统的渐近对数幅频特性以及期望频率特性曲线

将期望对数幅频特性减去原系统对数幅频特性,得**串联校正装置的对数幅频特性**,如图 6.14 中的点划线所示,则串联校正装置的传递函数为

$$G_c(s) = \frac{\frac{1}{\omega_2}s+1}{\frac{1}{\omega_3}s+1} = \frac{0.5872s+1}{0.0588s+1}$$

这是一个超前校正装置。校正后系统的开环传递函数为

$$G_K(s)=G_c(s)G(s)=\frac{10(0.5872s+1)}{s(s+1)(0.0588s+1)}$$

验算：由 $\frac{10\times 0.5872\omega}{\omega\times\omega}=1$ 得校正后的剪切频率为 $\omega_{c1}=5.8720$，则相角裕度为 $\gamma_1=53.1201°>45°$，而 $\omega_g\to\infty$，$k_g\to\infty$，满足设计要求。

【难点与易错点】
- 该题采用三种设计方法设计了超前校正装置。
- 该题采用期望频率特性法设计时，**通过选择合适的剪切频率 ω_c^***，保证了中频段与原系统的交点频率满足 $\omega_2\leqslant\omega_c^*\frac{M_r-1}{M_r}$ 的要求，从而达到简化控制器结构的目的。由此设计的超前校正装置 $a=\frac{0.5872}{0.0588}=9.9864$，满足超前校正装置的可行性要求。
- 最终设计得到的中频段为 2—1—2 型。

【**习题 6-2**】 单位反馈控制系统的开环传递函数为 $G(s)=\frac{10}{(0.05s+1)(0.25s+1)}$，试设计一个合适的串联校正装置，使校正后系统的谐振峰值 $M_r=1.4$，谐振频率 $\omega_r\geqslant 10$ rad/s。

【**解**】 原系统是单位反馈系统，由开环传递函数可以获知，闭环传递函数不包含闭环零点。因此可以借助典型二阶系统的性能指标公式，得到期望的二阶系统模型，从而借助**时域分析方法**就可以得到校正装置。

下面求期望二阶系统的传递函数。假设期望闭环传递函数形如 $\Phi_2(s)=\frac{\omega_n^2}{s(s+2\zeta\omega_n)+\omega_n^2}$，根据典型二阶系统计算公式，当 $0<\zeta<\frac{1}{\sqrt{2}}$ 时，谐振峰值为 $M_r=\frac{1}{2\zeta\sqrt{1-\zeta^2}}=1.4$，则 $\zeta=0.3874$。

由谐振频率 $\omega_r=\frac{1}{T}\sqrt{1-2\zeta^2}=10$，解得 $T=\frac{1}{\omega_n}=0.0837$。

对应的**期望二阶系统的开环传递函数**为

$$G_{K1}(s)=\frac{\omega_n^2}{s(s+2\zeta\omega_n)}=\frac{1}{s(T^2s+2\zeta T)}=\frac{1}{s(0.0070s+0.0649)}$$

因此，**校正装置的传递函数**为

$$G_c(s)=\frac{G_{K1}(s)}{G(s)}=\frac{(0.05s+1)(0.25s+1)}{10s(0.0070s+0.0649)}$$

时域分析方法是精确求解，因此不需要验算。

【难点与易错点】
- 该题是二阶系统，上述设计由于没有对稳态性能提出要求，因此可以采用时域分析方法设计校正装置。值得注意的是，校正后的系统为 Ⅰ 型系统，原系统为 0 型系统，改善了稳态性能。

> ● 该题原系统的闭环传递函数为 $\Phi(s) = \dfrac{10}{(0.05s+1)(0.25s+1)+10}$，闭环放大系数为 $K_B = \dfrac{10}{11}$，不是典型二阶系统。但是，在利用性能指标求解期望的开环传递函数时，可以设期望的开环传递函数是典型二阶系统的形式，从而可以利用已有的典型二阶系统的谐振峰值和谐振频率计算公式得到期望的系统参数。

【习题 6-3】 设单位反馈系统的开环传递函数为 $G(s) = \dfrac{40}{s(0.2s+1)(0.0625s+1)}$，请设计合适的串联校正网络，使校正后的系统满足性能指标要求：相角裕度 $\gamma^* \geqslant 50°$，幅值裕度 $k_g^* \geqslant 10$ dB。

【解】 (1) 分析原系统频率特性。

首先求原系统的相角裕度。对数幅频特性渐近表达式为

$$L(\omega) = \begin{cases} 20\lg \dfrac{40}{\omega}, & \omega < 5 \\ 20\lg \dfrac{40}{0.2\omega^2}, & 5 \leqslant \omega < 16 \\ 20\lg \dfrac{5}{0.2 \times 0.0625\omega^3}, & \omega \geqslant 16 \end{cases}$$

令 $L(\omega) = 0$，解得 $\omega_{c0} = 14.1421$ rad/s，$\gamma_0 = -22.0016°$。

(2) 尝试串联一级超前校正。

如果采用一级超前校正，则超前相角超过了 $60°$，不具有可行性。

(3) 采用串联滞后校正。

选用滞后校正网络，取 $\gamma^* = 50°$，选择 $\Delta\varphi = 6°$，则 $\varphi(\omega) = -180° + \gamma^* + \Delta\varphi = -124°$，解得 $\omega_1 = 2.3866$，即在频率 $\omega_1 = 2.3866$ 处，原系统的相角能够满足期望相角裕度的要求。

由

$$20\lg b = -L(\omega_1) = -20\lg \dfrac{40}{\omega_1}$$

近似解得参数 $b = 0.0597$。

由滞后装置的第二个转折频率满足 $\dfrac{10}{bT} = \omega_1$，得到参数 $T = 70.1853$，所以**滞后网络的传递函数**为

$$G_c(s) = \dfrac{bTs+1}{Ts+1} = \dfrac{4.1901s+1}{70.1853s+1}$$

验算：校正后系统的开环传递函数为

$$G_K(s) = \dfrac{40(4.1901s+1)}{s(0.2s+1)(0.0625s+1)(70.1853s+1)}$$

求出系统的剪切频率为 $\omega_{c2} = 2.1816$，相角裕度为 $\gamma_2 = 52.7944°$，幅值裕度为 $k_g = 18.3559$ dB。满足设计要求。

(4) 采用期望频率特性法设计校正装置。

由 $\gamma^* \geqslant 50°$、$M_r \approx \dfrac{1}{\sin\gamma}$ 可近似得到期望谐振峰值为 $M_r^* \leqslant 1.3054$，取 $M_r^* = 1.2$。为

了使校正装置尽量简单,观察图 6.15 中原系统的渐近对数幅频特性曲线,可以选择转折频率作为期望频率特性中频段右侧的转折频率 ω_3,即取

$$\omega_3 = 5$$

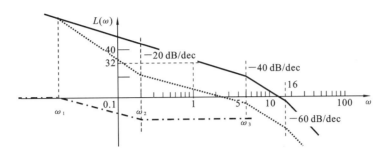

图 6.15 【习题 6-3】原系统的开环渐近对数幅频特性以及期望频率特性曲线

由 $\omega_3 \geqslant \omega_c^* \dfrac{M_r+1}{M_r}$ 可知 ω_c^* 需要满足 $\omega_c^* \leqslant 2.6190$,取 $\omega_c^* = 2.5$,则期望频率特性曲线过 ω_c^* 绘制斜率为 -20 dB/dec 的线段,向右延伸至 ω_3 处,再以 -40 dB/dec **向右**延伸至原系统的转折频率 $\dfrac{1}{0.0625} = 16$ 处,并以 -60 dB/dec **向右**延伸,即保持高频段与原系统平行。

由 $\omega_2 \leqslant \omega_c^* \dfrac{M_r-1}{M_r} = 0.2273$,取期望频率特性中频段左侧的转折频率为 $\omega_2 = 0.2$。再**向左**绘制斜率为 -40 dB/dec 的线段,求出与原系统的交点为

$$20\lg 40 - 20\lg \frac{\omega_1}{1} = 0 - 20\lg \frac{\omega_2}{\omega_c^*} - 40\lg \frac{\omega_1}{\omega_2}$$

解得 $\omega_1 = 0.0142$。此交点再向左就与原系统重叠,如图 6.15 中的点线所示。

将期望频率特性与原系统频率特性相减,得**校正装置的传递函数**为

$$G_c(s) = \dfrac{\dfrac{1}{\omega_2}s+1}{\dfrac{1}{\omega_1}s+1}$$

验算:校正后系统的开环传递函数为

$$G_K(s) = \dfrac{40\left(\dfrac{1}{\omega_2}s+1\right)}{s(0.2s+1)(0.0625s+1)\left(\dfrac{1}{\omega_1}s+1\right)}$$

求出系统的剪切频率为 $\omega_{c2} = 2.2650$ rad/s,相角裕度为 $\gamma_2 = 52.2004°$,幅值裕度为 $k_g = 17.9891$ dB,满足设计要求。

【难点与易错点】
● 该题采用滞后校正设计了校正装置。
● 在采用期望频率特性法设计校正装置时,由于 $M_r \approx \dfrac{1}{\sin\gamma}$,所以取 M_r^* 相对小一些更有益于满足相角裕度的性能要求,最终设计得到的中频段为 2—1—2 型。
● 读者可以尝试采用串联两级超前校正来设计校正装置。

【习题 6-4】 设单位反馈系统的开环传递函数为 $G(s) = \dfrac{K}{s(s+3)(s+9)}$,

(1) 如果要求系统在单位阶跃输入作用下的超调量 $\sigma_p\% = 20\%$,试确定 K 值。

(2) 根据所确定的 K 值,求出系统在单位阶跃输入作用下的调节时间 t_s 以及静态速度误差系数 K_v。

(3) 设计一个串联校正装置,使系统满足下面性能要求:$K_v \geqslant 20$,$\sigma_p\% \leqslant 15\%$,$t_s$ 减少为其原值的 1/2 及以上。

【解】 (1) **根据动态性能超调量 $\sigma_p\%$ 的要求确定 K 值。**

根据高阶系统性能指标近似式,由

$$\sigma_p = 0.16 + 0.4\left(\dfrac{1}{\sin\gamma} - 1\right), \quad 35° \leqslant \gamma \leqslant 90°$$

得超调量 $\sigma_p\% = 20\%$ 时,对应的相角裕度为 $\gamma \approx 65.3798°$。

由开环传递函数可得相角裕度

$$\gamma = 180° - 90° - \arctan\dfrac{\omega_c}{3} - \arctan\dfrac{\omega_c}{9} = 65.3798°$$

解得剪切频率为 $\omega_c = 0.9934$。再由

$$\dfrac{K}{\omega_c \times 3 \times 9} = 1$$

求得在单位阶跃输入作用下的超调量 $\sigma_p\% = 20\%$ 时的 K 值为

$$K = 26.8218$$

(2) **根据确定的 K 值求调整时间和静态速度误差系数。**

根据高阶系统性能指标近似式,当 $35° \leqslant \gamma \leqslant 90°$ 时,调整时间为

$$t_s = \dfrac{\pi}{\omega_c}\left(2 + 1.5\left(\dfrac{1}{\sin\gamma} - 1\right) + 2.5\left(\dfrac{1}{\sin\gamma} - 1\right)^2\right) = 6.8784$$

则静态速度误差系数 $K_v = \dfrac{K}{3 \times 9} = 0.9934$。

(3) **分析性能指标的转换及系统频率特性。**

由 $K_v \geqslant 20$ 得 $K_v = \dfrac{K}{3 \times 9} \geqslant 20$,则开环放大系数 $K \geqslant 540$,取 $K = 540$。

首先将时域性能指标转换成频域性能指标。

由于 $\sigma_p\% \leqslant 15\%$,如果采用高阶系统近似式求相角裕度,则可得 $\gamma^* \geqslant 90.2411° > 90°$,因此不适用。

现采用二阶系统性能指标的转换公式进行估算。 由 $\sigma_p\% \leqslant 15\%$ 求得阻尼比 $\zeta \geqslant 0.5169$,取 $\zeta = 0.517$,则谐振峰值 $M_r = \dfrac{1}{2\zeta\sqrt{1-\zeta^2}} = 1.1298$。

由 $\gamma = \arcsin\dfrac{1}{M_r} = 62.2654°$,取期望相角裕度 $\gamma^* = 63°$ 进行校正。

由 $t_s \leqslant \dfrac{6.8784}{2} = 3.4392$,根据高阶系统性能指标关于 t_s 的近似式,得 $\omega_c^* \geqslant 2.0287$。

取期望剪切频率 $\omega_c^* = 2.1$ 进行校正。

下面求出 $K = 540$ 时原系统的剪切频率和相角裕度。由于 $G(s) = \dfrac{K}{s(s+3)(s+9)}$,令

$$\frac{K}{\omega_{c0} \times \omega_{c0} \times 9} = 1$$

得原剪切频率 $\omega_{c0} = 7.7460$，则原相角裕度为

$$\gamma_0 = 180° - 90° - \arctan\frac{\omega_{c0}}{3} - \arctan\frac{\omega_{c0}}{9} = -19.5463°$$

（4）尝试串联一级超前校正。

由于需要提供的超前相角为 $\varphi_m = \gamma^* - \gamma_0 + \Delta\varphi > 60°$，因此串联超前校正不适宜。

（5）尝试串联滞后校正。

根据 $\gamma^* = 63°$ 的要求和滞后装置对系统相角的影响，选择 $\Delta\varphi = 6°$，则 $\varphi(\omega) = -180° + \gamma^* + \Delta\varphi = -111°$，解得 $\omega_1 = 0.8411 < \omega_c^*$。因此，滞后校正也不可行。

（6）采用滞后-超前校正设计校正装置。

取 $K = 540$。

① **设计超前校正部分。**

前面选定了期望剪切频率，因此可以直接将最大超前相角叠加在 $\omega_c^* = 2.1$ 处，即令最大超前相角对应的频率为 $\omega_m = 2.1$。原系统在 $\omega_m = 2.1$ 处的相角为

$$\varphi(\omega_m) = -90° - \arctan\frac{\omega_m}{3} - \arctan\frac{\omega_m}{9} = -138.1260°$$

要使校正后 $\gamma^* = 63°$，需考虑滞后校正的影响，则**超前校正装置提供的最大超前相角**可计算如下：

$$\varphi_m = \gamma^* - 180° + 6° - \varphi(\omega_m) = 27.1260°$$

由 $a = \dfrac{1 + \sin\varphi_m}{1 - \sin\varphi_m}$ 可得校正装置参数 $a = 2.6761$。

再由 $\omega_m = \dfrac{1}{T_a\sqrt{a}}$ 解得 $T_a = \dfrac{1}{\omega_m\sqrt{a}} = 0.2911$，那么进行幅值衰减补偿后的**超前校正装置的传递函数**为

$$G_{c1}(s) = \frac{aT_a s + 1}{T_a s + 1} = \frac{0.7790s + 1}{0.2911s + 1}$$

串联超前校正后系统的开环传递函数为

$$G_{K1}(s) = \frac{K(0.7790s + 1)}{s(s+3)(s+9)(0.2911s + 1)}$$

② **设计滞后校正部分。**

下面利用滞后校正将 $\omega_m = 2.1$ 处的幅值校正为剪切频率，即由

$$20\lg b = -20\lg|G_{K1}(\omega_m)|$$

求得滞后网络参数 $b = 0.0805$，再由 $\dfrac{10}{bT_b} = \omega_m$ 求得滞后网络时间常数 $T_b = 59.1541$，则**串联滞后校正网络的传递函数**为

$$G_{c2}(s) = \frac{bTs + 1}{Ts + 1} = \frac{4.7619s + 1}{59.1541s + 1}$$

滞后-超前校正网络的传递函数为

$$G_c(s) = \frac{(0.7790s + 1)(4.7619s + 1)}{(0.2911s + 1)(59.1541s + 1)}$$

③验算。

串联滞后-超前校正网络 $G_c(s)$ 后，系统的开环传递函数为

$$G_K(s) = \frac{K(0.7790s+1)(4.7619s+1)}{s(s+3)(s+9)(0.2911s+1)(59.1541s+1)}$$

求出系统的剪切频率为 $\omega_{c2}=2.1$，相角裕度为 $\gamma_2=63.7499°$，满足设计要求。

（7）采用期望频率特性法设计校正装置。

取 $K=540$。根据时域性能指标要求，得到期望谐振峰值为 $M_r = \dfrac{1}{2\zeta\sqrt{1-\zeta^2}} \leqslant 1.1300$，期望剪切频率 $\omega_c^* \geqslant 2.0287$。下面根据这两个性能要求进行设计。

由 $\dfrac{K}{\omega_c \times \omega_c \times 9}=1$ 可得原系统的剪切频率为 $\omega_{c0}=7.7460$。当 $K=540$ 时，原系统的开环渐近对数幅频特性以及期望频率特性曲线如图 6.16 所示。

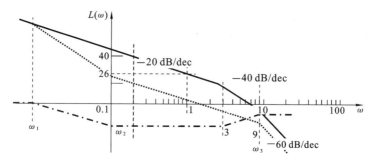

图 6.16 【习题 6-4】原系统的开环渐近对数幅频特性以及期望频率特性曲线

取期望谐振峰值 $M_r=1.1$，下面**先确定期望剪切频率**。为了使校正装置结构简单，取期望频率特性中频段右侧转折频率

$$\omega_3=9$$

由 $\omega_3 \geqslant \omega_c^* \dfrac{M_r+1}{M_r}$ 可得期望剪切频率 ω_c^* 需要满足 $\omega_c^* \leqslant 4.7143$，符合系统设计要求。因此选取 $\omega_3=9$ 可行，此时可以取期望剪切频率 $\omega_c^*=2.1$。

此时期望频率特性曲线**中频段**为过 ω_c^* 绘制斜率为 -20 dB/dec 的线段，**向右延伸**至 ω_3 处，再以 -60 dB/dec **向右**延伸，高频段与原系统平行。

期望频率特性中频段左侧转折频率应满足 $\omega_2 \leqslant \omega_c^* \dfrac{M_r-1}{M_r}=0.1909$，所以取 $\omega_2=0.1$。再**向左**绘制斜率为 -40 dB/dec 的线段，求出与原系统的交点为

$$20\lg\frac{K}{3\times 9}-20\lg\frac{\omega_1}{1}=0-20\lg\frac{\omega_2}{\omega_c^*}-40\lg\frac{\omega_1}{\omega_2}$$

解得 $\omega_1=0.0105$。此点再**向左**就与原系统重叠，如图 6.16 中的点线所示。

将期望频率特性与原系统的频率特性相减，即得图 6.16 中的点划线，对应的**校正装置的传递函数**为

$$G_c(s) = \frac{\left(\dfrac{1}{\omega_2}s+1\right)\left(\dfrac{1}{3}s+1\right)}{\left(\dfrac{1}{\omega_1}s+1\right)\left(\dfrac{1}{9}s+1\right)}$$

验算：校正后系统的开环传递函数为

$$G_K(s) = \frac{20\left(\frac{1}{\omega_2}s+1\right)}{s\left(\frac{1}{\omega_1}s+1\right)\left(\frac{1}{9}s+1\right)^2}$$

求出系统的剪切频率为 $\omega_{c2} = 2.0033 \text{ rad/s}$，相角裕度为 $\gamma_2 = 62.3449°$，$M_r \approx \frac{1}{\sin\gamma_2}$ $= 1.1290$，大致满足设计要求。

> **【难点与易错点】**
> ● 该题采用滞后-超前校正设计校正装置时，**直接将超前校正的最大超前相角叠加在期望剪切频率处**，并根据**期望相角裕度、原系统相角、滞后校正的影响**三个因素，选取了超前相角，从而最大限度地发挥了超前相角的作用。
> ● 该题采用期望频率特性法设计校正装置时，通过对比期望剪切频率的范围和原系统幅频特性曲线的关系，直接选取 ω_3 为原系统中较大的转折频率。为了验证这样选择的合理性，应验证条件 $\omega_3 \geqslant \omega_c^* \frac{M_r+1}{M_r}$ 成立。进一步选择了期望剪切频率。
> ● 该题采用期望频率特性法设计校正装置时，得到的中频段为 2—1—3 型。为了保证足够的相角裕度，中频段宽度非常大。

【习题 6-5】 设某控制系统的开环传递函数为 $G(s) = \dfrac{K}{s^2(0.2s+1)}$。试设计合适的串联校正装置，使校正后的系统满足性能指标：加速度误差系数 $K_a^* \geqslant 10$，相角裕度 $\gamma^* \geqslant 35°$。

【解】 （1）选取开环放大系数，分析原系统频率特性。

根据稳态加速度误差系数的要求，可以选取 $K = K_a = 10$。此时系统的渐近对数幅频特性表达式如下：

$$L(\omega) = \begin{cases} 20\lg\dfrac{10}{\omega^2}, & \omega < 5 \\ 20\lg\dfrac{200}{0.2\omega^3}, & \omega \geqslant 5 \end{cases}$$

由 $L(\omega) = 0$ 近似可得原系统的剪切频率 $\omega_{c0} = 3.1623 \text{ rad/s}$，相角裕度 $\gamma_0 = -32.3117°$。

（2）尝试采用串联一级超前校正。

如果采用串联一级超前校正，则其所需提供的最大超前相角为

$$\varphi_{\max} = 32° + 35° + 9° = 76° > 60°$$

因此，串联一级超前校正不合适。

（3）尝试采用串联滞后校正。

如果采用串联滞后校正，由于原系统的相频特性始终小于 $-180°$，无法在原系统上找到满足相角裕度要求的频率，因此不可行。

（4）采用串联滞后-超前校正。

由于系统性能没有对剪切频率的要求，因此可先考虑**将最大超前相角叠加在何处**

才能够满足相角裕度的要求。令最大超前相角 $\varphi_m = 60°$,并考虑滞后校正的负相角,$\Delta\varphi = 6°$,则由相角裕度

$$\gamma = 180° + \varphi(\omega_1) + \varphi_m - 6° = 35°$$

求得原系统相角为 $\varphi(\omega_1) = -199°$ 时可行。

由 $\varphi(\omega_1) = -180° - \arctan 0.2\omega_1 = -199°$ 找到原系统相角为 $-199°$ 时的频率为 $\omega_1 = 1.7216$。

因此,如果将最大超前相角叠加在 ω_1 处,进一步用滞后校正将 ω_1 处的幅值变为 1,就可以实现校正目标。下面按照上述思路进行设计。

① 设计超前部分。

由最大超前相角 $\varphi_m = 60°$,再由 $a = \dfrac{1+\sin\varphi_m}{1-\sin\varphi_m}$,可得校正装置参数 $a = 13.9282$。

令最大超前相角对应的频率 $\omega_m = \omega_1 = 1.7216$,再由 $\omega_m = \dfrac{1}{T_a\sqrt{a}}$,解得 $T_a = \dfrac{1}{\omega_m\sqrt{a}} \approx 0.1556$,因此进行幅值衰减补偿后的**超前校正装置的传递函数**为

$$G_{c1}(s) = \dfrac{aT_a s+1}{T_a s+1} = \dfrac{2.1672s+1}{0.1556s+1}$$

串联超前校正后系统的开环传递函数为

$$G_{K1}(s) = \dfrac{K(2.1672s+1)}{s^2(0.2s+1)(0.1556s+1)}$$

② 设计滞后部分。

下面用滞后校正将 ω_1 处的幅值变为 1,由

$$20\lg b = -20\lg|G_{K1}(\omega_1)| \approx -20\lg\dfrac{K \times 2.1672\omega_1}{\omega_1^2 \times 1 \times 1}$$

近似求得滞后校正网络参数 $b = 0.0794$。

再由 $\dfrac{10}{bT_b} = \omega_1$ 得到滞后校正网络时间常数 $T_b = 73.1555(\text{s})$,则串联滞后校正网络的传递函数为

$$G_{c2}(s) = \dfrac{bT_b s+1}{T_b s+1} = \dfrac{5.8085s+1}{73.1555s+1}$$

滞后-超前校正网络的传递函数为

$$G_c(s) = \dfrac{(2.1672s+1)(5.8085s+1)}{(0.1556s+1)(73.1555s+1)}$$

③ 验算。

串联滞后-超前校正网络 $G_c(s)$ 后,系统的开环传递函数为

$$G_K(s) = \dfrac{K(2.1672s+1)(5.8085s+1)}{s^2(0.2s+1)(0.1556s+1)(73.1555s+1)}$$

求出系统的剪切频率为 $\omega_{c2} = 1.6518 \text{ rad/s}$,相角裕度为 $\gamma_2 = 36.2204°$,满足设计要求。

(5) 采用期望频率特性法设计校正装置。

原系统的开环渐近对数幅频特性以及期望频率特性曲线如图 6.17 所示。

由期望相角裕度 $\gamma^* \geqslant 35°$ 得期望谐振峰值 $M_r \approx \dfrac{1}{\sin\gamma^*} \leqslant 1.7434$,取 $M_r = 1.5$。

首先确定期望剪切频率。为了使校正装置结构简单,应尽量让期望频率特性剪切

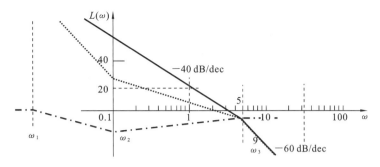

图6.17 【习题6-5】原系统的开环渐近对数幅频特性以及期望频率特性曲线

频率在原系统剪切频率左边,否则,对于中频段,校正装置需要将斜率从-60 dB/dec校正到-20 dB/dec。因此尝试取期望频率特性中频段右侧的转折频率
$$\omega_3 = 5$$

由 $\omega_3 \geqslant \omega_c^* \dfrac{M_r+1}{M_r}$ 可得 ω_c^* 需要满足 $\omega_c^* \leqslant 3$,符合系统设计要求。因此选取 $\omega_3=5$ 可行,此时可以取期望剪切频率 $\omega_c^*=2$。

期望频率特性曲线**中频段**为过 ω_c^* 绘制斜率为 -20 dB/dec 的线段,**向右**延伸至 ω_3 处,再以 -60 dB/dec **向右**延伸,高频段与原系统平行。

期望频率特性中频段左侧的转折频率应满足 $\omega_2 \leqslant \omega_c^* \dfrac{M_r-1}{M_r} = 0.6667$,取 $\omega_2 = 0.1$。再向左绘制斜率为 -60 dB/dec 的线段,求出与原系统的交点为
$$20\lg K - 40\lg \frac{\omega_1}{1} = 0 - 20\lg \frac{\omega_2}{\omega_c^*} - 60\lg \frac{\omega_1}{\omega_2}$$

解得 $\omega_1 = 0.0020$。此点再**向左**就与原系统重叠,如图 6.17 中的点线所示。

将期望频率特性与原系统频率特性相减,得到图 6.17 中的点划线,即得**校正装置的传递函数**为
$$G_c(s) = \frac{\left(\dfrac{1}{\omega_2}s+1\right)^2}{\left(\dfrac{1}{\omega_1}s+1\right)\left(\dfrac{1}{5}s+1\right)}$$

验算:校正后系统的开环传递函数为
$$G_K(s) = G_c(s)G_0(s) = \frac{10\left(\dfrac{1}{\omega_2}s+1\right)^2}{s^2\left(\dfrac{1}{\omega_1}s+1\right)\left(\dfrac{1}{5}s+1\right)^2}$$

求出系统的剪切频率为 $\omega_{c2} = 1.7804$ rad/s,相角裕度为 $\gamma_2 = 44.4357°$,满足设计要求。

【难点与易错点】
● 该题采用滞后-超前校正设计了校正装置。如果不选择合适的位置去叠加超前校正装置,则可能导致无法实现设计目标。
● 该题由于性能要求中没有限定期望剪切频率,因此在设计中,根据**期望相角裕度、原系统相角、超前校正的超前相角、滞后校正的影响**四个因素**选取了期望剪切频率**,即叠加超前校正装置的合适位置,从而最大限度地发挥了超前相角的作用,

实现了设计目标。
- 该题采用期望频率法设计串联校正装置时,应尽量让期望频率特性剪切频率在原系统剪切频率的左边,否则,对于中频段,校正装置需要将斜率从 -60 dB/dec 校正到 -20 dB/dec,即提供 $+40$ dB/dec 的斜率。

此外,该题设计得到的中频段为 3—1—3 型。
- 读者可以尝试采用串联两级超前校正来设计校正装置。

【习题 6-6】 单位反馈系统的开环传递函数为 $G(s) = \dfrac{K}{s(0.01s+1)(0.1s+1)}$,设计合适的串联校正网络,使校正后的闭环系统满足性能指标:速度误差系数 $K_v^* \geqslant 250$ s^{-1},期望剪切频率 $\omega_c^* \geqslant 30$ rad/s,期望相角裕度 $\gamma^* \geqslant 45°$。

【解】（1）**选取开环放大系数,分析原系统频率特性。**

系统为 I 型系统,为了满足稳态性能要求,所以可选择 $K=250$。则原系统的渐近对数幅频特性表达式如下:

$$L(\omega) = \begin{cases} 20\lg \dfrac{250}{\omega}, & \omega < 10 \\ 20\lg \dfrac{250}{0.1\omega^2}, & 10 \leqslant \omega < 100 \\ 20\lg \dfrac{250}{0.1 \times 0.01\omega^3}, & \omega \geqslant 100 \end{cases}$$

由 $L(\omega)=0$ 解得原系统的剪切频率为 $\omega_{c0}=50$ rad/s,相角裕度为 $\gamma_0=180°-90°-\arctan(0.1\omega_{c0})-\arctan(0.01\omega_{c0})=-15.2551°$。

（2）**尝试采用串联一级超前校正。**

如果采用串联一级超前校正网络,则需提供超过 $60°$ 的超前相角,因此不可行。

（3）**尝试采用串联滞后校正。**

如果采用串联滞后校正网络,当选择 $\Delta\varphi=6°$ 时,则 $\varphi(\omega)=-180°+\gamma^*+\Delta\varphi=-129°$,解得该相角对应的频率为 $\omega_1=7.0009 < \omega_c^*$,因此不可行。

（4）**选用滞后-超前校正网络。**

① **设计超前部分。**

将最大超前相角叠加在 ω_c^* 处,即令 $\omega_m=\omega_c^*=30$。原系统在 $\omega_m=30$ 处的相角为 $\varphi(\omega_m)=-90°-\arctan 0.1\omega_m-\arctan 0.01\omega_m=-178.2643°$,要使校正后的 $\gamma^*=45°$,需考虑滞后校正的影响,那么超前校正装置提供的最大超前相角为

$$\varphi_m=\gamma^*-180°+6°-\varphi(\omega_m)=49.2643°$$

取 $\varphi_m=50°$,由 $a=\dfrac{1+\sin\varphi_m}{1-\sin\varphi_m}$ 可得校正装置参数 $a=7.5486$。

由 $\omega_m=\dfrac{1}{T_a\sqrt{a}}$,解得 $T_a=\dfrac{1}{\omega_m\sqrt{a}}=0.0121$,因此进行幅值衰减补偿后的超前校正装置的传递函数为

$$G_{c1}(s)=\dfrac{aT_a s+1}{T_a s+1}=\dfrac{0.0913s+1}{0.0121s+1}$$

串联超前校正后系统的开环传递函数为

$$G_{K1}(s) = \frac{K(0.0913s+1)}{s(0.01s+1)(0.1s+1)(0.0121s+1)}$$

② 设计滞后部分。

利用串联滞后校正将 $\omega_m = \omega_c^* = 30$ 处的幅值校正为剪切频率，即由

$$20\lg b = -20\lg |G_{K1}(\omega_m)|$$

近似求得滞后网络参数 $b = 0.1314$，由 $\dfrac{10}{bT_b} = \omega_m$ 得滞后网络时间常数 $T_b = 2.5368$，串联滞后校正网络的传递函数为

$$G_{c2}(s) = \frac{bTs+1}{Ts+1} = \frac{0.3333s+1}{2.5368s+1}$$

串联滞后-超前校正网络的传递函数为

$$G_c(s) = \frac{(0.0913s+1)(0.3333s+1)}{(0.0121s+1)(2.5368s+1)}$$

③ 验算。

通过串联滞后-超前校正网络 $G_c(s)$ 后，系统的开环传递函数为

$$G_K(s) = \frac{K(0.0913s+1)(0.3333s+1)}{s(0.01s+1)(0.1s+1)(0.0121s+1)(2.5368s+1)}$$

由

$$\frac{K \times 0.0913\omega \times 0.3333\omega}{\omega \times 0.1\omega \times 2.5368\omega} = 1$$

求出校正后系统的剪切频率为 $\omega_{c2} \approx 30$ rad/s，相角裕度为 $\gamma_2 = 46.7695°$，满足设计要求。

【难点与易错点】

● 该题采用串联滞后-超前校正设计了校正装置。设计中，**直接将最大超前相角叠加在期望剪切频率处**，并根据期望相角裕度、原系统相角、滞后校正的影响三个因素选取了超前相角，从而最大限度地发挥了超前相角的作用。

● 类似于前面习题的解析，该题也可以采用期望频率特性法设计校正装置，读者可以自行练习，在此不再赘述。

【习题 6-7】 设单位反馈系统的开环传递函数为 $G(s) = \dfrac{Ke^{-0.03s}}{s(s+1)(0.2s+1)}$，设计串联校正网络，使开环放大系数 $K=300$，期望剪切频率 $\omega_c^* \approx 3$，期望相角裕度 $\gamma^* = 30 \pm 1°$。

【解】（1）选取开环放大系数，分析原系统频率特性。

当 $K = 300$ 时，原系统的渐近对数幅频特性表达式如下：

$$L(\omega) = \begin{cases} 20\lg \dfrac{K}{\omega}, & \omega < 1 \\ 20\lg \dfrac{K}{\omega^2}, & 1 \leq \omega < 5 \\ 20\lg \dfrac{K}{0.2\omega^3}, & \omega \geq 5 \end{cases}$$

由 $L(\omega) = 0$ 解得原系统的剪切频率为 $\omega_{c0} = 11.4471$ rad/s，相角裕度为

$$\gamma_0 = 180° - 90° - \arctan(\omega_{c0}) - \arctan(0.2\omega_{c0}) - 57.3° \times 0.03\omega_{c0} = -81.0897°$$

(2) 尝试采用串联一级超前校正方法。

由于原系统相角裕度过小，所以**串联一级超前校正不可行**。

(3) 尝试采用串联滞后校正方法。

若采用串联滞后校正，当选择 $\Delta\varphi=6°$ 时，则 $\varphi(\omega)=-180°+\gamma^*+\Delta\varphi=-134°$，解得 $\omega_1=0.9059<\omega_c^*$，不可行。

(4) 采用串联滞后-超前校正方法。

① 设计超前部分。

将最大超前相角叠加在 ω_c^* 处，即令最大超前相角对应的频率 $\omega_m=\omega_c^*=3$。原系统在 $\omega_m=3$ 处的相角为 $\varphi(\omega_m)=-90°-\arctan(\omega_m)-\arctan(0.2\omega_m)-57.3°\times0.03\omega_m=-197.6858°$。要使校正后的 $\gamma^*=30°$，需考虑串联滞后校正的影响，则串联超前校正装置提供的最大超前相角为

$$\varphi_m=\gamma^*-180°+6°-\varphi(\omega_m)=53.6858°$$

由 $a=\dfrac{1+\sin\varphi_m}{1-\sin\varphi_m}$ 可得校正装置参数 $a=9.2977$。

由 $\omega_m=\dfrac{1}{T_a\sqrt{a}}$ 解得 $T_a=\dfrac{1}{\omega_m\sqrt{a}}=0.1093$，则进行幅值衰减补偿后的**串联超前校正装置的传递函数为**

$$G_{c1}(s)=\dfrac{aTs+1}{Ts+1}=\dfrac{1.0162s+1}{0.1093s+1}$$

串联超前校正后系统的开环传递函数为

$$G_{K1}(s)=\dfrac{Ke^{-0.03s}(1.0162s+1)}{s(s+1)(0.2s+1)(0.1093s+1)}$$

② 设计串联滞后校正部分。

利用串联滞后校正将 $\omega_m=3$ 处的幅值校正为剪切频率，即由

$$20\lg b=-20\lg|G_{K1}(\omega_m)|$$

近似求得串联滞后网络参数 $b=0.0098$，由 $\dfrac{10}{bT_b}=\omega_m$ 得串联滞后网络时间常数 $T_b=340.1361$，串联滞后校正网络的传递函数为

$$G_{c2}(s)=\dfrac{bTs+1}{Ts+1}=\dfrac{3.3333s+1}{340.1361s+1}$$

串联滞后-超前校正网络的传递函数为

$$G_c(s)=\dfrac{(1.0162s+1)(3.3333s+1)}{(0.1093s+1)(340.1361s+1)}$$

③ 验算。

通过串联滞后-超前校正网络 $G_c(s)$ 后，系统的开环传递函数为

$$G_K(s)=\dfrac{Ke^{-0.03s}(1.0162s+1)(3.3333s+1)}{s(s+1)(0.2s+1)(0.1093s+1)(340.1361s+1)}$$

由

$$\dfrac{K\times1.0162\omega\times3.3333\omega}{\omega\times\omega\times340.1361\omega}=1$$

求出校正后系统的剪切频率为 $\omega_{c2}\approx2.9876$ rad/s，相角裕度为 $\gamma_2\approx30.5185°$，满足要求。

【难点与易错点】
● 该题原系统包含滞后环节,因此采用串联滞后-超前校正设计了校正装置。设计中,直接将最大超前相角叠加在期望剪切频率处,并根据**期望相角裕度、原系统相角、滞后校正的影响**三个因素选取了超前相角,从而最大限度地发挥了超前相角的作用。

【习题 6-8】 设单位反馈系统的开环传递函数为 $G_0(s) = \dfrac{K}{s(0.12s+1)(0.02s+1)}$,试设计合适的串联校正装置,使系统满足速度误差系数 $K_v \geqslant 70$,调整时间 $t_s \leqslant 1$,超调量 $\sigma_p\% \leqslant 40\%$。

【解】(1)选取开环放大系数,分析原系统频率特性。

根据系统稳态性能要求,取 $K=70$,采用渐近线近似式来求解剪切频率,则

$$L(\omega) = \begin{cases} 20\lg\dfrac{K}{\omega}, & \omega < 8.3333 \\ 20\lg\dfrac{K}{0.12\omega^2}, & 8.3333 \leqslant \omega < 50 \\ 20\lg\dfrac{K}{0.12 \times 0.02\omega^3}, & \omega \geqslant 50 \end{cases}$$

由 $L(\omega)=0$ 解得原系统的剪切频率为 $\omega_{c0}=30.7819$,则原系统的相角裕度 $\gamma_0 = -16.4699°$。绘制原系统的开环渐近对数幅频特性曲线,如图 6.18 所示。

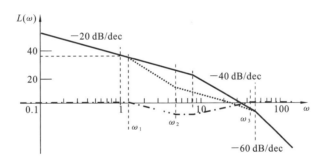

图 6.18 【习题 6-8】原系统的开环渐近对数幅频特性曲线

(2)将时域性能指标转换成频域性能指标。

由 $\sigma_p = 0.16 + 0.4\left(\dfrac{1}{\sin\gamma}-1\right) \leqslant 40\%$、$35° \leqslant \gamma \leqslant 90°$ 得 $\gamma \geqslant 38.6822°$。取期望相角裕度 $\gamma^* = 40°$。

由 $t_s = \dfrac{K_0\pi}{\omega_c} \leqslant 1$(其中 $K_0 = 2 + 1.5\left(\dfrac{1}{\sin\gamma}-1\right) + 2.5\left(\dfrac{1}{\sin\gamma}-1\right)^2$)可知,当期望剪切频率 $\omega_c^* \geqslant 11.3275$ 时,满足要求。取期望剪切频率 $\omega_c^* = 13$。

(3)判断串联一级超前校正是否可行。

事实上,如果从 $\gamma^* = 40°$ 出发来设计,即使取 $\varphi_m = 60°$,也会因为对数幅频特性曲线从 ω_{c0} 向右侧延伸时负的斜率太大,而导致相角补偿不足,因此不可行。

(4)判断串联滞后校正是否可行。

原系统如果要达到 $\gamma^* = 40°$,需使 $\gamma^* = 180° + \varphi(\omega) - 6° = 40°$,解得原系统此处的

频率为 $\omega=6.2509$，无法满足 $\omega_c^* \geqslant 11.3275$，因此不可行。

(5) 采用串联滞后超前校正方法。

① 设计超前部分。

原系统在 $\omega_c^*=13$ 处的相角为

$$\varphi(\omega_c^*) = -90° - \arctan 0.12\omega_c^* - \arctan 0.02\omega_c^* = -161.9133°$$

要使校正后的 $\gamma^*=40°$，需考虑滞后校正的影响，则**串联超前校正装置应提供的最大超前相角**如下：

$$\varphi_m = \gamma^* - 180° + 6° - \varphi(\omega_c^*) = 27.9133°$$

由 $a = \dfrac{1+\sin\varphi_m}{1-\sin\varphi_m}$ 可得校正装置参数 $a=2.7604$。

令最大超前相角对应的频率为 $\omega_m = \omega_c^* = \dfrac{1}{T_a\sqrt{a}}$，解得 $T_a = \dfrac{1}{\omega_m\sqrt{a}} = 0.0463$，则进行幅值衰减补偿后的**超前校正装置的传递函数**为

$$G_{c1}(s) = \dfrac{aT_a s+1}{T_a s+1} = \dfrac{0.1278s+1}{0.0463s+1}$$

串联超前校正后系统的开环传递函数为

$$G_{K1}(s) = \dfrac{K(0.1278s+1)}{s(0.12s+1)(0.02s+1)(0.0463s+1)}$$

② 设计滞后部分。

下面利用串联滞后校正将 ω_c^* 处的幅值校正为剪切频率，即由

$$20\lg b = -20\lg|G_{K1}(\omega_c^*)| = -20\lg\dfrac{K\times 0.1278\omega_c^*}{\omega_c^* \times 0.12\omega_c^* \times 1 \times 1}$$

求得串联滞后网络参数 $b=0.1744$，由 $\dfrac{10}{bT_b} = \omega_m$ 得滞后串联网络时间常数 $T_b=4.4107$，**串联滞后校正网络的传递函数**为

$$G_{c2}(s) = \dfrac{bT_b s+1}{T_b s+1} = \dfrac{0.7692s+1}{4.4107s+1}$$

串联滞后-超前校正网络的传递函数为

$$G_c(s) = \dfrac{(0.1278s+1)(0.7692s+1)}{(0.0463s+1)(4.4107s+1)}$$

③ 验算。

通过串联滞后-超前校正网络 $G_c(s)$ 后，系统的开环传递函数为

$$G_K(s) = \dfrac{K(0.1278s+1)(0.7692s+1)}{s(0.12s+1)(0.02s+1)(4.4107s+1)}$$

近似求出系统的剪切频率为 $\omega_{c2}=13.0011$，相角裕度为 $\gamma_2=41.2845°$，则由 $\sigma_p=0.16+0.4\left(\dfrac{1}{\sin\gamma}-1\right)=36.62\% \leqslant 40\%$，以及 $t_s=\dfrac{\pi}{\omega_c}\left(2+1.5\left(\dfrac{1}{\sin\gamma}-1\right)+2.5\left(\dfrac{1}{\sin\gamma}-1\right)^2\right)=0.9535 \leqslant 1$ 可知，满足设计要求。

【难点与易错点】

● 该题所给的系统和性能指标与教材上的【例 6.7】相同。教材上的【例 6.7】采用期望频率特性法设计了校正装置，读者可以自行对比学习。

【习题 6-9】 设某控制系统的结构图如图 6.19 所示,图中,$G_1(s)=\dfrac{K_1}{T_0s+1}$,$G_2(s)=\dfrac{K_2}{(T_1s+1)(T_2s+1)}$,$G_3(s)=\dfrac{K_3}{s}$。其中,$K_1=0\sim6000$(可调),$K_2=12$,$K_3=1/400$,$T_0=0.014$,$T_1=0.1$,$T_2=0.02$。试设计反馈校正装置 $H(s)$,使系统满足速度误差系数 $K_v\geqslant150$,超调量 $\sigma_p\%\leqslant40\%$,调整时间 $t_s\leqslant1$。

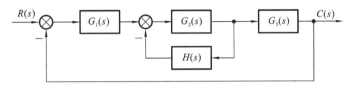

图 6.19 【习题 6-9】某控制系统的结构图

【解】 (1)分析原系统特性。

原系统的开环传递函数为

$$G_0(s)=G_1(s)G_2(s)G_3(s)=\dfrac{K_1K_2K_3}{s(T_0s+1)(T_1s+1)(T_2s+1)}$$

$$=\dfrac{K}{s(0.014s+1)(0.02s+1)(0.1s+1)}$$

根据稳态性能的要求,$K_v=K_1K_2K_3=0.03K_1\geqslant150$,令 $K_1=5000$,则开环放大系数 $K=150$。此时系统的渐近对数幅频特性表达式为

$$|G_0(j\omega)|=\begin{cases}\dfrac{K}{\omega}, & \omega<10 \\ \dfrac{K}{0.1\omega^2}, & 10\leqslant\omega<50 \\ \dfrac{K}{0.02\times0.1\omega^3}, & 50\leqslant\omega<71.4286 \\ \dfrac{K}{0.014\times0.02\times0.1\omega^4}, & 71.4286\leqslant\omega\end{cases}$$

由 $|G_0(j\omega)|=1$ 近似可得原系统的剪切频率为 $\omega_{c0}=38.7298$。绘制原系统的开环渐近对数幅频特性曲线,如图 6.20 所示。

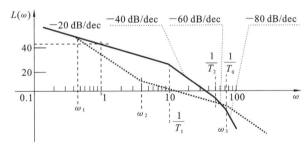

图 6.20 【习题 6-9】原系统的开环渐近对数幅频特性曲线

(2)绘制期望对数幅频特性。

在**中频段**,由 $\sigma_p=0.16+0.4\left(\dfrac{1}{\sin\gamma}-1\right)$、$35°\leqslant\gamma\leqslant90°$ 和 $M_r\approx\dfrac{1}{\sin\gamma}$ 得期望谐振峰值

为 $M_r \leq 1.6$，取 $M_r = 1.6$。由 $t_s = \dfrac{K_0 \pi}{\omega_c}$、$K_0 = 2 + 1.5(M_r - 1) + 2.5(M_r - 1)^2$ 得期望剪切频率为 $\omega_c \geq 11.9381$，取 $\omega_c^* = 12$。

中频段右侧转折频率应满足条件 $\omega_3 \geq \omega_c^* \dfrac{M_r + 1}{M_r} = 19.5000$。为了使校正装置简单，取中频段右侧转折频率 $\omega_3 = 71.4286 = \dfrac{1}{T_0}$。

在**中频段**，过 ω_c^* 绘制斜率为 -20 dB/dec 的线段，向右延伸到 ω_3，从 ω_3 **向右**绘制斜率为 -40 dB/dec 的射线，延伸到无穷远。

中频段左侧转折频率应满足 $\omega_2 \leq \omega_c^* \dfrac{(M_r - 1)}{M_r} = 4.5000$，取中频段左侧转折频率 $\omega_2 = 4$。中频段向左延伸到 ω_2 后，再**向左**绘制斜率为 -40 dB/dec 的线段，求出与原系统的交点为

$$20\lg K - 20\lg \dfrac{\omega_1}{1} = 0 - 20\lg \dfrac{\omega_2}{\omega_c^*} - 40\lg \dfrac{\omega_1}{\omega_2}$$

解得 $\omega_1 = 0.3200$。此点再向左延伸时与原系统重叠，如图 6.20 中的点线所示。

（3）求校正装置的传递函数。

由图 6.20 中的点线可知，**期望对数幅频特性**对应的开环传递函数为

$$G_K(s) = \dfrac{K\left(\dfrac{1}{\omega_2}s + 1\right)}{s\left(\dfrac{1}{\omega_1}s + 1\right)(T_0 s + 1)}$$

因此，内回路的开环传递函数为

$$G_{1K}(s) = G_2(s) H(s) \approx \dfrac{G_0(s)}{G_K(s)} = \dfrac{\left(\dfrac{1}{\omega_2}s + 1\right)}{\left(\dfrac{1}{\omega_2}s + 1\right)(T_1 s + 1)(T_2 s + 1)}$$

反馈校正装置的传递函数为

$$H(s) = \dfrac{G_{1K}(s)}{G_2(s)} = \dfrac{\left(\dfrac{1}{\omega_1}s + 1\right)}{K_2\left(\dfrac{1}{\omega_2}s + 1\right)}$$

（4）验算。

校正后系统的开环传递函数为

$$G_K(s) = \dfrac{G_1(s) G_2(s) G_3(s)}{1 + G_2(s) H(s)} = \dfrac{K\left(\dfrac{1}{\omega_2}s + 1\right)}{s(T_0 s + 1)\left[(T_1 s + 1)(T_2 s + 1) + \left(\dfrac{1}{\omega_1}s + 1\right)\right]}$$

$$= \dfrac{K\left(\dfrac{1}{\omega_2}s + 1\right)}{s(T_0 s + 1)\left(T_1 T_2 s^2 + \left(T_1 + T_2 + \dfrac{1}{\omega_1}\right)s + 2\right)}$$

由上可见，稳态性能偏离了期望值。

（5）根据实际情况微调。

由于在近似分析时忽略了分母的常数项 1，会导致真实值的开环放大系数变化，因

此需要调整实际中 K 的值。

根据稳态性能的要求，选择结构图中的参数 $K_1=10000$，则开环传递函数中的 $K=300$。校正后系统的速度误差系数 $K_v=150$。

由于有振荡环节，简算误差很大，因此需进行精确计算，得校正后系统的剪切频率为 $\omega_c=22.4002$，相角裕度为 $\gamma=63.2493°$。估算出超调量 $\sigma_p=20.79\%$，调整时间 $t_s=0.3107$，满足设计要求。

> 【难点与易错点】
> ● 反馈校正方法的求解过程存在近似分析，校正后可能需要根据实际情况进行微调。

【习题 6-10】 设某控制某系统的结构图如图 6.21 所示。图中，$T_1=2$，$T_2=0.5$。反馈校正 $H(s)=\dfrac{K_c T_c s^2}{T_c s+1}$，试确定参数 K_c、T_c 及 K，使系统满足相角裕度 $\gamma^*\geqslant 35°$，剪切频率 $\omega_c^*\geqslant 1$，静态速度误差系数 $K_v^*\geqslant 10$。

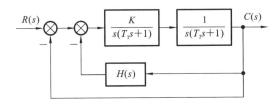

图 6.21 【习题 6-10】某控制系统的结构图

【解】 原系统的开环传递函数为
$$G_0=\dfrac{K}{s^2(T_1 s+1)(T_2 s+1)}$$

校正后系统的开环传递函数为
$$G_K(s)=\dfrac{G_0}{1+G_0 H}=\dfrac{K(T_c s+1)}{s^2[(T_1 s+1)(T_2 s+1)(T_c s+1)+KK_c T_c]}$$

若在剪切频率处有 $|G_0(\mathrm{j}\omega)H(\mathrm{j}\omega)|\gg 1$，即 $|G_0(\mathrm{j}\omega)|\gg \dfrac{1}{|H(\mathrm{j}\omega)|}$，则 $|G_K(\mathrm{j}\omega)|\approx \dfrac{1}{|H(\mathrm{j}\omega)|}$。

由于校正后的系统是 II 型系统，因此 $K_v\to\infty$。设计时不需要考虑开环放大系数的要求。

取期望相角裕度 $\gamma^*=35°$，期望剪切频率 $\omega_c^*=1$，由 $\gamma^*=180°-180°+\arctan T_c\omega_c^*=35°$，解得参数 $T_c=0.7002<1$。

由 $\dfrac{1}{|H(\mathrm{j}\omega)|}\bigg|_{\omega=\omega_c^*}\approx \dfrac{1}{K_c T_c \omega^2}\bigg|_{\omega=\omega_c^*}=1$ 解得参数 $K_c=1.4282$。

此时 $|G_0(\mathrm{j}\omega)|\big|_{\omega=\omega_c^*}\approx \dfrac{K}{\omega^2\times T_1\omega}\bigg|_{\omega=\omega_c^*}=0.5K$。

令参数 $K=100$，则 $|G_0(\mathrm{j}\omega)H(\mathrm{j}\omega)|\big|_{\omega=\omega_c^*}=50\gg 1$。因此，上述近似计算可行。

验算：校正后系统的开环传递函数为

$$G_K(s) = \frac{100(0.7002s+1)}{s^2[(2s+1)(0.5s+1)(0.7002s+1)+50.0013]}$$

可得校正后系统的剪切频率为 $\omega_c = 1.3670$,相角裕度为 $\gamma = 173.7008°$,满足要求。

【难点与易错点】
● 该题固定了校正装置的结构来设计反馈校正装置。

【习题 6-11】 设控制系统的开环传递函数为 $G(s) = \dfrac{K}{s(0.1s+1)}$。试用比例-微分控制校正装置进行串联校正,使系统的速度误差系数 $K_v^* \geq 200$、相角裕度 $\gamma^* \geq 50°$。

【解】 比例-微分控制校正装置的传递函数为
$$G_c(s) = K_p(T_d s + 1)$$

串联比例-微分控制校正之后,系统的开环传递函数为
$$G_K(s) = \frac{KK_p(T_d s + 1)}{s(0.1s+1)}$$

因为 $K_v \geq 200$,系统为 I 型系统,所以可以选取 $K = K_v = 200$,选取 $K_p = 1$。

(1) 分析比例-微分控制的校正作用。

若 $K_p = 1$,则比例-微分控制校正装置的幅频特性为
$$|G_c(j\omega)| = K_p\sqrt{(T_d\omega)^2+1} = \sqrt{(T_d\omega)^2+1} > 1$$

这会导致剪切频率增大,相频特性为
$$\varphi_c = \arctan T_d \omega$$

因此比例-微分控制校正具有**相角超前作用**。

(2) 设计校正装置。

由于性能指标中没有对剪切频率提出要求,因此可以**将超前相角叠加在原系统的剪切频率附近,以改善相角裕度**。

首先求出原系统的剪切频率。由
$$L_0(\omega) = \begin{cases} 20\lg\dfrac{K}{\omega}, & \omega < 10 \\ 20\lg\dfrac{K}{0.1\omega^2}, & \omega \geq 10 \end{cases}$$

再令 $L_0(\omega) = 0$,解得原系统的剪切频率 $\omega_{c0} = 44.7214$,则原系统的相角裕度为 $\gamma_0 = 12.6044°$。原控制系统与校正后系统的 Bode 图如图 6.22 中的实线所示。

由于 $\gamma^* \geq 50°$,而**比例-微分控制校正装置会导致剪切频率增大**,因此选择初始校正裕量 $\Delta\varphi = 10°$,比例-微分控制校正装置应提供的超前相角为
$$\varphi_c = \arctan T_d \omega_c \geq \gamma^* - 180° - \gamma_0 + \Delta\varphi = 47.3956°$$

取 $\varphi_c = 48°$,则 $T_d \omega_c = 1.1106$。

由 $|G(j\omega)G_c(j\omega)| = 1$,**采用简算方法,可先令 $\dfrac{KT_d\omega}{0.1\omega^2} = 1$**,得出结论后需检验该简算公式的合理性。解得剪切频率为 $\omega_c = 47.1294$,则
$$T_d = \frac{T_d \omega_c}{\omega_c} = 0.0236$$

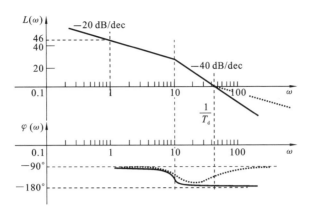

图 6.22 【习题 6-11】原控制系统与校正后系统的 Bode 图

对应的转折频率 $\omega_d = \dfrac{1}{T_d} = 42.3729$，$\omega_c$ 位于该环节高频段，因此上述简算公式有效。

（3）验算。

由剪切频率 $\omega_c = 47.1294$ 可得校正后的相角裕度为 $\gamma_1 = 60.0215°$，满足设计要求。为了方便读者了解校正装置的作用，校正后系统的 Bode 图如图 6.22 中的点线所示。

【难点与易错点】
● 该题考查了比例-微分控制的设计，实际上相当于固定了校正装置的结构来设计串联校正装置。
● 该题通过分析比例-微分控制校正装置的幅频特性和相频特性，制定合适的设计方案，再来进行设计。

【习题 6-12】 设控制系统的开环传递函数为 $G(s) = \dfrac{K}{s(0.1s+1)}$。试用比例-积分控制校正装置进行串联校正，使系统的速度误差系数 $K_v^* \geqslant 200$、相角裕度 $\gamma^* \geqslant 50°$。

【解】 （1）分析比例-积分控制的校正作用。

比例-积分控制校正装置的传递函数为

$$G_c(s) = \dfrac{K_p(T_i s + 1)}{T_i s}$$

显然，比例-积分控制校正装置可以提高系统的型别。由此使得系统的开环放大系数的选择更自由，能给校正带来便利。

比例-积分控制校正装置的幅频特性为

$$|G_c(j\omega)| = \dfrac{K_p \sqrt{(T_i \omega)^2 + 1}}{T_i \omega} \approx \begin{cases} \dfrac{K_p}{T_i \omega}, & \omega < \dfrac{1}{T_i} \\ K_p, & \omega \geqslant \dfrac{1}{T_i} \end{cases}$$

因此，若 $K_p = 1$，则比例-积分控制校正装置在 $\omega > \dfrac{1}{T_i}$ 频段不改变校正后系统的幅频特性。在 $\omega \leqslant \dfrac{1}{T_i}$ 频段，由于存在积分环节，所以使得起始段斜率增加 -20 dB/dec。

比例-积分控制校正装置的相频特性为

$$\varphi_c = \arctan T_i\omega - 90°$$

这会带来**相角滞后作用**，ω 越大，滞后作用越小。**因此，应尽量使比例-积分控制校正装置的转折频率从左侧远离期望的剪切频率**，即 $\dfrac{1}{T_i} \ll \omega_c^*$。

(2) **设计校正装置。**

施加比例-积分控制校正装置后，系统成为Ⅱ型系统，有 $K_v \to +\infty$，必然满足稳态性能的要求。因此，K 和 K_p 可任意选取以达到合适的剪切频率，满足相角裕度的要求。**为了便于分析设计**，取 $K_p = 1$。

原系统的相频特性为 $\varphi_0 = -90° - \arctan 0.1\omega$。

由于比例-积分控制校正装置具有滞后作用，所以选择校正裕量 $\Delta\varphi = 10°$。根据期望相角裕度 $\gamma^* \geqslant 50°$，若能使系统的相角在 $\varphi_0 = \gamma^* - 180° + 10° = -120°$ 处的频率变为剪切频率，则可能设计成功。

根据上述分析，求出 $\varphi_0 = -120°$ 处的频率 ω_1，即由 $\varphi_0 = -90° - \arctan 0.1\omega = -120°$ 得 $\omega_1 = 5.7735$，取 $\omega_c^* = \omega_1 = 5.7735$ 进行设计。

若要使 ω_c^* 为系统的剪切频率，而根据上述分析，要求 $\dfrac{1}{T_i} \ll \omega_c^*$，此时 $K_p = 1$ 的比例-积分控制校正装置不改变高频段的幅频特性。由原系统的幅频特性近似表达式可知，若要使 ω_c^* 为系统的剪切频率，则需满足 $\dfrac{K}{\omega} = 1$，即 $K = \omega_c^* = 5.7735$。

为方便读者比较校正装置的作用，这里仍然求出原系统的剪切频率。由

$$L_0(\omega) = \begin{cases} 20\lg \dfrac{K}{\omega}, & \omega < 10 \\ 20\lg \dfrac{K}{0.1\omega^2}, & \omega \geqslant 10 \end{cases}$$

解得 $\omega_{c0} = 7.5984$，则原系统的相角裕度为 $\gamma_0 = 52.7710°$。原控制系统与校正后系统的 Bode 图如图 6.23 中的实线所示。

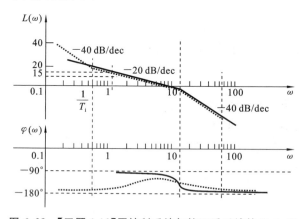

图 6.23 【习题 6-12】原控制系统与校正后系统的 Bode 图

下面继续设计校正装置。为了尽量减小比例-积分控制校正装置的相角滞后作用，应使比例-积分控制校正装置的转折频率远离期望的剪切频率，此处取十倍频程的距

离,即 $\frac{1}{T_i}=0.1\omega_c^*$,则

$$T_i=1.7321$$

校正后系统的传递函数为

$$G_K(s)=\frac{K(T_i s+1)}{T_i s^2(0.1s+1)}=\frac{3.3332(1.7321s+1)}{s^2(0.1s+1)}$$

可得校正后的剪切频率为 $\omega_{c1}=5.1622$,相角裕度为 $\gamma_1=56.3149°$,满足设计要求。为方便读者了解校正装置的作用,校正后系统的 Bode 图如图 6.23 中的点线所示。

> 【难点与易错点】
> ● 该题考查了 PID 控制的设计,实际上相当于固定了校正装置的结构来设计串联校正装置。该题通过分析比例-积分控制校正装置的幅频特性和相频特性,先明确合适的设计思路,再来进行设计。

【习题 6-13】 已知系统的开环传递函数为 $G(s)=\dfrac{10}{s(0.5s+1)(0.1s+1)}$,试设计 PID 校正装置,使系统的静态速度误差系数 $K_v^*\geqslant 10$,相角裕度 $\gamma^*\geqslant 50°$,剪切频率 $\omega_c^*\geqslant 4\text{ rad/s}$。

【解】 PID 校正装置的传递函数为

$$G_c(s)=K_p\left[1+\frac{1}{T_i s}+T_d s\right]=K_p\frac{T_i T_d s^2+T_i s+1}{T_i s}$$

显然,**校正后系统的型别增加,变为 Ⅱ 型系统**,故 K_v 满足要求,系统开环增益不受限制。

为了简化设计,令 $T_i=20T_d$,近似认为 $T_i\gg T_d$,则

$$G_c(s)\approx K_p\frac{(T_i s+1)(T_d s+1)}{T_i s}$$

为了最大限度地利用 PID 控制器的超前相角,应使 $\dfrac{1}{T_d}<\omega_c^*$。因此,校正后系统的开环传递函数为

$$G_K(s)\approx\frac{10K_p(T_i s+1)(T_d s+1)}{T_i s^2(0.5s+1)(0.1s+1)}$$

校正后系统的相角裕度为

$$\gamma^*\approx 180°-180°-\arctan 0.5\omega_c^*-\arctan 0.1\omega_c^*+\arctan T_i\omega_c^*+\arctan T_d\omega_c^*$$

为便于求解,由 $T_i\gg T_d$,有 $T_i\omega_c^*\gg 1$,近似取 $\arctan T_i\omega_c^*$ 为 $90°$,则有

$$\gamma^*\approx-\arctan 0.5\omega_c^*-\arctan 0.1\omega_c^*+90°+\arctan T_d\omega_c^*$$

取 $\omega_c^*=4$,并令 $\gamma^*\geqslant 50°$,可得 $T_d\geqslant 0.2521$,取 $T_d=0.3$,则 $T_i=6$。

然后借助增益 K_p 调节幅频特性的大小,保证 $\omega_c^*=4$。令 $\omega=\omega_c^*=4$,由

$$|G_K(j\omega)|=\left.\frac{10K_p\times T_i\omega\times T_d\omega}{T_i\omega^2\times 0.5\omega\times 1}\right|_{\omega=4}=1$$

求得 $K_p=0.6667$。

验算:用系统的原始传递函数而非近似式进行验算,检查上述采用近似式简算设计的有效性。校正后系统的开环传递函数为

$$G_K(s) = \frac{10K_p(T_i T_d s^2 + T_i s + 1)}{T_i s^2 (0.5s+1)(0.1s+1)}$$

可得校正后的剪切频率为 $\omega_c = 4.1770$，相角裕度为 $\gamma_1 = 53.4178°$，满足设计要求。

> **【难点与易错点】**
> ● 该题考查了 PID 控制的设计，实际上相当于固定了校正装置的结构来设计串联校正装置。
> ● 该题通过选取 $T_i = (20 \sim 30)T_d$，将 PID 控制器近似为比例环节、积分环节、两个一阶微分环节的组合。从而可以根据系统对相角裕度的要求选择参数 T_d，以提供足够的超前相角；结合剪切频率的要求选择增益 K_p，以调节幅频特性的大小。

6.3 加时练习题与解析

6.3.1 串联校正装置的特性

【6-1】 某单位反馈控制系统的开环传递函数为 $G_0(s) = \dfrac{100}{s(0.1s+1)}$。现有三种串联校正装置均为最小相位环节，其渐近对数幅频特性曲线如图 6.24 所示。

(1) 若要使系统的稳态误差不变，而减小超调量、加快系统的动态响应速度，应选取哪个校正装置？为什么？此时系统的相角裕度增大量不可能超过多少？

(2) 若要减小系统的稳态误差，并保持系统的超调量和动态响应速度不变，应选取哪个校正装置？为什么？此时系统的稳态误差可减小多少？

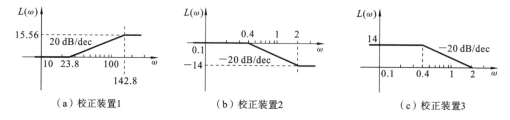

图 6.24 【6-1】三种校正装置的渐近对数幅频特性曲线

【解】 三个串联校正装置的传递函数为

$$G_{c1}(s) = \frac{0.0420s+1}{0.0070s+1}$$

$$G_{c2}(s) = \frac{0.5s+1}{2.5s+1}$$

$$G_{c3}(s) = \frac{5.0119(0.5s+1)}{2.5s+1}$$

(1) 校正装置 1 是超前校正装置，校正装置 2 是滞后校正装置，二者均不会改变稳态误差。

若要减小超调量、加快系统的动态响应速度，则根据超调量 σ_p 与相角裕度 γ 的关系，

$$\sigma_p = 0.16 + 0.4\left(\frac{1}{\sin\gamma} - 1\right), \quad 35° \leqslant \gamma \leqslant 90°$$

以及调整时间 t_s 和相角裕度 γ、剪切频率 ω_c 之间的关系，

$$t_s = \frac{K_0 \pi}{\omega_c}, \quad K_0 = 2 + 1.5\left(\frac{1}{\sin\gamma} - 1\right) + 2.5\left(\frac{1}{\sin\gamma} - 1\right)^2, \quad 35° \leqslant \gamma \leqslant 90°$$

需要增大相角裕度 γ 以及剪切频率 ω_c。

校正装置 2 具有减小剪切频率的作用。

因此，只有校正装置 1 满足要求。该超前校正装置参数 $a = \dfrac{0.0420}{0.0070} = 6$，因此所能提供的最大超前相角为

$$\varphi_m = \arcsin\frac{a-1}{a+1} = 45.5847°$$

（2）若要减小系统的稳态误差，并保持系统的超调量和动态响应速度不变，则需要**校正装置在低频段增大幅频特性值，在高频段保持不变。因此可以选择校正装置 3。**这是一个带幅值增益的滞后校正装置。

由于 $K_c = 5.0119$，校正后，开环放大系数增大至 5.0119 倍，因此稳态误差系数将减小至原值的 $\dfrac{1}{K_c} = 0.1995$。

【难点与易错点】
● 该题考查超前校正装置和滞后校正装置的特性。

【6-2】 现有一单位反馈最小相位系统，原开环传递函数和两种串联校正装置的开环渐近对数幅频特性曲线分别如图 6.25 中的 L_0、L_{c1}、L_{c2} 所示。

（1）请写出每种方案的开环传递函数；
（2）试比较两种校正方案的优缺点。

【解】（1）由 Bode 图可得原系统的开环传递函数为 $G_0(s) = \dfrac{20}{s(0.1s+1)}$，两个校正装置的传递函数分别为

$$G_{c1}(s) = \frac{s+1}{10s+1}$$

$$G_{c2}(s) = \frac{0.1s+1}{0.01s+1}$$

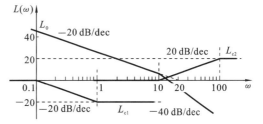

图 6.25 【6-2】原系统和两种串联校正装置的开环渐近对数幅频特性图

（2）第一种校正方案为滞后校正，第二种校正方案为超前校正。

滞后校正：滞后校正是通过降低中频段和高频段来增大系统的相位裕度，如果对剪切频率要求不高，那么几乎所有系统都可用滞后校正满足相位裕度的要求，而且系统的抗高频扰动的能力提高。滞后校正的缺点是剪切频率减小，减慢了系统的响应速度。

超前校正：利用校正装置的超前相位来增大系统的相位裕度，校正后的剪切频率增加，加快了响应速度，但由于校正装置的超前相位有限，因此有些系统无法用一级超前校正满足相位裕度的要求，而且系统的抗高频扰动能力变差。

【难点与易错点】
● 该题考查超前校正装置和滞后校正装置的特性。

【6-3】 已知三个单位反馈系统的开环传递函数 $G_0(s)$ 和串联校正环节 $G_c(s)$ 的渐近对数幅频特性曲线分别如图 6.26(a)、(b)、(c) 中的 L_0 和 L_c 所示。试写出各系统校正后的开环传递函数;概述各系统校正环节对系统所起的作用及其优缺点。

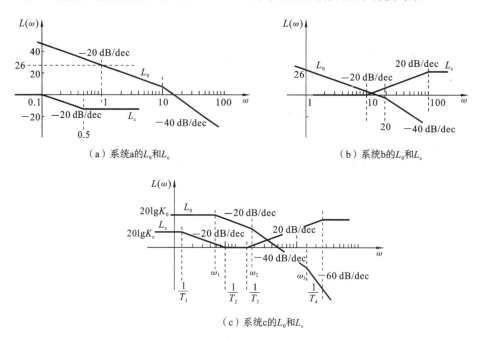

图 6.26 【6-3】开环传递函数和串联校正环节的渐近对数幅频特性曲线

【解】 (1) 系统 a 的开环传递函数为 $G_0(s) = \dfrac{20}{s(0.1s+1)}$,串联校正环节为 $G_c(s) = \dfrac{2s+1}{10s+1}$,则校正后的开环传递函数为

$$G(s) = \dfrac{20(2s+1)}{s(0.1s+1)(10s+1)}$$

这里采用的是**滞后校正**,使剪切频率减小,有利于抑制高频干扰。相角裕度加大,系统的稳定裕度增大。

(2) 系统 b 的开环传递函数为 $G_0(s) = \dfrac{20}{s(0.05s+1)}$,串联校正环节为 $G_c(s) = \dfrac{0.1s+1}{0.01s+1}$,则校正后的开环传递函数为

$$G(s) = \dfrac{20(0.1s+1)}{s(0.05s+1)(0.01s+1)}$$

这里采用的是**超前校正**,使剪切频率增大,系统响应速度加快。相角裕度加大,系统的稳定裕度增大。

(3) 系统 c 的开环传递函数为 $G_0(s) = \dfrac{K_0}{\left(\dfrac{1}{\omega_1}s+1\right)\left(\dfrac{1}{\omega_2}s+1\right)\left(\dfrac{1}{\omega_3}s+1\right)}$,串联校正环节为 $G_c(s) = \dfrac{K_c(T_2s+1)(T_3s+1)}{(T_1s+1)(T_4s+1)}$,则校正后的开环传递函数为

$$G(s) = \frac{K_0 K_c (T_2 s+1)(T_3 s+1)}{\left(\frac{1}{\omega_1}s+1\right)\left(\frac{1}{\omega_2}s+1\right)\left(\frac{1}{\omega_3}s+1\right)(T_1 s+1)(T_4 s+1)}$$

这里采用的是**滞后-超前校正**,设计较方便。使剪切频率增大,系统响应速度加快。相角裕度加大,系统的稳定裕度增大。

【难点与易错点】
● 该题考查了超前校正装置、滞后校正装置、滞后-超前校正装置的特性。

6.3.2 串联超前校正与串联滞后校正的设计与比较

【6-4】 某系统的开环渐近对数幅频特性曲线如图 6.27 所示,要求系统在单位斜坡输入时的稳态误差为 0.01,剪切频率 $\omega_c^* \approx 10$,相角裕度 $\gamma^* \geqslant 45°$,试分析原系统能否满足要求。若不满足,应该采用何种串联校正装置,并求校正装置的传递函数。

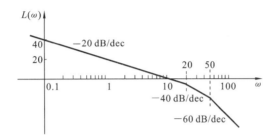

图 6.27 【6-4】原系统的开环渐近对数幅频特性曲线

【解】 (1) 分析原系统的频率特性。
原系统的开环传递函数形如
$$G(s) = \frac{K}{s(0.05s+1)(0.02s+1)}$$

由 $20\lg K - 20\lg\frac{10}{1} = 0$ 知,$K=10$。

由 $\omega_{c0}=10$ 得原系统的相角裕度为 $\gamma_0=52.1250$,但此时单位斜坡输入的稳态误差为 $e_{ss}=\frac{1}{K_v}=0.1$,不满足要求。

为了满足稳态性能的要求,取 $K=100$,此时可根据近似式 $\frac{K}{\omega \times 0.05\omega \times 1}=1$ 求出系统的剪切频率 $\omega_{c0}=44.7214$,则系统的相角裕度为 $\gamma_0=-17.7151°$。

(2) 判断串联一级超前校正是否可行。
由于期望剪切频率 $\omega_c^* < \omega_{c0}$,所以**串联一级超前校正不适用**。

(3) 设计串联滞后校正装置。
由第(1)问可知在 $\omega_{c0}=10$ 时系统的相角能够满足相角裕度的要求,因此,下面采用串联滞后校正。

由于期望剪切频率 $\omega_c^*=10$,因此可令
$$20\lg b = -L(\omega_c) = -20\lg\frac{K}{\omega_c \times 1 \times 1}$$

求得 $b=0.1000$。

由滞后装置的第二个转折频率满足 $\dfrac{10}{bT}=\omega_1$，得 $T=10$，则**串联滞后校正网络的传递函数**为

$$G_c(s)=\dfrac{s+1}{10s+1}$$

校正后系统的开环传递函数为

$$G_K(s)=\dfrac{100(s+1)}{s(0.05s+1)(0.02s+1)(10s+1)}$$

验算：由 $|G_K(j\omega)|=\dfrac{100\times\omega}{\omega\times 10\omega}=1$ 得校正后系统的剪切频率为 $\omega_{c1}=10$，则相角裕度为 $\gamma_1=46.9874°>45°$，满足要求。

【难点与易错点】
- 该题综合考查了最小相位系统的辨识和串联滞后校正装置的设计。

【6-5】 已知某单位反馈系统的开环传递函数为 $G_0(s)=\dfrac{100}{s(s+1)(s+10)}$，试设计串联超前校正装置，使该系统的相角裕度 $\gamma^*\geqslant 40°$。

【解】 (1) 分析原系统的频率特性。

由 $\dfrac{100}{\omega\times\omega\times 10}=1$ 近似可得 $\omega_{c0}=3.1623$。绘制原系统的开环渐近对数幅频特性曲线，如图 6.28 所示。

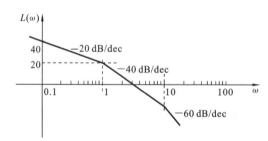

图 6.28 【6-5】原系统的开环渐近对数幅频特性曲线

相角裕度为 $\gamma_0=0°$，原系统的开环传递函数为 $G_0(s)=\dfrac{100}{s(s+1)(s+10)}=\dfrac{10}{s(s+1)(0.1s+1)}$，开环放大系数 $K=10$。

(2) 设计串联超前校正。

由 $\gamma^*\geqslant 40°$，考虑到超前校正后的剪切频率增大，相角负向增速过快，因此选择超前相角 $\varphi_m=\gamma^*-\gamma+\Delta\varphi=60°$。

由 $a=\dfrac{1+\sin\varphi_m}{1-\sin\varphi_m}$ 得校正装置参数 $a=13.9282$。由原系统的对数幅频特性

$$20\lg\dfrac{K}{\omega^2}=-10\lg a$$

得 $\omega_m = 6.1091 \text{ rad/s}$。由 $\omega_m = \dfrac{1}{T\sqrt{a}}$ 得 $T = \dfrac{1}{\omega_m \sqrt{a}} = 0.0439$，则超前校正装置的传递函数为

$$G_c(s) = \dfrac{aTs+1}{Ts+1} = \dfrac{0.6114s+1}{0.0439s+1}$$

验算：校正后系统的开环传递函数为

$$G_K(s) = \dfrac{10(0.6114s+1)}{s(s+1)(0.1s+1)(0.0439s+1)}$$

由 $\dfrac{10 \times 0.6114\omega}{\omega \times \omega} = 1$ 得校正后系统的剪切频率为 $\omega_{c1} = 6.1140$，相角裕度为 $\gamma_1 = 37.8462°$，不满足要求，这是因为此处负的斜率大、简算误差大导致的。事实上，精确求解可得校正后系统的剪切频率为 $\omega_{c1} = 5.3834$，相角裕度为 $\gamma_1 = 42.0311°$，满足要求。

【难点与易错点】

● 该题考查了串联超前校正装置的设计。由于超前校正后的剪切频率增大，原系统相角负向增速过快，导致简算误差大，较难达到设计要求。读者可以结合【6-6】来了解串联超前校正装置和串联滞后校正装置的优劣。

● 该题之所以要通过精确计算来验算，是因为相角负向增速过快，校正后的裕量不大，而简算会导致得到的剪切频率偏大，因此导致所求的相角裕度偏小。

【6-6】 已知某单位反馈系统的开环传递函数为 $G(s) = \dfrac{100}{s(s+1)(s+10)}$，试设计串联滞后校正装置，使该系统的相角裕度 $\gamma^* \geqslant 40°$。

【解】（1）分析原系统的频率特性。

由 $\dfrac{100}{\omega \times \omega \times 10} = 1$ 近似可得 $\omega_{c0} = 3.1623$。绘制原系统的开环渐近对数幅频特性曲线，如图 6.29 所示。

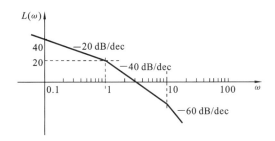

图 6.29 【6-6】原系统的开环渐近对数幅频特性曲线

此时相角裕度为 $\gamma_0 = 0°$。

（2）设计串联滞后校正。

选择 $\Delta\varphi = 6°$，令 $\varphi(\omega) = -180° + \gamma^* + \Delta\varphi = -134°$，解得原系统能够满足相角裕度要求的频率为 $\omega_1 = 0.8190 \text{ rad/s}$。

再令 $20\lg b = -L(\omega_1) = -20\lg \dfrac{100}{\omega_1 \times 1 \times 10}$，得 $b = 0.0819$。

再由滞后装置的第二个转折频率满足 $\dfrac{10}{bT}=\omega_1$，得 $T=149.0844$，则**串联滞后校正网络的传递函数**为

$$G_c(s)=\dfrac{bTs+1}{Ts+1}=\dfrac{12.2100s+1}{149.0844s+1}$$

校正后系统的开环传递函数为

$$G_K(s)=\dfrac{10(12.2100s+1)}{s(s+1)(0.1s+1)(149.0844s+1)}$$

验算：由 $|G_K(\mathrm{j}\omega)|=\dfrac{10\times12.2100\omega}{\omega\times149.0844\omega}=1$ 得校正后系统的剪切频率为 $\omega_{c1}=0.8190$，则相角裕度为 $\gamma_1=40.7591°>40°$，满足要求。

> 【难点与易错点】
> ● 该题考查了串联滞后校正装置的设计。读者可以结合【6-5】来了解串联超前校正装置和串联滞后校正装置的作用。

【6-7】 设单位反馈系统的开环传递函数为 $G(s)=\dfrac{K}{s(0.1s+1)(0.4s+1)}$。若要求校正后系统的静态速度误差系数 $K_v^*\geqslant10$，相角裕度 $\gamma^*\geqslant40°$，试设计合适的串联超前校正装置。

【解】（1）选择 K 并分析系统的频率特性。

由稳态速度误差系数的要求，可以选取 $K=K_v=10$。对数幅频特性渐近表达式为

$$L(\omega)=\begin{cases} 20\lg\dfrac{K}{\omega}, & \omega<2.5 \\ 20\lg\dfrac{K}{0.4\omega^2}, & 2.5\leqslant\omega<10 \\ 20\lg\dfrac{5}{0.1\times0.4\omega^3}, & \omega\geqslant10 \end{cases}$$

再令 $L(\omega)=0$，近似解得 $\omega_{c0}=5$，相角裕度 $\gamma_0=0°$。绘制原系统的开环渐近对数幅频特性曲线，如图 6.30 所示。

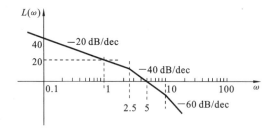

图 6.30 【6-7】原系统的开环渐近对数幅频特性曲线

（2）**设计串联超前校正装置。**

由 $\gamma^*\geqslant40°$，选择超前相角 $\varphi_m=\gamma^*-\gamma+\Delta\varphi=60°$。由 $a=\dfrac{1+\sin\varphi_m}{1-\sin\varphi_m}$ 得校正装置参数 $a=13.9282$。由原系统对数幅频特性

$$20\lg\frac{K}{0.4\omega^2}=-10\lg a$$

得 $\omega_m=9.6593$ rad/s。由 $\omega_m=\dfrac{1}{T\sqrt{a}}$ 得 $T=\dfrac{1}{\omega_m\sqrt{a}}=0.0277$。因此超前校正装置的传递函数为

$$G_c(s)=\frac{aTs+1}{Ts+1}=\frac{0.3858s+1}{0.0277s+1}$$

验算：校正后系统的开环传递函数为

$$G_K(s)=\frac{K(0.3858s+1)}{s(0.1s+1)(0.4s+1)(0.0277s+1)}$$

由 $|G_K(j\omega)|=1$ 精确解得校正后系统的剪切频率为 $\omega_{c1}=7.5586$、$\gamma_1=40.4640°$，满足要求。

【难点与易错点】

● 该题考查了串联超前校正装置的设计。读者可以结合【6-8】来了解串联超前校正装置和串联滞后校正装置的作用。

● 该题在验算时采用了精确求解，这是由于校正后的剪切频率接近于转折频率，而且对数幅频特性负的斜率较大，如果简算求解，则剪切频率的误差较大。

【6-8】 设单位反馈系统的开环传递函数为 $G(s)=\dfrac{K}{s(0.1s+1)(0.4s+1)}$。若要求校正后系统的静态速度误差系数 $K_v^*\geqslant 10$，相角裕度 $\gamma^*\geqslant 40°$，试设计合适的串联滞后校正装置。

【解】 （1）选择 K 并分析系统的频率特性。

由稳态速度误差系数的要求，可以选取 $K=K_v=10$。对数幅频特性渐近表达式为

$$L(\omega)=\begin{cases}20\lg\dfrac{K}{\omega}, & \omega<2.5\\[4pt] 20\lg\dfrac{K}{0.4\omega^2}, & 2.5\leqslant\omega<10\\[4pt] 20\lg\dfrac{5}{0.1\times 0.4\omega^3}, & \omega\geqslant 10\end{cases}$$

再令 $L(\omega)=0$，近似解得 $\omega_{c0}=5$，相角裕度 $\gamma_0=0°$。绘制原系统的开环渐近对数幅频特性曲线，如图 6.31 所示。

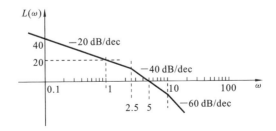

图 6.31 【6-8】原系统的开环渐近对数幅频特性曲线

(2) 设计串联滞后校正装置。

由 $\gamma^* \geqslant 40°$,选择 $\varphi(\omega) = \gamma^* + 6° - 180° = -134°$,再由 $-90° - \arctan 0.1\omega - \arctan 0.4\omega = -134°$,解得原系统能够满足期望相角裕度的频率为 $\omega_1 = 1.7064$。此时令

$$20\lg b = -20\lg|G_0(j\omega_1)| \approx -20\lg \frac{K}{\omega_1 \times 1 \times 1}$$

得 $b = 0.1706$。由滞后装置的第二个转折频率满足 $\frac{10}{bT} = \omega_1$,可得 $T = 34.3511$,则**串联滞后校正网络的传递函数为**

$$G_c(s) = \frac{bTs+1}{Ts+1} = \frac{5.8603s+1}{34.3511s+1}$$

验算:校正后系统的开环传递函数为

$$G_K(s) = \frac{K(5.8603s+1)}{s(0.1s+1)(0.4s+1)(34.3511s+1)}$$

由 $|G_K(j\omega)| = 1$ 得校正后系统的剪切频率为 $\omega_{c1} = 1.4657$,相角裕度为 $\gamma_1 = 45.7766°$,满足要求。

【难点与易错点】

● 该题考查了串联滞后校正装置的设计。读者可以结合【6-7】来了解串联超前校正装置和串联滞后校正装置的作用。

【6-9】 设单位反馈系统的开环传递函数为 $G(s) = \frac{K}{s(0.05s+1)(0.4s+1)}$。若要求校正后系统的静态速度误差系数 $K_v^* \geqslant 5$,相角裕度 $\gamma^* \geqslant 50°$,剪切频率 $\omega_c^* \geqslant 4$,判断串联一级超前校正或串联滞后校正是否可行,如果可行,试设计合适的串联校正装置。

【解】 (1) 选择 K 并分析系统的频率特性。

由稳态速度误差系数的要求,可以选取 $K = K_v = 5$。对数幅频特性渐近表达式为

$$L(\omega) = \begin{cases} 20\lg \dfrac{K}{\omega}, & \omega < 2.5 \\ 20\lg \dfrac{K}{0.4\omega^2}, & 2.5 \leqslant \omega < 20 \\ 20\lg \dfrac{5}{0.05 \times 0.4\omega^3}, & \omega \geqslant 20 \end{cases}$$

令 $L(\omega) = 0$,近似解得原系统的剪切频率为 $\omega_{c0} = 3.5355$,相角裕度 $\gamma_0 = 25.2398°$。绘制原系统的开环渐近对数幅频特性曲线,如图 6.32 所示。

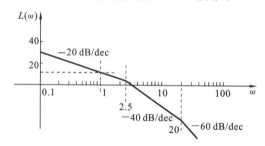

图 6.32 【6-9】原系统的开环渐近对数幅频特性曲线

(2) 判断串联滞后校正是否可行。

由于剪切频率 $\omega_c^* \geqslant 4 > \omega_{c0}$，因此，**串联滞后校正不适用**。

(3) 设计串联超前校正装置。

下面设计串联超前校正装置。由 $\gamma^* \geqslant 50°$，选择超前相角 $\varphi_m = \gamma^* - \gamma + \Delta\varphi = 40°$。

由 $a = \dfrac{1+\sin\varphi_m}{1-\sin\varphi_m}$ 得到校正装置参数 $a = 4.5989$。由原系统对数幅频特性

$$20\lg\frac{K}{0.4\omega^2} = -10\lg a$$

解得 $\omega_m = 5.1775 > \omega_c^*$。因此，上述求解采用的近似式合理。

由 $\omega_m = \dfrac{1}{T\sqrt{a}}$ 得 $T = \dfrac{1}{\omega_m\sqrt{a}} = 0.0901$。因此，**超前校正装置的传递函数为**

$$G_c(s) = \frac{aTs+1}{Ts+1} = \frac{0.4144s+1}{0.0901s+1}$$

验算：校正后系统的开环传递函数为

$$G_K(s) = \frac{K(0.4144s+1)}{s(0.05s+1)(0.4s+1)(0.0901s+1)}$$

由 $\dfrac{K \times 0.4144\omega}{0.4\omega^2} = 1$，近似解得校正后系统的剪切频率为 $\omega_{c1} = 5.1800$，相角裕度为 $\gamma_1 = 51.2446°$，满足要求。

【难点与易错点】
● 该题考查了串联超前校正装置的设计。

【6-10】 某单位反馈二阶系统的单位阶跃响应曲线如图 6.33 所示，希望校正后系统的静态速度误差系数 $K_v^* \geqslant 20$，相角裕度 $\gamma^* \geqslant 45°$，剪切频率 $\omega_c^* \geqslant 5$。判断串联一级超前校正或串联滞后校正是否可行，如果可行，试设计合适的串联校正装置。

【解】 (1) 求原系统的开环传递函数。

由响应曲线可知，$\sigma_p = \dfrac{1.163-1}{1} = 16.3\%$，$t_p = \dfrac{\pi}{\omega_n\sqrt{1-\zeta^2}} = 0.7255$，所以 $\zeta = \sqrt{\dfrac{(\ln\sigma_p)^2}{\pi^2+(\ln\sigma_p)^2}} = 0.5$，$\omega_n = 5$。

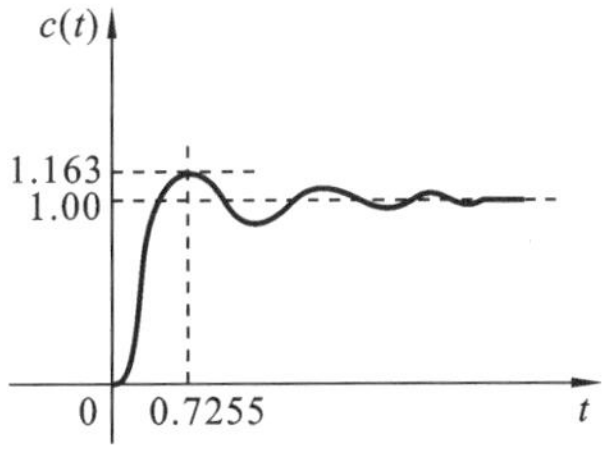

对应的单位反馈二阶系统的开环传递函数为

$$G_0(s) = \frac{\omega_n^2}{s(s+2\zeta\omega_n)} = \frac{25}{s(s+5)} = \frac{5}{s(0.2s+1)}$$

图 6.33 【6-10】单位反馈二阶系统的单位阶跃响应曲线

因此有 $K = 5$。对数幅频特性渐近表达式为

$$L(\omega) = \begin{cases} 20\lg\dfrac{K}{\omega}, & \omega < 5 \\ 20\lg\dfrac{K}{0.2\omega^2}, & 5 \leqslant \omega \end{cases}$$

令 $L(\omega) = 0$，近似解得原系统的剪切频率为 $\omega_{c0} = 5$，相角裕度为 $\gamma_0 = 45°$。而此时，$K_v = 5$，因此剪切频率和稳态性能不满足要求。

(2) 选择 K 并分析系统的频率特性。

为使系统的静态速度误差系数 $K_v^* \geq 20$，可取 $K=20$。此时系统的开环传递函数为

$$G_1(s) = 4 \times G_0(s) = \frac{4 \times 5}{s(0.2s+1)}$$

由 $\frac{4 \times 5}{\omega \times 0.2\omega} = 1$ 近似解得 $\omega_{c1} = 10$，相角裕度 $\gamma_1 = 26.5651°$，因此相角裕度不满足要求。此时串联比例增益后系统的开环渐近对数幅频特性曲线如图 6.34 所示。

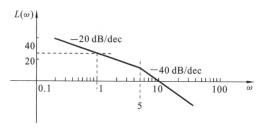

图 6.34 【6-10】串联比例增益后系统的开环渐近对数幅频特性曲线

(3) 采用时域分析法设计串联校正装置。

原系统是单位反馈系统，由开环传递函数可知，闭环传递函数不包含闭环零点。若借助典型二阶系统的性能指标公式得到期望的二阶系统模型，则借助**时域分析法**就可以得到校正装置。

期望二阶系统的开环传递函数形如

$$G_K(s) = \frac{\omega_n^2}{s(s+2\zeta\omega_n)}$$

由相角裕度 $\gamma^* \geq 45°$、剪切频率 $\omega_c^* \geq 5$，以及根据二阶系统性能指标间的关系 $\gamma = \arctan \frac{2\zeta}{\sqrt{\sqrt{4\zeta^4+1}-2\zeta^2}}$，可得 $\zeta^* \geq 0.4204$，取 $\zeta^* = 0.5$。

若静态速度误差系数 $K_v^* \geq 20$，则 $\frac{\omega_n^2}{2\zeta\omega_n} \geq 20$，即 $\omega_n \geq 20$，取 $\omega_n = 20$。

再由 $\omega_c = \omega_n \sqrt{\sqrt{4\zeta^4+1}-2\zeta^2}$ 可得 $\omega_c = 15.7230 \geq 5$，满足设计要求。因此校正后系统的开环传递函数为

$$G_K(s) = \frac{\omega_n^2}{s(s+2\zeta\omega_n)} = \frac{20}{s(0.0500s+1)}$$

串联校正装置为

$$G_c(s) = \frac{G_K(s)}{G_0(s)} = \frac{4(0.2s+1)}{(0.0500s+1)}$$

这是一个带比例放大系数的超前校正装置。

(4) 采用串联超前校正方法设计校正装置。

在给系统串联放大系数为 4 的比例环节之后，进一步串联超前校正装置，尝试实现校正目标。

由系统的开环传递函数 $G_1(s)$ 知 $\omega_{c1}=10$，$\gamma_1=26.5651°$，若要 $\gamma^* \geq 45°$，$\omega_c^* \geq 5$，则可以在 $\omega_{c1}=10$ 处叠加最大超前相角 $\varphi_m = \gamma^* - \gamma + \Delta\varphi = 38°$。

由 $a = \frac{1+\sin\varphi_m}{1-\sin\varphi_m}$ 可得校正装置参数 $a=4.2037$，由系统对数幅频特性 $20\lg \frac{20}{0.2\omega^2} =$

$-10\lg a$ 可得 $\omega_m = 14.3188$ rad/s，由 $\omega_m = \dfrac{1}{T\sqrt{a}}$ 可得 $T = \dfrac{1}{\omega_m\sqrt{a}} = 0.0341$。

那么**串联了幅值补偿的超前校正装置的传递函数**为

$$G_c(s) = \dfrac{aTs+1}{Ts+1} = \dfrac{0.1433s+1}{0.0341s+1}$$

总的校正装置为

$$G_{c2}(s) = 4 \times \dfrac{0.1433s+1}{0.0341s+1}$$

验算：校正后系统的开环传递函数为

$$G_K(s) = G_1(s)G_c(s) = \dfrac{20(0.1433s+1)}{s(0.2s+1)(0.0341s+1)}$$

由 $|G_K(j\omega)| \approx \dfrac{20\times 0.1433\omega}{\omega \times 0.2\omega} = 1$ 近似得到校正后系统的剪切频率为 $\omega_{c1} = 14.3300$，相角裕度为 $\gamma_1 = 57.2273°$，满足要求。

(5) **判断串联滞后校正是否可行**。

由 $\gamma^* \geq 45°$，选择原系统的相角 $\varphi(\omega) = \gamma^* + 6° - 180° = -129°$，再由 $-90° - \arctan 0.1\omega - \arctan 0.4\omega = -129°$，解得 $\omega_1 = 4.0489 < \omega_c^*$。因此滞后校正不可行。

【难点与易错点】
- 该题考查了串联超前校正装置的设计。由于是二阶系统，因此可以借助时域分析法来设计。

6.3.3 四种串联校正方法的比较

【6-11】 某控制系统的开环传递函数为 $G(s) = \dfrac{70}{s(0.12s+1)(0.02s+1)}$，要求系统满足以下性能指标：剪切频率 $\omega_c^* \approx 10$，相角裕度 $\gamma^* \geq 45°$。试判断是否可以采用串联超前校正或串联滞后校正来满足性能要求。如果不行，设计合适的串联滞后-超前校正装置。

【解】 (1) **分析系统的频率特性**。

由 $\dfrac{70}{\omega \times 0.12\omega \times 1} = 1$ 近似可得原系统的剪切频率为 $\omega_{c0} = 24.1523$，相角裕度为 $\gamma_0 = -6.7466$。绘制原系统的开环渐近对数幅频特性曲线，如图 6.35 所示。

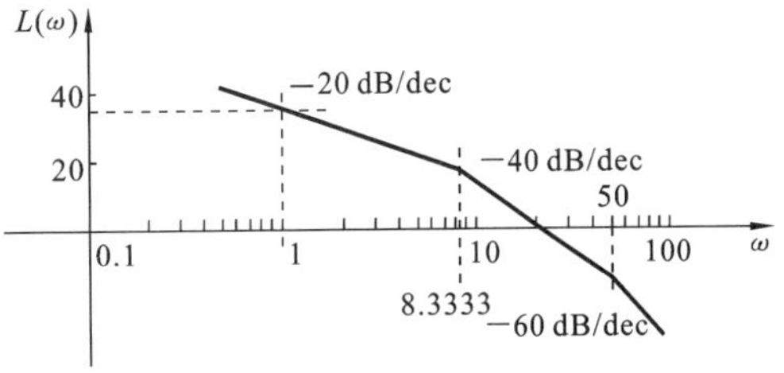

(2) **检查串联超前校正是否可行**。

由于期望的剪切频率 $\omega_c^* < \omega_{c0}$，因此，串联超前校正不适用。

图 6.35 【6-11】原系统的开环渐近对数幅频特性曲线

(3) **检查串联滞后校正是否可行**。

求出原系统在 $\omega_c^* \approx 10$ 处可以达到的相角裕度，即

$$\gamma = 180° - 90° - \arctan 0.12\omega_c^* - \arctan 0.02\omega_c^* = 28.4956° < \gamma^*$$

因此，串联滞后校正也不可行。

(4) 采用串联滞后-超前校正进行设计。

由于对剪切频率的设计要求是 $\omega_c^* \approx 10$，因此，直接在剪切频率处进行串联超前和滞后的校正。

① 设计超前校正部分。

将最大超前相角叠加在 $\omega_c^* = 10$ 处，即令最大超前相角对应的频率 $\omega_m = 10$。原系统在 $\omega_m = 10$ 处的相角为

$$\varphi(\omega_m) = -90° - \arctan 0.12\omega_m - \arctan 0.02\omega_m = -151.5044°$$

要使校正后 $\gamma^* = 45°$，再考虑滞后校正的影响，则串联超前校正装置提供的最大超前相角为

$$\varphi_m = \gamma^* - 180° + 6° - \varphi(\omega_m) = 22.5044°$$

由 $a = \dfrac{1 + \sin\varphi_m}{1 - \sin\varphi_m}$ 可得校正装置参数 $a = 2.2402$。

再由 $\omega_m = \dfrac{1}{T_a \sqrt{a}}$ 解得 $T_a = \dfrac{1}{\omega_m \sqrt{a}} = 0.0668$，则进行幅值衰减补偿后的**串联超前校正装置的传递函数**为

$$G_{c1}(s) = \dfrac{aT_a s + 1}{T_a s + 1} = \dfrac{0.1496s + 1}{0.0668s + 1}$$

串联超前校正后系统的开环传递函数为

$$G_{K1}(s) = \dfrac{70(0.1496s + 1)}{s(0.12s + 1)(0.02s + 1)(0.0668s + 1)}$$

② 设计串联滞后校正装置。

利用滞后校正将 $\omega_m = 10$ 处的幅值校正为剪切频率，即由

$$20\lg b = -20\lg |G_{K1}(\omega_m)|$$

求得滞后网络参数 $b = 0.1521$，由 $\dfrac{10}{bT_b} = \omega_m$ 得滞后网络时间常数 $T_b = 6.5746$，则**串联滞后校正网络的传递函数**为

$$G_{c2}(s) = \dfrac{bT_b s + 1}{T_b s + 1} = \dfrac{s + 1}{6.5746s + 1}$$

串联滞后-超前校正网络的传递函数为

$$G_c(s) = \dfrac{(0.1496s + 1)(s + 1)}{(0.0668s + 1)(6.5746s + 1)}$$

③ 验算。

通过串联滞后-超前校正网络 $G_c(s)$ 后，系统的开环传递函数为

$$G_K(s) = \dfrac{70(0.1496s + 1)(s + 1)}{s(0.12s + 1)(0.02s + 1)(0.0668s + 1)(6.5746s + 1)}$$

求出校正后系统的剪切频率为 $\omega_{c2} = 10.0395$，相角裕度为 $\gamma_2 = 46.0172°$，满足设计要求。

【难点与易错点】

● 该题采用串联滞后-超前校正设计了校正装置。设计中，**直接将串联超前校正的最大超前相角叠加在期望剪切频率处，并根据期望相角裕度、原系统相角、滞后校正的影响三个因素，选取了超前相角，从而最大限度地发挥了超前相角的作用**。

● 该题也可以采用期望频率特性法设计校正装置，请参见【6-12】。

【6-12】 某控制系统的开环传递函数为 $G(s) = \dfrac{70}{s(0.12s+1)(0.02s+1)}$,要求系统满足以下性能指标:剪切频率 $\omega_c^* \approx 10$,相角裕度 $\gamma^* \geqslant 45°$。试判断是否可以采用串联一级超前校正或串联滞后校正来满足性能要求。如果不行,请采用期望频率特性校正方法,设计合适的校正装置。

【解】 (1) 分析系统的频率特性。

由 $\dfrac{70}{\omega \times 0.12\omega \times 1} = 1$ 近似可得原系统的剪切频率为 $\omega_{c0} = 24.1523$,相角裕度为 $\gamma_0 = -6.7466$。绘制原系统的开环渐近对数幅频特性曲线,如图 6.36 所示。

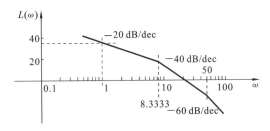

图 6.36 【6-12】原系统的开环渐近对数幅频特性曲线

(2) 检查串联超前校正是否可行。

由于期望的剪切频率 $\omega_c^* < \omega_{c0}$,因此,串联超前校正不适用。

(3) 检查串联滞后校正是否可行。

求出原系统在 $\omega_c^* \approx 10$ 处可以达到的相角裕度,即
$$\gamma = 180° - 90° - \arctan 0.12\omega_c^* - \arctan 0.02\omega_c^* = 28.4956° < \gamma^*$$
因此,串联滞后校正也不可行。

(4) 采用期望频率特性法进行设计。

由 $M_r \approx \dfrac{1}{\sin\gamma}$,得期望谐振峰值为 $M_r \leqslant 1.4142$,取期望谐振峰值 $M_r = 1.4$。

观察图 6.36,由于期望剪切频率 ω_c^* 大于原系统中较小的那个转折频率,因此下面考查是否可以选择交点作为期望频率特性中频段左侧频率 ω_3。列写方程,**求期望频率特性中频段与原系统的交点。**

$$20\lg K - 20\lg\dfrac{1}{0.12} - 40\lg\dfrac{50}{\frac{1}{0.12}} - 60\lg\dfrac{\omega_3}{50} = 0 - 20\lg\dfrac{\omega_3}{\omega_c^*}$$

解得 $\omega_3 = 54.0062$。而中频段左侧频率需要满足的条件为 $\omega_3 \geqslant \omega_c^* \dfrac{M_r + 1}{M_r} = 17.1429$。为了简便,取 $\omega_3 = 50$ 为原系统的一个转折频率。

由期望频率特性中频段右侧频率 $\omega_2 \leqslant \dfrac{(M_r - 1)\omega_c}{M_r} = 2.8571$,为保证**中频段有足够的宽度**,取 $\omega_2 = 2$,则期望频率特性曲线**中频段**过 $\omega_c^* = 10$ 绘制斜率为 $-20\ \text{dB/dec}$ 的线段,**向右延伸**至 ω_3 处,再以 $-60\ \text{dB/dec}$ **向右延伸**,高频段与原系统平行。**向左延伸**至 ω_2 处,再向左绘制斜率为 $-40\ \text{dB/dec}$ 的线段,求出与原系统的交点。原系统的开环渐近对数幅频特性曲线与期望频率特性曲线如图 6.37 所示。

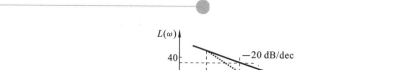

图 6.37 【6-12】原系统的开环渐近对数幅频特性曲线与期望频率特性曲线

$$20\lg K - 20\lg\frac{\omega_1}{1} = 0 - 20\lg\frac{\omega_2}{\omega_c^*} - 40\lg\frac{\omega_1}{\omega_2}$$

解得 $\omega_1 = 0.2857$。此点再向左就与原系统重叠,如图 6.37 中的点线所示。

将期望频率特性与原系统的频率特性相减,得到图 6.37 中的点划线,即得校正装置的传递函数为

$$G_c(s) = \frac{\left(\frac{1}{\omega_2}s+1\right)(0.12s+1)}{\left(\frac{1}{\omega_1}s+1\right)(0.02s+1)}$$

验算:校正后系统的开环传递函数为

$$G_K(s) = \frac{70\left(\frac{1}{\omega_2}s+1\right)}{s\left(\frac{1}{\omega_1}s+1\right)(0.02s+1)^2}$$

求出校正后系统的剪切频率为 $\omega_{c2} = 9.8214$,近似为 10,相角裕度为 $\gamma_2 = 57.9301°$,满足设计要求。

【难点与易错点】

● 该题采用期望频率特性法设计了串联滞后-超前校正装置。设计中,为使校正装置尽量简单,我们选取了原系统的转折频率 $\omega_3 = 50$。

● 与串联滞后-超前校正相比,期望频率特性法设计更灵活,但很难实现精确校正。读者可以对照【6-11】中的设计。该题中,中频段是 2—1—3 型,通过调整中频段的宽度,也就是在选定 ω_3 后,调节 ω_2,再调节相角裕度满足要求。

【6-13】 某单位反馈系统的结构图如图 6.38 所示,其中环节 $G_0(s)$ 的单位脉冲响应为 $c(t) = 1 + e^{-10t} - 2e^{-5t}$, $t > 0$。要使系统的静态速度误差系数 $K_v^* = 100$,剪切频率 $\omega_c^* \approx 8$,相角裕度 $\gamma^* = 45° \pm 1°$。判断串联超前校正或串联滞后校正是否可行。如果不可行,试设计合适的串联滞后-超前校正装置。

【解】 (1) 求出 $G_0(s)$ 的传递函数。

由单位脉冲响应的拉氏变换可得

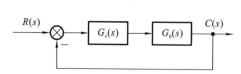

图 6.38 【6-13】单位反馈系统的结构图

$$G_0(s) = \frac{1}{s} + \frac{1}{s+10} - \frac{2}{s+5} = \frac{50}{s(s+10)(s+5)}$$

$$= \frac{1}{s(0.1s+1)(0.2s+1)}$$

再由 $\frac{1}{\omega} = 1$ 近似解得原系统的剪切频率为

$\omega_{c0}=1$,相角裕度为 $\gamma_0=72.9795°$,而此时静态速度误差系数 $K_v=1$,不满足要求。

(2) 选择 K 并分析系统的频率特性。

为使系统的静态速度误差系数 $K_v^*=100$,取 $K=100$,即给系统串联放大系数为 100 的放大器。此时系统的开环传递函数为

$$G_1(s)=\frac{100}{s(0.1s+1)(0.2s+1)}$$

由 $\frac{100}{\omega \times 0.2\omega \times 0.1\omega}=1$ 近似解得剪切频率为 $\omega_{c1}=17.0998$,相角裕度为 $\gamma_1=-43.3818°$。此时,相角裕度不满足要求。串联比例增益后系统的开环渐近对数幅频特性曲线如图 6.39 所示。

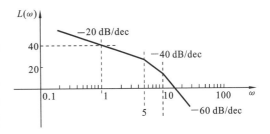

图 6.39 【6-13】串联比例增益后系统的开环渐近对数幅频特性曲线

(3) 考查串前超前校正是否可行。

由于串联超前校正会增大剪切频率,因此不合适。

(4) 考查串前滞后校正是否可行。

由 $\gamma^*=45°$,选择 $\varphi(\omega)=\gamma^*+6°-180°=-129°$,再由 $-90°-\arctan 0.1\omega-\arctan 0.2\omega=-129°$,得系统中满足相角裕度所对应的频率为 $\omega_1=2.3907<\omega_c^*$。因此串联滞后校正不可行。

(5) 采用串联滞后-超前校正。

由于设计中对剪切频率的要求是 $\omega_c^* \approx 8$,因此,直接在剪切频率处进行串联超前-滞后校正。

① **设计串联超前校正装置。**

将最大超前相角叠加在 $\omega_c^*=8$ 处,即令 $\omega_m=8$。原系统在 $\omega_m=8$ 处的相角为

$$\varphi(\omega_m)=-90°-\arctan 0.1\omega_m-\arctan 0.2\omega_m=-186.6544°$$

要使校正后的 $\gamma^*=45°$,需考虑滞后校正的影响,则超前校正装置提供的最大超前相角可选择为

$$\varphi_m=\gamma^*-180°+6°-\varphi(\omega_m)=57.6544°$$

由 $a=\frac{1+\sin\varphi_m}{1-\sin\varphi_m}$ 可得校正装置参数 $a=11.8896$。

由 $\omega_m=\frac{1}{T_a\sqrt{a}}$ 解得 $T_a=\frac{1}{\omega_m\sqrt{a}}=0.0363$,因此进行幅值衰减补偿后的**超前校正装置的传递函数**为

$$G_{c1}(s)=\frac{aT_as+1}{T_as+1}=\frac{0.4316s+1}{0.0363s+1}$$

串联超前校正后系统的开环传递函数为

$$G_{K1}(s)=G_1(s)G_{c1}(s)=\frac{100(0.4316s+1)}{s(0.1s+1)(0.2s+1)(0.0363s+1)}$$

② **设计串联滞后校正装置。**

利用串联滞后校正将 $\omega_m=8$ 处的幅值校正为剪切频率,即由

$$20\lg b=-20\lg|G_{K1}(\omega_m)|=-20\lg\frac{100\times 0.4316\omega}{\omega\times 1\times 0.2\omega\times 1}$$

近似解得滞后网络参数 $b=0.0371$，由 $\dfrac{10}{bT_b}=\omega_m$ 得滞后网络时间常数 $T_b=33.6927$，则**串联滞后校正网络的传递函数为**

$$G_{c2}(s)=\dfrac{bT_bs+1}{T_bs+1}=\dfrac{1.2500s+1}{33.6927s+1}$$

串联校正装置的传递函数为

$$G_c(s)=100\times G_{c1}(s)G_{c2}(s)=100\times\dfrac{(0.4316s+1)(1.2500s+1)}{(0.0363s+1)(33.6927s+1)}$$

③ 验算。

校正后系统的开环传递函数为

$$G_K(s)=G_0(s)G_c(s)=\dfrac{100(0.4316s+1)(1.2500s+1)}{s(0.1s+1)(0.2s+1)(0.0363s+1)(33.6927s+1)}$$

由 $|G_K(j\omega)|\approx\dfrac{100\times0.4316\omega\times1.2500\omega}{\omega\times0.2\omega\times33.6927\omega}=1$ 得校正后系统的剪切频率 $\omega_{c1}=8.0062$，相角裕度为 $\gamma_1=45.4648°$，满足要求。

【难点与易错点】
● 该题采用串联滞后-超前校正设计了校正装置。设计中，**直接将串联超前校正的最大超前相角叠加在期望剪切频率处**，并根据**期望相角裕度、原系统相角、滞后校正的影响**三个因素，选取了超前相角，从而最大限度地发挥了超前相角的作用。
● 该题也可以采用期望频率特性法设计校正装置，参见【6-14】中的设计。

【6-14】 某单位反馈系统的结构图如图 6.40 所示，其中环节 $G_0(s)$ 的单位脉冲响应为 $c(t)=1+e^{-10t}-2e^{-5t},t>0$。要使系统的静态速度误差系数 $K_v^*=100$，剪切频率 $\omega_c^*\approx8$，相角裕度 $\gamma^*=45°\pm1°$。判断串联超前校正或串联滞后校正是否可行。如果不可行，试采用期望频率特性法设计合适的串联校正装置。

图 6.40 【6-14】某单位反馈系统的结构图

【解】 (1) 求出 $G_0(s)$ 的传递函数。
由单位脉冲响应的拉氏变换可得

$$G_0(s)=\dfrac{1}{s}+\dfrac{1}{s+10}-\dfrac{2}{s+5}=\dfrac{50}{s(s+10)(s+5)}=\dfrac{1}{s(0.1s+1)(0.2s+1)}$$

再由 $\dfrac{1}{\omega}=1$ 近似解得剪切频率 $\omega_{c0}=1$，相角裕度为 $\gamma_0=72.9795°$。但此时的静态速度误差系数 $K_v=1$，不满足要求。

(2) 选择 K 并分析系统的频率特性。

为使系统的静态速度误差系数 $K_v^*=100$，取 $K=100$，即给系统串联放大系数为 100 的放大器。此时系统的开环传递函数为

$$G_1(s)=\dfrac{100}{s(0.1s+1)(0.2s+1)}$$

再由 $\dfrac{100}{\omega\times0.2\omega\times0.1\omega}=1$ 近似解得剪切频率 $\omega_{c1}=17.0998$，相角裕度 $\gamma_1=-43.3818°$。此时，相角裕度不满足要求。串联比例增益后系统的开环渐近对数幅频特性曲线如图

6.41 所示。

(3) 考查串联超前校正是否可行。

由于串联超前校正会增大剪切频率，因此不合适。

(4) 考查串联滞后校正是否可行。

由 $\gamma^* = 45°$，选择 $\varphi(\omega) = \gamma^* + 6° - 180° = -129°$，再由 $-90° - \arctan 0.1\omega - \arctan 0.2\omega = -129°$，解得 $\omega_1 = 2.3907 < \omega_c^*$。因此串联滞后校正不可行。

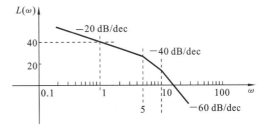

图 6.41 【6-14】串联比例增益后系统的开环渐近对数幅频特性曲线

(5) 采用期望频率特性校正。

由相角裕度 $\gamma^* = 45°$，$M_r \approx \dfrac{1}{\sin\gamma}$，得期望谐振峰值 $M_r \leqslant 1.4142$。取期望谐振峰值 $M_r = 1.4$。

中频段过 ω_c^* 绘制斜率为 -20 dB/dec 的线段，列写方程，**求该线段与原系统的交点为**

$$20\lg K - 20\lg\frac{5}{1} - 40\lg\frac{10}{5} - 60\lg\frac{\omega}{10} = 0 - 20\lg\frac{\omega}{\omega_c^*}$$

解得交点频率为 $\omega = 25$。而期望频率特性中频段右侧的转折频率应满足条件 $\omega_3 \geqslant \omega_c^* \dfrac{M_r + 1}{M_r} = 13.7143$，因此可以取 $\omega_3 = 25$。期望频率特性曲线**中频段向右**延伸到 $\omega_3 = 25$ 后，再以 -60 dB/dec **向右**延伸，与原系统重叠。

由期望频率特性中频段左侧转折频率 $\omega_2 \leqslant \dfrac{(M_r - 1)\omega_c}{M_r} = 2.8571$，为保证中频段足够的宽度，取 $\omega_2 = 1.5$，期望频率特性曲线**中频段向左**延伸至 ω_2 处，再**向左**绘制斜率为 -40 dB/dec 的线段，求出与原系统的交点为

$$20\lg K - 20\lg\frac{\omega_1}{1} = 0 - 20\lg\frac{\omega_2}{\omega_c^*} - 40\lg\frac{\omega_1}{\omega_2}$$

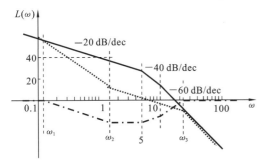

图 6.42 【6-14】期望频率特性校正设计图

解得交点处的频率为 $\omega_1 = 0.1200$。此点再**向左**就与原系统重叠，如图 6.42 中的点线所示。

将期望频率特性与原系统频率特性进行比较，得到图 6.42 中的点划线，因此**校正装置的传递函数为**

$$G_c(s) = \dfrac{\left(\dfrac{1}{\omega_2}s+1\right)(0.2s+1)(0.1s+1)}{\left(\dfrac{1}{\omega_1}s+1\right)\left(\dfrac{1}{\omega_3}s+1\right)^2}$$

验算：校正后系统的开环传递函数为

$$G_K(s) = \dfrac{100\left(\dfrac{1}{\omega_2}s+1\right)}{s\left(\dfrac{1}{\omega_1}s+1\right)\left(\dfrac{1}{\omega_3}s+1\right)^2}$$

由 $\dfrac{100\times\dfrac{1}{\omega_2}\omega}{\omega\times\dfrac{1}{\omega_1}\omega}=1$ 求出校正后系统的剪切频率为 $\omega_{c2}=8$,相角裕度为 $\gamma_2=44.7504°$,满足设计要求。

【难点与易错点】

● 该题采用期望频率特性法校正时,存在估算的问题,因此,与串联滞后-超前校正相比,想要通过期望频率特性法把相角裕度精确地校正为某值时,需要反复调试。该题设计中,过 $\omega_3=25$ 向右延伸时,以 $-60\ \text{dB/dec}$ 为斜率,会导致中频段需要比十倍频程更宽的宽度,才可能实现期望的相角裕度;如果中频段过宽,又会导致相角裕度过大。该题通过调节 ω_2 来调节中频段的宽度,以满足相角裕度的设计要求。这是该题选择 $\omega_2=1.5$ 的原因。

● 与【6-13】中设计的串联校正装置相比,该题**采用期望频率特性法设计得到的串联校正装置结构更加复杂**,不便于实现。这是因为在设计时,选择中频段与原幅频特性曲线的交点作为 ω_3,期望频率特性曲线高频段与原幅频特性曲线保持了一致,而这不是必须的。但是,无论是选择 $\omega_3=10$,还是选择 $\omega_2=5$,都无法满足条件 $\omega_3\geqslant\omega_c^*\dfrac{M_r+1}{M_r}$ 或 $\omega_2\leqslant\dfrac{(M_r-1)\omega_c}{M_r}$,因此很难简化控制器的结构。

● 绘制【6-13】中校正后系统的渐近对数幅频特性曲线时,发现采用【6-13】中设计的串联滞后-超前校正装置,校正后系统的中频段是 0—1—2 型,低频段的设计与期望频率特性法常用的校正思路有所不同。

【6-15】 已知系统的开环传递函数为 $G_0(s)=\dfrac{1}{s(0.5s+1)(0.05s+1)}$,要使系统的静态速度误差系数 $K_v^*=20$,剪切频率 $\omega_c^*\approx 10$,相角裕度 $\gamma^*=30°\pm 3°$,试判断是否可以采用串联超前校正或串联滞后校正实现设计目标。如果可行,试采用二者中可行的校正方法设计合适的串联校正装置。

【解】 (1) 选择开环放大系数并分析系统的频率特性。

由 $\dfrac{1}{\omega}=1$ 近似解得原系统的剪切频率为 $\omega_{c0}=1$,相角裕度 $\gamma_0=60.5725°$。此时静态速度误差系数 $K_v=1$,不满足要求。

为使系统的静态速度误差系数 $K_v^*=20$,取 $K=20$,即给系统串联放大系数为 20 的放大器之后,系统的开环传递函数为

$$G_1(s)=\dfrac{20}{s(0.5s+1)(0.05s+1)}$$

再由 $\dfrac{20}{\omega\times 0.5\omega}=1$ 近似解得系统的剪切频率为 $\omega_{c1}=6.3246$,相角裕度为 $\gamma_1=0°$。此时,相角裕度不满足要求。串联比例增益后系统的开环渐近对数幅频特性曲线如图 6.43 所示。

(2) 判断串联滞后校正的可行性。

由于校正后的剪切频率 $\omega_c^*\approx 10$,大于原系统的剪切频率,因此**串联滞后校正不**

适用。

(3) **判断串联超前校正的可行性。**

如果要采用串联超前校正将 $\omega_c^* \approx 10$ 处校正为剪切频率,且为使用最大超前相角,则需 $\omega_m = 10$。此时,由原系统的对数幅频特性

$$20\lg \frac{20}{\omega_m \times 0.5\omega_m \times 0.05\omega_m} = -10\lg a$$

解得 $a = 6.2500$。

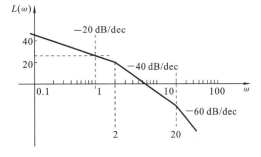

图 6.43 【6-15】串联比例增益后系统的开环渐近对数幅频特性曲线

此时,由 $a = \frac{1+\sin\varphi_m}{1-\sin\varphi_m}$ 得串联超前校正装置所能提供的超前相角为 $\varphi_m = 46.3972°$,而原系统在 $\omega_c^* \approx 10$ 处的相角为

$$\varphi(\omega_c^*) = -90° - \arctan 0.5\omega_c^* - \arctan 0.05\omega_c^* = -195.2551°$$

如果要达到 $30°$ 的相角裕度,则需要校正装置提供 $30° - (180° - 195.2551°) = 45.2551°$ 的超前相角,而符合条件的 a 所对应的超前相角刚好满足要求。可见,**采用串联超前校正可行。**

由 $\omega_m = \frac{1}{T\sqrt{a}}$ 得 $T = \frac{1}{\omega_m \sqrt{a}} = 0.0400$。

由上可知,串联合适的比例放大器之后的**超前校正装置的传递函数**为

$$G_c(s) = \frac{aTs+1}{Ts+1} = \frac{0.2500s+1}{0.0400s+1}$$

总的校正装置的传递函数为

$$20G_c(s) = 20 \times \frac{aTs+1}{Ts+1} = \frac{20(0.2500s+1)}{0.0400s+1}$$

验算:校正后系统的开环传递函数为

$$G_K(s) = 20G_0(s)G_c(s) = \frac{20(0.2500s+1)}{s(0.5s+1)(0.05s+1)(0.0400s+1)}$$

由 $|G_K(j\omega)| \approx \frac{20 \times 0.2500\omega}{\omega \times 0.5\omega} = 1$ 得校正后系统的剪切频率为 $\omega_{c2} = 10$,相角裕度为 $\gamma_2 = 31.1421°$,满足要求。

【难点与易错点】

● 从该题的设计过程来看,采用串联超前校正实现精确校正并同时兼顾剪切频率 ω_c^* 和相角裕度 γ^* 两个性能指标是很困难的,除非原系统刚好符合一定的条件,也就是在期望剪切频率 ω_c^* 处的幅值所对应的校正装置参数 a 刚好可以提供合适的超前相角。该题就属于这种情况。

● 读者可以对照【6-16】,【6-16】中提高了相角裕度的要求,采用串联超前校正就无法实现了。

【6-16】 已知系统的开环传递函数为 $G_0(s) = \frac{1}{s(0.5s+1)(0.05s+1)}$,要使系统的静态速度误差系数 $K_v^* = 20$,剪切频率 $\omega_c^* \approx 10$,相角裕度 $\gamma^* = 40° \pm 4°$,试判断是否可

以采用串联一级超前校正或串联滞后校正实现设计目标。如果不可行,试设计合适的串联滞后-超前校正装置实现设计目标。

【解】 (1) 选择开环放大系数并分析系统的频率特性。

由 $\frac{1}{\omega}=1$ 近似解得原系统的剪切频率为 $\omega_{c0}=1$,相角裕度 $\gamma_0=60.5725°$。此时静态速度误差系数 $K_v=1$,不满足要求。

为使系统的静态速度误差系数 $K_v^*=20$,取 $K=20$,即给系统串联放大系数为 20 的放大器之后,系统的开环传递函数为

$$G_1(s)=\frac{20}{s(0.5s+1)(0.05s+1)}$$

再由 $\frac{20}{\omega\times 0.5\omega}=1$ 近似解得剪切频率 $\omega_{c1}=6.3246$,相角裕度 $\gamma_1=0°$。此时,相角裕度不满足要求。串联比例增益后系统的开环渐近对数幅频特性曲线如图 6.44 所示。

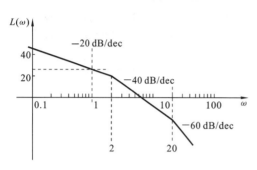

图 6.44 【6-16】串联比例增益后系统的开环渐近对数幅频特性曲线

(2) **判断串联滞后校正的可行性。**

由于校正后的剪切频率 $\omega_c^*\approx 10$,大于原系统的剪切频率,因此串联滞后校正不适用。

(3) **判断串联超前校正的可行性。**

如果要采用串联超前校正将 $\omega_c^*\approx 10$ 处校正为剪切频率,且使用最大超前相角,则需 $\omega_m=10$。此时,由原系统的对数幅频特性

$$20\lg\frac{20}{\omega_m\times 0.5\omega_m\times 0.05\omega_m}=-10\lg a$$

解得 $a=6.2500$。

原系统在 $\omega_c^*\approx 10$ 处的相角为

$$\varphi(\omega_c^*)=-90°-\arctan 0.5\omega_c^*-\arctan 0.05\omega_c^*=-195.2551°$$

需要校正装置提供至少 $40°-(180°-195.2551°)=55.2551°$ 的超前相角,而由 $a=6.2500=\frac{1+\sin\varphi_m}{1-\sin\varphi_m}$ 得串联超前校正装置所能提供的超前相角为 $\varphi_m=46.3972°$,因此串联一级超前校正不可行。

(4) **设计串联滞后-超前校正装置。**

首先借助串联超前校正提供的超前相角,再利用串联滞后校正将频率 10 **校正成剪切频率**。

① **设计超前部分。**

由于校正装置需要提供 $55.2551°$ 的超前相角,加上串联滞后校正的影响,因此取校正装置的最大超前相角为 $\varphi_m=60°$,则 $a=\frac{1+\sin\varphi_m}{1-\sin\varphi_m}=13.9282$。

由 $\omega_m=\omega_c^*=\frac{1}{T_a\sqrt{a}}$ 得 $T_a=\frac{1}{\omega_m\sqrt{a}}=0.0268$,因此进行幅值衰减补偿后的**串联超前**

校正装置的传递函数为

$$G_{c1}(s)=\frac{aTs+1}{Ts+1}=\frac{0.3733s+1}{0.0268s+1}$$

串联超前校正后系统的开环传递函数为

$$G_{K1}(s)=G_1(s)G_{c1}(s)=\frac{20(0.3733s+1)}{s(0.5s+1)(0.05s+1)(0.0268s+1)}$$

② 设计滞后部分。

利用串联滞后校正将 $\omega_m=10$ 处的幅值校正为剪切频率,即由

$$20\lg b=-20\lg|G_{K1}(\omega_m)|=-20\lg\frac{20\times0.3733\omega_m}{\omega_m\times0.5\omega_m\times1\times1}$$

求得滞后网络参数 $b=0.6697$,由 $\dfrac{10}{bT_b}=\omega_m$ 得滞后网络时间常数 $T_b=1.4932$,**串联滞后校正网络的传递函数为**

$$G_{c2}(s)=\frac{bTs+1}{Ts+1}=\frac{s+1}{1.4932s+1}$$

串联滞后-超前校正网络的传递函数为

$$G_c(s)=\frac{(0.3733s+1)(s+1)}{(0.0268s+1)(1.4932s+1)}$$

总的校正装置的传递函数为

$$20G_c(s)=\frac{20(0.3733s+1)(s+1)}{(0.0268s+1)(1.4932s+1)}$$

③ 验算。

通过串联滞后-超前校正网络 $G_c(s)$ 后,系统的开环传递函数为

$$G_K(s)=20G_0(s)G_c(s)=\frac{20(0.3733s+1)(s+1)}{s(0.5s+1)(0.05s+1)(0.0268s+1)(1.4932s+1)}$$

由 $\dfrac{20\times0.3733\omega\times\omega}{\omega\times0.5\omega\times1.4932\omega}=1$ 求出校正后系统的剪切频率为 $\omega_{c2}=10$,相角裕度为 $\gamma_2=42.8666°$,满足设计要求。

> **【难点和易错点】**
> ● 从该题的设计过程来看,由于原系统在期望剪切频率 ω_c^* 处的幅值所对应的校正装置参数 a 无法提供足够大的超前相角,因此串联超前校正无法实现精确校正目标。串联滞后-超前校正则可以借助超前校正的最大超前相角来增大相角裕度,而借助串联滞后校正来校正剪切频率,实现了精确校正的目标。读者可以对比【6-15】中的性能指标要求。
> ● 该题也可以采用期望频率特性法进行设计。读者可以对比【6-17】中的设计。

【6-17】 已知系统的开环传递函数为 $G_0(s)=\dfrac{1}{s(0.5s+1)(0.05s+1)}$,要使系统的静态速度误差系数 $K_v^*=20$,剪切频率 $\omega_c^*\approx10$,相角裕度 $\gamma^*=40°\pm4°$,试判断是否可以采用串联一级超前校正或串联滞后校正实现设计目标。如果不可行,试采用期望频率特性法实现校正目标。

【解】 (1) 选择开环放大系数并分析系统的频率特性。

由 $\dfrac{1}{\omega}=1$ 近似解得原系统的剪切频率 $\omega_{c0}=1$,相角裕度 $\gamma_0=60.5725°$。此时静态速度误差系数 $K_v=1$,不满足要求。

为使系统的静态速度误差系数 $K_v^*=20$,取 $K=20$,即给系统串联放大系数为 20 的放大器之后,系统的开环传递函数为

$$G_1(s)=\dfrac{20}{s(0.5s+1)(0.05s+1)}$$

再由 $\dfrac{20}{\omega\times 0.5}=1$ 近似解得剪切频率 $\omega_n^*=6.3246$,相角裕度 $\gamma_1=0°$。此时,相角裕度不满足要求。串联比例增益后系统的开环渐近对数幅频特性曲线如图 6.45 所示。

(2) **判断串联滞后校正的可行性。**

由于校正后的剪切频率 $\omega_c^*\approx 10$,大于原系统的剪切频率,因此串联滞后校正不适用。

(3) **判断串联一级超前校正的可行性。**

如果采用串联超前校正将 $\omega_c^*\approx 10$ 处校正为剪切频率,且使用最大超前相角,则需 $\omega_m=10$。此时,由原系统对数幅频特性

$$20\lg\dfrac{20}{\omega_m\times 0.5\omega_m\times 0.05\omega_m}=-10\lg a$$

解得 $a=6.2500$。

原系统在 $\omega_c^*\approx 10$ 处的相角为

$$\varphi(\omega_c^*)=-90°-\arctan 0.5\omega_c^*-\arctan 0.05\omega_c^*=-195.2551°$$

需要校正装置提供 $40°-(180°-195.2551°)=55.2551°$ 的超前相角,而由 $a=6.2500=\dfrac{1+\sin\varphi_m}{1-\sin\varphi_m}$ 得串联超前校正装置所能提供的超前相角为 $\varphi_m=46.3972°$,因此串联一级超前校正不可行。

(4) **采用期望频率特性法设计校正装置。**

由 $M_r\approx\dfrac{1}{\sin\gamma}$、$\gamma^*=40°$ 得期望谐振峰值 $M_r\leqslant 1.5557$。取期望谐振峰值 $M_r=1.5$。

期望频率特性曲线的中频段为过 $\omega_c^*=10$ 绘制斜率为 -20 dB/dec 的线段。期望频率特性设计图如图 6.46 所示。

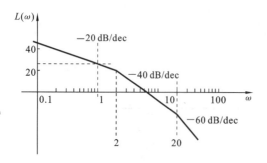

图 6.45 【6-17】串联比例增益后系统的开环渐近对数幅频特性曲线

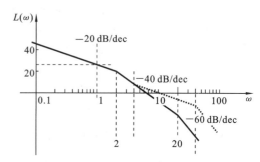

图 6.46 【6-17】期望频率特性设计图

列写方程，期望频率特性**中频段与原系统的交点**为

$$20\lg K - 20\lg\frac{2}{1} - 40\lg\frac{\omega}{2} = 0 - 20\lg\frac{\omega}{\omega_c^*}$$

解得 $\omega = 4$。由于中频段左侧转折频率应满足条件 $\omega_2 \leqslant \dfrac{(M_r-1)\omega_c}{M_r} = 3.3333$，取中频段左侧转折频率 $\omega_2 = 4$，近似可行。

中频段向左延伸至 ω_2 **处，再向左绘制斜率为** -40 dB/dec **的线段，与原系统重叠**。

而 $\omega_3 \geqslant \omega_c^* \dfrac{M_r+1}{M_r} = 16.6667$，取 $\omega_3 = 28$。从 ω_3 向右绘制斜率为 -60 dB/dec 的线段，与原系统平行。

由图 6.46 中的点线可知，期望对数幅频特性对应的开环传递函数为

$$G_K(s) = \frac{K(\frac{1}{\omega_2}s+1)}{s(0.5s+1)(\frac{1}{\omega_3}s+1)(\frac{1}{\omega_3}s+1)}$$

那么校正装置的传递函数为

$$G_c(s) = \frac{\left(\dfrac{1}{\omega_2}s+1\right)(0.05s+1)}{\left(\dfrac{1}{\omega_3}s+1\right)\left(\dfrac{1}{\omega_3}s+1\right)} = \frac{(0.2500s+1)(0.05s+1)}{(0.0357s+1)(0.0357s+1)}$$

总的校正装置的传递函数为

$$20G_c(s) = \frac{20(0.2500s+1)(0.05s+1)}{(0.0357s+1)(0.0357s+1)}$$

验算：由 $\dfrac{K \times \dfrac{1}{\omega_2}\omega}{\omega \times 0.5\omega} = 1$ 求得校正后系统的剪切频率为 $\omega_{c2} = 10$，相角裕度为 $\gamma_2 = 40.2009°$，满足设计要求。

【难点与易错点】

● 该题的设计要求中，由于对剪切频率和相角裕度均有精确要求，而采用期望频率特性法设计时，可以很容易满足剪切频率的精确要求，但**对于相角裕度很难直接估计出精确值**。这是因为期望频率特性法对中频段左右两个转折频率的设计均留有足够的裕量，而相角裕度除了受中频段宽度的影响外，还会受低频段和高频段的影响。该题设计时，在选定了 ω_2 后，**通过调节** ω_3 **的大小**，也就是调节中频段的宽度 H 来调节相角裕度，从而实现了设计目标。

● 读者对比【6-16】中采用串联滞后-超前校正的设计，发现串联滞后-超前校正设计比期望频率特性法设计更容易满足精确的性能要求。

【6-18】 已知系统的开环传递函数为 $G_0(s) = \dfrac{1}{s(0.5s+1)(0.15s+1)}$，要使系统的静态速度误差系数 $K_v^* = 20$，剪切频率 $\omega_c^* \approx 1$，相角裕度 $\gamma^* = 50° \pm 3°$，试判断是否可以采用串联一级超前校正或串联滞后校正实现设计目标。如果可行，试采用二者中可行的校正方法设计合适的串联校正装置。

【解】 (1) 选择开环放大系数并分析系统的频率特性。

由 $\frac{1}{\omega}=1$ 近似解得原系统的剪切频率为 $\omega_{c0}=1$,相角裕度为 $\gamma_0=54.9042°$。此时静态速度误差系数 $K_v=1$,不满足要求。

为使系统的静态速度误差系数 $K_v^*=20$,取 $K=20$,即给系统串联放大系数为 20 的放大器之后,系统的开环传递函数为

$$G_1(s)=\frac{20}{s(0.5s+1)(0.15s+1)}$$

再由 $\frac{20}{\omega \times 0.5\omega}=1$ 近似解得剪切频率 $\omega_{c1}=6.3246$,相角裕度 $\gamma_1=-25.9434°$。此时,相角裕度不满足要求。串联比例增益后系统的开环渐近对数幅频特性曲线如图 6.47 所示。

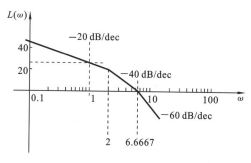

图 6.47 【6-18】串联比例增益后系统的开环渐近对数幅频特性曲线

(2) **判断串联超前校正的可行性。**

由于校正后的剪切频率 $\omega_c^* \approx 1$,小于原系统的剪切频率,因此串联超前校正不适用。

(3) **尝试进行串联滞后校正的设计。**

采用串联滞后校正的最大幅值衰减将 1 变成校正后的剪切频率 ω_c^*,即令 $20\lg b = -L(\omega_1)=-20\lg\frac{20}{\omega_c^*}$,得 $b=0.0500$。

而原系统在 $\omega_c^* \approx 1$ 处的相角为

$$\varphi(\omega_c^*)=-90°-\arctan 0.5\omega_c^* - \arctan 0.05\omega_c^*=-125.0958°$$

如果要达到 50° 的相角裕度,则需要校正装置提供 $50°-(180°-125.0958°)=-4.9042°$ 的滞后相角。**估计串联滞后校正是可行的。**

由滞后装置的第二个转折频率满足 $\frac{10}{bT}=\omega_1$,可得 $T=200$,则**串联滞后校正网络的传递函数**为

$$G_c(s)=\frac{10s+1}{200s+1}$$

总的校正装置的传递函数为

$$20G_c(s)=20\times\frac{bTs+1}{Ts+1}=\frac{20(10s+1)}{200s+1}$$

校正后系统的开环传递函数为

$$G_K(s)=20G_0(s)G_c(s)=\frac{20(10s+1)}{s(0.5s+1)(0.15s+1)(200s+1)}$$

验算: 由 $|G_K(j\omega)|=\frac{20\times 10\omega}{\omega\times 200\omega}=1$ 得校正后系统的剪切频率为 $\omega_{c2}=1$,相角裕度为 $\gamma_2=49.4801°$,满足要求。

【难点和易错点】
● 从该题的设计过程来看,采用串联滞后校正实现**精确校正**并同时兼顾剪切频率 ω_c^* 和相角裕度 γ^* 两个性能指标是很困难的,除非原系统刚好符合一定的条件,也就是在期望剪切频率 ω_c^* 处,原系统的相角刚好可以满足期望相角裕度的要求。该题就是这种情况。
● 读者可以比较【6-19】对于剪切频率和相角裕度均有较精确性能要求而无法采用串联滞后校正时的情况。

【6-19】 已知单位反馈控制系统的开环传递函数为 $G_0(s) = \dfrac{20}{s(0.5s+1)(0.15s+1)}$,要使系统的静态速度误差系数 $K_v^* = 20$,剪切频率 $\omega_c^* \approx 1$,相角裕度 $\gamma^* = 30° \pm 3°$,试判断是否可以采用串联一级超前校正产生超前相角、串联滞后校正产生幅值衰减,或者采用串联滞后-超前校正实现设计目标。如果不可行,试采用期望频率特性法设计合适的串联校正装置。

【解】 (1) **选择开环放大系数并分析系统的频率特性。**

原系统的开环放大系数为20,满足稳态性能的要求。

由 $\dfrac{20}{\omega \times 0.5\omega} = 1$ 近似解得原系统的剪切频率为 $\omega_{c0} = 6.3246$,相角裕度为 $\gamma_0 = -25.9434°$。此时,相角裕度不满足要求。原系统的开环渐近对数幅频特性曲线如图 6.48 所示。

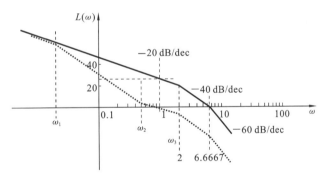

图 6.48 【6-19】原系统的开环渐近对数幅频特性曲线

(2) **考查串联一级超前校正是否可行。**

由于校正后的剪切频率 $\omega_c^* \approx 1$,小于原系统的剪切频率,因此串联一级超前校正不适用。

(3) **考查串联滞后校正是否可行。**

尝试进行串联滞后校正的设计,检查原系统在 $\omega_c^* \approx 1$ 处的相角,如下
$$\varphi(\omega_c^*) = -90° - \arctan 0.5\omega_c^* - \arctan 0.05\omega_c^* = -125.0958°$$

如果采用串联滞后校正将此处校正为剪切频率,则系统的相角裕度将达到 $180° - 125.0958° = 54.9042°$,需要借助串联滞后校正装置的相角滞后作用,产生滞后相角 $-25°$ 才能将相角裕度校正到 $30°$ 左右。因此,常规的滞后校正思路无法实现设计目标。

> **【难点与易错点】**
>
> ● 根据串联滞后校正装置的频率特性,串联滞后校正装置在频率 $\omega_m = \dfrac{1}{T\sqrt{b}}$ 处达到最大滞后相角 $\varphi_m = \arcsin\dfrac{b-1}{b+1}$,此时的幅值为 $10\lg b$。而原系统在 $\omega_c^* \approx 1$ 处的对数幅值为 $L(\omega_1) = 20\lg\dfrac{20}{\omega_c^*}$,需要借助滞后校正装置产生的幅值衰减 $-20\lg\dfrac{20}{\omega_c^*} = -26.0206$ 才能将此处校正为剪切频率。令 $-25° = \arcsin\dfrac{b-1}{b+1}$,则 $b = 0.4059$,此时校正装置能够提供的幅值衰减为 $10\lg b = -3.9158$,无法在 $\omega_c^* \approx 1$ 处校正为剪切频率。
>
> ● 读者也可以将串联滞后校正装置之后系统的开环传递函数求出来,再以 b 和 T 两个参数为待定系数,根据性能指标要求联立求解,尝试进行设计。但这种代数求解的设计思路不符合工程应用设计思想,这里不再赘述。

(4) **判断串联滞后-超前校正是否可行**。

从上述串联滞后校正的尝试可知,采用串联滞后校正时需要提供滞后相角,所以再采用串联超前校正并不能解决这一问题,因此,常规的串联滞后-超前校正思路无法实现设计目标。

(5) **采用期望频率特性法校正**。

中频段 过 $\omega_c^* = 1$ 处绘制斜率为 -20 dB/dec 的线段。

由 $M_r \approx \dfrac{1}{\sin\gamma}$、$\gamma^* = 30°$ 得期望谐振峰值为 $M_r = 2$,则期望频率特性中频段右侧转折频率应满足条件 $\omega_3 \geqslant \omega_c^* \dfrac{M_r+1}{M_r} = 1.5$。为使校正装置简单,取中频段右侧转折频率 $\omega_3 = 2$。**从 ω_3 向右**绘制斜率为 -40 dB/dec 的射线,延伸到原系统转折频率 $1/0.15$ 处之后,再向右绘制斜率为 -60 dB/dec 的射线,延伸到无穷远处,即高频段与原系统平行。

由期望频率特性中频段左侧转折频率应满足条件 $\omega_2 \leqslant \omega_c^* \dfrac{(M_r-1)}{M_r} = 0.5000$,取中频段左侧转折频率 $\omega_2 = 0.5$,**向左绘制斜率为 -40 dB/dec 的线段,求出与原系统的交点为**

$$20\lg K - 20\lg\dfrac{\omega_1}{1} = 0 - 20\lg\dfrac{\omega_2}{\omega_c^*} - 40\lg\dfrac{\omega_1}{\omega_2}$$

解得交点频率为 $\omega_1 = 0.0250$。此点再**向左**延伸时与原系统重叠,如图 6.48 中的点线所示。

由图 6.48 中的点线可知,期望对数幅频特性对应的开环传递函数为

$$G_K(s) = \dfrac{K\left(\dfrac{1}{\omega_2}s+1\right)}{s\left(\dfrac{1}{\omega_1}s+1\right)(0.5s+1)(0.15s+1)}$$

那么校正装置的传递函数为

$$G_c(s) = \frac{\left(\frac{1}{\omega_2}s+1\right)}{\left(\frac{1}{\omega_1}s+1\right)} = \frac{(2s+1)}{(40s+1)}$$

这是一个滞后校正装置。

验算: 由 $\dfrac{K \times \dfrac{1}{\omega_2}}{\omega \times \dfrac{1}{\omega_1}} = 1$ 求得校正后系统的剪切频率为 $\omega_{c2}=1$,相角裕度为 $\gamma=29.7712°$,满足设计要求。

【难点与易错点】
- 该题的设计要求中,对剪切频率和相角裕度均有精确要求,而采用期望频率特性法设计时,可以很容易满足剪切频率的精确要求,但对于相角裕度很难直接估计出精确值。这是因为该方法对中频段左右两个转折频率的设计均留有足够的裕量。该题设计时,在选定了 ω_3 后,**通过调节 ω_2 的大小**,也就是调节中频段的宽度 H 来调节相角裕度,从而实现了设计目标。
- 该题说明了期望频率特性法比串联滞后-超前校正具有更强的校正能力。

【6-20】 已知系统的开环传递函数为 $G_0(s)=\dfrac{K}{s(s+1)(0.01s+1)}$,要使在单位斜坡输入下的稳态误差为 0.01,剪切频率为 $\omega_c^* \approx 10$,相角裕度为 $\gamma^* = 25°\pm3°$,试判断是否可以采用串联一级超前校正或串联滞后校正实现设计目标。如果可行,试采用二者中可行的校正方法设计合适的校正装置。如果不可行,试采用串联滞后-超前校正设计合适的校正装置来实现目标。

【解】 (1) **选择开环放大系数并分析系统的频率特性。**

为使系统在单位斜坡输入下的稳态误差为 0.01,取 $K=100$,此时由 $\dfrac{K}{\omega \times \omega}=1$ 近似解得原系统的剪切频率为 $\omega_{c0}=10$,相角裕度为 $\gamma_0=0°$。原系统的渐近对数幅频特性曲线如图 6.49 所示。

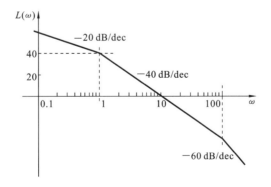

图 6.49 【6-20】原系统的开环渐近对数幅频特性曲线

(2) **考查串联一级超前校正是否可行。**

如果采用串联一级超前校正,要保持 $\omega_c^* \approx 10$ 为剪切频率不变,再结合串联一级超前校正的频率特性，因此不可行。

(3) **考查串联滞后校正是否可行。**
如果采用串联滞后校正，会导致相角裕度进一步减小，因此不可行。

(4) **设计串联滞后-超前校正装置。**
先借助串联超前校正提供的超前相角，再利用串联滞后校正将频率10校正成剪切频率。

① **设计超前部分。**

原系统在 $\omega_c^* \approx 10$ 处的相角裕度为 $\gamma_1 = 0°$，若考虑串联滞后校正装置的影响，则串联超前校正装置应提供的超前相角为 $\varphi_m = \gamma^* - \gamma_1 + 5° = 30°$，于是有 $a = \dfrac{1+\sin\varphi_m}{1-\sin\varphi_m} = 3$。

由 $\omega_m = \dfrac{1}{T_a\sqrt{a}} = \omega_c^*$，解得 $T_a = \dfrac{1}{\omega_m\sqrt{a}} = 0.0577$，则进行幅值衰减补偿后的**串联超前校正装置的传递函数**为

$$G_{c1}(s) = \dfrac{aT_as+1}{T_as+1} = \dfrac{0.1731s+1}{0.0577s+1}$$

串联超前校正后系统的开环传递函数为

$$G_{K1}(s) = G_0(s)G_{c1}(s) = \dfrac{K(0.1731s+1)}{s(s+1)(0.01s+1)(0.0577s+1)}$$

② **设计滞后部分。**

利用串联滞后校正将 $\omega_c^* = 10$ 处的幅值校正为剪切频率，即由

$$20\lg b = -20\lg|G_{K1}(\omega_c^*)| = -20\lg\dfrac{K \times 0.1731\omega_c^*}{\omega_c^* \times \omega_c^*}$$

得滞后网络参数 $b = 0.5777$，由 $\dfrac{10}{bT_b} = \omega_c^*$ 得滞后网络时间常数 $T_b = 1.7310$，**串联滞后校正网络的传递函数**为

$$G_{c2}(s) = \dfrac{bT_bs+1}{T_bs+1} = \dfrac{s+1}{1.7310s+1}$$

串联滞后-超前校正网络的传递函数为

$$G_c(s) = \dfrac{(0.1731s+1)(s+1)}{(0.0577s+1)(1.7310s+1)}$$

③ **验算。**

通过串联滞后-超前校正网络 $G_c(s)$ 后，系统的开环传递函数为

$$G_K(s) = 20G_0(s)G_c(s) = \dfrac{K(0.1731s+1)}{s(0.01s+1)(0.0577s+1)(1.7310s+1)}$$

由 $\dfrac{K \times 0.1731\omega}{\omega \times 1.7310\omega} = 1$ 求出校正后系统的剪切频率为 $\omega_{c2} = 10$，相角裕度为 $\gamma_2 = 27.5957°$，满足设计要求。

> **【难点与易错点】**
> ● 该题在考虑串联滞后校正的滞后相角时，采用补偿角度为 5° 而非 6°，这是因为校正后的相角裕度有 ±3° 的浮动范围，而采用 6° 的补偿相角大于真实的滞后相角，这会导致最终相角裕度超出允许误差范围。

【6-21】 已知单位反馈系统的开环传递函数为 $G_0(s) = \dfrac{K}{s(0.1s+1)(0.001s+1)}$，要求校正后的系统在单位斜坡输入下的稳态误差为 0.001：

(1) 若要使校正后系统的剪切频率 $\omega_c^* \approx 20$，试判断是否可以采用串联一级超前校正或串联滞后校正实现设计目标。如果可行，试采用二者中可行的校正方法设计合适的串联校正装置，并判断校正后的系统能够达到的相角裕度。

(2) 若要使校正后系统的相角裕度 $\gamma^* = 30° \pm 3°$，且 $\omega_c^* > 20$，试判断是否可以采用串联一级超前校正或串联滞后校正实现设计目标。如果可行，试采用二者中可行的校正方法，设计合适的串联校正装置，并判断校正后系统的剪切频率。

【解】 (1) **选择开环放大系数并分析系统的频率特性。**

取系统的开环放大系数 $K = K_v^* = 1000$，这样就满足了稳态误差的设计要求。

原系统的剪切频率 $\omega_{c0} = 100 \text{ rad/s}$，相角裕度 $\gamma_0 \approx 0°$。原系统的开环渐近对数幅频特性曲线如图 6.50 所示。

(2) **考查校正后系统的剪切频率 $\omega_c^* \approx 20$ 时串联一级超前校正是否可行。**

由于期望剪切频率 $\omega_c^* = 20$，小于原系统的剪切频率，因此串联一级超前校正不可行。

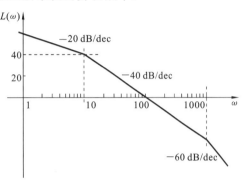

图 6.50 【6-21】原系统的开环渐近对数幅频特性图

(3) **设计串联滞后校正，使校正后系统的剪切频率 $\omega_c^* \approx 20$。**

令 $20\lg b = -L(\omega_c) = -20\lg\dfrac{K}{\omega_c \times 0.1\omega_c \times 1}$，得 $b = 0.0400$。

再由滞后装置的第二个转折频率满足 $\dfrac{10}{bT} = \omega_1$，得 $T = 12.5000$，则**串联滞后校正网络的传递函数为**

$$G_c(s) = \dfrac{0.5000s + 1}{12.5000s + 1}$$

校正后系统的开环传递函数为

$$G_K(s) = \dfrac{1000(0.5000s + 1)}{s(0.1s+1)(0.001s+1)(12.5000s+1)}$$

验算： 由 $|G_K(j\omega)| = \dfrac{1000 \times 0.5000\omega}{\omega \times 0.1\omega \times 12.5000\omega} = 1$ 得 $\omega_{c1} = 20$，满足要求。

此时，校正后系统的相角裕度为 $\gamma_1 = 19.9379°$。

(4) **判断串联滞后校正能否使校正后的系统满足 $\gamma^* = 30° \pm 3°$ 且 $\omega_c^* > 20$。**

从(3)的求解可知，如果采用串联滞后校正，要使 $\gamma^* = 30°$，则 $\omega_c^* < 20$。因此串联滞后校正不可行。

(5) **采用串联一级超前校正，使校正后的系统满足 $\gamma^* = 30° \pm 3°$ 且 $\omega_c^* > 20$。**

由于剪切频率的期望值没有限定上界，因此采用**串联一级超前校正可行**。

下面采用串联一级超前校正进行设计。

由 $\gamma^* = 30° \pm 3°$，取 $\Delta\varphi = 5°$，选择最大超前相角 $\varphi_m = \gamma^* - \gamma + \Delta\varphi = 35°$。

由 $a = \dfrac{1 + \sin\varphi_m}{1 - \sin\varphi_m}$ 得校正装置参数 $a = 3.6902$。由原系统的对数幅频特性

$$20\lg \dfrac{K}{\omega \times 0.1\omega \times 1} = -10\lg a$$

得最大超前相角对应的频率为 $\omega_m = 138.5998$ rad/s，由 $\omega_m = \dfrac{1}{T\sqrt{a}}$ 得 $T = \dfrac{1}{\omega_m \sqrt{a}} = 0.0038$。因此串联超前校正的传递函数为

$$G_c(s) = \dfrac{aTs + 1}{Ts + 1} = \dfrac{0.0140s + 1}{0.0038s + 1}$$

校正后系统的开环传递函数为

$$G_K(s) = \dfrac{1000(0.0140s + 1)}{s(0.1s + 1)(0.001s + 1)(0.0038s + 1)}$$

验算：由 $|G_K(j\omega)| = \dfrac{1000 \times 0.0140\omega}{\omega \times 0.1\omega} = 1$ 得校正后系统的剪切频率为 $\omega_{c1} = 140$，相角裕度为 $\gamma_1 = 31.0722°$，满足要求。

【难点与易错点】

● 该题中，(1)对剪切频率提出了精细化要求，(2)对相角裕度提出了精细化要求。对比(1)和(2)的要求，读者可以更好地理解串联超前校正和串联滞后校正的特性。

● **串联滞后校正**对于精细化要求的剪切频率或精细化要求的相角裕度具有更强的校正能力，但对于二者的结合，校正能力有限。而**串联超前校正**则很难实现精细化要求的剪切频率或相角裕度，往往需要试凑。

● 本题的(2)与【6-22】相比，除了对相角裕度提出了精细化要求外，还对剪切频率提出了更精细化的性能要求，此时需要采用串联滞后-超前校正。

【6-22】 已知单位反馈系统的开环传递函数 $G_0(s) = \dfrac{K}{s(0.1s + 1)(0.001s + 1)}$，要求校正后的系统在单位斜坡输入下的稳态误差为 0.001，剪切频率为 $\omega_c^* \approx 20$，相角裕度为 $\gamma^* = 30° \pm 3°$，判断是否可以采用串联一级超前校正或串联滞后校正实现设计目标。如果可行，试采用二者中可行的校正方法设计合适的串联校正装置。如果不可行，试采用串联滞后-超前校正设计合适的校正装置来实现目标。

【解】 (1) 选择开环放大系数并分析系统的频率特性。

取系统的开环放大系数 $K = K_v^* = 1000$，这样就满足了稳态误差的设计要求。

原系统的剪切频率为 $\omega_{c0} = 100$ rad/s，相角裕度为 $\gamma_0 \approx 0°$。

(2) 尝试采用串联超前校正。

由于期望剪切频率 $\omega_c^* = 20$，小于原系统的剪切频率，因此串联超前校正不可行。

(3) 尝试采用串联滞后校正。

由于原系统在 $\omega_c^* = 20$ 处的相角为

$$\varphi(\omega_c^*) = -90° - \arctan 0.1\omega_c^* - \arctan 0.001\omega_c^* = -154.5807°$$

加上串联滞后校正的相角滞后作用，所以采用串联滞后校正无法将此处的相角裕

度校正为 $\gamma^* = 30°$。

(4) 尝试采用串联滞后-超前校正。

① **设计超前校正部分。**

由于 $\omega_c^* = 20$ 处原系统的相角为 $\varphi(\omega_c^*) = -154.5807°$，考虑串联滞后校正装置的影响，因此串联超前校正装置应提供的超前相角为 $\varphi_m = \gamma^* - 180° - \varphi(\omega_c^*) + 6° = 10.5807°$。

由 $a = \dfrac{1+\sin\varphi_m}{1-\sin\varphi_m} = 1.4498$，令 $\omega_m = \dfrac{1}{T_a\sqrt{a}} = \omega_c^*$，解得 $T_a = \dfrac{1}{\omega_m\sqrt{a}} = 0.0415$，那么进行幅值衰减补偿后的**串联超前校正装置的传递函数**为

$$G_{c1}(s) = \dfrac{aTs+1}{Ts+1} = \dfrac{0.0602s+1}{0.0415s+1}$$

串联超前校正后系统的开环传递函数为

$$G_{K1}(s) = G_0(s)G_{c1}(s) = \dfrac{K(0.0602s+1)}{s(0.1s+1)(0.001s+1)(0.0415s+1)}$$

② **设计滞后校正部分。**

利用串联滞后校正将 $\omega_c^* = 20$ 处的幅值校正为剪切频率，即由

$$20\lg b = -20\lg|G_{K1}(\omega_c^*)| = -20\lg\dfrac{K \times 0.0602\omega_c^*}{\omega_c^* \times 0.1\omega_c^*}$$

得滞后网络参数 $b = 0.0332$，由 $\dfrac{10}{bT_b} = \omega_c^*$ 得滞后网络时间常数 $T_b = 15.0602$，因此**串联滞后校正网络的传递函数**为

$$G_{c2}(s) = \dfrac{bTs+1}{Ts+1} = \dfrac{0.5000s+1}{15.0602s+1}$$

串联滞后-超前校正网络的传递函数为

$$G_c(s) = \dfrac{(0.0602s+1)(0.5000s+1)}{(0.0415s+1)(15.0602s+1)}$$

③ **验算。**

通过串联滞后-超前校正网络 $G_c(s)$ 后，系统的开环传递函数为

$$G_K(s) = 20G_0(s)G_c(s) = \dfrac{K(0.0602s+1)(0.5000s+1)}{s(0.1s+1)(0.001s+1)(0.0415s+1)(15.0602s+1)}$$

由 $\dfrac{K \times 0.0602\omega \times 0.5000\omega}{\omega \times 0.1\omega \times 15.0602\omega} = 1$ 求出校正后系统的剪切频率为 $\omega_{c2} = 19.9865$，相角裕度为 $\gamma_2 = 30.5070°$，满足设计要求。

【难点和易错点】
- 对比【6-21】，观察性能要求的提高对校正装置的设计影响。通过对比该题和【6-21】，读者可以发现串联滞后-超前校正在实现精细化性能要求方面所具有的优势。
- 读者可以对比【6-23】，体会串联滞后-超前校正与期望频率特性法的区别。

【6-23】 已知单位反馈系统的开环传递函数 $G_0(s) = \dfrac{K}{s(0.1s+1)(0.001s+1)}$，要求校正后的系统在单位斜坡输入下的稳态误差为 0.001，剪切频率为 $\omega_c^* \approx 20$，相角裕

度为 $\gamma^* = 30° \pm 3°$，判断是否可以采用串联一级超前校正或串联滞后校正实现设计目标。如果可行，试采用二者中可行的校正方法设计合适的串联校正装置。如果不可行，试采用期望频率特性法设计合适的校正装置来实现目标。

【解】 (1) **选择开环放大系数并分析系统的频率特性。**

取系统的开环放大系数 $K = K_v^* = 1000$。这样就满足了稳态误差的设计要求。

原系统的剪切频率为 $\omega_{c0} = 100$ rad/s，相角裕度为 $\gamma_0 \approx 0°$。

(2) **尝试采用串联超前校正。**

由于期望剪切频率 $\omega_c^* = 20$，小于原系统的剪切频率，因此串联超前校正不可行。

(3) **尝试采用串联滞后校正。**

由于原系统在 $\omega_c^* = 20$ 处的相角为

$$\varphi(\omega_c^*) = -90° - \arctan 0.1\omega_c^* - \arctan 0.001\omega_c^* = -154.5807°$$

加上串联滞后校正的相角滞后作用，采用串联滞后校正无法将此处的相角裕度校正为 $\gamma^* = 30°$。

(4) **尝试采用期望频率特性法。**

原系统的开环渐近对数幅频特性曲线如图 6.51 所示。

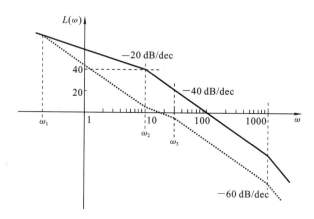

图 6.51 【6-23】原系统的开环渐近对数幅频特性曲线

由 $M_r \approx \dfrac{1}{\sin\gamma}$、$\gamma^* = 30°$ 得期望谐振峰值 $M_r = 2$。

中频段左侧转折频率应满足条件 $\omega_2 \leqslant \omega_c^* \dfrac{(M_r - 1)}{M_r} = 10$，为了使校正装置尽量简单，取 $\omega_2 = 10$，即原系统的一个转折频率。

中频段右侧转折频率应满足条件 $\omega_3 \geqslant \omega_c^* \dfrac{M_r + 1}{M_r} = 30$，**中频段**过 $\omega_c^* = 20$ 绘制斜率为 -20 dB/dec 的线段。

观察图 6.51，求中频段向右延伸时与原系统的交点能否作为 ω_3。由

$$20\lg K - 20\lg \dfrac{10}{1} - 40\lg \dfrac{\omega}{10} = 0 - 20\lg \dfrac{\omega}{\omega_c^*}$$

解得 $\omega = 500$。如果取交点频率作为 ω_3，即 $\omega_3 = 500$，可能导致相角裕度偏大。因此，取中频段右侧转折频率 $\omega_3 = 30$。

中频段向右延伸到 ω_3 之后，再向右绘制斜率为 -40 dB/dec 的线段，延伸到 1000

时，再向右绘制斜率为 -60 dB/dec 的射线，即高频段与原系统平行。

中频段向左延伸到 ω_2 之后，再向左绘制斜率为 -40 dB/dec 的线段，**求低频段向左延伸时与原系统的交点**，由

$$20\lg K - 20\lg\frac{\omega}{1} = 0 - 20\lg\frac{\omega_2}{\omega_c^*} - 40\lg\frac{\omega}{\omega_2}$$

解得交点频率 $\omega_1 = 0.2000$。再向右绘制斜率为 -20 dB/dec 的射线与原系统重叠。

由图 6.51 中的点线可知，期望对数幅频特性对应的开环传递函数为

$$G_K(s) = \frac{K\left(\dfrac{1}{\omega_2}s+1\right)}{s\left(\dfrac{1}{\omega_1}s+1\right)\left(\dfrac{1}{\omega_3}s+1\right)(0.001s+1)} = \frac{1000(0.1s+1)}{s(5s+1)(0.0333s+1)(0.001s+1)}$$

那么校正装置的传递函数为

$$G_c(s) = \frac{\left(\dfrac{1}{\omega_2}s+1\right)(0.1s+1)}{\left(\dfrac{1}{\omega_1}s+1\right)\left(\dfrac{1}{\omega_3}s+1\right)} = \frac{(0.1s+1)(0.1s+1)}{(5s+1)(0.0333s+1)}$$

这是一个串联滞后-超前校正装置。

验算：由 $\dfrac{K \times \dfrac{1}{\omega_2}\omega}{\omega \times \dfrac{1}{\omega_1}\omega} = 1$ 得校正后系统的剪切频率为 $\omega_{c2} = 20$，相角裕度为 $\gamma_2 = 29.1721°$，满足设计要求。

> **【难点与易错点】**
> ● 本题因为期望频率特性曲线 2—1—2 型非常宽，因此，中频段的宽度 H 虽然只有 3，但也足够产生所需要的相角裕度。
> ● 读者可以对比【6-22】，体会串联滞后-超前校正与期望频率特性法的区别。通过对比【6-22】，读者会发现，**期望频率特性法**在实现精确性能校正时，虽然很容易满足精确的剪切频率的要求，若实现精确的相角裕度的要求，往往需要试凑。例如，该题设计时，选定了 ω_2 之后，需要调整 ω_3 来满足相角裕度的要求。而**串联滞后-超前校正**则可以直接根据精细化性能要求来实现设计。

【6-24】 已知单位反馈系统的开环传递函数为 $G_0(s) = \dfrac{K}{s\left(\dfrac{1}{50^2}s^2 + \dfrac{1}{50}s + 1\right)}$，要求校正后闭环系统的谐振峰值 $M_r \approx 1.25$，且系统的剪切频率 $\omega_c^* \geq 30$，速度误差系数 $K_v^* \geq 500$。试设计合适的串联校正装置。

【解】（1）**选择开环放大系数并分析系统的频率特性。**

由速度误差系数的要求，取 $K = 500$。

由 $M_r \approx \dfrac{1}{\sin\gamma}$ 得期望相角裕度为 $\gamma^* = 53.1280°$。

由 $\dfrac{K}{\omega \times \dfrac{1}{50^2}\omega^2} = 1$ 得原系统的剪切频率为 $\omega_{c0} = 107.7215$，原系统的开环渐近对数幅

频特性曲线如图 6.52 所示。

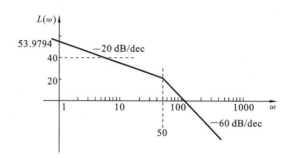

图 6.52 【6-24】原系统的开环渐近对数幅频特性曲线

那么原系统的相角裕度为

$$\gamma_0 = 180° - 90° - \left(180° - \arctan\frac{\frac{1}{50}\omega_{c0}}{\left(\frac{\omega_{c0}}{50}\right)^2 - 1}\right) = -59.3905°$$

(2) **考查串联超前校正。**

由于原系统的剪切频率再向右的斜率为 -60 dB/dec，因此串联一级超前校正不可行。

(3) **考查串联滞后校正。**

原系统在 $\omega_c^* = 30$ 处的相角为

$$\varphi(\omega_c^*) = -90° - \arctan\frac{\frac{1}{50}\omega_c^*}{1 - \left(\frac{\omega_c^*}{50}\right)^2} = -133.1524°$$

若采用串联滞后校正将 $\omega_c^* = 30$ 处校正为剪切频率，则相角裕度小于 $46.8476°$，不满足要求。

(4) **采用串联滞后-超前校正。**

① **设计串联超前校正装置。**

原系统在 $\omega_c^* = 30$ 处的相角 $\varphi(\omega_c^*) = -133.1524°$，若考虑串联滞后校正装置的影响，则串联超前校正装置应提供的超前相角为 $\varphi_m = \gamma^* - 180° - \varphi(\omega_c^*) + 6° = 12.2804°$。

当 $a = \dfrac{1 + \sin\varphi_m}{1 - \sin\varphi_m} = 1.5403$ 时，由最大超前相角对应的频率 $\omega_m = \dfrac{1}{T_a\sqrt{a}} = \omega_c^*$，解得 $T_a = \dfrac{1}{\omega_m\sqrt{a}} = 0.0269$，进行幅值衰减补偿后的**串联超前校正装置的传递函数为**

$$G_{c1}(s) = \frac{aT_as + 1}{T_as + 1} = \frac{0.0414s + 1}{0.0269s + 1}$$

串联超前校正后系统的开环传递函数为

$$G_{K1}(s) = G_0(s)G_{c1}(s) = \frac{K(0.0414s + 1)}{s\left(\dfrac{1}{50^2}s^2 + \dfrac{1}{50}s + 1\right)(0.0269s + 1)}$$

② **设计串联滞后校正装置。**

利用串联滞后校正将 $\omega_c^* = 20$ 处的幅值校正为剪切频率，即由

$$20\lg b = -20\lg|G_{K1}(\omega_c^*)| = -20\lg\frac{K \times 0.0414\omega_c^*}{\omega_c^*}$$

得滞后网络参数 $b=0.0483$，由 $\frac{10}{bT_b}=\omega_c^*$ 得滞后网络时间常数 $T_b=6.9013$，**串联滞后校正网络的传递函数为**

$$G_{c2}(s) = \frac{bT_b s+1}{T_b s+1} = \frac{0.3333s+1}{6.9013s+1}$$

串联滞后-超前校正网络的传递函数为

$$G_c(s) = \frac{(0.0414s+1)(0.3333s+1)}{(0.0269s+1)(6.9013s+1)}$$

③ 验算。

通过串联滞后-超前校正网络 $G_c(s)$ 后，系统的开环传递函数为

$$G_K(s) = 20G_0(s)G_c(s) = \frac{K(0.0414s+1)(0.3333s+1)}{s\left(\frac{1}{50^2}s^2+\frac{1}{50}s+1\right)(0.0269s+1)(6.9013s+1)}$$

由于包含振荡环节，简算误差大，现精确求解。求出校正后系统的剪切频率为 $\omega_{c2}=36.0803$，相角裕度为 $\gamma_2=41.1232°$，$M_r \approx \frac{1}{\sin\gamma}=1.5205$，所设计得到的值与设计采用的参考值之间存在较大误差，这是振荡环节导致的。

（5）**采用期望频率特性法校正。**

采用期望频率特性法校正的渐近对数幅频特性曲线如图 6.53 所示。

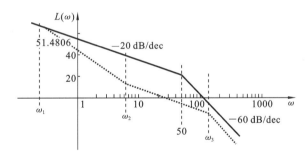

图 6.53 【6-24】采用期望频率特性法校正的渐近对数幅频特性曲线

中频段左侧转折频率应满足 $\omega_2 \leqslant \omega_c^* \frac{(M_r-1)}{M_r}=6$，取 $\omega_2=6$。

中频段右侧转折频率应满足 $\omega_3 \geqslant \omega_c^* \frac{M_r+1}{M_r}=54$，**中频段**过 $\omega_c^*=30$ 绘制斜率为 -20 dB/dec 的线段。

观察图 6.53，求中频段向右延伸时与原系统的交点能否作为 ω_3，由

$$20\lg K - 20\lg\frac{1}{50} - 60\lg\frac{50\omega}{1} = 0 - 20\lg\frac{\omega}{\omega_c^*}$$

解得 $\omega=204.1241$。如果取交点频率作为 ω_3，可能导致相角裕度偏大。

因此，取 $\omega_3=130$。**中频段向右**延伸到 ω_3 之后，再向右绘制斜率为 -60 dB/dec 的射线与原系统平行。**这里 ω_3 的取值需要测试，让中频段足够宽，但也不能太宽。**

中频段向左延伸到 ω_2 之后，再向左绘制斜率为 -40 dB/dec 的线段，求低频段向左

延伸时与原系统的交点，由

$$20\lg K - 20\lg \frac{\omega}{1} = 0 - 20\lg \frac{\omega_2}{\omega_c^*} - 40\lg \frac{\omega}{\omega_2}$$

解得交点处的频率为 $\omega_1 = 0.3600$。再**向右**绘制斜率为 -20 dB/dec 的射线与原系统重叠。

由图 6.53 中的点线可知，期望对数幅频特性对应的开环传递函数为

$$G_K(s) = \frac{K\left(\frac{1}{\omega_2}s+1\right)}{s\left(\frac{1}{\omega_1}s+1\right)\left(\frac{1}{\omega_3}s+1\right)^2}$$

校正装置的传递函数为

$$G_c(s) = \frac{\left(\frac{1}{\omega_2}s+1\right)\left(\frac{1}{50^2}s^2+\frac{1}{50}s+1\right)}{\left(\frac{1}{\omega_1}s+1\right)\left(\frac{1}{\omega_3}s+1\right)^2} = \frac{(0.1667s+1)\left(\frac{1}{50^2}s^2+\frac{1}{50}s+1\right)}{(2.7778s+1)(0.0077s+1)^2}$$

验算：由 $\dfrac{K \times \frac{1}{\omega_2}\omega}{\omega \times \frac{1}{\omega_1}\omega} = 1$ 求出校正后系统的剪切频率为 $\omega_{c2} = 29.9993$，相角裕度为 $\gamma_2 = 53.3887°$，$M_r \approx \dfrac{1}{\sin\gamma} = 1.2458$，满足设计要求。

【难点与易错点】

● 该题在性能指标的要求中，对于谐振峰值（相角裕度）的要求是精确值，因此采用**串联滞后-超前**设计相对容易实现；而采用**期望频率特性法设计**时，往往需要试凑。

该题因为期望频率特性曲线中频段为 2—1—3 型，因此，中频段的宽度 H 需要足够大才能产生足够的相角裕度。但由于相角裕度精度要求较高，所以 H 也不能太大。

【6-25】 设单位反馈控制系统的开环传递函数为 $G(s) = \dfrac{K}{s(s+1)(0.2s+1)}$，为使校正后的系统的谐振峰值 $M_r \approx 1.3$，剪切频率 $\omega_c^* \approx 2$，速度误差系数 $K_v^* = 10$，试设计合适的串联校正装置。

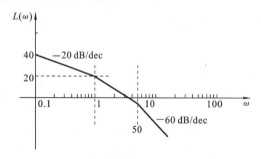

图 6.54 【6-25】原系统的开环渐近对数幅频特性曲线

【解】 （1）选择开环放大系数并分析系统的频率特性。

由速度误差系数的要求，取 $K = 10$。

由 $M_r \approx \dfrac{1}{\sin\gamma}$，得期望相角裕度 $\gamma^* = 50.2848°$。

由 $\dfrac{K}{\omega \times \omega} = 1$ 得原系统的剪切频率为 $\omega_{c0} = 3.1623$，原系统的开环渐近对数幅频特性曲线如图 6.54 所示。

原系统的相角裕度为

$$\gamma_0 = 180° - 90° - \arctan\omega_{c0} - \arctan 0.2\omega_{c0}$$
$$= -14.7634°$$

(2) 考查串联一级超前校正是否可行。

由前可知，需要提供的最大超前相角超出了串联一级超前校正的能力，因此串联一级超前校正不可行。

(3) 考查串联滞后校正是否可行。

原系统在 $\omega_c^* = 2$ 处的相角为 $\varphi(\omega_c^*) = -175.2364°$。若采用串联滞后校正将 $\omega_c^* = 2$ 处校正为剪切频率，则相角裕度小于 $4.7636°$，不满足要求。

> 【注】 判断串联滞后校正是否可行的方法，也可以求出符合相角裕度要求的频率，得到该频率无法满足 ω_c^* 的要求。

(4) 采用串联滞后-超前校正设计。

① 设计超前部分。

原系统在 $\omega_c^* = 2$ 处的相角 $\varphi(\omega_c^*) = -175.2364°$，若考虑串联滞后校正装置的影响，则串联超前校正装置应提供的超前相角为

$$\varphi_m = \gamma^* - 180° - \varphi(\omega_c^*) + 5° = 50.5212°$$

当 $a = \dfrac{1+\sin\varphi_m}{1-\sin\varphi_m} = 7.7665$ 时，由最大超前相角对应的频率为 $\omega_m = \dfrac{1}{T_a\sqrt{a}} = \omega_c^*$，解得 $T_a = \dfrac{1}{\omega_m\sqrt{a}} = 0.1745$，进行幅值衰减补偿后的**超前校正装置的传递函数为**

$$G_{c1}(s) = \frac{aTs+1}{Ts+1} = \frac{1.3933s+1}{0.1794s+1}$$

串联超前校正后系统的开环传递函数为

$$G_{K1}(s) = G_0(s)G_{c1}(s) = \frac{K(1.3933s+1)}{s(s+1)(0.2s+1)(0.1794s+1)}$$

② 设计滞后部分。

利用串联滞后校正将 $\omega_c^* = 2$ 处的幅值校正为剪切频率，即由

$$20\lg b = -20\lg|G_{K1}(\omega_c^*)| = -20\lg\frac{K \times 1.3933\omega_c^*}{\omega_c^* \times \omega_c^*}$$

得滞后网络参数 $b = 0.1435$，由 $\dfrac{10}{bT_b} = \omega_c^*$ 得滞后网络时间常数 $T_b = 34.8432$，**串联滞后校正网络的传递函数为**

$$G_{c2}(s) = \frac{bTs+1}{Ts+1} = \frac{5s+1}{34.8432s+1}$$

串联滞后-超前校正网络的传递函数为

$$G_c(s) = \frac{(1.3933s+1)(5s+1)}{(0.1794s+1)(34.8432s+1)}$$

③ 验算。

通过串联滞后-超前校正网络 $G_c(s)$ 后，系统的开环传递函数为

$$G_K(s) = G_0(s)G_c(s) = \frac{K(1.3933s+1)(5s+1)}{s(s+1)(0.2s+1)(0.1794s+1)(34.8432s+1)}$$

由 $\dfrac{K \times 1.3933\omega \times 5\omega}{\omega \times \omega \times 34.8432\omega} = 1$ 求出校正后系统的剪切频率为 $\omega_{c2} = 1.9994$，相角裕度为 $\gamma_2 = 50.4075°$，$M_{r2} \approx 1.2977$，满足设计要求。

(5) 采用期望频率特性法设计校正装置。

期望频率特性**中频段**过 $\omega_c^* = 2$ 绘制斜率为 $-20\ \mathrm{dB/dec}$ 的线段。

期望频率特性中频段左侧转折频率应满足 $\omega_2 \leqslant \omega_c^* \dfrac{(M_r - 1)}{M_r} = 0.4615$，中频段右侧转折频率应满足 $\omega_3 \geqslant \omega_c^* \dfrac{M_r + 1}{M_r} = 3.5385$。

为使校正装置结构简单，取中频段右侧转折频率 $\omega_3 = 5$，即原系统的一个转折频率。**中频段向右延伸到** ω_3 之后，再向右绘制斜率为 $-40\ \mathrm{dB/dec}$ 的射线（为了保持中频段为 2—1—2 型），延伸到 $\omega_4 = 13$（任选一个转折频率）。再向右绘制斜率为 $-60\ \mathrm{dB/dec}$ 的射线，与原系统平行。

取中频段左侧转折频率 $\omega_2 = 0.4$。让中频段足够宽，但也不能太宽。**中频段向左延伸到** ω_2 之后，再向左绘制斜率为 $-40\ \mathrm{dB/dec}$ 的线段，求低频段向左延伸时与原系统的交点，由 $20\lg K - 20\lg \dfrac{\omega}{1} = 0 - 20\lg \dfrac{\omega_2}{\omega_c^*} - 40\lg \dfrac{\omega}{\omega_2}$ 解得交点处的频率为 $\omega_1 = 0.0800$。再向左绘制斜率为 $-20\ \mathrm{dB/dec}$ 的射线与原系统重叠。

由图 6.55 中的点线可知，期望对数幅频特性对应的开环传递函数为

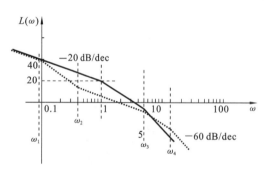

图 6.55 【6-25】采用期望频率特性法校正设计图

$$G_K(s) = \dfrac{K\left(\dfrac{1}{\omega_2}s + 1\right)}{s\left(\dfrac{1}{\omega_3}s + 1\right)\left(\dfrac{1}{\omega_4}s + 1\right)}$$

校正装置的传递函数为

$$G_c(s) = \dfrac{\left(\dfrac{1}{\omega_2}s + 1\right)(s + 1)}{\left(\dfrac{1}{\omega_1}s + 1\right)\left(\dfrac{1}{\omega_4}s + 1\right)}$$
$$= \dfrac{(2.5000s + 1)(s + 1)}{(12.5000s + 1)(0.0769s + 1)}$$

验算：由 $\dfrac{K \times \dfrac{1}{\omega_2}\omega}{\omega \times \dfrac{1}{\omega_1}\omega} = 1$ 求出校正后系统的剪切频率为 $\omega_{c2} = 2$，相角裕度为 $\gamma_2 = 50.4357°$，$M_{r2} \approx 1.2972$，满足要求。

【难点与易错点】

● 该题因为期望谐振峰值 M_r 为指定值，对应的期望相角裕度为指定值，所以在设计串联超前校正部分时，对串联滞后校正的补偿量没有采用 6° 而是采用 5°。事实上，如果采用 6° 补偿量，会使校正后的期望相角裕度略大，对应的谐振峰值略小。

● 该题因为期望谐振峰值 M_r 为指定值，对应的期望相角裕度为指定值，而采用期望频率特性法校正时，需要通过试凑的方法才能实现精确设计。该题在确定了中频段的宽度之后，通过调节 ω_4 的大小来满足对相角裕度也就是 M_r 的精确要求。

6.3.4 串联校正装置的硬件实现

【6-26】 某反馈控制系统的结构图如图 6.56 所示,若 $C=1$ F,要使系统在校正后的静态速度误差系数 $K_v^*=100$,相角裕度 $\gamma^* \geqslant 60°$,试确定参数 K,以及电阻 R_1 和 R_2 的值。

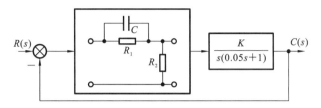

图 6.56 【6-26】某反馈控制系统的结构图

【解】 (1) 选择开环放大系数并分析系统的频率特性。

原系统的开环传递函数为

$$G_0(s) = \frac{K}{s(0.05s+1)}$$

如果开环放大系数为 $K=100$,则由 $\frac{K}{\omega \times 0.05\omega} = 1$ 得原系统的剪切频率为 $\omega_{c0} = 44.7210$,原系统的相角裕度为

$$\gamma_0 = 180° - 90° - \arctan 0.05\omega_{c0} = 24.0950°$$

校正装置的传递函数为

$$G_c(s) = \frac{1}{a} \frac{aTs+1}{Ts+1}$$

其中:$T = \frac{R_1 R_2 C}{R_1 + R_2}, a = \frac{R_1 + R_2}{R_2}$。这是一个超前校正装置。那么开环放大系数需要调整为

$$K = 100a$$

(2) **设计串联超前校正装置。**

选取补偿相角 $\Delta\varphi = 10.0950°$,则串联超前校正装置应提供的最大超前相角为 $\varphi_m = \gamma^* - \gamma_0 + \Delta\varphi = 46°$。

由 $a = \frac{1+\sin\varphi_m}{1-\sin\varphi_m}$ 得校正装置参数 $a = 6.1261$。

由原系统的对数幅频特性列写方程,即

$$20\lg \frac{100}{\omega \times 0.05\omega} = -10\lg a$$

解得最大超前相角对应的频率应为 $\omega_m = 70.3576$ rad/s。

由 $\omega_m = \frac{1}{T\sqrt{a}}$ 得 $T = \frac{1}{\omega_m \sqrt{a}} = 0.0057$。

进行幅值补偿后,**串联超前校正装置的传递函数**为

$$G_c(s) = \frac{aTs+1}{Ts+1} = \frac{0.0349s+1}{0.0057s+1}$$

验算:验证校正后系统的相角裕度。校正后系统的开环传递函数为

$$G_K(s)=G_c(s)G_0(s)=\frac{100(0.0349s+1)}{s(0.05s+1)(0.0057s+1)}$$

由 $\frac{100\times 0.0349\omega}{\omega\times 0.05\omega}=1$ 得校正后系统的剪切频率为 $\omega_{c1}=69.7998$,相角裕度为 $\gamma_1=61.9747°>60°$,满足设计要求。

(3) **选取串联超前校正装置硬件参数。**

由 $K=100a=612.61$,再由 $T=\frac{R_1R_2C}{R_1+R_2}$,$a=\frac{R_1+R_2}{R_2}$ 解得超前校正装置硬件参数分别为

$$R_1=aT=0.0349$$

$$R_2=\frac{aT}{a-1}=0.0068$$

【难点与易错点】
● 该题因为是以电路的形式给出的校正装置,因此在校正设计后,要注意串联超前校正的幅值衰减作用,以及调整开环放大系数所进行的幅值补偿。

【6-27】 某反馈控制系统的结构图如图 6.57 所示,

(1) 若 $R_1=2\ \Omega$,$R_2=R_3=1\ \Omega$,为了保证系统的相角裕度为 $\gamma^*=20°$,求校正装置的电容 C 值。

(2) 若 $C=1$ F,且 $R_1=R_2$,为了保证系统的相角裕度为 $\gamma^*=30°$,求校正装置的三个电阻的取值。

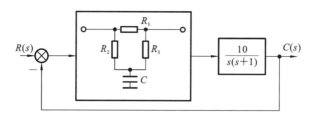

图 6.57 【6-27】某反馈控制系统的结构图

【解】 (1) 分析系统的频率特性,确定校正装置。

原系统的开环传递函数为

$$G_0(s)=\frac{10}{s(s+1)}$$

由 $\frac{K}{\omega\times\omega}=1$ 得原系统的剪切频率为 $\omega_{c0}=3.1623$,原系统的相角裕度为

$$\gamma_0=180°-90°-\arctan\omega_{c0}=17.5483°$$

由图 6.57 可求出校正装置的传递函数为

$$\frac{U_c(s)}{U_r(s)}=\frac{R_2R_3Cs+R_1+R_2+R_3}{R_2(R_1+R_3)Cs+R_1+R_2+R_3}=\frac{\frac{R_2R_3C}{R_1+R_2+R_3}s+1}{\frac{R_2(R_1+R_3)C}{R_1+R_2+R_3}s+1}$$

显然,这是一个串联滞后校正装置。

① 当 $R_1=2\ \Omega,R_2=R_3=1\ \Omega$ 时,设计校正装置,使 $\gamma^*=20°$,此时,

$$\frac{U_c(s)}{U_r(s)}=\frac{0.25Cs+1}{0.75Cs+1}$$

只有一个可调参数 C。

如果采用常用的串联滞后校正设计思路,选择 $\varphi(\omega)=\gamma^*+6°-180°=-144°$,则由 $-90°-\arctan 0.1\omega-\arctan 0.4\omega=-144°$ 解得 $\omega_1=1.3764$。

若令 $20lgb=-20lg|G_0(j\omega_1)|\approx-20lg\frac{K}{\omega_1\times\omega_1}$,则需 $b=0.1894$,但是,由于 $b=\frac{0.25C}{0.75C}=0.3333$,因此**不能采用这种校正思路**。

下面**采用直接求解的方法**。

校正后系统的开环传递函数为

$$G_K(s)=\frac{10(0.25Cs+1)}{s(s+1)(0.75Cs+1)}$$

则由 $\frac{10\times0.25C\omega}{\omega\times\omega\times0.75C\omega}=1$ 可得校正后系统的剪切频率为

$$\omega_{c1}=\sqrt{\frac{10}{3}}=1.8257$$

相角裕度为

$$\gamma_1=180°-90°-\arctan\omega_{c1}-\arctan 0.75C\omega_{c1}+\arctan 0.25C\omega_{c1}=20°$$

因此,由 $\frac{0.5C\omega_{c1}}{1+0.25C\omega_{c1}\times0.75C\omega_{c1}}=\tan(70°-\arctan\omega_{c1})$ 求解可得。为了保证系统的相角裕度为 $\gamma^*=20°$,需使

$$C=0.1709$$

② **若 $C=1$ F 且 $R_1=R_2$**,那么设计校正装置,使 $\gamma^*=30°$。此时有两个可调参数,可以采用常用的串联滞后校正设计思路。

选择 $\varphi(\omega)=\gamma^*+6°-180°=-144°$,那么由 $-90°-\arctan 0.1\omega-\arctan 0.4\omega=-144°$ 解得 $\omega_1=1.3764$。

若令 $20lgb=-20lg|G_0(j\omega_1)|\approx-20lg\frac{K}{\omega_1\times\omega_1}$,则需 $b=0.1894$,而

$$b=\frac{\frac{R_2R_3C}{R_1+R_2+R_3}}{\frac{R_2(R_1+R_3)C}{R_1+R_2+R_3}}=\frac{R_3}{(R_1+R_3)}=0.1894$$

由滞后装置的第二个转折频率满足 $\frac{10}{bT}=\omega_1$,得 $T=38.3597$,则**串联滞后校正网络的传递函数**为

$$G_c(s)=\frac{7.2653s+1}{38.3597s+1}$$

校正后系统的开环传递函数为

$$G_K(s)=\frac{10(7.2653s+1)}{s(s+1)(38.3597s+1)}$$

(2) 验算。

由 $|G_K(j\omega)| = \dfrac{10 \times 7.2653\omega}{\omega \times \omega \times 38.3597\omega} = 1$ 得校正后系统的剪切频率为 $\omega_{c1} = 1.3762$，相角裕度 $\gamma_1 = 31.3774°$，满足要求。

校正装置的参数应满足

$$\frac{R_2(R_1+R_3)}{R_1+R_2+R_3} = 38.3597, \quad \frac{R_2 R_3}{R_1+R_2+R_3} = 7.2653$$

由此可知，求解方程组可得 $\dfrac{R_1}{R_3} = 4.2799$。为了保证系统的相角裕度为 $\gamma^* = 30°$，校正装置的三个电阻应取值为

$$R_1 = R_2 = 69.4542, \quad R_3 = 16.2280$$

【难点与易错点】

● 该题因为是以电路的形式给出的串联滞后校正装置，因此 $\dfrac{R_1}{R_3}$ 值可以确定下来。在校正设计中，要注意可调参数会受到这个比值的限制。

● 当串联滞后校正装置的可调参数只剩一个时，可以尝试**直接求解**的方法来设计参数，正如该题第(1)问所示。

6.3.5 幅值裕度要求下的串联校正

【6-28】 已知某单位反馈系统的开环传递函数为 $G_0(s) = \dfrac{100}{s(s+1)(0.05s+1)}$，试设计串联超前校正装置，使该系统的幅值裕度 $k_g^* \geq 6$ dB。

【解】（1）分析系统的频率特性。

由 $\dfrac{100}{\omega \times \omega \times 1} = 1$ 近似可得原系统的剪切频率为 $\omega_{c0} = 10$，相角裕度为 $\gamma_0 = -20.8545°$。

由 $-90° - \arctan\omega - \arctan 0.05\omega = -180°$ 可得幅值穿越频率 $\omega_{g0} = 4.4721$，幅值裕度 $K_{g0} = -13.9795$ dB。绘制原系统与校正后系统的 Bode 图，如图 6.58 中的实线所示。

(2) 设计串联一级超前校正装置。

若采用串联一级超前校正，可先找到原系统中满足幅值裕度要求的频率 ω_1，求出对应的相角 $\varphi(\omega_1)$，再借助超前相角，将 $\varphi(\omega_1)$ 校正为 $-180°$。在这个设计过程中，由于最大超前相角会带来 $10\lg a$ 的幅值增加，因此需要考虑给幅值裕度留出足够的裕量。当 $a \in [5,20]$ 范围内时，裕量 $\Delta L \in [6.9897, 13.0103]$。

根据上述思路，首先找出原系统中 $k_g(\text{dB}) = k_g^* + \Delta L = 6 + \Delta L$ 处的频率。取 $\Delta L = 10$，由 $-20\lg \dfrac{100}{\omega \times \omega \times 0.05\omega} = 6 + \Delta L$ 可解得满足幅值裕度要求的频率为 $\omega_1 = 23.2814$，令最大超前相角所对应的频率为 $\omega_m = \omega_1$。

ω_1 所对应的原系统的相角 $\varphi(\omega_1) = -226.8761°$，则串联超前校正装置应提供的最大超前相角为

$$\varphi_m = -180° - \varphi(\omega_1) = 46.8761°$$

串联超前校正网络的参数 $a = \dfrac{1+\sin\varphi_m}{1-\sin\varphi_m} = 6.4040$。

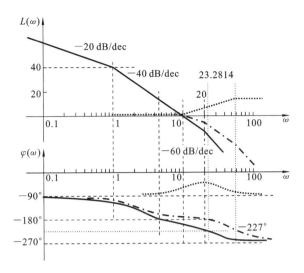

图 6.58 【6-28】原系统与校正后系统的开环 Bode 图

此时可以校验幅值裕度的裕量是否足够。由于 $10\lg a=8.0645$,即串联超前校正网络在提供超前相角的同时,会导致幅值增大 8.0645 dB。因此,裕量 $\Delta L=10$ 足够。

根据 $\omega_m=\dfrac{1}{T\sqrt{a}}$ 可得到参数 $T=0.0170$,则串联超前校正装置的传递函数为

$$G_c(s)=\dfrac{aTs+1}{Ts+1}=\dfrac{0.1089s+1}{0.0170s+1}$$

串联超前校正装置的 Bode 图如图 6.58 中的点线所示。

上述设计中,由于裕量是任选的,因此需要验算。

验算:校正后系统的开环传递函数为

$$G_K(s)=\dfrac{100(0.1089s+1)}{s(s+1)(0.05s+1)(0.0170s+1)}$$

校正后系统的 Bode 图如图 6.58 中的点划线所示。

由 $-90°-\arctan\omega-\arctan 0.05\omega-\arctan 0.0170\omega+\arctan 0.1089\omega=-180°$ 可得校正后系统的幅值穿越频率 $\omega_{g1}=23.2856$,幅值裕度 $k_{g1}=7.9223$ dB,满足设计要求。

此时可得校正后系统的剪切频率也有增加,即 $\omega_{c1}=10.8899$,相角裕度为 $\gamma_1=16.0515°$。

【难点与易错点析】
● 该题属于幅值裕度的校正,采用串联超前校正的步骤如下。

(1) 选取幅值裕量 ΔL,由 $-20\lg|G_0(j\omega)|=k_g^*+\Delta L$ 找到原系统中满足幅值裕度要求的频率 ω_1,令 $\omega_m=\omega_1$。

(2) 求出频率 ω_1 所对应的原系统的相角 $\varphi(\omega_1)$,令 $\varphi_m=-180°-\varphi(\omega_1)$,将相角 $\varphi(\omega_1)$ 校正为 $-180°$。

(3) 由 φ_m 求出参数 $a=\dfrac{1+\sin\varphi_m}{1-\sin\varphi_m}$,由 $\omega_m=\dfrac{1}{T\sqrt{a}}$ 得到参数 T。

(4) 由串联超前校正装置的传递函数 $G_c(s) = \dfrac{aTs+1}{Ts+1}$ 与原系统开环传递函数串联并验算。

● 在这个设计过程中，由于最大超前相角会带来 $10\lg a$ 的幅值增加，因此需要考虑给幅值裕度留出足够的裕量，即 $\Delta L = 10\lg a$。在 $a \in [5, 20]$ 范围内时，裕量 $\Delta L \in [6.9897, 13.0103]$。

【6-29】 已知某单位反馈系统的开环传递函数为 $G_0(s) = \dfrac{100}{s(s+1)(0.05s+1)}$，试设计串联滞后校正装置，使该系统的幅值裕度 $k_g^* \geqslant 6$ dB。

【解】 (1) 分析系统的频率特性。

由 $\dfrac{100}{\omega \times \omega \times 1} = 1$ 近似可得原系统的剪切频率为 $\omega_{c0} = 10$，相角裕度为 $\gamma_0 = -20.8545°$。

由 $-90° - \arctan\omega - \arctan 0.05\omega = -180°$ 可得幅值穿越频率 $\omega_{g0} = 4.4721$，幅值裕度 $k_{g0} = -13.9795$ dB。绘制原系统与校正后系统的开环 Bode 图，如图 6.59 所示。

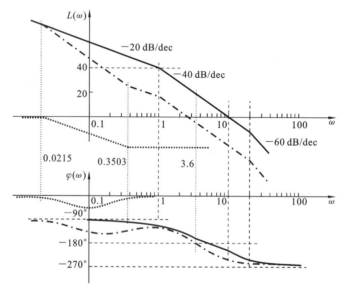

图 6.59 【6-29】原系统与校正后系统的开环 Bode 图

(2) 设计串联滞后校正装置。

若采用串联滞后校正，则可将幅值穿越频率 ω_{g0} 处的幅值校正为满足幅值裕度要求的幅值，即令 $20\lg|G_0(\omega_{g0})| - 20\lg b = -k_g^*$。但由于串联滞后校正会带来相角滞后 $-\Delta\varphi$，因此应该找出原系统相角 $\varphi(\omega_1) = -180° + \Delta\varphi$ 所对应的频率 ω_1，将此处的幅值校正为满足幅值裕度要求的幅值，即令 $20\lg|G_0(\omega_1)| + 20\lg b = -k_g^*$。为保证滞后相角的副作用尽量小，应选取转折频率 $\dfrac{1}{Tb}$ 的十倍频程，其对应 ω_1，即令

$$\dfrac{10}{Tb} = \omega_1$$

从而可以设计出参数 T。

根据上述思路,选取 $\Delta\varphi=6°$,找出原系统相角 $\varphi(\omega_1)=-180°+\Delta\varphi=-174°$ 所对应的频率 ω_1:

$$-90°-\arctan\omega_1-\arctan 0.05\omega_1=-174°$$

解得 $\omega_1=3.5027$。令 $20\lg|G_0(\omega_1)|+20\lg b=-k_g^*$,即

$$20\lg\frac{100}{\omega_1\times\omega_1\times 1}+20\lg b=-6$$

解得 $b=0.0615$,再由

$$\frac{10}{Tb}=\omega_1$$

解得 $T=46.4218$,则**串联滞后校正装置的传递函数**为

$$G_c(s)=\frac{bTs+1}{Ts+1}=\frac{2.8549s+1}{46.4218s+1}$$

串联滞后校正装置的 Bode 图如图 6.59 中的点线所示。

验算:上述设计中,由于裕量是任选的,因此需要验算。校正后系统的开环传递函数为

$$G_K(s)=\frac{100(2.8549s+1)}{s(s+1)(0.05s+1)(46.4218s+1)}$$

校正后系统的 Bode 图如图 6.59 中的点划线所示。

由 $-90°-\arctan\omega-\arctan 0.05\omega-\arctan 46.4218\omega+\arctan 2.8549\omega=-180°$ 可得校正后系统的幅值穿越频率 $\omega_{g1}=3.6195$,幅值裕度 $k_{g1}=6.5686$ dB,满足设计要求。

此时可得校正后系统的剪切频率也减小了,即 $\omega_{c1}=2.4799$,相角裕度为 $\gamma_1=7.3511°$。

【难点与易错点】

● 该题属于**幅值裕度的校正**,采用串联滞后校正的设计步骤如下。

(1) 选取串联滞后校正的相角裕量 $\Delta\varphi$,找出原系统相角 $\varphi(\omega_1)=-180°+\Delta\varphi$ 所对应的频率 ω_1。

(2) 将频率 ω_1 处的幅值校正为满足幅值裕度要求的幅值,即令 $20\lg|G_0(\omega_1)|+20\lg b=-k_g^*$,得到参数 b。

(3) 为保证滞后相角的副作用尽量小,应选取转折频率 $\frac{1}{Tb}$ 的十倍频程,其对应 ω_1,即令 $\frac{10}{Tb}=\omega_1$,从而可以设计出参数 T。

(4) 得到校正装置并验算。

6.3.6 反馈校正

【6-30】 已知某反馈系统的结构图如图 6.60 所示,其中 $G_1=\frac{20}{0.25s+1}$,$G_2=\frac{5}{0.5s+1}$,若希望校正后系统的相角裕度 $\gamma^*\geqslant 60°$,试设计反馈校正装置 $H(s)=\frac{Ks^2}{Ts+1}$ 的两个参数 K 和 T。

【解】 (1) 分析系统的频率特性。

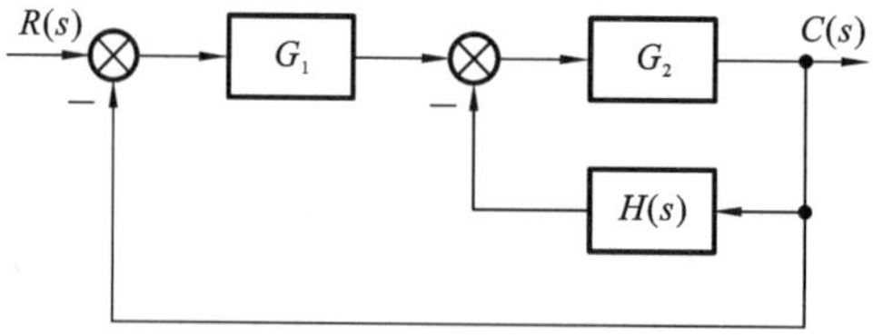

图 6.60 【6-30】某反馈系统的结构图

未加入反馈校正装置之前,系统的开环传递函数为
$$G_0 = \frac{100}{(0.25s+1)(0.5s+1)}$$
此时,由 $\frac{100}{0.25\omega \times 0.5\omega} = 1$ 可得原系统的 $\omega_{c0} = 28.2843$,相角裕度为 $\gamma_0 = 12.0941°$。

(2) **设计反馈校正装置。**

加入校正装置后,系统的开环传递函数为
$$G_K = \frac{G_1 G_2}{1+G_2 H} = \frac{100(Ts+1)}{(0.25s+1)[(0.5s+1)(Ts+1)+5Ks^2]}$$
$$= G_0 \frac{100(Ts+1)(0.5s+1)}{[(0.5T+5K)s^2+(T+0.5)s+1]}$$

设 T_a 和 T_b 为两个常数且 $T_a > T_b > 0$,$T_a T_b = 0.5T+5K$,$T_a + T_b = T+0.5$,则原反馈校正的设计等效于如下校正装置的设计:
$$G_c = \frac{(0.5s+1)((T_a+T_b-0.5)s+1)}{(T_a s+1)(T_b s+1)} = \frac{(0.5s+1)}{(T_b s+1)} \times \frac{((T_a+T_b-0.5)s+1)}{(T_a s+1)}$$

上述组合是基于参数间的关系进行的。
- 如果 $T_b < 0.5$,则 $T_a > T_a + T_b - 0.5$,G_c 是**串联滞后-超前校正装置**。
- 如果 $T_b > 0.5$,则 $T_a < T_a + T_b - 0.5$,G_c 是**串联滞后-超前校正装置**。

但可调参数只有两个。令
$$G_{c1} = \frac{((T_a+T_b-0.5)s+1)}{(T_a s+1)}, \quad G_{c2} = \frac{(0.5s+1)}{(T_b s+1)}$$

① **采用串联超前校正的设计思路设计 G_{c1}。**

首先将 $G_{c1} = \frac{((T_a+T_b-0.5)s+1)}{(T_a s+1)}$ 看成**串联超前校正装置**来设计,此时 $T_b > 0.5$。

由期望相角裕度 $\gamma^* \geq 60°$,考虑滞后环节的影响,可以选取补偿相角 $\Delta\varphi = 6.0941°$,则串联超前校正应提供的最大超前相角为 $\varphi_m = \gamma^* - \gamma_0 + \Delta\varphi = 54°$。

由 $a = \frac{1+\sin\varphi_m}{1-\sin\varphi_m}$ 得校正装置参数 $a = \frac{T_a+T_b-0.5}{T_a} = 9.4721$。

由原系统的对数幅频特性列写方程,即
$$20\lg \frac{100}{0.25\omega \times 0.5\omega} = -10\lg a$$

解得最大超前相角对应的频率为 $\omega_m = 49.6200$ rad/s。

由 $\omega_m = \frac{1}{T_a \sqrt{a}}$ 得 $T_a = \frac{1}{\omega_m \sqrt{a}} = 0.0065$。

再由 $\frac{T_a+T_b-0.5}{T_a} = 9.4721$ 得 $T_b = 0.5551$。

② 检验滞后校正部分。

下面检查滞后校正部分 $G_{c2}=\dfrac{(0.5s+1)}{(T_b s+1)}$ 对串联超前校正后系统的影响。

滞后校正部分的第二个转折频率为 $\dfrac{1}{bT_b}=\dfrac{1}{0.5}=2$，距离 ω_m 大于一个十倍频程，因此滞后相角对串联超前校正影响不大。

滞后校正部分的参数 $b=\dfrac{0.5}{T_b}=0.9007$，串联滞后校正带来的最大幅值衰减会减小剪切频率，从而增大相角裕度，因此上述设计思路可行。

③ 验算。

校正后系统的开环传递函数为

$$G_K=\dfrac{100(Ts+1)}{(0.25s+1)[(0.5s+1)(Ts+1)+5Ks^2]}=G_0 G_{c1} G_{c2}$$

$$=\dfrac{100}{(0.25s+1)}\times\dfrac{1}{(T_b s+1)}\times\dfrac{((T_a+T_b-0.5)s+1)}{(T_a s+1)}$$

$$=\dfrac{100(0.0616s+1)}{(0.25s+1)(0.5551s+1)(0.0065s+1)}$$

由 $|G_K(j\omega)|=\dfrac{100\times 0.0616\omega}{0.25\omega\times 0.5551\omega}=1$ 得校正后系统的剪切频率为 $\omega_{c1}=39.5612$，则相角裕度 $\gamma_1=61.6491°$，满足要求。

再由 $T_a=0.0065$，$T_b=0.5551$，$T_a T_b=0.5T+5K$，$T_a+T_b=T+0.5$，解得反馈校正装置的两个参数分别为

$$T=T_a+T_b-0.5=0.0616$$

$$K=\dfrac{T_a T_b-0.5T}{5}=-0.0054$$

【难点与易错点】

● 该题设计时没有采用近似设计的思想，而是将反馈校正等效为串联滞后-超前校正。读者也可以尝试采用近似设计的思想，即当 $|G_2 H|\gg 1$ 时，采用期望频率特性法近似设计。

● 该题等效为采用串联滞后-超前校正进行设计，但设计参数只有两个，因此其灵活性不如真正的串联滞后-超前校正。

【6-31】 已知某反馈系统的结构图如图 6.61 所示，未加入反馈校正装置前，系统的渐近对数幅频特性曲线如图 6.62 中的实线所示。若希望校正后的系统如图 6.62 中虚线所示的渐近对数幅频特性：

(1) 请写出校正后系统的传递函数；

(2) 请在图 6.62 上作出局部反馈环的开环渐近对数频率特性曲线，并确定反馈校正装置 $H(s)$。

【解】 未加入反馈校正的原系统的开环传递函数为

$$G_0(s)=\dfrac{200}{s(0.1s+1)(0.01s+1)}$$

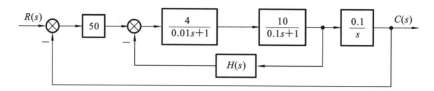

图 6.61 【6-31】某反馈系统的结构图

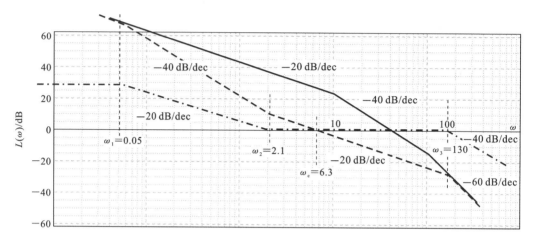

图 6.62 【6-31】原系统与校正后系统的开环渐近对数幅频特性曲线

由 $\dfrac{K}{\omega \times 0.1\omega}=1$ 得原系统的剪切频率为 $\omega_{c0}=44.7210$,相角裕度为

$$\gamma_0 = 180° - 90° - \arctan 0.1\omega - \arctan 0.01\omega = -11.4902°$$

(1) 反馈校正后系统的开环传递函数为

$$G_K(s) = \dfrac{K\left(\dfrac{1}{\omega_2}s+1\right)}{s\left(\dfrac{1}{\omega_1}s+1\right)\left(\dfrac{1}{\omega_3}s+1\right)^2} = \dfrac{200(0.4762s+1)}{s(20s+1)(0.0077s+1)(0.0077s+1)}$$

(2) 根据反馈系统的结构图,局部反馈环的开环传递函数为

$$G_1(s) = \dfrac{G_K(s)}{\dfrac{5}{s}} = \dfrac{40(0.4762s+1)}{(20s+1)(0.0077s+1)(0.0077s+1)}$$

为了确定局部反馈环的开环渐近对数频率特性曲线在何处穿过 0 分贝线,由 $\omega_2 = 2.1$ 处的幅频特性值可得 $|G_1(j\omega_2)| = 1.3465$。因此,概略绘制局部反馈环的开环渐近对数频率特性曲线,如图 6.62 中的点划线所示。

反馈校正装置为

$$H(s) = \dfrac{G_1(s)}{\dfrac{40}{(0.1s+1)(0.01s+1)}} = \dfrac{(0.4762s+1)(0.1s+1)(0.01s+1)}{(20s+1)(0.0077s+1)(0.0077s+1)}$$

【难点与易错点】
- 该题实际是在考查渐近对数幅频特性曲线的系统辨识。

6.3.7 串联 PID 控制的设计

【6-32】 某单位反馈控制系统的结构图如图 6.63 所示,虚线框中的是校正装置。其中 $R_1 = 2\ \Omega, R_2 = R_3 = 1\ \Omega$。为了保证系统的相角裕度 $\gamma^* \geqslant 30°$,请求校正装置的电容 C 值。

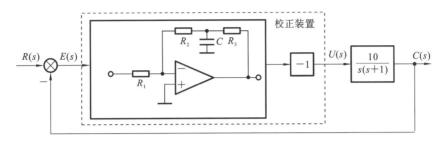

图 6.63 【6-32】某单位反馈控制系统的结构图

【解】 (1) 求校正装置的传递函数。
由

$$-\frac{u_r}{R_1}R_2 - \left(\frac{u_r}{R_1} + C\frac{\mathrm{d}\frac{u_r}{R_1}R_2}{\mathrm{d}t}\right)R_3 = u_c$$

整理得

$$\frac{U_c}{U_r} = -\frac{R_2 R_3 C s + R_2 + R_3}{R_1}$$

那么校正装置的传递函数为

$$G_c(s) = \frac{U}{E} = \frac{R_2 R_3 C s + R_2 + R_3}{R_1} = \frac{R_2 + R_3}{R_1}\left(\frac{R_2 R_3 C}{R_2 + R_3}s + 1\right)$$

这是一个比例-微分控制装置,$K_p = \dfrac{R_2 + R_3}{R_1}$,$T_d = \dfrac{R_2 R_3 C}{R_2 + R_3}$。

(2) 分析原系统的频率特性。
原系统的开环传递函数为

$$G_0(s) = \frac{10}{s(s+1)}$$

由 $\dfrac{K}{\omega \times \omega} = 1$ 得原系统的剪切频率为 $\omega_{c0} = 3.1623$,原系统的相角裕度为

$$\gamma_0 = 180° - 90° - \arctan\omega_{c0} = 17.5483°$$

(3) 比例-微分控制参数的设计。
校正后系统的开环传递函数为

$$G_K(s) = \frac{10K_p(T_d s + 1)}{s(s+1)}$$

则 $K_p = \dfrac{R_2 + R_3}{R_1} = 1$,$T_d = \dfrac{R_2 R_3 C}{R_2 + R_3} = 0.5C$。

要使相角裕度 $\gamma^* \geqslant 30°$,而比例-微分控制校正装置通常会导致剪切频率增大,因此选择初始校正裕量 $\Delta\varphi = 5°$,那么比例-微分控制校正装置应提供的超前相角为

$$\varphi_c = \arctan T_d \omega \geqslant \gamma^* - \gamma_0 + \Delta\varphi = 22.4517°$$

取 $\varphi_c = 23°$，则

$$T_d \omega_c = 0.4245$$

由 $|G(j\omega)G_c(j\omega)| = 1$，通过简算公式后再由 $\dfrac{10K_p}{\omega \times \omega} = 1$ 求解，得出待设计参数后需检验该简算公式的合理性。解得校正后的剪切频率为 $\omega_c = 3.1623$（与原系统的相同，这是因为简算公式造成的），则

$$T_d = \frac{T_d \omega_c}{\omega_c} = 0.1342$$

对应的转折频率 $\omega_d = \dfrac{1}{T_d} = 7.4516$，因此上述简算公式有效。

验算：由校正后的剪切频率 $\omega_c = 3.1623$ 得校正后的相角裕度为

$$\gamma_1 = 180° - 90° - \arctan\omega_c + \arctan T_d \omega_c = 40.5437°$$

因此符合设计要求。

由 $T_d = 0.5C = 0.1342$，得校正装置的电容为

$$C = \frac{T_d}{0.5} = 0.2684$$

【难点与易错点】
该题考查了比例-微分控制校正装置的设计。该题采用直接求解的方法来实现设计目标。

【6-33】 某单位反馈系统的开环传递函数为 $G_0(s) = \dfrac{10}{s(s+1)(s+10)}$。若希望系统的静态速度误差系数 $K_v^* \geq 10$，并使闭环主导极点位于 $s_{1,2}^* = -1 \pm j$，试判断采用比例、积分、微分的哪种或哪几种控制作用的组合才能实现设计目标，并设计最简结构的串联控制器。

【解】 (1) 如果采用串联积分控制，此时 $G_c(s) = \dfrac{1}{T_i s}$，系统的型别增加，显然会导致系统闭环不稳定。

(2) 如果采用串联微分控制，此时 $G_c(s) = T_d s$，显然会降低系统的型别，因此稳态性能不满足要求。

(3) 如果采用串联比例控制，此时 $G_c(s) = K_p$，不会改变系统的阶次，可尝试进行设计。

由主导极点位于 $s_{1,2}^* = -1 \pm j$，那么闭环特征方程包含因式 $(s^2 + 2s + 2)$。设另一个闭环极点为 $-a$，则闭环特征方程为

$$(s^2 + 2s + 2)(s + a) = s^3 + (a+2)s^2 + (2a+2)s + 2a = 0$$

而串联比例控制后系统的闭环特征方程为

$$s^3 + 11s^2 + 10s + 10K_p = 0$$

二者系数相等时无解，因此不可行。

(4) 如果采用串联比例-微分控制进行设计，此时的传递函数为

$$G_c(s) = K_p[T_d s + 1]$$

则校正后系统的开环传递函数为

$$G_K(s) = \frac{10K_p(T_d s + 1)}{s(s+1)(s+10)}$$

校正后系统的闭环特征方程为

$$s(s+1)(s+10) + 10K_p(T_d s + 1) = 0$$

整理得

$$s^3 + 11s^2 + (10 + 10K_p T_d)s + 10K_p = 0$$

与闭环特征方程 $s^3 + (a+2)s^2 + (2a+2)s + 2a = 0$ 对应系数相等,得

$$\begin{cases} a + 2 = 11 \\ 2a + 2 = 10 + 10K_p T_d \\ 2a = 10K_p \end{cases}$$

联立求解得 $a = 9, K_p = 1.8, T_d = \dfrac{50}{9}$。

主导极点实部为 -1, $a = 9$ 能够保证主导极点的主导地位。

当 $K_p = 1.8$ 时,开环放大系数为 $10K_p = 18$,能够满足稳态性能要求,因此可行。

(5) 如果采用串联比例-积分控制,此时的传递函数为

$$G_c(s) = K_p\left(1 + \frac{1}{T_i s}\right) = K_p \frac{T_i s + 1}{T_i s}$$

则校正后系统的开环传递函数为

$$G_K(s) = \frac{10K_p(T_i s + 1)}{T_i s^2(s+1)(s+10)}$$

校正后系统的闭环特征方程为

$$T_i s^2(s+1)(s+10) + 10K_p(T_i s + 1) = 0$$

整理得

$$s^4 + 11s^3 + 10s^2 + 10K_p s + 10\frac{K_p}{T_i} = 0$$

此时**系统阶次提升**,在闭环特征式中,除了因式 $(s^2 + 2s + 2)$,还有另外一个二阶因式 $(s^2 + as + b)$。要使该因式所对应的特征根的实部小于 -5,根据劳斯判据,易知需满足条件 $a > 10, b > 5a - 25$。

由 $(s^2 + 2s + 2)(s^2 + as + b) = s^4 + (2+a)s^3 + (2+2a+b)s^2 + (2a+2b)s + 2b = 0$ 知对应系数相等,得 $a = 9$,无法保证主导极点的主导地位。继续求解得 $b = -10$,因此不可行。

(6) 如果采用串联积分-微分控制,此时的传递函数为

$$G_c(s) = \left(T_d s + \frac{1}{T_i s}\right) = \frac{T_i T_d s^2 + 1}{T_i s}$$

$$G_K(s) = \frac{10(T_i T_d s^2 + 1)}{T_i s^2(s+1)(s+10)}$$

显然闭环特征方程缺项,闭环系统不稳定,因此不可行。

综上所述,因为题目要求**结构简单**,采用串联比例-微分控制可行,因此不需要尝试串联 PID 控制。

【难点与易错点】

● 该题考查了比例-微分控制校正装置的设计,还采用了时域设计方法。

【6-34】 某单位反馈系统的开环传递函数为 $G_0(s)=\dfrac{10}{s(s+5)(s+10)}$。若希望系统的静态速度误差系数 $K_v^*\geqslant 100$,并使闭环主导极点位于 $s_{1,2}^*=-1\pm j$,试设计合适的串联 PID 控制。

【解】 采用串联 PID 控制,其传递函数为

$$G_c(s)=K_p\frac{T_iT_ds^2+T_is+1}{T_is}$$

则校正后系统的开环传递函数为

$$G_K(s)=\frac{10K_p(T_iT_ds^2+T_is+1)}{T_is^2(s+5)(s+10)}$$

显然,这是一个 Ⅱ 型系统,$K_v^*=\infty$,满足稳态性能要求。

为了设计简便,取 $K_p=KT_i$,则校正后系统的闭环特征方程为

$$s^2(s+5)(s+10)+10K(T_iT_ds^2+T_is+1)=0$$

整理得

$$s^4+15s^3+(50+10KT_iT_d)s^2+10KT_is+10K=0$$

闭环主导极点位于 $s_{1,2}^*=-1\pm j$,则闭环特征方程包含因式 (s^2+2s+2)。

设另一个二阶因式为 (s^2+as+b),要使该因式所对应的特征根的实部小于 -5,根据劳斯判据,易知需满足条件 $a>10,b>5a-25$。

由 $(s^2+2s+2)(s^2+as+b)=s^4+(2+a)s^3+(2+2a+b)s^2+(2a+2b)s+2b=0$ 知,两个特征方程对应系数相等,于是有

$$\begin{cases}2+a=15\\2+2a+b=50+10KT_iT_d\\2a+2b=10KT_i\\2b=10K\end{cases}$$

联立求解,得 $a=13$,其他系数有无穷多个解。

若取 $b=50$,则 $a>10,b>5a-25$,能够满足主导极点的主导地位。此时可求解方程组,得

$$K=10,T_i=1.26,T_d=\frac{14}{63}$$

当 $K_p=KT_i=12.6$ 时,能够满足设计的要求。

【难点与易错点】
● 该题考查了 PID 控制校正装置的设计。该题还采用了时域设计方法,以及待定系数法设计了可行的校正装置。